全球数值天气预报谱模式技术

吴建平 银福康 彭 军 杨锦辉 阳向荣 汪 祥◎等 著

内容简介

本书系统介绍了作者近年来在全球数值天气预报谱模式 YHGSM 上的最新研究成果，主要内容包括：基于气压混合垂直坐标的全球大气模式控制方程组，及其在采用静力与非静力平衡、干空气与全空气质量守恒、浅薄与深厚大气等情形下的表现形式；全球谱模式时空离散计算，与针对非静力谱模式的垂直方向高精度混合离散；尺度敏感的积云对流参数化、土壤水分平衡过程参数化与海表动力学粗糙度参数化；球谐函数变换高效数值算法及其稳定型变种；全球谱模式并行计算框架、三维数组重分布与半拉格朗日方案并行算法优化、水平导数从谱空间到格点空间的迁移；基于机器学习的数值预报产品偏差订正与台风强度智能预报等。

本书可供数值天气预报、地球系统模式等领域科研人员进行数值模拟技术、高效数值计算技术研究时进行参考，也可以作为高校教师、研究生与高年级大学生进行数值天气预报知识学习时的参考书。

图书在版编目（CIP）数据

全球数值天气预报谱模式技术 / 吴建平等著. -- 北京 : 气象出版社, 2023.8
ISBN 978-7-5029-8000-9

Ⅰ. ①全… Ⅱ. ①吴… Ⅲ. ①数值天气预报 Ⅳ. ①P456.7

中国国家版本馆CIP数据核字(2023)第127040号

全球数值天气预报谱模式技术

QUANQIU SHUZHI TIANQI YUBAO PU MOSHI JISHU

出版发行：气象出版社
地　　址：北京市海淀区中关村南大街 46 号　**邮政编码**：100081
电　　话：010-68407112(总编室)　010-68408042(发行部)
网　　址：http://www.qxcbs.com　**E-mail**：qxcbs@cma.gov.cn
责任编辑：隋珂珂　**终　　审**：张　斌
责任校对：张硕杰　**责任技编**：赵相宁
封面设计：地大彩印设计中心
印　　刷：中煤(北京)印务有限公司
开　　本：787 mm×1092 mm　1/16　**印　　张**：20.5
字　　数：520 千字
版　　次：2023 年 8 月第 1 版　**印　　次**：2023 年 8 月第 1 次印刷
定　　价：198.00 元

前言

数值天气预报已成为进行气象要素客观定量预报的主要方法，作为其核心组成部分的数值天气预报模式，通过牛顿定律、能量守恒、质量守恒与理想气体状态方程对大气状态进行描述，所构建的模式方程组高度非线性，且下边界条件复杂，并存在无法解析描述的物理过程，因此，数值天气预报模式不仅需要考虑准确、稳定且高效的数值计算方法，而且需要考虑与之相适应的物理过程参数化描述。此外，由于数值预报模式设计过程中可能存在的系统性偏差，数值预报产品解释应用对预报准确性的提高与推广应用也很重要。

谱模式由于具有积分稳定性更好、水平导数与位相计算更准确，在混淆现象消除、极点问题处理、水平扩散计算等方面更方便，且能自动滤除短波并易于应用半隐式时间积分方案等诸多优点，因此，自 1976 年澳大利亚和加拿大开始用其制作业务预报起，又先后应用于美国国家环境预报中心、法国气象局、欧洲中期天气预报中心与日本气象厅等世界先进数值预报中心，并在多个预报中心沿用至今。国防科技大学自 20 世纪 80 年代开始进行全球数值天气预报技术研究与系统研制以来，一直采用的谱模式 YHGSM(Yin-He Global Spectral Model)，积累了不少研究成果，特别是近年来，在大气运动控制方程组、高精度离散计算、高效并行数值算法、物理过程参数化与预报产品解释应用等方面，形成了大量创新性成果，发表了一系列高水平学术论文，并完成了《半隐式半拉格朗日非静力数值天气预报谱模式动力框架若干关键技术研究》《海气能量交换对热带气旋的影响机制研究》《基于气压的地形跟随混合坐标算法优化及应用》《大气环流谱模式动力框架并行划分优化技术研究》《数值天气预报谱模式 YHGSM 基于单边通信的优化技术研究》《YHGSM 半拉格朗日方案优化技术研究》《基于计算与通信重叠的全球谱模式并行算法优化研究》等多篇博士和硕士学位论文，本书旨在对其进行总结提炼和系统性描述。

全书由吴建平、银福康、彭军、杨锦辉、阳向荣、汪祥、赵文静与孙迪夫统稿，共分 6 章。第 1 章为全球数值天气预报模式控制方程组，在介绍垂直方向混合坐标设计的基础上，先后介绍全球浅薄大气静力模式控制方程组、全球浅薄大气非静力模式控制方程组、全球浅薄大气非静力载水模式控制方程组、全球深厚大气非静力模式控制方程组，由吴建平、彭军与杨锦辉执笔；第 2 章为全球谱模式高精度数值计算方法，先后介绍全球浅薄大气静力谱模式、全球浅薄大气非静力谱模式、全球浅薄大气非静力载水谱模式、全球深厚大气非静力谱模式的时空离散，以及非静力谱模式中垂直方向上的有限元/有限差分高精度离散方法，由吴建平、彭军、杨锦辉执笔；第 3 章为全球数值天气预报模式关键物理过程参数化改进，主要包括尺度敏感的积云对流参数化、土壤水分平衡过程参数化与海表动力学粗造度参数化，由阳向荣、赵文静与孙迪夫执笔；

第 4 章为球谐函数变换高效数值算法，主要介绍球谐函数基本知识、基本型快速勒让德变换、稳定性快速勒让德变换与混合精度算法，由银福康执笔；第 5 章为全球谱模式高效并行算法，主要介绍全球谱模式并行计算整体框架、三维数组重分布中的计算与通信重叠、半拉格朗日方案并行计算的优化改进与格点空间水平求导的有限体积法，由吴建平与杨锦辉执笔；第 6 章为基于机器学习的全球数值预报产品解释应用，主要介绍基于机器学习的数值预报产品偏差订正与基于数值预报产品的台风强度智能预报，由银福康与汪祥执笔。对本书做出贡献的作者还有孙敬哲、蒋涛、郭沛明、刘达政、任小丽、陈睿、胡一帆、吴国溧、王素霞。

本书成果的研究和出版得到国家自然科学基金“全球数值天气预报谱模式的高效可扩展并行计算技术研究”(41875121)、“全球非静力数值天气预报谱模式快速球谐函数变换及其并行算法”(41705078)、“基于质量坐标的非静力谱模式高精度垂直离散格式研究”(41705079)等项目的支持和资助。同时，本书成果的研究得到了宋君强院士与张卫民、赵军、任开军，以及国防科技大学数值预报创新团队其他成员的支持与帮助。此外，在进行本书撰写过程中，许多专家在内容与排版上给出了不少建议。在此，对支持与帮助本书出版的相关机构与专家一并致以衷心感谢。

由于作者学识、时间与精力所限，书中难免存在错误之处，竭诚希望读者和同行专家共同探讨并请批评指正，若蒙不吝告知，当感激不尽。

作者
2023 年 2 月

目录

第1章 全球数值天气预报模式控制方程组

1.1 概述

对于典型的大气运动尺度，地球的大气运动能够通过一组连续的可压缩纳维-斯托克斯方程表示。这些方程包括满足牛顿第二定律的动量方程、满足热力学第一定律的能量守恒方程、满足质量守恒定律的连续方程和水汽等物质守恒方程以及理想气体状态方程，对大气中的风、气压、密度及温度等要素的时、空变化进行描述，但所得到的偏微分方程组为非线性方程组，只能在给定初边值条件下，通过离散方法进行数值求解，这就是数值天气预报(Numerical Weather Prediction，NWP)。这种方法具有客观定量的特点，已经成为天气预报的主流方法。

大气运动分子间的黏性是一切耗散的根源，但是大气耗散的尺度如湍流耗散在0.1 mm内，在当前数值计算技术条件下，几乎不存在如此高分辨率的空间网格，因此也不能被大气方程组直接描述，只能通过次网格参数化技术来间接表达这类耗散。因此，为了简化大气运动方程，经常采用无黏性近似，忽略大气流体分子间的黏滞性(Marras et al.，2015)。基于此构造的方程称之为可压缩欧拉方程。可压缩欧拉方程组是当今所有数值预报系统的出发点，基于该方程组衍生了一系列的变种，如基于高度坐标的模式方程组，包括美国的MPAS(Skamarock et al.，2012)、FV3(Lin et al.，2017)与WRF(Skamarock et al.，2007)，德国的ICON(Wan et al.，2013)、英国的ENDGame(David et al.，2016)、日本的NMM (Saito et al.，2006)与NICAM(Satoh et al.，2008)、中国的GRAPES(Yang et al.，2008)等，基于质量坐标的模式方程组包括欧洲中期天气预报中心的IFS(Untch et al.，2004)、法国的ALADIN-NH(Laprise，1992)与ARPEGE(Courtier et al.，1991)等。

当采用可压缩欧拉方程组时，其中包含了多种不同尺度的运动，构建的数值预报模式虽然最能反映大气运动的真实状态，但要求时间步长短，计算稳定性差，且可能因小误差的累积影响大尺度运动形态而导致预报结果面目全非。为此，在进行数值天气预报时，经常采用某些简化近似。在将控制方程组转化为涡度/散度的过程中，略去相关项所得模式称为过滤模式。略去散度相关项后所得模式称为非线性平衡模式或准水平无辐散模式方程组，进一步略去平衡方程中的非线性项所得模式称为线性平衡模式。当在涡度方程中对除辐散项外的其他项均采用地转近似时，所得方程组称为准地转模式，在进一步假设大气正压水平无辐散时所得模式即为准地转正压模式(周毅 等，2003)。

在数值预报业务模式中，经常采用浅薄大气近似与静力平衡近似。由于通常所模拟的大气层厚度相对地球半径较小，可以假设所模拟的大气层为薄层，称之为浅薄大气，否则称之为深厚大气。此外，也可以假设大气微团处于重力与气压梯度力平衡的状态，没有垂直方向上的加速度，称之为静力平衡，否则称之为非静力平衡。流体静力平衡近似只有在水平分辨率较低时才适用，当水平分辨率很高，或者对狂风以及地形显著区域，该近似不再适用。在国际上先进数值天气预报中心的业务模式或研究模式中，不少采用了静力平衡近似与浅薄大气近似。近年来，随着数值计算方法的发展与高性能计算能力的突飞猛进，追求对模式方程组尽可能少的近似，进而越来越流行采用更接近原始方程组的预报模式（White et al. ,2010, Staniforth et al. ,2004）。

在确定描述模式动力框架的大气运动控制方程组之前，必须先选择合适的垂直坐标。对于全球模式而言，常用的垂直坐标大体上可以分为两类，一类是基于高度（或地形追随高度）的垂直坐标，另一类是基于气压（或地形追随气压）的垂直坐标。对于浅薄静力大气模式，采用气压作为垂直坐标（即等压坐标）既自然又方便。Laprise（1992）介绍了一系列“地形追随的静力气压”坐标，也称质量坐标。Wood 和 Staniforth（2003）研究指出，Laprise（1992）的地形追随坐标（基于浅薄静力近似下的静力气压）可以推广到一般深厚大气非静力情形。这种一般化推广的好处在于：大多数已有的基于地形追随气压坐标的浅薄大气静力模式，在无需对架构基础层进行实质性改变的前提下，通过少量修改就可以实现浅薄或深厚大气非静力模式。Staniforth 和 Wood（2003）给出了基于广义垂直坐标的深厚大气非静力模式动力框架，2005 年 Davies 等在英国气象局将该研究成果应用于 UM 模式系统（Staniforth et al. , 2008）。英国气象局与埃克塞特大学联合为 UM 模式开发了新的动力内核 ENDGame（David et al. ,2016），兼容静力平衡与非静力平衡，即可采用浅薄大气也可采用深厚大气，以用于数值天气预报和气候模拟。

欧洲中期天气预报中心（ECMWF，以下简称欧洲中心）集成预报系统 IFS 的模式方程组是一个静力/非静力/深厚大气全支持的方程组（Wedi et al. , 2015）。IFS 最初为全球静力模式，对原始方程采用静力平衡假设和浅薄大气假设以简化预报方程。垂直坐标采用基于静力气压（π）的地形跟踪混合 η 坐标，静力模式在格点空间的预报变量为水平风场（$\boldsymbol{v}$）、温度场（T）；以及地表气压（静力气压）场（π_S）。随着水平分辨率的提升，采用静力平衡近似时的模式预报误差逐渐增大，欧洲中心随后进行了浅薄大气非静力模式开发（Bénard et al. , 2010）。非静力模式放弃了静力平衡假设，引入非静力变量垂直散度（d）和气压偏差项（$\tilde{q}$）作为预报变量，模式方程组复杂程度显著提升。目前，为了满足非静力模式的守恒性约束，其垂直分层只能采用精巧设计的有限差分格式。

为了进一步提升模式方程组的精度，消除由于浅层大气近似带来的误差，欧洲中心进一步开发了深厚大气模式。欧洲中心深厚大气模式采用基于质量坐标的深厚气压坐标（Π），其同静力气压（π）有着较为明显的区别。采用 Π 坐标后，因为静力气压 π 不再作为预报变量存在，可以采用 $\lg(p/\Pi)$来作为气压偏差项（$\hat{q}$）的定义，但不利于半拉格朗日时间离散格式的采用，因此需要改进气压偏差项的表示（Yessad et al. ,2011）。欧洲中心的深厚大气非静力模式开发框架是在静力模式基础上逐渐改进的，按照静力-非静力-深厚大气开发脉络，使得模式方程组越来越精确，不断接近原始方程组的方式进行。但同时，预报变量和预报方程组也相应地变得越来越复杂。

欧洲中心在进一步发展全球谱模式技术的同时，也在开发有限体积模式 FVM（Smolarkiewicz et al. , 2016, 2017），其采用基于通量守恒形式与高度坐标的全可压缩欧拉方程组，支持深厚大气，并采用非振荡 MPDATA（Kühnlein et al. ,2017）格式进行求解。

由美国地理物理流体动力实验室（GFDL）开发的 FV3（Lin et al. ,2004,2016）模式，已用于美国新一代全球数值预报业务。静力模式采用基于质量的流动拉格朗日坐标，预报变量包括水平风场（$\boldsymbol{v}_h$）、伪密度（ρ_s）、虚位温（$\rho_s\theta$）。非静力模式预报变量增加位势高度（$\delta\Phi$）、垂直风场（w）。模式方程组除气压梯度力外全部采用通量形式。通量形式的量采用显式的前向积分算法，而气压梯度力则采用后向积分算法，因此其时间格式称为前向－后向时间格式。

美国国家大气研究中心(NCAR)开发的 MPAS(Skamarock et al.,2012),是非业务化的全球大气模式,采用非静力近似,兼容浅薄大气与深厚大气,主要用于研究大规模并行可扩展性,垂直坐标采用基于高度的平滑地形跟踪坐标。MPAS 的预报变量采用干空气密度(ρ_d)、干动量($\rho_d u$)以及改进的位温($\rho_d \theta_v$)与湿度($\rho_d q_t$),其模式方程组满足于大气质量守恒。IBM 公司已宣布以 MPAS 为基础开发其最新的商用全球数值预报模式 GRAF①。

WRF 模式是由美国环境预报中心(NCEP)、美国国家大气研究中心(NCAR)以及多个美国大学的研究及业务部门联合研发的一种统一中尺度天气预报模式(Skamarock et al.,2008),采用全可压缩非静力欧拉方程组,一些具有守恒性的变量采用通量形式表达。WRF 模式采用了基于质量的地形跟踪坐标,并采用了基于干空气质量守恒的设计。

美国环境保护局(EPA)与迈阿密大学联合开发的 OLAM(Walko 2008a,b),以有限区域模式 RAMS 为基础,采用全球非静力深厚大气模式动力框架,方程采用动量守恒形式。该模式未采用地形跟踪坐标,而是直接采用纯粹的高度坐标,其网格层会同地形相交。未处理底部地形,而采用一种叫作网格切割(cut-cell)的技术,将同地形相交的网格分为地表之上部分和地表以内部分来处理。

日本东京大学的云解析模式 NICAM(Tomita et al.,2004; Satoh et al., 2008),全球 3 km 水平分辨率,主要由东京大学、日本海洋-地球科学和技术委员会等联合开发,初衷主要用于测试地球模拟器。该模式采用非静力平衡,兼容深厚大气与浅薄大气。为尽量减少模型误差,模式方程组放弃各类近似假设,同时还不断改进或新引入物理、化学过程的参数化。垂直坐标采用基于高度的地形跟踪坐标。预报变量选择的一大特点是,未采用温度或位温等其他模式常用选择,而是选择总能量(ρe)作为预报变量之一。

法国皮埃尔西蒙斯拉普拉斯学院开发的 DYNAMICO(Dubos et al., 2015)是一个能量守恒静力模式,其垂直坐标采用同 FV3 类似的基于质量的流动拉格朗日坐标。预报变量基于 Hamiltonian 形式,包括伪密度 ρ_s、质量加权示踪剂(mass-weighted tracers)、重力位势高度、水平动量以及加权垂直动量。对于质量相关量和加权垂直动量采用通量守恒形式,位势高度采用平流形式,对于水平动量采用向量不变(vector-invariant)形式。其模式动力框架设计的一大特点是预报变量和诊断变量采用不同的网格离散。ICON 模式是德国气象局(DWD)开发的全球非静力深厚大气模式(Zängl et al., 2015),垂直坐标采用基于高度的平滑地形跟踪坐标。

本章主要从原始方程组出发,介绍在进行 YHGSM(Yin-He Global Spectral Model)研发过程中,针对全球数值天气预报谱模式所采用的控制方程组。

1.2 垂直方向混合坐标设计

近年来,ECMWF 等先进数值预报中心都已经注意到在全球确定性数值天气预报中,对

① https://www.shangyexinzhi.com/articles/555792.html

平流层环境的预报普遍存在一个很特殊的现象，即在平流层中下部模式存在全球性偏冷，且随着水平分辨率的提高，平流层中下部预报的偏冷程度更加严重。为此，最近 ECMWF 已经开始对此进行研究，并通过敏感性分析试验发现，这主要是由垂直方向上的离散计算相对水平分辨率还不够精细所致(Polichtchouk et al.，2019)。事实上，对对流层所激发的重力波上传，垂直方向上分辨率的不足导致对其传播的描述不准确，阻滞了对应的能量上传，这是导致平流层中下部预报偏冷的主要原因，这里主要介绍在 YHGSM 模式中为应对该问题进行垂直方向混合坐标设计，以实现对流层顶附近的按需高精度垂直加密。

在全球模式中，p 坐标系下大气运动方程组中的连续方程变为诊断方程，而且可以有效消除水平气压梯度力“大量小差”所致计算误差很大的问题(李兴良 等，2005)，但 p 坐标系对应的下边界条件非常复杂，其随时间演变而变，大地形与坐标面相交，导致需要不断确定地形在 p 空间中的位置而难以处理。与 p 坐标系不同，采用 σ 坐标系时，下边界条件变得非常简单。因此，结合二者特点的混合 σ-p 坐标系应用越来越广泛，其在大气底层等价于 σ 坐标，并从模式底到模式顶逐渐过渡到 p 坐标(Simmons et al.，1983；Eckermann，2009)，不仅简化了下边界的处理，而且也简化了大气上层气压梯度力项的计算。

然而，尽管混合 σ-p 坐标在数值天气预报模式和气候模式中被广泛应用，对设计优良混合 σ-p 坐标的相关研究却很缺乏。目前，混合 σ-p 坐标设计算法主要包括两类，分别为Benard算法和 Eckermann 算法(Eckermann，2009)，其中最新的 2008 版 Benard 算法(Benard，2008)是在 2004 版(Benard，2004)的基础上，通过引入调整函数来实现局地改进垂直分辨率的功能。这里在总结两类算法优缺点的基础上，提出一种新的混合 σ-p 坐标复合设计算法，以充分发挥两类算法在设计上各自的优势，并实现垂直方向上的按需配置。

1.2.1 Benard2004 算法

Benard2004 算法首先定义了混合坐标的两个性质：“可伸展性”和“混合性”，并分别由伸展函数 $m(x)$ 和混合函数 $h(x)$ 表示，随后，控制系数 A 和 B 的计算表达式可直接由这两个函数构造得到。

算法首先设置 3 个基本参数，分别为模式半层数 $L+1$(模式整层数为 L)、参考气压 $\pi_0=1013.25$ Pa 和模式最小地表气压 π_{Smin}。对垂直方向无上界的大气，在混合坐标下，静力气压 π 满足：

$$\pi(\eta)=A(\eta)+B(\eta)\pi_{\mathrm{S}} \tag{1.1}$$

式中，A 和 B 分别表示等压系数和地形跟随系数；π_{S} 为地表静力气压。为保证 $\pi(\eta)$ 满足垂直坐标的物理约束和数学约束，即 $\pi(\eta)$ 随 η 单调变化，需满足 $\mathrm{d}\pi(\eta)/\mathrm{d}\eta>0$，因此，要求

$$\max_{\eta\in[0,1]}\left[\frac{-\mathrm{d}A/\mathrm{d}\eta}{\mathrm{d}B/\mathrm{d}\eta}\right]\leqslant \pi_{\mathrm{Smin}} \tag{1.2}$$

定义 $\tilde{l}$ 为两个模式层之间的交界面，即半层 $\tilde{l}\in\{0,1,\cdots,L\}$，其中，$\tilde{l}=0$ 表示模式顶，$\tilde{l}=L$ 表示模式底。一旦定义了函数 A 和 B 的连续形式，可定义一个从 $[0,L]$ 到$[0,1]$的函数 x：

$$x(\tilde{l})=\tilde{l}/L \tag{1.3}$$

为了满足约束条件式(1.2)，定义两个函数，即伸展函数 $m(x)$ 和混合函数 $h(y)$，并用其来定义混合坐标控制系数 A 和 B：

$$A(x) = \pi_0\{m(x) - h(m(x))\} \tag{1.4}$$

$$B(x) = h(m(x)) \tag{1.5}$$

伸展函数 $m(x)$ 定义了当 $\pi_S = \pi_0$ 时，混合坐标的分辨率沿垂直方向的变化，其定义为：

$$m:[0,1] \to [0,1] \tag{1.6}$$

$$x \to y = m(x) \tag{1.7}$$

为了给出伸展函数的具体表达形式，如图 1.1 所示，可以在垂直方向上将大气划分为 5 个子区域，分别为最高模式层、平流层、对流层、行星边界层和底部模式层。5 个子区域形成的 4 个交界处对应 4 个特征点 (x_1, y_1)、(x_2, y_2)、(x_3, y_3)、(x_4, y_4)。具体应用中，每个特征点可以通过层数符号 l 及其对应的静力气压值 π 来指定，且可以针对每个子区域所对应的 x 所在范围来定义该区域的伸展函数。当然，在特征点处必须具有一定的平滑性。在 Benard(2004) 中，定义了这 5 个子区域中的伸展函数。显然，伸展函数的斜率描述了局地的垂直分辨率。

混合函数 $h(y)$ 定义了地形跟随坐标(σ)和纯静力气压坐标(π)的混合比例，定义为：

$$h:[0,1] \to [0,1] \tag{1.8}$$

$$y \to z = h(y) \tag{1.9}$$

在 Benard2004 算法中，混合函数 $h(y)$ 使用两个特征点来构造。如图 1.2 所示，将垂直方向划分为 3 个子区域，分别为纯气压顶部(至少包含顶层 $y=0$)、纯地形跟随底部(至少包含地面 $y=1$)和混合过渡层(对应上述两个子区域之外的剩余部分，当整个区域采用纯地形跟随坐标时，该部分为空)。以上 3 个子区域的两个交界处对应于两个特征点，即纯气压子区域的底部 y_π 与纯地形跟随子区域的顶部 y_σ。

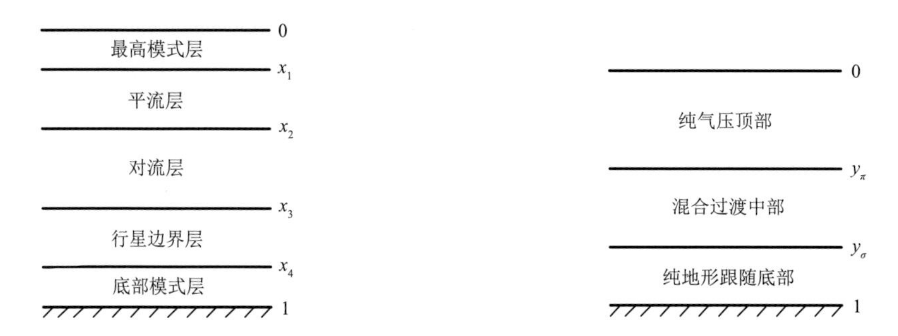

图 1.1　伸展函数 $m(x)$ 中的大气垂直区域划分　　图 1.2　混合函数 $h(y)$ 中的大气垂直区域划分

显然在纯气压顶部区域($0 \leqslant y \leqslant y_\pi$)，为确保其为纯气压坐标，必须满足 $h(y)=0$，而在纯地形跟踪底部($y_\sigma \leqslant y \leqslant 1$)，为确保其为纯地形跟踪坐标，必须满足 $h(y)=y$。Benard(2004) 选取 $y_\sigma = m((L-N_\sigma)/L)$ 与 $y_\pi = m(N_\pi/L)$，且将混合过渡中部($y_\sigma < y < y_\pi$)的 $h(y)$ 定义为

$$h(y) = \frac{d_1}{d_2 - [(y-y_\pi)/(y_\sigma - y_\pi)]^{\alpha_h}} \tag{1.10}$$

其中，N_σ 为纯地形跟踪的垂直层数；N_π 为纯气压层数，

$$\begin{cases} d_1 = \alpha_h \dfrac{y_\sigma^2}{y_\sigma - y_\pi} \\ d_2 = 1 + \alpha_h \dfrac{y_\sigma}{y_\sigma - y_\pi} \end{cases} \tag{1.11}$$

α_h 为一随机参数，一般取 $\alpha_h \in [-3, -1]$，当 $\alpha_h = -1$ 时，$h(y)$ 随 y 线性增长。

对于给定的地表静力气压 π_S，$x=x_0$ 位置处静力气压 π 关于 x 的导数为：

$$\frac{1}{\pi_0}\left(\frac{\mathrm{d}\pi}{\mathrm{d}x}\right)_{x=x_0}=\left(\frac{\mathrm{d}m}{\mathrm{d}x}\right)_{x=x_0}\left\{1-\frac{\pi_0-\pi_S}{\pi_0}\left(\frac{\mathrm{d}h}{\mathrm{d}y}\right)_{y=m(x_0)}\right\} \tag{1.12}$$

为满足坐标定义的要求，采用如下方式约束混合函数 h：

$$\frac{\mathrm{d}h}{\mathrm{d}y}\leqslant X\equiv\frac{\pi_0}{\pi_0-\pi_{\mathrm{Smin}}} \tag{1.13}$$

上式给出了混合坐标的另一个约束条件，但简化了相关处理。目前，一般将 X 值取为 1.8。

由约束条件式(1.13)可得：

$$\frac{\Delta h}{\Delta y}=\frac{h_\sigma-h_\pi}{y_\sigma-y_\pi}\leqslant X \tag{1.14}$$

因为 A 和 B 都是非负值，则由式(1.4)和(1.5)可知：

$$\frac{h(y)}{y}=\frac{B(x)}{B(x)+A(x)/\pi_0}\leqslant 1 \tag{1.15}$$

即对所有的 y 值都有 $h(y)\leqslant y$，因此：

$$\frac{h_\sigma-h_\pi}{y_\sigma-y_\pi}\leqslant\frac{y_\sigma}{y_\sigma-y_\pi} \tag{1.16}$$

于是，在下述条件满足时，即满足约束条件式(1.14)：

$$\frac{y_\sigma}{y_\sigma-y_\pi}\leqslant X \tag{1.17}$$

此即

$$y_\pi\leqslant y_\sigma\frac{X-1}{X} \tag{1.18}$$

显然，约束条件式(1.18)是约束条件式(1.14)的充分非必要条件，约束更为严格。当 y_π 和 y_σ 满足约束条件式(1.18)时，即可得到一个合理的混合坐标。

除约束条件式(1.14)外，伸展函数 $m(x)$ 和混合函数 $h(y)$ 的选择几乎是完全自由的。一般将地面的 m 值设为 1，模式顶的 m 值设为 0。此外，为了限制出现太多的自由度，算法通过显式指定两个函数的特征点，并使得函数在这些特征点上满足一定的连续性条件。

1.2.2 Benard2008 算法

数值天气预报应用的一个特别要求，就是拥有能在对流层顶局部提高垂直分辨率的能力。为此，在 Benard2004 算法的基础上，提出了改进的 Benard2008 算法（Benard，2008）。与 Benard2004算法不同，该算法没有使用特征点，而是通过调整垂直方向上对流层子区域对应的伸展函数，来使得更多层次集中于两个端点处。

将原对流层内的伸展函数 $m(x)$ 替换为修正后的伸展函数 $m(x)f(x)$。其中，$f(x)$ 是一个多项式函数，且能够保证 $m(x)f(x)$ 与 $m(x)$ 在两个端点处具有相同的值。因此，如果设两个端点分别对应于 x_2 和 x_3，则有：

$$f(x_2)=f(x_3)=1 \tag{1.19}$$

调整函数 $f(x)$ 的效用主要取决于其阶数及其所含的正参数 a。对于一个 6 阶多项式，$f(x)$ 可表示为下述形式：

$$f(x)=1-a\left(\frac{2}{x_3-x_2}\right)^6(x-x_2)^3(x_3-x)^3 \qquad x\in[x_2,x_3] \tag{1.20}$$

当 $a=0$ 时，原始伸展函数保持不变，此时即为 Benard2004 算法。当 $a>0$ 时，则表示对原伸展函数进行了调整。另外，为了保证解的平滑性，在两个端点处 $f(x)$ 应保持尽量多阶的连续可导性。

需要注意的是，a 取值过大时会导致伸展函数出现负斜率。对于数值天气预报应用，分辨率改善的区域需要设置在实际的对流层顶附近。为达到此目的，在应用调整函数时需将针对对流层子区域进行调制的上边界特征点设置在实际对流层顶之上。这样，当引入调整函数后，该子区域实际上还包含部分平流层下部区域。

1.2.3 Eckermann 算法

Eckermann 算法由美国海军研究室在 2009 年提出(Eckermann，2009)，该算法允许模式顶部的 k_p 个模式层是等压层，底部 k_σ 个模式层为类 σ 层，中间剩余的模式层($k=k_p+1,\cdots,L-k_\sigma$)采取混合形式，其地形跟随系数 $B(\tilde{\eta})$ 的表达式为：

$$B(\tilde{\eta})=\left(\frac{\tilde{\eta}-\tilde{\eta}_{k_p+1/2}}{1-\tilde{\eta}_{k_p+1/2}}\right)^{r(\tilde{\eta})}=b(\tilde{\eta})^{r(\tilde{\eta})} \tag{1.21}$$

由于对等压区域有 $B(\tilde{\eta})=0$，对类 σ 层区域有 $B(\tilde{\eta})=b(\tilde{\eta})$，因此，地形跟随系数 $B(\tilde{\eta})$ 的梯度为：

$$\frac{\mathrm{d}B(\tilde{\eta})}{\mathrm{d}\,\tilde{\eta}}=\begin{cases}0 & k=1,\cdots,k_p\\ \dfrac{r(\tilde{\eta})b(\tilde{\eta})^{r(\tilde{\eta})-1}}{1-\tilde{\eta}_{k_p+1/2}} & k=k_p+1,\cdots,L-k_\sigma\\ (1-\tilde{\eta}_{k_p+1/2})^{-1} & k=L-k_\sigma+1,\cdots,L\end{cases} \tag{1.22}$$

显然，利用该算法来确定混合坐标时，所需的参数包括纯气压层数(k_p)、地形跟随层数(k_σ)和一个幂指数($r(\tilde{\eta})$)。当这 3 个参数确定时，混合坐标也就唯一确定了(其中 $A(\tilde{\eta}_{k+1/2})$、$B(\tilde{\eta}_{k+1/2})$ 与 $b(\tilde{\eta}_{k+1/2})$ 分别记为 $A_{k+1/2}$、$B_{k+1/2}$ 与 $b_{k+1/2}$)：

$$B_{k+1/2}=\begin{cases}0 & k=1,2,\cdots,k_p\\ b_{k+1/2}^{r_{k+1/2}} & k=k_p+1,\cdots,L-k_\sigma\\ b_{k+1/2} & k=L-k_\sigma+1,\cdots,L\end{cases} \tag{1.23}$$

$$A_{k+1/2}=\begin{cases}(\tilde{\eta}_{k+1/2}/\tilde{\eta}_{k_p+1/2})\tilde{\pi}_{k_p+1/2} & k=1,2,\cdots,k_p\\ (\tilde{\eta}_{k+1/2}-B_{k+1/2})\tilde{\pi}_{L+1/2} & k=k_p+1,\cdots,L-k_\sigma\\ (\tilde{\eta}_{k+1/2}-B_{k+1/2})\tilde{\pi}_{L+1/2} & k=L-k_\sigma+1,\cdots,L\end{cases} \tag{1.24}$$

为消除高地形下垫面时混合坐标层厚度垂直廓线在 $k_p+1/2$ 半层处明显的不连续现象，并进而避免此不连续对模式预报准确度和稳定性造成的潜在不利影响，幂指数 $r(\tilde{\eta})$ 取为如下形式：

$$r(\tilde{\eta})=r_p+\frac{(r_\sigma-r_p)}{\arctan S}\arctan(Sb(\tilde{\eta})) \tag{1.25}$$

式中，r_σ 为 $L-k_\sigma+1$ 半层处的限制指数，r_p 为 $k_p+1/2$ 半层处的限制指数，S 为控制向两个限制指数平滑过渡的一个无量纲常数。将式(1.24)对 $\tilde{\eta}$ 求导可得：

$$\frac{\mathrm{d}r(\tilde{\eta})}{\mathrm{d}\tilde{\eta}}=\frac{(r_\sigma-r_p)}{\arctan S}\frac{S}{1+(Sb(\tilde{\eta}))^2}\frac{1}{1-\tilde{\eta}_{k_p+1/2}} \tag{1.26}$$

为避免 $L-k_\sigma+1$ 半层处层厚廓线的不连续，当 $k_\sigma\neq 0$ 时，取 $r_\sigma=1$。

不同于 Benard 算法，在采用 Eckermann 算法设计混合坐标时，需要预先指定模式气压层厚度($\Delta\tilde{\pi}_k$)的垂直廓线，并将其作为算法的输入，之后从其得到半层上的气压值与 $\tilde{\eta}_{k+1/2}$：

$$\tilde{\pi}_{k+1/2}=\sum_{i=1}^{k}\Delta\pi_k \tag{1.27}$$

$$\tilde{\eta}_{k+1/2}=\tilde{\pi}_{k+1/2}/\tilde{\pi}_{L+1/2} \tag{1.28}$$

进而可以由式(1.23)与式(1.24)确定混合坐标。气压层厚度($\Delta\tilde{\pi}_k$)的垂直廓线对于混合坐标的性能具有重要影响，因此需要慎重选择。此外，之所以在模式底部采用类 σ 坐标而不是纯 σ 坐标，是因为若采用纯 σ 坐标将导致 $L-k_\sigma+1$ 交界面处出现层厚度廓线的显著不连续。

1.2.4 垂直混合坐标新方案

Benard 算法和 Eckermann 算法作为两类混合坐标设计算法，其设计思想和实现方式均存在显著差异，算法对输入的要求也有明显差别。而且，两种算法中均包含有众多自由参数，这些参数的取值对于混合坐标的表现具有重要影响，但这些参数的物理意义和最优选取方法尚无定论，从而带来了很大的不确定性。

Beanrd 算法首先定义了垂直坐标的两个基本属性——可伸展性和混合性，并分别由伸展函数和混合函数表示。算法通过显式指定一些特征点，将两个函数在大气的垂直方向上进行区域划分(其中伸展函数垂直分为 5 个子区域，混合函数分为 3 个子区域)，然后在每个子区域内分别构造两个函数的表达式，并要求函数在特征点上满足一定的连续性和可导性，以实现混合坐标在垂直方向整体上的连续性和平滑性。因此，Benard 算法可以通过调整这些特征点的位置，实现灵活控制混合坐标垂直区域划分和整体分布的目的。而且，Benard 算法 2008 版通过在 2004 版算法的基础上引入调整函数，对重点区域进行调整，从而实现垂直方向上局部区域分辨率的灵活调整，以对大气垂直方向上的关键区域进行更为细致的刻画。

Eckermann 算法的设计思想较为简单，实现起来也较为容易，而且算法中自由参数相对较少，容易对算法所得混合坐标的性质进行控制。算法通过调整 r_σ、r_p 和 S 三个参数的取值，能够灵活调整对混合坐标具有重要作用的 $\mathrm{d}B/\mathrm{d}\eta$ 廓线的平滑性。算法也可通过所谓的形状因子 S 控制高地形下垫面时气压层厚度垂直廓线的“保形”属性。此外，算法得到的混合坐标在近地面部分采用的是类 σ 坐标系而不是 Benard 算法中采用的纯 σ 坐标，因而避免了坐标混合过渡中部和地形跟随底部相交位置 $\mathrm{d}B/\mathrm{d}\eta$ 廓线的剧烈变化对坐标性能的影响。但是，该算法需要预先指定气压层厚度垂直廓线，并以此作为算法的输入，且该垂直廓线对于混合坐标的性能具有重要影响。

综上可知，Benard 算法和 Eckermann 算法虽然均为混合坐标设计算法，但二者存在显著差异。Benard 算法可以灵活实现局地改进垂直分辨率的功能，而 Eckermann 算法可以通过形状因子控制气压层厚度廓线的“保形”属性；Eckermann 算法需要预先指定模式气压层厚度廓线，但 Benard 算法则不需要。为了综合两种算法的各自优点，可以以 Benard 算法输出的气压层厚度作为 Eckermann 算法的输入，得到性能更优的混合坐标按需加密新算法，如图 1.3 所示。

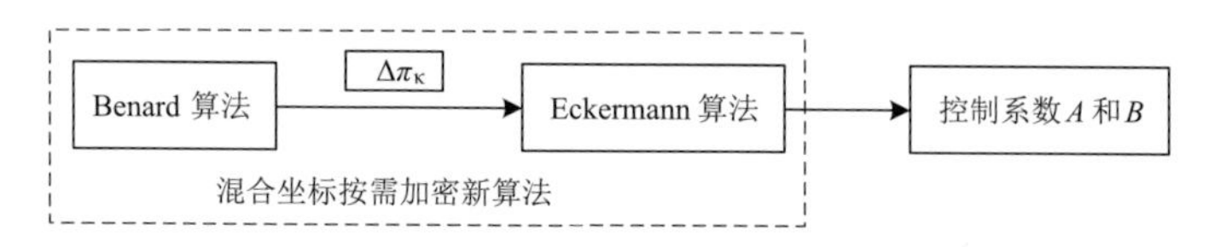

图 1.3　混合坐标按需加密新算法的实现流程

1.2.5　垂直混合坐标方案性能评估

真实地球地形下 4 种混合坐标的垂直分布如图 1.4 所示。由图 1.4 可以看出，同 Benard2004坐标相比，Benard2008 混合坐标在 200 hPa 附近区域垂直层数显著加密，该局部区域分辨率明显提升。然而，由于模式总层数一定，这种局部区域分辨率的加密导致加密区域下部模式层数明显变得稀疏，分辨率显著降低，但这种局部加密并未造成加密区域上部分辨率的明显变化。同 Benard2004 坐标相比，复合 Benard2004 与 Eckermann 算法的 B4E9 坐标随模式高度升高时，近地面地形跟随坐标向高空气压坐标的过渡更加迅速。Benard2004 坐标在约 100 hPa 位置的坐标面仍存在明显起伏，但 B4E9 坐标已变为平整的气压坐标面。另外，通过比较 B8E9 坐标(复合 Benard2008 与 Eckermann 算法所得到的坐标)与 B4E9 坐标，也可明显看出，由于分辨率的局地加密对垂直分层疏密分布的显著影响，以及由此导致的局地加密区域下部分辨率的降低；通过比较 Beanrd2008 坐标与 B8E9 坐标，也可看出复合算法得到的混合坐标以更快的速度由地形跟随坐标面向气压坐标面过渡。

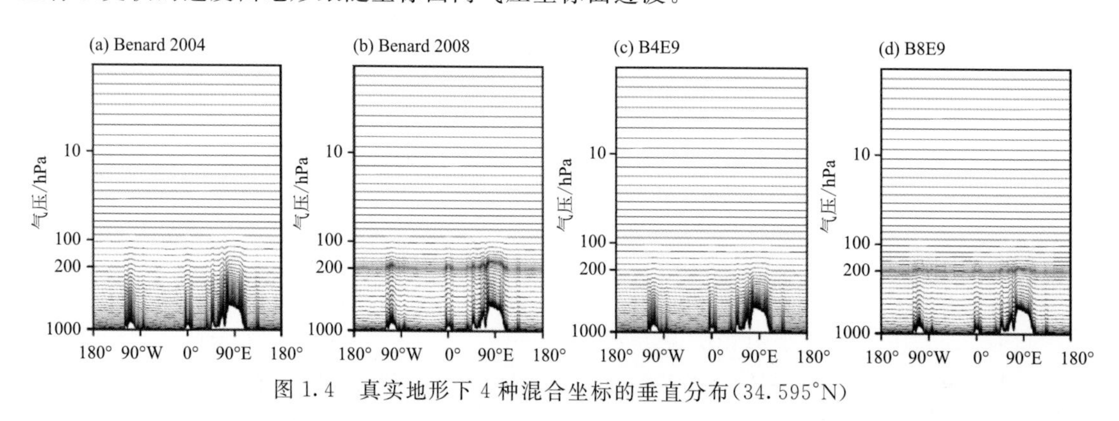

图 1.4　真实地形下 4 种混合坐标的垂直分布(34.595°N)

图 1.5 为 4 种混合坐标的 $dB/d\eta$ 廓线，$dB/d\eta$ 廓线的垂直分布对混合坐标的性质具有重要影响。$dB/d\eta$ 为零处，对应的控制系数 B 取值也为 0，对应于纯气压坐标。由图 1.5 可知，Benard2004 坐标与 Benard2008 坐标的 $dB/d\eta$ 廓线重合，而 B4E9 坐标与 B8E9 坐标的 $dB/d\eta$ 廓线重合，且复合算法得到的混合坐标由顶部的纯气压坐标向中部混合部分的过渡较 Benard 坐标更为平滑。此外，随模式高度降低，Benard 坐标 $dB/d\eta$ 的值平滑地趋向于 1 并在地表处

达到 1，而复合算法得到的坐标随高度降低至水平面，$dB/d\eta$ 平滑地趋近于一个大于 1 的值。由此可知，若以 $dB/d\eta$ 廓线的线型区分，Benard 坐标和复合算法得到的坐标属于两种不同的类型。需要注意的是，虽然从曲线走势上存在上述两两重合现象，但从图中可以明显看出，在重合的两条曲线上，离散数据点的分布是不同的，即离散数据点不互相重合。以 Benard2004 和 Benard2008 两条曲线为例，Benard2008 坐标在约 200 hPa 附近层数较 Benard2004 坐标密集，在该位置以下比 Benard2004 坐标稀疏，这与图 1.4 中的分析是一致的。

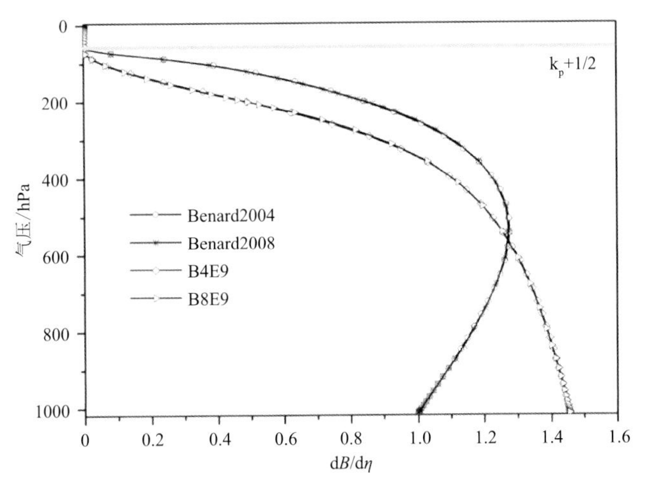

图 1.5　4 种混合坐标的 $dB/d\eta$ 廓线

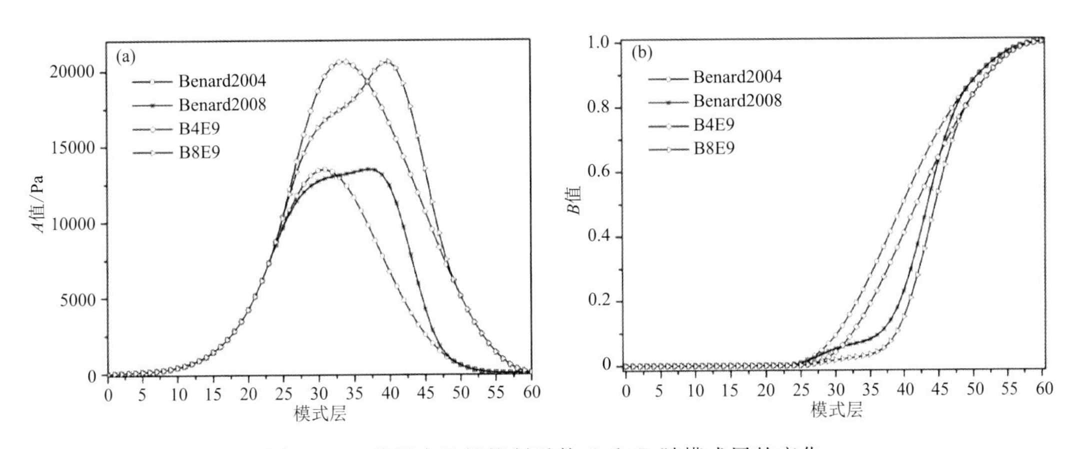

图 1.6　4 种混合坐标控制系数 A 和 B 随模式层的变化

图 1.6 为 4 种混合坐标控制系数 A(图 1.6a)和 B(图 1.6b)随模式层数的垂直变化。由图 1.6a 可知，等压系数 A 随模式层大致为单峰型分布，Benard 坐标中 A 的最高值要明显低于复合算法所得。由图 1.6b 可知，随层次的增加，地形跟随系数 B 的取值呈递增趋势，且取值范围为 0～1，并在模式上部大约前 24 个半层取值均为 0，对应纯气压坐标，地表处 B 的取值为 1，对应纯地形跟随的 σ 坐标。由图 1.6 还可明显看出，Benard2008 坐标和 B8E9 坐标对分辨率的局地加密，使得曲线在以第 33 个半层为中心的局部区域走势变得平缓，相应位置处局地分辨率升高，在该局部区域下部曲线走势变得更陡，相应分辨率降低。

1.3 全球浅薄大气静力模式控制方程组

1.3.1 大气原始运动控制方程组

1.3.1.1 动量方程组

在相对于某恒星固定不变的绝对坐标系(惯性坐标系)下,对某单位质量空气微团,其遵循牛顿第二运动定律,即

$$\frac{\mathrm{d}_a \boldsymbol{V}_a}{\mathrm{d}t} = \sum_i \boldsymbol{F}_i \tag{1.29}$$

其中,$\boldsymbol{F}_i$ 是作用于该空气微团上的外力,$\mathrm{d}_a/\mathrm{d}t$ 是惯性坐标系中的全导数,$\boldsymbol{V}_a$ 为绝对速度,$\mathrm{d}_a\boldsymbol{V}_a/\mathrm{d}t$ 为绝对加速度。

现在考虑以地球为参照的旋转坐标系,令 $\boldsymbol{i}$、$\boldsymbol{j}$、$\boldsymbol{k}$ 为该坐标系中沿坐标轴的 3 个单位矢量(经度、纬度、高度坐标系,经度记为 λ、纬度记为 θ、高度记为 z,且 $r=a+z$,a 为地球半径,约 6371 km),令 $\boldsymbol{i}_a$、$\boldsymbol{j}_a$、$\boldsymbol{k}_a$ 为惯性系中沿坐标轴的 3 个单位矢量,则对任意一个矢量 $\boldsymbol{A}$,如果记旋转的角速度向量为 $\boldsymbol{\Omega}$(其大小等于 $7.292\times10^{-5}\ \mathrm{s}^{-1}$),则式(1.29)的左端可以写为

$$\frac{\mathrm{d}_a \boldsymbol{V}_a}{\mathrm{d}t} = \frac{\mathrm{d}\boldsymbol{V}_a}{\mathrm{d}t} + \boldsymbol{\Omega}\times\boldsymbol{V}_a \tag{1.30}$$

另外,$\boldsymbol{V}_a$ 是空气微团位置向量 $\boldsymbol{r}$ 的全导数 $\mathrm{d}_a\boldsymbol{r}/\mathrm{d}t$,因此,记 $\mathrm{d}\boldsymbol{r}/\mathrm{d}t=\boldsymbol{V}_3$、$\boldsymbol{R}$ 为微团所在纬圈平面上地轴到微团的距离向量,则上式可以进一步改写为

$$\frac{\mathrm{d}_a \boldsymbol{V}_a}{\mathrm{d}t} = \frac{\mathrm{d}\boldsymbol{V}_3}{\mathrm{d}t} + 2\boldsymbol{\Omega}\times\boldsymbol{V}_3 - \Omega^2\boldsymbol{R} \tag{1.31}$$

式中后两项分别为科里奥利加速度、向心加速度。

再看式(1.29)右端的外力组成。对给定空气微团,其受到的外力可以分为两类(沈桐立等,2003):一类为表面力,它是周围空气介质作用在空气微团表面上的力,表面力与作用面的大小成比例;另一类为质量力或体积力,这种力作用在组成空气微团的所有质点上,其与空气微团的质量或体积成正比,而与空气微团以外的空气介质的存在无关。

表面力包括气压梯度力、外摩擦力和内摩擦力(含分子黏性力、湍流黏性力),质量力包括地球引力或重力。气压梯度力是周围空气介质作用在空气微团表面上的压力之合力,对给定的一个空气微团,假设其所受气压为 p,则其所受的气压梯度力为:

$$\boldsymbol{F}_1 = -\frac{1}{\rho}\nabla_3 p \tag{1.32}$$

式中,ρ 为空气密度,∇_3 为三维梯度算子,负号表示气压梯度力的方向由高压指向低压。

外摩擦力是指运动的空气与静止的下垫面的相互作用对空气运动产生的阻力。内摩擦力是指空气内部由于分子运动或湍流运动引起的动量交换的力学效应,这种力也常称为黏性力。

分子黏性力是周围空气作用在空气微团表面上的内摩擦力,空气是一种黏性介质,当某一层空气对邻近一层空气有相对运动时,就会产生这种内摩擦力。从分子运动论的观点来看,这种内摩擦力的产生乃是具有不同速度的两层空气之间分子动量交换的结果。根据纳维-斯托克斯分子黏性理论,作用于单位质量空气微团的分子黏性力为:

$$\boldsymbol{F}_2 = \frac{\upsilon}{3}\nabla_3(\nabla_3\cdot\boldsymbol{V}_3) + \upsilon\nabla_3^2\boldsymbol{V}_3 \tag{1.33}$$

式中,$\upsilon=\mu/\rho$ 为运动的分子黏性系数,μ 为动力的分子黏性系数,而∇_3^2为三维拉普拉斯算子。对不可压流体,式(1.33)右端第一项为0。大气是低黏性流体,除在近地面几厘米的薄层内,由于风速的垂直切变很大,需要考虑分子黏性力以外,一般将其忽略。

湍流黏性力类似于分子黏性力,该力是由于具有不同运动速度的相邻两层空气之间湍流动量交换而产生的一种内摩擦力。应当指出,湍流黏性力与分子黏性力有本质区别。分子黏性力取决于流体的物理属性(例如黏性),而湍流黏性力取决于流体的运动状态,为与分子黏性力相区别,常称之为湍流虚黏性力。单位质量空气微团所受的湍流黏性力为:

$$\boldsymbol{F}_3 = \frac{1}{\rho}\frac{\partial}{\partial z}\left(A_z\frac{\partial\boldsymbol{V}_3}{\partial z}\right) \tag{1.34}$$

式中,A_z为湍流交换系数。虽然湍流黏性力比分子黏性力大得多,但也只是在湍流运动明显的大气边界层内考虑其作用。在研究自由大气运动时,常常把湍流黏性力忽略。

根据万有引力定律,单位质量空气微团所受的地球引力为

$$\boldsymbol{F}_4 = -\frac{GM}{r^3}\boldsymbol{r} \tag{1.35}$$

式中,$G=6.668\times10^{-14}\ \mathrm{m^3/(g\cdot s^2)}$为引力常数,$M=5.976\times10^{27}$ g 为地球的质量,其中的负号是指地球引力的方向指向地心。

由上述分析可知,如果记

$$\boldsymbol{g} = -\frac{GM}{r^3}\boldsymbol{r} + \Omega^2\boldsymbol{R} \tag{1.36}$$

则方程(1.29)可以改写为:

$$\frac{\mathrm{d}\boldsymbol{V}_3}{\mathrm{d}t} = -\frac{1}{\rho}\nabla_3 p - 2\boldsymbol{\Omega}\times\boldsymbol{V}_3 + \boldsymbol{g} + \boldsymbol{F} \tag{1.37}$$

式中,右边最后一项为湍流黏性力与分子黏性力之和,且 $\boldsymbol{g}$ 称为单位质量空气微团所受的重力加速度,为式(1.36)中右边第一项和第二项之和,这两项分别对应于地球引力加速度和惯性离心力加速度。

由式(1.35)可知,地球引力加速度的大小大约为 9.81 m/s^2,而惯性离心力加速度约为 0.0338 m/s^2。如果将地球看成球体,则重力加速度 $\boldsymbol{g}$ 的方向与地球表面并不垂直。如果将惯性离心力分解为两个相互垂直的力,其一处于地球引力加速度所在方向,从而部分抵消了地球引力加速度;其二与地表面相切,指向赤道。后一分力的存在促使地表面上的自由物体向赤道方向运动,因而这种作用力决定了地球上海洋表面的形状,也在一定程度上决定了陆地表面的形状,使得地球成为一个两极比较扁平的椭球体,从而使得重力与椭球面(海平面)相垂直,不再有指向赤道的分力。本质上看,重力加速度随高度和纬度均会有所变化,但随纬度变化非常小,在垂直方向上变化也很小,当考虑的大气层较薄时,可以将重力加速度的大小看成常数,测量值大约为 9.80 m/s^2。当大气层较高时,在大气顶的重力加速度将稍有区别,例如在80 km

高处，重力加速度大约降为 9.559 m/s²，与 9.80 m/s² 相差约 2.46%；在 120 km 高处，重力加速度大约为 9.441 m/s²，与 9.80 m/s² 相差约 3.66%。

由以上讨论可知，可以将式(1.37)改写为

$$\frac{\mathrm{d}\boldsymbol{V}_3}{\mathrm{d}t}=-\frac{1}{\rho}\nabla_3 p-2\boldsymbol{\Omega}\times\boldsymbol{V}_3+g\boldsymbol{k}+\boldsymbol{F} \tag{1.38}$$

这就是 z 坐标下的动量原始方程组。记

$$\boldsymbol{V}_3=u\boldsymbol{i}+v\boldsymbol{j}+w\boldsymbol{k} \tag{1.39}$$

则可知

$$\frac{\mathrm{d}\boldsymbol{V}_3}{\mathrm{d}t}=\left(\frac{\mathrm{d}u}{\mathrm{d}t}-\frac{uv\tan\theta}{r}+\frac{uw}{r}\right)\boldsymbol{i}+\left(\frac{\mathrm{d}v}{\mathrm{d}t}+\frac{u^2\tan\theta}{r}+\frac{vw}{r}\right)\boldsymbol{j}+\left(\frac{\mathrm{d}w}{\mathrm{d}t}-\frac{u^2+v^2}{r}\right)\boldsymbol{k} \tag{1.40}$$

从而可以将式(1.38)写成分量形式

$$\frac{\mathrm{d}u}{\mathrm{d}t}=-\frac{1}{\rho r\cos\theta}\frac{\partial p}{\partial\lambda}+2\Omega v\sin\theta-2\Omega w\cos\theta+\frac{uv\tan\theta}{r}-\frac{uw}{r}+F_\lambda \tag{1.41}$$

$$\frac{\mathrm{d}v}{\mathrm{d}t}=-\frac{1}{\rho r}\frac{\partial p}{\partial\theta}-2\Omega u\sin\theta-\frac{u^2\tan\theta}{r}-\frac{vw}{r}+F_\theta \tag{1.42}$$

$$\frac{\mathrm{d}w}{\mathrm{d}t}=-\frac{1}{\rho}\frac{\partial p}{\partial z}-g+2\Omega u\cos\theta+\frac{u^2+v^2}{r}+F_r \tag{1.43}$$

在欧洲中期天气预报中心与国内科研单位所研发的全球数值天气预报模式中，经常采用基于静力气压或空气质量的坐标。记 π 为满足静力平衡时气柱所在位置上方的空气压力，则静力平衡方程

$$\frac{\partial\pi}{\partial z}+\rho g=0 \tag{1.44}$$

在静压力 π 坐标下，通过坐标变换，并记

$$\phi=gz \tag{1.45}$$

可以将式(1.41)、式(1.42)、式(1.43)分别改写为

$$\frac{\mathrm{d}u}{\mathrm{d}t}=-\frac{1}{\rho r\cos\theta}\left(\frac{\partial p}{\partial\lambda}\right)_\pi-\frac{1}{r\cos\theta}\frac{\partial p}{\partial\pi}\left(\frac{\partial\phi}{\partial\lambda}\right)_\pi+2\Omega v\sin\theta-2\Omega w\cos\theta+\frac{uv\tan\theta}{r}-\frac{uw}{r}+F_\lambda \tag{1.46}$$

$$\frac{\mathrm{d}v}{\mathrm{d}t}=-\frac{1}{\rho r}\left(\frac{\partial p}{\partial\theta}\right)_\pi-\frac{1}{r}\frac{\partial p}{\partial\pi}\left(\frac{\partial\phi}{\partial\theta}\right)_\pi-2\Omega u\sin\theta-\frac{u^2\tan\theta}{r}-\frac{vw}{r}+F_\theta \tag{1.47}$$

$$\frac{\mathrm{d}w}{\mathrm{d}t}=g\frac{\partial p}{\partial\pi}-g+2\Omega u\cos\theta+\frac{u^2+v^2}{r}+F_r \tag{1.48}$$

在垂直方向上采用基于静气压(π)的地形跟踪坐标(η)时，

$$\frac{\partial}{\partial\pi}=\left(\frac{\partial\pi}{\partial\eta}\right)^{-1}\frac{\partial}{\partial\eta} \tag{1.49}$$

可以将式(1.46)、式(1.47)、式(1.48)进一步分别化为

$$\frac{\mathrm{d}u}{\mathrm{d}t}=-\frac{1}{\rho r\cos\theta}\left(\frac{\partial p}{\partial\lambda}\right)_\eta-\frac{1}{r\cos\theta}\frac{\partial p}{\partial\pi}\left(\frac{\partial\phi}{\partial\lambda}\right)_\eta+\frac{1}{r\cos\theta}\left(\frac{\partial\pi}{\partial\eta}\right)^{-1}\left(\frac{\partial\pi}{\partial\lambda}\right)_\eta\left\{\frac{1}{\rho}\frac{\partial p}{\partial\eta}+\frac{\partial p}{\partial\pi}\frac{\partial\phi}{\partial\eta}\right\}+ \\ 2\Omega v\sin\theta-2\Omega w\cos\theta+\frac{uv\tan\theta}{r}-\frac{uw}{r}+F_\lambda \tag{1.50}$$

$$\frac{\mathrm{d}v}{\mathrm{d}t}=-\frac{1}{\rho r}\left(\frac{\partial p}{\partial\theta}\right)_\eta-\frac{1}{r}\frac{\partial p}{\partial\pi}\left(\frac{\partial\phi}{\partial\theta}\right)_\eta+\frac{1}{r}\left(\frac{\partial\pi}{\partial\eta}\right)^{-1}\left(\frac{\partial\pi}{\partial\theta}\right)_\eta\left\{\frac{1}{\rho}\frac{\partial p}{\partial\eta}+\frac{\partial p}{\partial\pi}\frac{\partial\phi}{\partial\eta}\right\}- \\ 2\Omega u\sin\theta-\frac{u^2\tan\theta}{r}-\frac{vw}{r}+F_\theta \tag{1.51}$$

$$\frac{\mathrm{d}w}{\mathrm{d}t}=g\frac{\partial p}{\partial \pi}-g+2\Omega u\cos\theta+\frac{u^2+v^2}{r}+F_r \tag{1.52}$$

其中，全导数

$$\frac{\mathrm{d}}{\mathrm{d}t}=\frac{\partial}{\partial t}+\frac{u}{r\cos\theta}\frac{\partial}{\partial\lambda}+\frac{v}{r}\frac{\partial}{\partial\theta}+\dot{\eta}\frac{\partial}{\partial\eta} \tag{1.53}$$

利用静力平衡关系，可以将式(1.50)、式(1.51)、式(1.52)分别简化为

$$\frac{\mathrm{d}u}{\mathrm{d}t}=-\frac{1}{\rho r\cos\theta}\left(\frac{\partial p}{\partial\lambda}\right)_\eta-\frac{1}{r\cos\theta}\frac{\partial p/\partial\eta}{\partial\pi/\partial\eta}\left(\frac{\partial\phi}{\partial\lambda}\right)_\eta+2\Omega v\sin\theta-2\Omega w\cos\theta+\frac{uv\tan\theta}{r}-\frac{uw}{r}+F_\lambda \tag{1.54}$$

$$\frac{\mathrm{d}v}{\mathrm{d}t}=-\frac{1}{\rho r}\left(\frac{\partial p}{\partial\theta}\right)_\eta-\frac{1}{r}\frac{\partial p/\partial\eta}{\partial\pi/\partial\eta}\left(\frac{\partial\phi}{\partial\theta}\right)_\eta-2\Omega u\sin\theta-\frac{u^2\tan\theta}{r}-\frac{vw}{r}+F_\theta \tag{1.55}$$

$$\frac{\mathrm{d}w}{\mathrm{d}t}=g\frac{\partial p/\partial\eta}{\partial\pi/\partial\eta}-g+2\Omega u\cos\theta+\frac{u^2+v^2}{r}+F_r \tag{1.56}$$

1.3.1.2 热力学方程

根据热力学第一定律，假设 δQ 是包括摩擦强迫在内的总加热量，则流体微团内能的变化量 δU 等于 δQ 减去该微团所做的功(δW)。如果流体微团的压力为 p，体积变化量为 $\delta\tau$，则 $\delta W=p\delta\tau$，因而有

$$\delta U+p\delta\tau=\delta Q \tag{1.57}$$

记 $\alpha=1/\rho$ 为比容，c_v 与 c_p 分别为定容与定压下的比热，并利用 $c_v=c_p-R$ 可得

$$c_p\frac{\mathrm{d}T}{\mathrm{d}t}-R\frac{\mathrm{d}T}{\mathrm{d}t}+p\frac{\mathrm{d}\alpha}{\mathrm{d}t}=\dot{Q} \tag{1.58}$$

即

$$\frac{\mathrm{d}T}{\mathrm{d}t}-\frac{RT}{c_p}\frac{\mathrm{d}(\ln p)}{\mathrm{d}t}=F_T \tag{1.59}$$

式中

$$F_T=\dot{Q}/c_p \tag{1.60}$$

1.3.1.3 水汽方程

在原始方程组中，水汽守恒方程为

$$\frac{\mathrm{d}q}{\mathrm{d}t}=F_q \tag{1.61}$$

1.3.1.4 连续性方程

考虑 δM 质量的空气微团，由于在运动过程中质量守恒，因此 $\mathrm{d}(\delta M)/\mathrm{d}t=0$，而 $\delta M=\rho\delta\tau$，进而

$$\frac{\mathrm{d}\rho}{\mathrm{d}t}+\rho\frac{1}{\delta\tau}\frac{\mathrm{d}(\delta\tau)}{\mathrm{d}t}=0 \tag{1.62}$$

另外，体积的变化速率为

$$\frac{\mathrm{d}(\delta\tau)}{\mathrm{d}t}=\int_{\delta S}\boldsymbol{n}\cdot\boldsymbol{V}_3\,\mathrm{d}S=\int_{\delta\tau}\nabla_3\cdot\boldsymbol{V}_3\,\mathrm{d}\tau\approx\delta\tau\,\nabla_3\cdot\boldsymbol{V}_3 \tag{1.63}$$

因此，连续性方程可以写为

$$\frac{\mathrm{d}\rho}{\mathrm{d}t}+\rho\nabla_3\cdot\boldsymbol{V}_3=0 \tag{1.64}$$

再由 $p=\rho RT$ 与式(1.59)、(1.64),可以得到

$$\frac{\mathrm{d}(\ln p)}{\mathrm{d}t}+\frac{c_p}{c_v}\nabla_3\cdot\mathbf{V}_3=\frac{\dot{Q}}{c_vT} \tag{1.65}$$

在(λ,θ,r)坐标系下,

$$\nabla_3\cdot\mathbf{V}_3=\frac{1}{r\cos\theta}\left(\frac{\partial u}{\partial\lambda}\right)_z+\frac{1}{r}\left(\frac{\partial v}{\partial\theta}\right)_z+\frac{\partial w}{\partial z} \tag{1.66}$$

考虑 $u(\lambda,\theta,\eta,t)=u(\lambda,\theta,z(\lambda,\theta,\eta,t),t)$、$v(\lambda,\theta,\eta,t)=v(\lambda,\theta,z(\lambda,\theta,\eta,t),t)$,并令 $m=\partial\pi/\partial\eta$,则可以得到

$$\nabla_3\cdot\mathbf{V}_3=\frac{1}{r\cos\theta}\left(\frac{\partial u}{\partial\lambda}\right)_\eta+\frac{1}{r}\left(\frac{\partial v}{\partial\theta}\right)_\eta+\frac{1}{m}\frac{p}{RT}\left(\frac{1}{r\cos\theta}\frac{\partial\phi}{\partial\lambda}\frac{\partial u}{\partial\eta}+\frac{1}{r}\frac{\partial\phi}{\partial\theta}\frac{\partial v}{\partial\eta}\right)-\frac{g}{m}\frac{p}{RT}\frac{\partial w}{\partial\eta} \tag{1.67}$$

1.3.1.5 气体状态方程

理想气体状态方程为:

$$p=\rho RT \tag{1.68}$$

1.3.1.6 辅助方程

由连续性方程(1.64)可得

$$\left(\frac{\mathrm{d}\ln\rho}{\mathrm{d}t}\right)_z+\nabla_z\cdot\mathbf{V}+\frac{\partial w}{\partial z}=0 \tag{1.69}$$

式中,$\mathbf{V}$ 为水平风速矢量。通过从 z 坐标到 π 坐标的变换,可将式(1.69)化为

$$\nabla_\pi\mathbf{V}+\frac{\partial\dot{\pi}}{\partial\pi}=0 \tag{1.70}$$

在 η 坐标下,令 $m=\partial\pi/\partial\eta$,进一步可以化为

$$\frac{\partial m}{\partial t}+\nabla_\eta\cdot(m\mathbf{V})+\frac{\partial}{\partial\eta}(m\dot{\eta})=0 \tag{1.71}$$

此外,对浅薄大气,重力位势 $\phi=gz$,因此,

$$\frac{\mathrm{d}\phi}{\mathrm{d}t}=gw \tag{1.72}$$

同时,由静力平衡关系$\partial\pi/\partial z=-\rho g$ 可以导出

$$\frac{\partial\phi}{\partial\eta}=-m\frac{RT}{p} \tag{1.73}$$

将 π 坐标定义为

$$\pi(x,y,\eta,t)=A(\eta)+B(\eta)\pi_s(x,y,t) \tag{1.74}$$

对式(1.71)从 0 到 1 进行积分,并注意到在大气顶 $\eta=0$ 与大气底 $\eta=1$ 处的 $\dot{\eta}$ 为 0,则可以得到

$$\frac{\partial}{\partial t}\pi_s+\int_0^1\nabla_\eta\cdot(m\mathbf{V})\mathrm{d}\eta=0 \tag{1.75}$$

对式(1.71)从 0 到 η 进行积分,可以得到

$$\frac{\partial\pi}{\partial t}+\int_0^\eta\nabla_\eta\cdot(m\mathbf{V})\mathrm{d}\eta+m\dot{\eta}=0 \tag{1.76}$$

从而

$$m\dot{\eta}=B(\eta)\int_0^1\nabla_\eta(m\mathbf{V})\mathrm{d}\eta-\int_0^\eta\nabla_\eta(m\mathbf{V})\mathrm{d}\eta \tag{1.77}$$

此外，利用 $\dot{\pi}=\mathrm{d}\pi/\mathrm{d}t$ 的定义，可以得到

$$\dot{\pi}=\mathbf{V}\cdot\nabla_{\eta}\pi-\int_{0}^{\eta}\nabla_{\eta}\cdot(m\mathbf{V})\mathrm{d}\eta \tag{1.78}$$

1.3.2 浅薄近似与静力平衡近似

在浅薄大气近似下，将式(1.54)、式(1.55)、式(1.56)中的 r 替换为地球平均半径(a)。同时，由于一般 w 相对较小，且地球半径(a)远大于风速，基于尺度分析，可以去除式(1.54)中倒数第二至第四项与式(1.55)中倒数第二和第三项。与此同时，基于能量守恒性的考虑，需要同步去除式(1.56)中倒数第二和第三项。这样，可以将动量方程简化为

$$\frac{\mathrm{d}u}{\mathrm{d}t}=-\frac{1}{\rho a\cos\theta}\left(\frac{\partial p}{\partial\lambda}\right)_{\eta}-\frac{1}{a\cos\theta}\frac{\partial p/\partial\eta}{\partial\pi/\partial\eta}\left(\frac{\partial\phi}{\partial\lambda}\right)_{\eta}+2\Omega v\sin\theta+F_{\lambda} \tag{1.79}$$

$$\frac{\mathrm{d}v}{\mathrm{d}t}=-\frac{1}{\rho a}\left(\frac{\partial p}{\partial\theta}\right)_{\eta}-\frac{1}{a}\frac{\partial p/\partial\eta}{\partial\pi/\partial\eta}\left(\frac{\partial\phi}{\partial\theta}\right)_{\eta}-2\Omega u\sin\theta+F_{\theta} \tag{1.80}$$

$$\frac{\mathrm{d}w}{\mathrm{d}t}=g\frac{\partial p/\partial\eta}{\partial\pi/\partial\eta}-g+F_{r} \tag{1.81}$$

在静力平衡假设下，$p=\pi$，因此，方程(1.81)消失。同时，式(1.79)与式(1.80)分别简化为：

$$\frac{\mathrm{d}u}{\mathrm{d}t}=-\frac{1}{\rho a\cos\theta}\frac{\partial p}{\partial\lambda}-\frac{1}{a\cos\theta}\frac{\partial\phi}{\partial\lambda}+2\Omega v\sin\theta+F_{\lambda} \tag{1.82}$$

$$\frac{\mathrm{d}v}{\mathrm{d}t}=-\frac{1}{\rho a}\frac{\partial p}{\partial\theta}-\frac{1}{a}\frac{\partial\phi}{\partial\theta}-2\Omega u\sin\theta+F_{\theta} \tag{1.83}$$

1.3.3 全球浅薄大气静力模式控制方程组

联合式(1.79)、式(1.80)、式(1.81)、式(1.59)、式(1.65)、式(1.75)和式(1.61)可知，在采用浅薄大气近似下，全球大气的控制方程组可以写为

$$\frac{\mathrm{d}u}{\mathrm{d}t}=-\frac{1}{\rho a\cos\theta}\left(\frac{\partial p}{\partial\lambda}\right)_{\eta}-\frac{1}{am\cos\theta}\frac{\partial p}{\partial\eta}\left(\frac{\partial\phi}{\partial\lambda}\right)_{\eta}+2\Omega v\sin\theta+F_{\lambda} \tag{1.84}$$

$$\frac{\mathrm{d}v}{\mathrm{d}t}=-\frac{1}{\rho a}\left(\frac{\partial p}{\partial\theta}\right)_{\eta}-\frac{1}{am}\frac{\partial p}{\partial\eta}\left(\frac{\partial\phi}{\partial\theta}\right)_{\eta}-2\Omega u\sin\theta+F_{\theta} \tag{1.85}$$

$$\frac{\mathrm{d}w}{\mathrm{d}t}=g\frac{\partial p}{m\partial\eta}-g+F_{r} \tag{1.86}$$

$$\frac{\mathrm{d}T}{\mathrm{d}t}-\frac{RT}{c_p}\frac{\mathrm{d}(\ln p)}{\mathrm{d}t}=F_{T} \tag{1.87}$$

$$\frac{\mathrm{d}(\ln p)}{\mathrm{d}t}+\frac{c_p}{c_v}D_3=\frac{\dot{Q}}{c_vT} \tag{1.88}$$

$$\frac{\mathrm{d}\pi_s}{\mathrm{d}t}-\mathbf{V}\cdot\nabla\pi_s+\int_{0}^{1}\nabla_{\eta}(m\mathbf{V})\mathrm{d}\eta=0 \tag{1.89}$$

$$\frac{\mathrm{d}q}{\mathrm{d}t}=F_{q} \tag{1.90}$$

其中，诊断关系式

$$\frac{\partial\phi}{\partial\eta}=-m\frac{RT}{p} \tag{1.91}$$

$$\pi(x,y,\eta,t)=A(\eta)+B(\eta)\pi_s(x,y,t) \tag{1.92}$$

$$D_3=\nabla_3\cdot\mathbf{V}_3=\nabla_\eta\mathbf{V}+\frac{1}{m}\frac{p}{RT}\nabla_\eta\phi\cdot\frac{\partial\mathbf{V}}{\partial\eta}-\frac{g}{m}\frac{p}{RT}\frac{\partial w}{\partial\eta} \tag{1.93}$$

在进一步采用静力平衡近似时，利用理想气体状态方程，通过简单变换，可以将控制方程组(1.84)～(1.90)简化为

$$\frac{\mathrm{d}u}{\mathrm{d}t}=-\frac{RT}{a\cos\theta}\frac{\partial\ln\pi}{\partial\lambda}-\frac{1}{a\cos\theta}\frac{\partial\phi}{\partial\lambda}+2\Omega v\sin\theta+F_\lambda \tag{1.94}$$

$$\frac{\mathrm{d}v}{\mathrm{d}t}=-\frac{RT}{a}\frac{\partial\ln\pi}{\partial\theta}-\frac{1}{a}\frac{\partial\phi}{\partial\theta}-2\Omega u\sin\theta+S_\theta \tag{1.95}$$

$$\frac{\mathrm{d}T}{\mathrm{d}t}-\frac{RT}{c_p\pi}\dot{\pi}=F_T \tag{1.96}$$

$$\frac{\mathrm{d}\ln\pi_s}{\mathrm{d}t}-\mathbf{V}\cdot\nabla\ln\pi_s+\frac{1}{\pi_s}\int_0^1\nabla_\eta\cdot(m\mathbf{V})\mathrm{d}\eta=0 \tag{1.97}$$

$$\frac{\mathrm{d}q}{\mathrm{d}t}=F_q \tag{1.98}$$

其中，诊断关系式

$$\phi=\phi_s-\int_1^\eta m\frac{RT}{\pi}\mathrm{d}\eta \tag{1.99}$$

$$\dot{\pi}=\mathbf{V}\cdot\nabla_\eta\pi-\int_0^\eta\nabla_\eta\cdot(m\mathbf{V})\mathrm{d}\eta \tag{1.100}$$

1.4 全球浅薄大气非静力模式控制方程组

1.4.1 非静力变量的引入

在第1.3.3节中基本联立方程组(1.84)～(1.93)的基础上，为有效减小模式方程组的刚性，提高所得控制方程组后续求解的整体精度，引入预报变量($\overline{p}$)与伪垂直散度变量($\overline{d}$)，分别代替气压(p)与垂直速度(w)：

$$\begin{cases}\overline{p}=\ln(p/\pi)\\ \overline{d}=-g\dfrac{p}{mR_dT}\dfrac{\partial w}{\partial\eta}+Y\end{cases} \tag{1.101}$$

其中

$$Y=\frac{p}{RT}\nabla\phi\cdot\left(\frac{\partial\mathbf{V}}{\partial\pi}\right) \tag{1.102}$$

则对式(1.102)在垂直方向上进行积分，可知从 $\overline{d}$ 诊断计算垂直速度的公式为：

$$w = w_s + \int_{\eta}^{1} \frac{mR_d T(\bar{d} - Y)}{gp} d\eta' \tag{1.103}$$

1.4.2 非静力变量倾向方程

由于 $\bar{p} = \ln(p/\pi)$，因此，从式(1.88)可以得到关于 $\bar{p}$ 的预报方程

$$\frac{d\bar{p}}{dt} = -\left(\frac{c_p}{c_v}D_3 + \frac{\dot{\pi}}{\pi}\right) + \frac{\dot{Q}}{c_v T} \tag{1.104}$$

由伪垂直散度的定义式(1.102)，利用式(1.88)、式(1.87)、式(1.86)、式(1.71)，可以得到

$$\frac{d\bar{d}}{dt} = -\left\{\frac{R_d}{R}\bar{d} + \left(1 - \frac{R_d}{R}\right)Y\right\}(\bar{d} - Y) + \frac{gp}{R_d T}\frac{\partial \mathbf{V}}{\partial \pi} \cdot \nabla w - \frac{g^2 p}{R_d T}\frac{\partial}{\partial \pi}\left(\frac{\partial(p - \pi)}{\partial \pi}\right) + \dot{Y} - \frac{gp}{mR_d T}\frac{\partial F_r}{\partial \eta} \tag{1.105}$$

式中，∇w 可以通过诊断的方式给出

$$g\,\nabla w = g\,\nabla w_s + \int_{\eta}^{1} \nabla\left(\frac{mT}{p}\right) R_d(\bar{d} - Y) d\eta' + \int_{\eta}^{1} \frac{mR_d T}{p} \nabla(\bar{d} - Y) d\dot{\eta}' \tag{1.106}$$

1.4.3 全球浅薄大气非静力控制方程组

联立式(1.84)、式(1.85)、式(1.105)、式(1.87)、式(1.104)、式(1.89)和式(1.90)，可以得到采用浅薄大气近似下的非静力模式控制方程组：

$$\frac{du}{dt} = -\frac{1}{\rho a\cos\theta}\left(\frac{\partial p}{\partial \lambda}\right)_\eta - \frac{1}{am\cos\theta}\frac{\partial p}{\partial \eta}\left(\frac{\partial \phi}{\partial \lambda}\right)_\eta + 2\Omega v\sin\theta + F_\lambda \tag{1.107}$$

$$\frac{dv}{dt} = -\frac{1}{\rho a}\left(\frac{\partial p}{\partial \theta}\right)_\eta - \frac{1}{am}\frac{\partial p}{\partial \eta}\left(\frac{\partial \phi}{\partial \theta}\right)_\eta - 2\Omega u\sin\theta + F_\theta \tag{1.108}$$

$$\frac{d\bar{d}}{dt} = -\left\{\frac{R_d}{R}\bar{d} + \left(1 - \frac{R_d}{R}\right)Y\right\}(\bar{d} - Y) + \frac{gp}{R_d T}\frac{\partial \mathbf{V}}{\partial \pi} \cdot \nabla w - \frac{g^2 p}{R_d T}\frac{\partial}{\partial \pi}\left(\frac{\partial(p - \pi)}{\partial \pi}\right) + \dot{Y} - \frac{gp}{mR_d T}\frac{\partial F_r}{\partial \eta} \tag{1.109}$$

$$\frac{dT}{dt} - \frac{RT}{c_p}\frac{d(\ln p)}{dt} = F_T \tag{1.110}$$

$$\frac{d\bar{p}}{dt} = -\left(\frac{c_p}{c_v}D_3 + \frac{\dot{\pi}}{\pi}\right) + \frac{\dot{Q}}{c_v T} \tag{1.111}$$

$$\frac{d\pi_s}{dt} - \mathbf{V} \cdot \nabla\pi_s + \int_0^1 \nabla_\eta \cdot (m\mathbf{V}) d\eta = 0 \tag{1.112}$$

$$\frac{dq}{dt} = F_q \tag{1.113}$$

其中，诊断关系式

$$\phi = \phi_s - \int_1^{\eta} m\frac{RT}{p} d\eta \tag{1.114}$$

$$\pi(x, y, \eta, t) = A(\eta) + B(\eta)\pi_s(x, y, t) \tag{1.115}$$

$$D_3 = \nabla_3 \cdot \mathbf{V}_3 = \nabla_\eta \mathbf{V} + \frac{1}{m}\frac{p}{RT}\nabla_\eta \phi \cdot \frac{\partial \mathbf{V}}{\partial \eta} - \frac{g}{m}\frac{p}{RT}\frac{\partial w}{\partial \eta} \tag{1.116}$$

$$gw = gw_s + \int_{\eta}^{1} \frac{mR_d T(\bar{d} - Y)}{p} d\eta' \tag{1.117}$$

$$\nabla(gw) = \nabla(gw_s) + \int_{\eta}^{1} \nabla\left(\frac{mT}{p}\right) R_d (\bar{d} - Y) d\eta' + \int_{\eta}^{1} \frac{mR_d T}{p} \nabla(\bar{d} - Y) d\eta' \tag{1.118}$$

$$gw_s = \frac{\partial \phi_s}{\partial t} + \boldsymbol{V}_s \cdot \nabla \phi_s + \dot{\eta} \frac{\partial \phi_s}{\partial \eta} = \boldsymbol{V}_s \cdot \nabla \phi_s \tag{1.119}$$

$$\frac{\partial (gw)_s}{a\partial\lambda} = \frac{\partial u_s}{a\partial\lambda} \frac{\partial \phi_s}{a\partial\lambda} + u_s \frac{\partial^2 \phi_s}{a^2 \partial\lambda^2} + \frac{\partial v_s}{a\partial\lambda} \frac{(1-\mu^2)\partial\phi_s}{a\partial\mu} + v_s \frac{(1-\mu^2)\partial^2\phi_s}{(a\partial\lambda)(a\partial\mu)} \tag{1.120}$$

$$(1-\mu^2)\frac{\partial (gw)_s}{a\partial\mu} = (1-\mu^2)\frac{\partial u_s}{a\partial\mu} \frac{\partial \phi_s}{a\partial\lambda} + u_s \frac{(1-\mu^2)\partial^2\phi_s}{(a\partial\lambda)(a\partial\mu)} + \frac{(1-\mu^2)\partial v_s}{a\partial\mu} \frac{(1-\mu^2)\partial\phi_s}{a\partial\mu} + v_s \frac{(1-\mu^2)^2\partial^2\phi_s}{(a\partial\mu)^2} \tag{1.121}$$

1.5 全球浅薄大气非静力载水模式控制方程组

1.5.1 干空气质量不守恒问题

与基于高度的垂直坐标相比，采用基于质量（或气压）的垂直坐标的好处在于质量连续方程可以自然地简化为诊断关系式，如式(1.70)或式(1.112)所述。这一优点极大地简化了模式预报方程组的求解，因此早期的许多全球或者区域模式都采用了基于质量（或气压）的垂直坐标。但是需要指出的是，形如式(1.70)或式(1.112)的简化诊断关系，实际暗含了质量连续性方程中不存在额外的源/汇，即假定全空气质量不存在气象意义上的增加或减少。这对于不含水汽的干空气是合理的，但是对于实际大气是明显有问题的。事实上，水汽等湿物质广泛存在于地球大气中，且湿物质的相变会直接改变空气中水汽的质量，从而造成湿空气质量的增加或减少(Smolarkiewic et al.，2017)，尤其是对于强降水过程。在这种情况下，假定全(湿)空气质量守恒，会导致干空气和总湿物质的质量变化存在虚假的反相关，即虽然实际大气中没有气象意义上的干空气质量源/汇，但数值模式中总湿物质质量的任何源/汇(例如地表的蒸发/降水)都暗含地由干空气质量的虚假汇/源来补偿。除了干空气质量的虚假增长，假设全空气质量守恒，还会造成大气运动控制方程组无法合理刻画强降水质量强迫效应，进而在一定程度上影响数值模式对强对流过程的预报效果。此即一些数值模式中所存在的“干空气质量不守恒问题”。

近年来，与模式动力内核中干空气质量不守恒有关的问题越来越受到数值预报主要业务中心的重视，例如 NCAR 与 ECMWF。通过引入基于干空气质量的垂直坐标，并相应地根据干空气质量重新建立预报所用的连续性方程，Lauritzen 等(2018)开发了 NCAR 谱元素动力内核(CAM－SE)的干空气质量守恒版本，但依然存在一些缺陷，主要表现为：①其全气压垂直速度诊断方程不准确；②在进一步推导其离散公式时，采用了无源/汇项的干空气质量和水物质的连续性方程，即本质上仍然假定湿空气的总质量是守恒的，从而导致最终的诊断方程中忽略了由于总水物质增加或减少而引起的质量强迫效应。Malerdel 等(2019)采用不同的解决方案来处理 ECMWF 当前 IFS 中干空气质量不守恒问题。在其实现过程中，垂直坐标仍然基于全(湿)静力气压，预报所用连续性方程仍然是总质量控制方程，但为了保证干空气质量的守恒，在全地面气压倾向方程和全气压垂直速度诊断方程中加入了上述额外的源/汇项。之所以采用这种方法，其主要动机是希望对当前 IFS 在变化最小的情况下进行实现。然而，正如 Malerdel 等所言，其目前的实现仅限于总质量连续性方程，原则上还需要对其他预报变量，即水平风和温度进行相应的修改，这可能也很复杂。此外，使用这种方案，尽管在下一个时间步开始时将进行校正，但在每个时间步内仍然存在补偿的干空气质量通量。因此，本质上该方案只能视为 IFS 的干空气质量守恒型修正版本。

本质上，采用基于干空气质量的垂直坐标，是解决数值模式中干空气质量不守恒问题最自然的选择(Peng et al.，2019，2020)。更重要的是，除了干空气质量固有守恒性外，使用干空气质量垂直坐标还涉及与物理过程参数化耦合时更好的一致性，以及包括凝结物效应在内的更好的总能量守恒性能。

1.5.2 干空气质量坐标

在连续性方程(1.112)中，采用的是全空气质量守恒，而实际大气中严格满足的应该是干空气质量守恒。引入一个基于干空气气压的混合地形追随坐标(η_d)，其中坐标面的气压定义为：

$$\pi_d(\lambda,\theta,\eta_d,t)=A(\eta_d)+B(\eta_d)\pi_{ds}(\lambda,\theta,t) \tag{1.122}$$

式中，π_d 是干空气静力气压，满足下述静力平衡关系：

$$\frac{\partial \pi_d}{\partial z}=-\rho_d g \tag{1.123}$$

且 π_{ds}是地面的干空气静力气压，π_{ds}/g 是地面上方单位面积空气柱中的干空气质量。

需要澄清一下，对干空气静力气压(π_d)和干空气密度(ρ_d)，状态方程并不成立，即 $\pi_d \neq \rho_d R_d T$。同时，对干空气分压(p_d)与干空气密度(ρ_d)，静力平衡关系也不成立，即$\partial p_d/\partial z \neq -\rho_d g$。

1.5.3 新修正温度的定义

一般地，考虑湿大气由干空气、水汽、云水、云冰、雨水和雪水等组成。用 $q_j=q_v, q_c, q_r, \cdots$ 分别表示水汽、云水、雨水与其他组分的混合比。注意，这里的混合比定义为 $q_j=\rho_j/\rho_d$，其中 ρ_j 为组分 j 的密度，且 ρ_d 为干空气的密度。这样，总混合比 q_t 给出为 $q_t=q_v+q_c+q_r+\cdots$，且总密度 $\rho=\rho_d(1+q_t)$。为简洁起见，定义 $\gamma=(1+q_t)^{-1}$ 和 $\varepsilon=R_v/R_d$，其中 R_d 和 R_v 分别代表干空气和水汽的气体常数。

全(湿)气压(p)定义为干空气分压(p_d)与水汽分压(p_v)之和，即

$$p=p_d+p_v=\rho_d R_d T+\rho_d q_v R_v T=\rho_d R_d T[1+(R_v/R_d)q_v] \tag{1.124}$$

引入如下修正的湿温度变量

$$T_m=T[1+(R_v/R_d)q_v] \tag{1.125}$$

这样,湿大气状态方程可以进一步简化为

$$p=\rho_d R_d T_m \tag{1.126}$$

从物理的视角看,上述方程意味着湿空气的状态完全由两个独立的自变量 ρ_d 与 T_m 决定,且后者完全包含了水汽对湿空气状态的效应。需要注意地是,T_m 具有虚温的形式,但不同于一般意义上的虚温 T_v。

1.5.4 湿大气非静力载水控制运动方程组

对式(1.125)和式(1.126)分别取对数再求导数,可得:

$$\frac{1}{T_m}\frac{dT_m}{dt}=\frac{1}{T}\frac{dT}{dt}+\frac{\varepsilon}{1+\varepsilon q_v}\frac{dq_v}{dt} \tag{1.127}$$

$$\frac{1}{p}\frac{dp}{dt}=\frac{1}{T_m}\frac{dT_m}{dt}+\frac{1}{\rho_d}\frac{d\rho_d}{dt} \tag{1.128}$$

式中,$\varepsilon=R_v/R_d$。通常,对于一般湿空气而言,真正守恒的是干空气质量,因此连续性方程应该表达如下:

$$\frac{1}{\rho_d}\frac{d\rho_d}{dt}+D_3=0 \tag{1.129}$$

联合式(1.127)、式(1.128)、式(1.129)和式(1.110),可得:

$$\frac{dT_m}{dt}+\frac{RT_m}{c_v}D_3=\frac{c_p}{c_v}H_m \tag{1.130}$$

$$\frac{1}{p}\frac{dp}{dt}+\frac{c_p}{c_v}D_3=\frac{c_p}{c_v}\frac{H_m}{T_m} \tag{1.131}$$

式中,$H_m=(1+\varepsilon q_v)\dot{Q}/c_p+\varepsilon T dq_v/dt$ 为联合的非绝热贡献,代表了湿物理过程的“加热”和“减湿”双重作用。

引入两个类似的非静力变量:

$$\hat{q}=\ln(p/\pi_d) \tag{1.132}$$

$$dl=d+X \tag{1.133}$$

其中,$d=-g(p/m_d R_d T_m)\partial w/\partial\eta_d$ 为真实的垂直散度,其不同于 ALADIN-NH 模式中所采用的伪垂直散度;$X=(p/m_d R_d T_m)\nabla\phi\cdot\partial\mathbf{V}/\partial\eta_d$ 为所谓的“X 项”,其本质上是由于坐标变换造成的。这里 $\mathbf{V}=(u,v)$为水平速度矢量。

从式(1.107)~式(1.113),在将式(1.112)替换为针对干空气质量守恒的连续性方程,并在采用式(1.132)与式(1.133)所定义非静力变量作为新预报变量、将温度方程(1.110)替换为式(1.130)后,最终的非静力湿大气运动载水控制方程组可以写成:

$$\frac{d\mathbf{V}}{dt}+\frac{\gamma R_d T_m}{p}\nabla p+\frac{\gamma}{m_d}\frac{\partial p}{\partial\eta_d}\nabla\phi+2\boldsymbol{\Omega}\times\mathbf{V}=F_v \tag{1.134}$$

$$\begin{aligned}\frac{dl}{dt}&+g^2\frac{p}{m_d R_d T_m}\frac{\partial}{\partial\eta_d}\left[\frac{\gamma}{m_d}\frac{\partial p}{\partial\eta_d}-1\right]-g\frac{p}{m_d R_d T_m}\frac{\partial\mathbf{V}}{\partial\eta_d}\cdot\nabla w\\&-d(\nabla\cdot\mathbf{V}-D_3)=-g\frac{p}{m_d R_d T_m}\frac{\partial F_r}{\partial\eta_d}+\dot{X}\end{aligned} \tag{1.135}$$

$$\frac{dT_m}{dt}+\frac{RT_m}{c_v}D_3=\frac{c_p}{c_v}H_m \tag{1.136}$$

$$\frac{\mathrm{d}\hat{q}}{\mathrm{d}t}+\frac{c_p}{c_v}D_3+\frac{\dot{\pi}_{\mathrm{d}}}{\pi_{\mathrm{d}}}=\frac{c_p}{c_v}\frac{H_{\mathrm{m}}}{T_{\mathrm{m}}} \tag{1.137}$$

$$\frac{\partial \pi_{\mathrm{ds}}}{\partial t}+\int_0^1 \nabla\cdot(m_{\mathrm{d}}\mathbf{V})\mathrm{d}\eta_{\mathrm{d}}=0 \tag{1.138}$$

$$\frac{\mathrm{d}q_j}{\mathrm{d}t}=F_{q_j} \tag{1.139}$$

其中用到的诊断关系为：

$$m_{\mathrm{d}}=\frac{\partial \pi_{\mathrm{d}}}{\partial \eta_{\mathrm{d}}} \tag{1.140}$$

$$p=\pi_{\mathrm{d}}\exp(\hat{q}) \tag{1.141}$$

$$\phi=\phi_s+\int_{\eta_{\mathrm{d}}}^1 \frac{m_{\mathrm{d}}R_{\mathrm{d}}T_{\mathrm{m}}}{p}\mathrm{d}\eta' \tag{1.142}$$

$$D_3=\nabla\cdot\mathbf{V}+d+X \tag{1.143}$$

$$m_{\mathrm{d}}\dot{\eta}_{\mathrm{d}}=B\int_0^1 \nabla\cdot(m_{\mathrm{d}}\mathbf{V})\mathrm{d}\eta-\int_0^{\eta_{\mathrm{d}}}\nabla\cdot(m_{\mathrm{d}}\mathbf{V})\mathrm{d}\eta' \tag{1.144}$$

$$\dot{\pi}_{\mathrm{d}}=\mathbf{V}\cdot\nabla\pi_{\mathrm{d}}-\int_0^{\eta_{\mathrm{d}}}\nabla\cdot(m_{\mathrm{d}}\mathbf{V})\mathrm{d}\eta' \tag{1.145}$$

$$g\nabla w=g\nabla w_s+\int_{\eta_{\mathrm{d}}}^1 \frac{m_{\mathrm{d}}R_{\mathrm{d}}T_{\mathrm{m}}}{p}\nabla d\,\mathrm{d}\eta'+\int_{\eta_{\mathrm{d}}}^1 d\,\nabla\left(\frac{m_{\mathrm{d}}R_{\mathrm{d}}T_{\mathrm{m}}}{p}\right)\mathrm{d}\eta' \tag{1.146}$$

1.6 全球深厚大气非静力模式控制方程组

1.6.1 任意坐标的深厚大气非静力模式方程组

深厚大气模式相比浅薄大气，具有如下特点：

(1)距离地球中心的半径不再是 a 而是随高度变化的 r，垂直半径不再采用近似。

(2)两垂直线不再平行，二者间的角度随纬度变化。

(3)科里奥利力项必须考虑垂直风(w)，同时 w 也会出现在新的曲率项中。

(4)垂直风关系 $\mathrm{d}r/\mathrm{d}t=w$。

(5)重力位势高度(ϕ)在预报方程中不再出现，取而代之的是 $Gz=G(r-a)$，ϕ 能出现在一些中间变量中，但是它不是一直等于 Gz。

(6)重力加速度(G)被随高度变化的 g 取代，$g(r)=Ga^2/r^2$(当 $r=a$ 时 $g=G$)，G 为 $r=a$ 时的常量。

Wood 和 Staniforth(2003)给出了基于任意垂直坐标 s 的深厚大气非静力模式方程组，本节先对此进行描述。

1.6.1.1 水平动量方程组

在采用任意垂直坐标 s 时，式(1.54)、式(1.55)等价于

$$\frac{\mathrm{d}u}{\mathrm{d}t}-\frac{uv\tan\theta}{r}+\frac{uw}{r}-2\Omega v\sin\theta+2\Omega w\cos\theta+\frac{1}{\rho r\cos\phi}\left(\frac{\partial p}{\partial\lambda}-\frac{\partial p}{\partial s}\frac{\partial s}{\partial r}\frac{\partial r}{\partial\lambda}\right)=F_\lambda \tag{1.147}$$

$$\frac{\mathrm{d}v}{\mathrm{d}t}-\frac{u^2\tan\theta}{r}+\frac{vw}{r}+2\Omega u\sin\theta+\frac{1}{\rho r}\left(\frac{\partial p}{\partial\phi}-\frac{\partial p}{\partial s}\frac{\partial s}{\partial r}\frac{\partial r}{\partial\theta}\right)=F_\theta \tag{1.148}$$

写成向量形式为：

$$\frac{\mathrm{d}(\boldsymbol{U}+2\boldsymbol{\Omega}\times\boldsymbol{r})}{\mathrm{d}t}=-\frac{w}{r}\boldsymbol{U}+\frac{u\tan\theta}{r}\boldsymbol{V}-RT\frac{\nabla p}{p}+\frac{RT}{p}\frac{\partial p}{\partial s}\frac{\partial s}{\partial r}\nabla r+F_{\mathrm{V}} \tag{1.149}$$

式中，$\boldsymbol{U}=(u,v)$，$\boldsymbol{V}=(v,u)$，∇为水平梯度算子，F_{V} 为物理贡献项的向量形式。该公式将科里奥利力放在左端，写为 $\mathrm{d}(2\boldsymbol{\Omega}\times\boldsymbol{r})/\mathrm{d}t$ 形式，当模式采用半拉格朗日时间步进格式离散时，可以用球面半拉格朗日格式以及旋转矩阵更加稳定和便利地将科里奥利力项加入动量方程的离散中(Staniforth et al.,2010)。

1.6.1.2 垂直动量方程

在采用任意垂直坐标 s 时，式(1.56)等价于

$$\frac{\mathrm{d}w}{\mathrm{d}t}-\frac{(u^2+v^2)}{r}-2\Omega u\cos\theta+\frac{a^2}{r^2}G+\frac{RT}{p}\frac{\partial p}{\partial s}\frac{\partial s}{\partial r}=F_r \tag{1.150}$$

令

$$\mu_s=-\frac{2ur\Omega\cos\theta+u^2+v^2}{rG}$$

则垂直动量方程为：

$$\frac{\mathrm{d}w}{\mathrm{d}t}+G\mu_s+\frac{a^2}{r^2}G+\frac{RT}{p}\frac{\partial p}{\partial s}\frac{\partial s}{\partial r}=F_r \tag{1.151}$$

可以写为

$$\frac{r^2}{a^2}\frac{\mathrm{d}w}{\mathrm{d}t}=-\frac{r^2}{a^2}G\mu_s+\left(-\frac{r^2}{a^2}\frac{p}{RT}\frac{\partial p}{\partial s}\frac{\partial s}{\partial r}-G+\frac{r^2}{a^2}F_r\right) \tag{1.152}$$

1.6.1.3 气压和温度方程

在采用任意垂直坐标 s 时，式(1.65)与式(1.59)分别等价于

$$\frac{\mathrm{d}p}{\mathrm{d}t}=-\frac{c_p}{c_v}pD_3+\frac{F_Tp}{c_vT} \tag{1.153}$$

$$\frac{\mathrm{d}T}{\mathrm{d}t}=-\frac{RT}{c_v}D_3+\left[\frac{c_p}{c_v}F_T\right] \tag{1.154}$$

式中，$D_3=\frac{1}{r\cos\theta}\left(\frac{\partial u}{\partial\lambda}+\frac{\partial}{\partial\theta}(v\cos\theta)\right)-\frac{\partial s}{\partial r}\frac{1}{r\cos\theta}\left(\frac{\partial r}{\partial\lambda}\frac{\partial u}{\partial s}+\frac{\partial r}{\partial\theta}\frac{\partial}{\partial s}(v\cos\theta)\right)+\frac{\partial s}{\partial r}\frac{1}{r^2}\frac{\partial(r^2w)}{\partial s}$ 为三维散度；F_T 为物理贡献项。

1.6.1.4 连续方程

在采用任意坐标 s 时，连续方程(1.71)等价于：

$$\frac{\partial}{\partial t}\left(\rho r^2\frac{\partial r}{\partial s}\right)+\frac{1}{\cos\theta}\left\{\frac{\partial}{\partial\lambda}\left(\frac{u}{r}\rho r^2\frac{\partial r}{\partial s}\right)+\frac{\partial}{\partial\theta}\left(\frac{v\cos\theta}{r}\rho r^2\frac{\partial r}{\partial s}\right)\right\}+\frac{\partial}{\partial s}\left(\dot{s}\rho r^2\frac{\partial r}{\partial s}\right)=0 \tag{1.155}$$

经化简为

$$\frac{\mathrm{dln}\left(\rho r^2\frac{\partial r}{\partial s}\right)}{\mathrm{d}t}+\frac{1}{\cos\theta}\left\{\frac{\partial}{\partial\lambda}\left(\frac{u}{r}\right)+\frac{\partial}{\partial\theta}\left(\frac{v\cos\theta}{r}\right)\right\}+\frac{\partial}{\partial s}(\dot{s})=0 \tag{1.156}$$

定义地形跟踪坐标 η 为：

$$s(\lambda,\theta,\eta,t)=A(\eta)+B(\eta)s_H(\lambda,\theta,\eta,t) \tag{1.157}$$

存在边界条件 $\dot{\eta}_1=\dot{\eta}_0=0$，且顶部边界 $s_T=\mathrm{const}$，令 $m=\partial s/\partial\eta$，则有连续方程为：

$$m\frac{\mathrm{dln}\left(\rho r^2\frac{\partial r}{\partial s}\right)}{\mathrm{d}t}+\frac{\partial m}{\partial t}+\frac{1}{\cos\theta}\left\{\frac{\partial}{\partial\lambda}\left(\frac{u}{r}m\right)+\frac{\partial}{\partial\theta}\left(\frac{v\cos\theta}{r}m\right)\right\}+\frac{\partial}{\partial\eta}(m\dot{\eta})=0 \tag{1.158}$$

令

$$k=\frac{\mathrm{dln}\left(\rho r^2\frac{\partial r}{\partial s}\right)}{\mathrm{d}t} \tag{1.159}$$

有

$$mk+\frac{\partial m}{\partial t}+\frac{1}{\cos\theta}\left\{\frac{\partial}{\partial\lambda}\left(\frac{u}{r}m\right)+\frac{\partial}{\partial\theta}\left(\frac{v\cos\theta}{r}m\right)\right\}+\frac{\partial}{\partial\eta}(m\dot{\eta})=0 \tag{1.160}$$

对上式积分，且应用边界条件有

$$\frac{\partial s_H}{\partial t}+\int_0^1\left[mk+\frac{1}{\cos\theta}\left(\frac{\partial}{\partial\lambda}\left(m\frac{u}{r}\right)+\frac{\partial}{\partial\theta}\left(m\frac{v\cos\theta}{r}\right)\right]\mathrm{d}\eta=0 \tag{1.161}$$

写成算子形式为：

$$\frac{\partial s_H}{\partial t}+\int_0^1\left[mk+\frac{r}{a}\nabla\cdot\left(\frac{a}{r}m\boldsymbol{U}\right)\right]\mathrm{d}\eta=0 \tag{1.162}$$

1.6.2 基于深厚气压的深厚大气非静力模式方程组

1.6.2.1 深厚大气气压($\boldsymbol{\Pi}$)

Wood 等(2003)为了便于描述深厚大气质量连续方程，给出了一个深厚气压(Π)的新概念，其定义为

$$\frac{\partial\Pi}{\partial r}=-\rho G\frac{r^2}{a^2} \tag{1.163}$$

Π 和静力气压(π)的关系。

$$\frac{\partial\pi}{\partial r}=-\rho g \tag{1.164}$$

二者结合：

$$\frac{\partial\Pi}{\partial\pi}=\frac{G}{g}\frac{r^2}{a^2}=\frac{r^4}{a^4} \tag{1.165}$$

地球半径(r)和深厚气压的关系：

$$\Pi=\Pi_T+\int_r^{r_T}\frac{p}{RT}G\left(\frac{r}{a}\right)^2\mathrm{d}r' \tag{1.166}$$

$$\frac{G}{3a^2}r^3=\frac{G}{3a^2}r_s^3-\int_{\widetilde{\Pi}_s}^{\widetilde{\Pi}}\frac{RT}{p}\mathrm{d}\Pi' \tag{1.167}$$

方程(1.158)可以用来诊断 r。Π_T 是一个任意函数来保证式(1.158)的唯一性，一般习惯选择

$\Pi_T = p_T = \text{const}$，如此可以简化上边界条件。

1.6.2.2 基于坐标 Π 的 Euler 方程

从式(1.147)～(1.148)及式(1.152)～(1.154)和(1.162)可以得到基于坐标 Π 的 Euler 方程组(Wood et al.,2003)：

$$\frac{\mathrm{d}u}{\mathrm{d}t}-\frac{uv\tan\theta}{r}+\frac{uw}{r}-2\Omega v\sin\theta+2\Omega w\cos\theta+\frac{1}{\rho r\cos\theta}\left(\frac{\partial p}{\partial\lambda}\right)+\left(\frac{r}{a}\right)^2\frac{\partial p}{\partial\Pi}\frac{1}{r\cos\theta}\frac{\partial Gr}{\partial\lambda}=F_\lambda \tag{1.168}$$

$$\frac{\mathrm{d}v}{\mathrm{d}t}+\frac{u^2\tan\theta}{r}+\frac{vw}{r}+2\Omega u\sin\theta+\frac{1}{\rho r}\frac{\partial p}{\partial\theta}+\left(\frac{r}{a}\right)^2\frac{\partial p}{\partial\Pi}\frac{1}{r}\frac{\partial(Gr)}{\partial\theta}=F_\theta \tag{1.169}$$

$$\frac{\mathrm{d}w}{\mathrm{d}t}-\frac{u^2+v^2}{r}-2\Omega u\cos\theta+g\left(1-\left(\frac{r}{a}\right)^2\left(\frac{G}{g}\right)\frac{\partial p}{\partial\Pi}\right)=F_r \tag{1.170}$$

$$\frac{\mathrm{d}T}{\mathrm{d}t}-\frac{1}{c_p\rho}\frac{\mathrm{d}p}{\mathrm{d}t}=\frac{F_T}{c_p} \tag{1.171}$$

$$\frac{\mathrm{d}p}{\mathrm{d}t}+\frac{c_p p}{c_v}D_3=\frac{F_T p}{c_v T} \tag{1.172}$$

$$\frac{1}{\cos\theta}\left[\frac{\partial}{\partial\lambda}\left(\frac{u}{r}\right)+\frac{\partial}{\partial\theta}\left(\frac{v\cos\theta}{r}\right)\right]+\frac{\partial}{\partial\Pi}(\dot{\Pi})=0 \tag{1.173}$$

$$\rho=\frac{p}{RT} \tag{1.174}$$

其中，

$$\frac{\mathrm{d}}{\mathrm{d}t}=\frac{\partial}{\partial t}+\frac{u}{r\cos\theta}\frac{\partial}{\partial\lambda}+\frac{v}{r}\frac{\partial}{\partial\theta}+\dot{\Pi}\frac{\partial}{\partial\Pi} \tag{1.175}$$

$$D_3=\frac{1}{r\cos\theta}\left[\frac{\partial u}{\partial\lambda}+\frac{\partial}{\partial\theta}(v\cos\theta)\right]+\left(\frac{r}{a}\right)^2\frac{\rho}{r\cos\theta}\left[\frac{\partial(Gr)}{\partial\lambda}\frac{\partial u}{\partial\Pi}+\frac{\partial(Gr)}{\partial\theta}\frac{\partial(v\cos\theta)}{\partial\Pi}\right]-\rho G\frac{\partial}{\partial\Pi}\left(\frac{r^2}{a^2}w\right) \tag{1.176}$$

1.6.2.3 深厚大气 Π 坐标连续方程算子形式

此时水平风方程(1.149)可以改写为

$$\frac{\mathrm{d}(\boldsymbol{U}+2\boldsymbol{\Omega}\times\boldsymbol{r})}{\mathrm{d}t}+\boldsymbol{U}\frac{w}{r}-\frac{u\tan\theta}{r}\mathbf{V}+RT\frac{\nabla p}{p}+\left(\frac{r}{a}\right)^2\frac{\partial p}{\partial\Pi}\nabla(Gr)=F_{\mathbf{V}} \tag{1.177}$$

对于垂直风方程(1.170)，定义

$$\mu_s=-\frac{2ur\boldsymbol{\Omega}\cos\theta+u^2+v^2}{rG} \tag{1.178}$$

则

$$\frac{\mathrm{d}w}{\mathrm{d}t}+G\mu_s+g\left(1-\left(\frac{r}{a}\right)^2\left(\frac{G}{g}\right)\frac{\partial p}{\partial\Pi}\right)=F_r \tag{1.179}$$

对于连续方程，引入水平散度算子

$$D=\nabla\cdot\boldsymbol{U}=\frac{1}{r\cos\theta}\left(\frac{\partial u}{\partial\lambda}+\frac{\partial(v\cos\theta)}{\partial\theta}\right) \tag{1.180}$$

有如下形式

$$\frac{r}{a}\nabla\cdot\left(\frac{a}{r}\boldsymbol{U}\right)+\frac{\partial}{\partial\Pi}(\dot{\Pi})=0 \tag{1.181}$$

三维散度(D_3)表达式为：

$$D_3=\nabla\cdot\boldsymbol{U}+\left(\frac{r}{a}\right)^2\frac{p}{RT}\frac{\partial\boldsymbol{U}}{\partial\Pi}\cdot\nabla(Gr)-\frac{p}{RT}G\frac{\partial}{\partial\Pi}\left(\frac{r^2}{a^2}w\right)\tag{1.182}$$

引入垂直散度项 d 和 X，

$$d=-\frac{p}{RT}G\frac{\partial}{\partial\Pi}\left(\frac{r^2}{a^2}w\right)\tag{1.183}$$

$$X=\left(\frac{r}{a}\right)^2\frac{p}{RT}\frac{\partial\boldsymbol{U}}{\partial\Pi}\cdot\nabla(Gr)\tag{1.184}$$

则 $D_3=D+X+d$。因此，方程组(1.168)～(1.173)的连续形式最终为：

$$\frac{\mathrm{d}(\boldsymbol{U}+2\boldsymbol{\Omega}\times\boldsymbol{r})}{\mathrm{d}t}+\boldsymbol{U}\frac{w}{r}-\frac{u\tan\theta}{r}\boldsymbol{V}+RT\frac{\nabla p}{p}+\left(\frac{r}{a}\right)^2\frac{\partial p}{\partial\Pi}\nabla(Gr)=F_{\mathbf{V}}\tag{1.185}$$

$$\frac{\mathrm{d}w}{\mathrm{d}t}+G\mu_s+g\left(1-\left(\frac{r}{a}\right)^2\left(\frac{G}{g}\right)\frac{\partial p}{\partial\Pi}\right)=F_r\tag{1.186}$$

$$\frac{\mathrm{d}T}{\mathrm{d}t}-\frac{1}{c_p\rho}\frac{\mathrm{d}p}{\mathrm{d}t}=\frac{F_T}{c_p}\tag{1.187}$$

$$\frac{\mathrm{d}p}{\mathrm{d}t}+\frac{c_p p}{c_v}D_3=\frac{F_T p}{c_v T}\tag{1.188}$$

$$\frac{r}{a}\nabla\cdot\left(\frac{a}{r}\boldsymbol{U}\right)+\frac{\partial}{\partial\Pi}(\dot{\Pi})=0\tag{1.189}$$

1.6.2.4 深厚大气混合坐标 $\boldsymbol{\eta}$ 形式

基于 η 混合坐标，

$$\Pi(\lambda,\theta,\eta,t)=A(\eta)+B(\eta)\Pi_s(\lambda,\theta,t)\tag{1.190}$$

其中，Π_s 为地表的深厚大气压。A、B 边界为

$$\begin{cases}A(0)=\Pi_T\\B(0)=0\\A(1)=0\\B(1)=1\end{cases}\tag{1.191}$$

定义 Π-η 坐标之间的映射因子 $m=\partial\Pi/\partial\eta$。从式(1.185)～式(1.189)可知，$\eta$ 坐标下的连续方程为：

$$\frac{\mathrm{d}(\boldsymbol{U}+2\boldsymbol{\Omega}\times\boldsymbol{r})}{\mathrm{d}t}+\boldsymbol{U}\frac{w}{r}-\frac{u\tan\theta}{r}\boldsymbol{V}+RT\frac{\nabla p}{p}+\left(\frac{r}{a}\right)^2\frac{1}{m}\frac{\partial p}{\partial\eta}\nabla(Gr)=\boldsymbol{F}_{\mathbf{V}}\tag{1.192}$$

$$\frac{\mathrm{d}w}{\mathrm{d}t}+G\mu_s+g\left(1-\left(\frac{r}{a}\right)^2\left(\frac{G}{g}\right)\frac{1}{m}\frac{\partial p}{\partial\eta}\right)=F_r\tag{1.193}$$

$$\frac{\mathrm{d}T}{\mathrm{d}t}-\frac{RT}{c_p p}\frac{\mathrm{d}p}{\mathrm{d}t}=\frac{F_T}{c_p}\tag{1.194}$$

$$\frac{\mathrm{d}p}{\mathrm{d}t}+\frac{c_p p}{c_v}D_3=\frac{F_T p}{c_v T}\tag{1.195}$$

$$\frac{r}{a}\nabla\cdot\left(\frac{a}{r}\boldsymbol{U}\right)+\frac{1}{m}\frac{\partial}{\partial\eta}(\dot{\Pi})=0\tag{1.196}$$

$$\frac{\partial\Pi}{\partial r}=-\rho G\frac{r^2}{a^2}\tag{1.197}$$

垂直散度项 d 和 X 项分别为：

$$X=\left(\frac{r}{a}\right)^{2}\frac{p}{RT}\frac{1}{m}\frac{\partial U}{\partial \eta}\cdot\nabla(Gr) \tag{1.198}$$

$$d=-\frac{p}{mRT}G\frac{\partial}{\partial \eta}\left(\frac{r^{2}}{a^{2}}w\right) \tag{1.199}$$

采用垂直散度项(d)作为非静力预报变量,其随时间的演化方程为

$$\frac{\mathrm{d}d}{\mathrm{d}t}=-dD_{3}+d\,\nabla\mathbf{V}-\frac{Gp}{R_{\mathrm{d}}Tm}\frac{\partial\left(\frac{\mathrm{d}\left[r^{2}/a^{2}w\right]_{\mathrm{ad}}}{\mathrm{d}t}\right)}{\partial\eta}+\frac{Gp}{R_{\mathrm{d}}Tm}\left(\nabla\left[\frac{r^{2}}{a^{2}}w\right]\right)\left(\frac{\partial V}{\partial\eta}\right)+F_{d} \tag{1.200}$$

其中,F_d 表示垂直散度的物理贡献项,可由 F_r 和式(1.193)获得。

气压偏差项 $\hat{q}$ 的定义,同浅层大气模式相比,$\hat{q}$ 显然不能定义为 $\ln(p/\pi)$,因为静力气压 π 不再作为预报变量存在。一个简单的类比为可以采用 $\ln(p/\Pi)$ 来作为 $\hat{q}$ 的定义,但是

$$\ln\left(\frac{p}{\Pi}\right)=\ln\left(\frac{p}{\pi}\right)+\ln\left(\frac{\pi}{\Pi}\right) \tag{1.201}$$

对于静力平衡状态下,$\ln(\pi/\Pi)$ 要显著大于 $\ln(p/\pi)$(约为 0),而且 $\ln(\pi/\Pi)$ 存在水平梯度值,也就是在设置 SL 参考态时 $\ln(\pi^{*}/\Pi^{*})$ 不为 0,这也导致 $\ln(\pi^{*}/\Pi^{*})$ 不为 0,从而不利于半隐式计算。因此,一个改进的形式为

$$\hat{Q}=\ln\left(\frac{p}{\Pi}\right)-\ln\left(\frac{\pi^{*}}{\Pi^{*}}\right) \tag{1.202}$$

由定义可知,$\hat{Q}$ 在静力平衡的参考态 $\hat{Q}^{*}=0$。定义

$$n^{*}=\frac{\pi^{*}}{\Pi^{*}} \tag{1.203}$$

$\hat{Q}$ 随时间演化的方程形式为:

$$\frac{\mathrm{d}\hat{Q}}{\mathrm{d}t}+\frac{c_{p}}{c_{v}}D_{3}+\frac{\dot{\Pi}}{\Pi}+\dot{\eta}\frac{\partial\ln(n^{*})}{\partial\eta}=\frac{c_{p}}{c_{v}}F_{T} \tag{1.204}$$

地表深厚气压 Π_s 演化形式为:

$$\frac{\partial \Pi_{s}}{\partial t}+\int_{0}^{1}\frac{r}{a}\nabla\cdot\left(\frac{a}{r}m\boldsymbol{U}\right)\mathrm{d}\eta=0 \tag{1.205}$$

一些诊断变量

$$m\dot{\eta}=B\int_{0}^{1}\frac{r}{a}\nabla\cdot\left(\frac{a}{r}m\boldsymbol{U}\right)\mathrm{d}\eta-\int_{0}^{\eta}\frac{r}{a}\nabla\cdot\left(\frac{a}{r}m\boldsymbol{U}\right)\mathrm{d}\eta \tag{1.206}$$

因此,混合 η 坐标下的深厚大气 Π 预报方程形式为:

$$\frac{\mathrm{d}(\boldsymbol{U}+2\boldsymbol{\Omega}\times\boldsymbol{r})}{\mathrm{d}t}+\boldsymbol{U}\frac{w}{r}-\frac{u\tan\theta}{r}\mathbf{V}+RT\frac{\nabla p}{p}+\left(\frac{r}{a}\right)^{2}\frac{1}{m}\frac{\partial p}{\partial\eta}\nabla(Gr)=\boldsymbol{F}_{\mathbf{V}} \tag{1.207}$$

$$\frac{\mathrm{d}d}{\mathrm{d}t}=-dD_{3}+d\,\nabla\mathbf{V}-\frac{Gp}{R_{\mathrm{d}}T_{m}}\frac{\partial\left(\frac{\mathrm{d}\left[r^{2}/a^{2}w\right]_{\mathrm{ad}}}{\mathrm{d}t}\right)}{\partial\eta}+\frac{Gp}{R_{\mathrm{d}}T_{m}}\left(\nabla\left[\frac{r^{2}}{a^{2}}w\right]\right)\left(\frac{\partial\mathbf{V}}{\partial\eta}\right)+F_{d} \tag{1.208}$$

$$\frac{\mathrm{d}T}{\mathrm{d}t}=-\frac{RT}{c_{v}}D_{3}+\left[\frac{c_{p}}{c_{v}}F_{T}\right] \tag{1.209}$$

$$\frac{\mathrm{d}\hat{Q}}{\mathrm{d}t}+\frac{c_{p}}{c_{v}}D_{3}+\frac{\dot{\Pi}}{\Pi}+\dot{\eta}\frac{\partial\ln(n^{*})}{\partial\eta}=\frac{c_{p}}{c_{v}}F_{T} \tag{1.210}$$

$$\frac{\partial \Pi_{s}}{\partial t}+\int_{0}^{1}\frac{r}{a}\nabla\cdot\left(\frac{a}{r}m\boldsymbol{U}\right)\mathrm{d}\eta=0 \tag{1.211}$$

一些诊断变量:

$$n^* = \frac{\pi^*}{\Pi^*} \tag{1.212}$$

$$m = \frac{\partial \Pi}{\partial \eta} \tag{1.213}$$

$$p = n^* \Pi \mathrm{e}^{\hat{Q}} \tag{1.214}$$

$$\frac{G}{3a^2} r^3 = \frac{G}{3a^2} r_s^3 - \int_{\Pi_s}^{\Pi} \frac{RT}{p} \mathrm{d}\Pi' \tag{1.215}$$

$$D_3 = \nabla \cdot \boldsymbol{U} + \left(\frac{r}{a}\right)^2 \frac{p}{mRT} \frac{\partial \boldsymbol{U}}{\partial \eta} \cdot \nabla(Gr) - \frac{p}{mRT} G \frac{\partial}{\partial \eta}\left(\frac{r^2}{a^2} w\right) = D + X + d \tag{1.216}$$

$$m\dot{\eta} = B(\eta) \int_0^1 \frac{r}{a} \nabla \cdot \left(\frac{a}{r} m \boldsymbol{U}\right) \mathrm{d}\eta - \int_0^{\eta} \frac{r}{a} \nabla \cdot \left(\frac{a}{r} m \boldsymbol{U}\right) \mathrm{d}\eta \tag{1.217}$$

1.6.3 基于静力气压的深厚大气非静力模式方程组

1.6.3.1 基于静力气压的深厚大气非静力模式基本方程组

采用深厚气压 Π,使得质量守恒方程具有同浅层大气模式类似的简洁形式,这也是 Wood 当初提出该坐标的核心依据之一。但在实际应用中发现,采用深厚气压 Π 作为垂直坐标虽然简化了方程,但是也存在一些缺陷。第一,深厚气压 Π 的初始场难以直接获得,需要迭代计算;第二,深厚气压 Π 相关变量同模式中其余静力气压(π)相关变量之间需要转换,而且转换过程较为复杂;第三,采用深厚大气 Π 时,预报变量气压偏差项($\hat{q}$)的参考态不为 0,这将显著增加模式线性方程组和隐式空间求解过程的复杂性。因此,为了克服上述缺点,同时便于现存已有浅层非静力模式代码的复用,提高项目的开发效率,有必要开发基于静力气压的深厚大气模式方程组。

选择静力气压(π)作为垂直坐标,其同高度(r)的关系为:

$$\frac{\partial \pi}{\partial r} = -\rho g = -\rho G \frac{a^2}{r^2} \tag{1.218}$$

将 $s=\pi$ 代入基于任意坐标 s 的深厚大气非静力模式方程组有:

$$\frac{\mathrm{d}u}{\mathrm{d}t} - \frac{uv\tan\theta}{r} + \frac{uw}{r} - 2\Omega v\sin\theta + 2\Omega w\cos\theta + \frac{1}{\rho r\cos\theta}\left(\frac{\partial p}{\partial \lambda} + \rho \frac{a^2}{r^2} \frac{\partial p}{\partial \pi} \frac{\partial (Gr)}{\partial \lambda}\right) = F_\lambda \tag{1.219}$$

$$\frac{\mathrm{d}v}{\mathrm{d}t} - \frac{u^2\tan\theta}{r} + \frac{vw}{r} + 2\Omega u\sin\theta + \frac{1}{\rho r}\left(\frac{\partial p}{\partial \theta} + \rho \frac{a^2}{r^2} \frac{\partial p}{\partial \pi} \frac{\partial (Gr)}{\partial \theta}\right) = F_\theta \tag{1.220}$$

$$\frac{\mathrm{d}w}{\mathrm{d}t} - \frac{(u^2+v^2)}{r} - 2\Omega u\cos\theta + \frac{a^2}{r^2} G - \frac{a^2}{r^2} \frac{\partial p}{\partial \pi} = F_r \tag{1.221}$$

$$\frac{\mathrm{d}p}{\mathrm{d}t} + \frac{c_p}{c_v} p D_3 = \frac{F_T p}{c_v T} \tag{1.222}$$

$$\frac{\mathrm{d}T}{\mathrm{d}t} + \frac{RT}{c_v} D_3 = \frac{c_p}{c_v} F_T \tag{1.223}$$

$$\frac{\partial}{\partial t}\left(-\frac{r^4}{a^2 G}\right) + \frac{1}{\cos\theta}\left\{\frac{\partial}{\partial \lambda}\left(\frac{u}{r}\left(-\frac{r^4}{a^2 G}\right)\right) + \frac{\partial}{\partial \theta}\left(\frac{v\cos\theta}{r}\left(-\frac{r^4}{a^2 G}\right)\right)\right\} + \frac{\partial}{\partial \pi}\left(\dot{\pi}\left(-\frac{r^4}{a^2 G}\right)\right) = 0 \tag{1.224}$$

将方程组向量化,定义如下记号,水平风场向量 $\boldsymbol{U}=(u,v)$,$\boldsymbol{V}=(v,u)$,水平梯度算子

$$\nabla X=\left(\frac{1}{r\cos\theta}\frac{\partial X}{\partial\lambda},\frac{1}{r}\frac{\partial X}{\partial\theta}\right) \tag{1.225}$$

和水平散度算子(设 $\boldsymbol{X}=X_x, X_y$)

$$\nabla\cdot\boldsymbol{X}=\frac{1}{r\cos\theta}\left(\frac{\partial X_x}{\partial\lambda}+\frac{\partial(X_y\cos\theta)}{\partial\theta}\right) \tag{1.226}$$

代入上述向量算子,可以简化式(1.205)～(1.207)。式(1.207)可以写为:

$$\frac{\mathrm{d}\boldsymbol{U}}{\mathrm{d}t}+2\boldsymbol{\Omega}\times\boldsymbol{U}+\frac{w}{r}\boldsymbol{U}-\frac{u\tan\theta}{r}\mathbf{V}+RT\frac{\nabla p}{p}+\frac{a^2}{r^2}\frac{\partial p}{\partial\pi}\nabla(Gr)=\mathbf{F_V} \tag{1.227}$$

三维散度的向量形式可以写为:

$$D_3\equiv\nabla\cdot\boldsymbol{U}+\frac{p}{RT}\frac{a^2}{r^2}\frac{\partial\boldsymbol{U}}{\partial\pi}\cdot\nabla(Gr)-\frac{p}{RT}\frac{a^4}{r^4}\frac{\partial}{\partial\pi}\left(\frac{r^2}{a^2}w\right) \tag{1.228}$$

对于垂直动量方程,设

$$\mu_s=-\frac{2ur\Omega\cos\theta+u^2+v^2}{rG} \tag{1.229}$$

因此,有

$$\frac{\mathrm{d}w}{\mathrm{d}t}+G\mu_s+\frac{a^2}{r^2}G\left(1-\frac{\partial p}{\partial\pi}\right)=F_r \tag{1.230}$$

连续方程可以写为:

$$\frac{\mathrm{d}\ln r^4}{\mathrm{d}t}+\left(\frac{1}{\cos\theta}\left(\frac{\partial}{\partial\lambda}\left(\frac{u}{r}\right)+\frac{\partial}{\partial\theta}\left(\frac{v\cos\theta}{r}\right)\right)+\frac{\partial\dot{\pi}}{\partial\pi}\right)=0 \tag{1.231}$$

写为向量形式:

$$4\frac{w}{r}+\frac{r}{a}\nabla\cdot\left(\frac{a}{r}\boldsymbol{U}\right)+\frac{\partial\dot{\pi}}{\partial\pi}=0 \tag{1.232}$$

因此,基于静力气压(π)的控制方程组为:

$$\frac{\mathrm{d}\boldsymbol{U}}{\mathrm{d}t}+2\boldsymbol{\Omega}\times\boldsymbol{U}+\frac{w}{r}\boldsymbol{U}-\frac{u\tan\theta}{r}\mathbf{V}+RT\frac{\nabla p}{p}+\frac{a^2}{r^2}\frac{\partial p}{\partial\pi}\nabla(Gr)=\mathbf{F_V} \tag{1.233}$$

$$\frac{\mathrm{d}w}{\mathrm{d}t}+G\mu_s+\frac{a^2}{r^2}G\left(1-\frac{\partial p}{\partial\pi}\right)=F_r \tag{1.234}$$

$$\frac{\mathrm{d}p}{\mathrm{d}t}+\frac{c_p}{c_v}pD_3=\frac{F_Tp}{c_vT} \tag{1.235}$$

$$\frac{\mathrm{d}T}{\mathrm{d}t}+\frac{RT}{c_v}D_3=\frac{c_p}{c_v}F_T \tag{1.236}$$

$$4\frac{w}{r}+\frac{r}{a}\nabla_H\cdot\left(\frac{a}{r}\boldsymbol{U}\right)+\frac{\partial\dot{\pi}}{\partial\pi}=0 \tag{1.237}$$

在实际开发中,模式选择混合 η 坐标以便于处理底部边界,基于静力气压(π)的地形跟踪混合坐标可以定义为:

$$\pi(\lambda,\theta,\eta,t)=A(\eta)\pi_T(\lambda,\theta,\eta,t)+B(\eta)\pi_s(\lambda,\theta,\eta,t) \tag{1.238}$$

式中,π_T、π_s 为顶部、底部的边界值。η 的变化区间为[η_T,η_s],不失一般性,假定

$$\eta_T=0 \tag{1.239}$$

$$\eta_s=1 \tag{1.240}$$

A、B 的边界值为:

$$\begin{cases}A(0)=1\\B(0)=0\end{cases}\tag{1.241}$$

$$\begin{cases}A(1)=0\\B(1)=1\end{cases}\tag{1.242}$$

为简化顶部边界，一般设置 $\pi_T=p_T$ 为恒定值。η 坐标的物质边界条件为：

$$\dot{\eta}(0)=0\tag{1.243}$$

$$\dot{\eta}(1)=0\tag{1.244}$$

定义静力气压 π 和 η 之间的映射关系为：

$$m=\frac{\partial\pi}{\partial\eta}\tag{1.245}$$

因此，有如下偏导转换规则：

$$\frac{\partial}{\partial\eta}=m\frac{\partial}{\partial\pi}\tag{1.246}$$

设垂直坐标 $s=\eta$ 代入式(1.140)、(1.142)并联立式(1.144)、(1.145)和(1.224)，且应用如上偏导规则可以推导出基于混合坐标 η 的模式方程组：

$$\frac{\mathrm{d}\boldsymbol{U}}{\mathrm{d}t}+2\boldsymbol{\Omega}\times\boldsymbol{U}+\frac{w}{r}\boldsymbol{U}-\frac{u\tan\theta}{r}\boldsymbol{V}+RT\frac{\nabla p}{p}+\frac{1}{m}\frac{a^2}{r^2}\frac{\partial p}{\partial\eta}\nabla(Gr)=\boldsymbol{F}_{\mathrm{V}}\tag{1.247}$$

$$\frac{\mathrm{d}w}{\mathrm{d}t}+G\mu_s+\frac{a^2}{r^2}G\left(1-\frac{1}{m}\frac{\partial p}{\partial\eta}\right)=F_r\tag{1.248}$$

$$\frac{\mathrm{d}p}{\mathrm{d}t}+\frac{c_p}{c_v}pD_3=\frac{F_Tp}{c_vT}\tag{1.249}$$

$$\frac{\mathrm{d}T}{\mathrm{d}t}+\frac{RT}{c_v}D_3=\frac{c_p}{c_v}F_T\tag{1.250}$$

$$\frac{\partial m}{\partial t}+4\frac{mw}{r}+\frac{r}{a}\nabla_H\cdot\left(\frac{a}{r}m\boldsymbol{U}\right)+\frac{\partial}{\partial\eta}(m\dot{\eta})=0\tag{1.251}$$

其中

$$\begin{cases}\boldsymbol{U}=(u,v)\\\boldsymbol{V}=(v,u)\end{cases}\tag{1.252}$$

$$\nabla\mathrm{X}=\left(\frac{1}{r\cos\theta}\frac{\partial X}{\partial\lambda},\frac{1}{r}\frac{\partial X}{\partial\theta}\right)\tag{1.253}$$

$$\nabla\cdot\boldsymbol{X}=\frac{1}{r\cos\theta}\left(\frac{\partial X_x}{\partial\lambda}+\frac{\partial(X_y\cos\theta)}{\partial\theta}\right)\tag{1.254}$$

$$\frac{\mathrm{d}}{\mathrm{d}t}=\frac{\partial}{\partial t}+\boldsymbol{U}\cdot\nabla_H+\dot{\eta}\frac{\partial}{\partial\eta}.\tag{1.255}$$

$$D_3\equiv\nabla\cdot\boldsymbol{U}+\frac{p}{mRT}\frac{a^2}{r^2}\frac{\partial\boldsymbol{U}}{\partial\eta}\cdot\nabla(Gr)-\frac{p}{mRT}\frac{a^4}{r^4}\frac{\partial}{\partial\eta}\left(\frac{r^2}{a^2}w\right)\tag{1.256}$$

对连续方程进行从顶部至底部的积分，且应用边界条件可以获得地表静力气压(π_s)的变化方程组：

$$\frac{\partial\pi_s}{\partial t}+\int_0^1\left(\frac{4mw}{r}+\frac{r}{a}\nabla_H\cdot\left(\frac{a}{r}m\boldsymbol{U}\right)\right)\mathrm{d}\eta=0\tag{1.257}$$

类似地，可以获得一些垂直坐标变化速度方程组：

$$\frac{\mathrm{d}\pi}{\mathrm{d}t}=\dot{\pi}=(\boldsymbol{U}\cdot\nabla_H\pi)-\int_0^\eta\left(\frac{r}{a}\nabla_H\cdot\left(m\boldsymbol{U}\frac{a}{r}\right)+\frac{4mw}{r}\right)\mathrm{d}\eta \tag{1.258}$$

$$m\dot{\eta}=B\int_0^1\left(\frac{4mw}{r}+\frac{r}{a}\nabla_H\cdot\left(\frac{a}{r}m\boldsymbol{U}\right)\right)\mathrm{d}\eta-\int_0^\eta\left(\frac{4mw}{r}+\frac{r}{a}\nabla_H\cdot\left(\frac{a}{r}m\boldsymbol{U}\right)\right)\mathrm{d}\eta \tag{1.259}$$

1.6.3.2 基于静力气压的深厚大气非静力业务化模式方程组

与浅薄大气非静力模式控制方程组一样，引入气压偏差变量 $\hat{q}=\ln(p/\pi)$ 替代气压作为预报变量，并引入伪垂直散度变量

$$d=-\frac{p}{mR_\mathrm{d}T}\frac{a^4}{r^4}\frac{\partial}{\partial\eta}\left(\frac{r^2}{a^2}Gw\right) \tag{1.260}$$

替换垂直速度(w)作为预报变量，可以得到气压偏差项 $\hat{q}=\ln(p/\pi)$ 的控制方程为：

$$\frac{\mathrm{d}\hat{q}}{\mathrm{d}t}=-\frac{c_p}{c_v}D_3-\frac{\dot{\pi}}{\pi}+\frac{F_T}{c_vT} \tag{1.261}$$

得到伪垂直散度(d)的控制方程为：

$$\frac{\mathrm{d}d}{\mathrm{d}t}=d\left(\frac{r}{a}\nabla_H\cdot\left(\frac{a}{r}\boldsymbol{U}\right)-D_3\right)-\frac{p}{mR_\mathrm{d}T}\frac{a^4}{r^4}\frac{\partial}{\partial\eta}\left[\frac{\mathrm{d}\left(\frac{r^2}{a^2}Gw\right)}{\mathrm{d}t}\right]+\frac{p}{mR_\mathrm{d}T}\frac{a^4}{r^4}\frac{\partial\boldsymbol{U}}{\partial\eta}\cdot\nabla_H\left(\frac{r^2}{a^2}Gw\right)+F_d \tag{1.262}$$

从伪垂直散度(d)到垂直风(w)的关系可以通过如下方程诊断：

$$\left(\frac{r^2}{a^2}Gw\right)=\left(\frac{r^2}{a^2}Gw\right)_s+\int_\eta^1\frac{mR_\mathrm{d}T}{p}\frac{r^4}{a^4}\mathrm{d}\eta \tag{1.263}$$

式中，$w_s=\boldsymbol{U}_s\cdot\nabla_Hr_s$ 为地表垂直风。

最终预报变量方程组为：

$$\frac{\mathrm{d}\boldsymbol{U}}{\mathrm{d}t}+2\boldsymbol{\Omega}\times\boldsymbol{U}+\frac{w}{r}\boldsymbol{U}-\frac{u\tan\theta}{r}\mathbf{V}+RT\frac{\nabla p}{p}+\frac{1}{m}\frac{a^2}{r^2}\frac{\partial p}{\partial\eta}\nabla(Gr)=\boldsymbol{F}_\mathbf{V} \tag{1.264}$$

$$\frac{\mathrm{d}d}{\mathrm{d}t}-d\left(\frac{r}{a}\nabla\cdot\left(\frac{a}{r}\boldsymbol{U}\right)-D_3\right)+\frac{p}{mR_\mathrm{d}T}\frac{a^4}{r^4}\frac{\partial}{\partial\eta}\left[\frac{\mathrm{d}\left(\frac{r^2}{a^2}Gw\right)}{\mathrm{d}t}\right]-\frac{p}{mR_\mathrm{d}T}\frac{a^4}{r^4}\frac{\partial\boldsymbol{U}}{\partial\eta}\cdot\nabla\left(\frac{r^2}{a^2}Gw\right)=F_d \tag{1.265}$$

$$\frac{\mathrm{d}T}{\mathrm{d}t}+\frac{RT}{c_v}D_3=\frac{c_p}{c_v}F_T \tag{1.266}$$

$$\frac{\mathrm{d}\hat{q}}{\mathrm{d}t}+\frac{c_p}{c_v}D_3+\frac{\dot{\pi}}{\pi}=\frac{Q}{c_vT} \tag{1.267}$$

$$\frac{\partial\pi_s}{\partial t}+\int_0^1\left(\frac{4mw}{r}+\frac{r}{a}\nabla_s\cdot\left(\frac{a}{r}m\boldsymbol{U}\right)\right)\mathrm{d}\eta=0 \tag{1.268}$$

其中的诊断关系式：

$$\frac{1}{r}=\frac{1}{r_s}-\frac{1}{a^2G}\int_\eta^1\frac{mRT}{p}\mathrm{d}\eta \tag{1.269}$$

$$G\frac{r^2}{a^2}w=G\frac{r_s{}^2}{a^2}w_s+\int_\eta^1\frac{r^4}{a^4}\frac{mR_\mathrm{d}Td}{p}\mathrm{d}\eta' \tag{1.270}$$

$$\dot{\pi}=(\boldsymbol{U}\cdot\nabla\pi)-\int_0^\eta\left(\frac{r}{a}\nabla\cdot\left(m\boldsymbol{U}\frac{a}{r}\right)+\frac{4mw}{r}\right)\mathrm{d}\eta \tag{1.271}$$

$$m\dot{\eta}=B\int_0^1\left(\frac{4mw}{r}+\frac{r}{a}\nabla\cdot\left(\frac{a}{r}m\boldsymbol{U}\right)\right)\mathrm{d}\eta-\int_0^{\eta}\left(\frac{4mw}{r}+\frac{r}{a}\nabla\cdot\left(\frac{a}{r}m\boldsymbol{U}\right)\right)\mathrm{d}\eta \tag{1.272}$$

$$D_3\equiv\nabla\cdot\boldsymbol{U}+\frac{p}{mRT}\frac{a^2}{r^2}\frac{\partial\boldsymbol{U}}{\partial\eta}\cdot\nabla(Gr)-\frac{p}{mRT}\frac{a^4}{r^4}\frac{\partial}{\partial\eta}\left(\frac{r^2}{a^2}w\right) \tag{1.273}$$

参考文献

李兴良，陈德辉，沈学顺，2005.不同垂直坐标系对垂直速度计算的影响[J]. 热带气象学报,3：265-276.

沈桐立,田永祥,葛孝贞,陆维松,陈德辉,2003.数值天气预报[M]. 北京:气象出版社.

周毅，侯志明，刘宇迪，2003. 数值天气预报基础[M]. 北京:气象出版社.

BENARD P，2004. Design of the hybrid vertical coordinate η (case of a domain with $\pi_{top}=0$). http://www.cnrm. meteo. fr/gmapdoc/IMG/ps/memoeta0.

BENARD P，2008. Design of the hybrid vertical coordinate η (case of a domain with $\pi_{top}=0$). http://www.cnrm. meteo. fr/gmapdoc/IMG/ps/memoeta0.

BÉNARD P,VIVODA J,MAŠEK J,et al,2010. Dynamical kernel of the Aladin-NH spectral limited-area model: Revised formulation and sensitivity experiments[J]，Quart J Roy Meteor Soc,136:155-169.

COURTIER P,FREYDIER C,GELEYN J,et al,1991. The arpege project at meteo-france[C]// ECMWF Workshop on Numerical Methods in Atmospheric Modelling. 2:193-231.

DAVID W,MALCOLM B，THOMAS M，et al,2016. The Met Office Unified Model Global Atmosphere 6.0/6.1 and JULES Global Land 6.0/6.1 configurations[J]. Geosci Model Dev Discuss，doi:10.5194/gmd-2016-194.

DUBOS T,DUBEY S,TORT M,et al,2015. DYNAMICO-1.0，an icosahedral hydrostatic dynamical core designed for consistency and versatility[J]. Geoscientific Model Development，8(10)：3131-3150.

ECKERMANN S D，2009. Hybrid σ-p coordinate choices for a global model[J]. Mon Wea Rev,137:224-245.

KÜHNLEIN C,SMOLARKIEWICZ P K,2017. An unstructured-mesh finite-volume MPDATA for compressible atmospheric dynamics[J]. J Comput Phys,334:16-30.

LAPRISE R,1992. The euler equations of motion with hydrostatic pressure as an independent variable[J]. Mon Wea Rev,120:197-207.

LAURITZEN P H,NAIR R D,HERRINGTON A R,et al,2018. NCAR release of CAM-SEinCESM2.0：A reformulation of the spectral element dynamical core in dry-mass vertical coordinates with comprehensive-treatment of condensates and energy[J]. J Adva Modeling Earth Sys，10:1537-1570.

LIN S J,2004. A "vertically lagrangian" finite-volume dynamical core for global models[J]. Mon Wea Rev,132:2293-2397.

LIN S J,HARRIS L M,2016. Explicit diffusion in GFDL FV3. https://www. gfdl. noaa. gov/wp-content/uploads/2017/09/Diffusion_operators. pdf

LIN S J,PUTMAN W,HARRIS L，2017. GFDL FV3 team FV3 the GFDL finite-volumecubed-sphere dynamical core. Tech. Rep. NWS/NCEP/EMC.

MALARDEL S,DIAMANTAKIS M,PANAREDA A A,et al,2019. Dry mass versus total mass conservation in the IFS. ECMWF Technical Memorandum，No. 849.

MARRAS S,KELLY J F,MORAGUES M,et al,2016. A review of element-based galerkin methods for numerical weather prediction：Finite elements，spectral elements，and discontinuous galerkin[J]. Arch Computat Methods Eng，23:673-722.

PENG J,WU J P,ZHANG W M,et al,2019. A modified nonhydrostatic moist global spectral dynamical core using a dry-mass vertical coordinate[J]. Quart J Roy Meteoro Soc, 145:1-14.

PENG J, ZHAO J,ZHANG W,et al,2020. Towards adry-mass conserving hydrostatic global spectral dynamical core in a general moist atmosphere[J]. Quart J Ro Meteor Soc,146:3206-3224.

POLICHTCHOUK I, TIM STOCKDALE, PETER BECHTOLD,et al,2019. Control on stratospheric temperature in IFS: Resolution and vertical advection[J]. ECMWF Technical Memorandum, 847:1-38.

SAITO K,FUJITA T,YAMADA Y,et al,2006. The operational JMAN on hydrostatic Mesoscale Model[J]. Mon Wea Rev,134:1266-1298.

SATOH M,T MATSUNO,H TOMITA,et al,2008. Nonhydrostatic icosahedral atmospheric model (NICAM) for global cloud resolving simulations[J]. J Comput Phys,227:3486-3514, doi:10. 1016/j. jcp. 2007. 02.

SIMMONS A J, R STRÜFING,1983. Numerical forecasts of stratospheric warming events using a model with a hybrid vertical coordinate[J]. Quart J Roy Meteor Soc, 109:81-111.

SKAMAROCK W C,KLEMP J,DUDHIA J,et al,2007. A descriptionof the Advanced Research WRF Version 2. Tech. Rep. 468, NCAR TN STR

SKAMAROCK W C,KLEMP J B,2008. A time-split nonhydrostatic atmospheric model for weather research and forecasting applications[J]. J Comput Phys,227:3465-3485.

SKAMAROCK W C,KLEMP J B,DUDA M G,et al,2012. A multi-scale nonhydrostatic atmospheric model using centroidal Voronoi tesselations and C-grid staggering[J]. Mon Wea Rev, 240(9):3090-3105.

SMOLARKIEWICZ P K,DECONINCK W,HAMRUD M,et al,2016. A finite-volume module for simulating global all-scale atmospheric flows[J]. J Comput Phys,314:287-304.

SMOLARKIEWICZ P K,KÜHNLEIN C,GRABOWSKI W,2017. A finite volume module for cloud-resolving simulations of global atmospheric flows[J]. J Comput Phys,341:208-229.

STANIFORTH A,WOOD N,2003. The deep-atmosphere euler equations in a generalized vertical coordinate [J]. Mon Wea Rev, 131(8):1931-1938.

STANIFORTH A,WOOD N,2004. Recent research for dynamical cores of nonhydrostatic, deep-atmosphere, unified models[C]//ECMWF Seminar Proceedings: Recent Developments in Numerical Methods for Atmosphere and Ocean Modelling. ECMWF, Reading.

STANIFORTH A,WOOD N,2008. Aspects of the dynamical core of a nonhydrostatic, deep-atmosphere, unified weather and climate-prediction model[J]. J Computa Phys, 227(7):3445-3464.

STANIFORTH A,WHITE A A,WOOD N,2010. Treatment of vector equations in deep-atmosphere, semi-Lagrangian models. I: Momentum equation[J]. Quar J Ro Meteor Soc, 647 (136):497-506.

TOMITA H,SATOH M,2004. A new dynamical framework of nonhydrostatic global model using the icosahedral grid[J]. Fluid Dyn Res, 34(6):357-400.

UNTCH A,HORTAL M,2004. A finite-element scheme for the vertical discretization of the semi-lagrangian version of the ecmwf forecast model[J]. Quart J Roy Meteor Soc, 130(599):1505-1530.

WALKO R L,AVISSAR R,2008a. The ocean-land-atmosphere model (OLAM). Part I: Shallow-water tests [J]. Mon Wea Rev, 136(11):4033-4044.

WALKO R L, AVISSAR R,2008b. The Ocean-Land-Atmosphere Model (OLAM). Part II: Formulation and tests of the nonhydrostatic dynamic core[J]. Mon Wea Rev,136:4033-4044

WALTERS D,BROOKS M,BOUTLE I STANIFORTH A,et al, 2017. The met office unified model global atmosphere 6. 0/6. 1 and jules global land 6. 0/6. 1 configurations[J]. Geoscientific Model Development, 10(4):1-52.

WAN H,GIORGETTA M A,Z NGL G, et al,2013. The icon-1. 2 hydrostatic atmospheric dynamical core on triangular grids-part 1: formulation and performance of the baseline version[J]. Geoentific Model Development Discussions, 6(1):59-119.

WEDI N P,BAUER P,DECONINCK W,et al,2015. The modelling infrastructure of the Integrated Forecasting System: Recent advances and future challenges[J]. ECMWF Technical Memorandum, 760:1-48.

WHITE A A,HOSKINS B J,ROULSTONE I,et al,2010. Consistent approximate models of the global atmosphere: shallow, deep, hydrostatic, quasi-hydrostatic and non-hydrostatic[J]. Quar J Roy Meteor Soc, 131:2081-2107.

WOOD N, STANIFORTH A, 2003. The deep-atmosphere Euler equations with a mass-based vertical coordinate[J]. Quart J Roy Meteor Soc,129:1289-3000.

WOOD N,STANIFORTH A,WHITE A,et al,2013. An inherently mass-conserving semi-implicit semi-lagrangian discretization of the deep-atmosphere global non-hydrostatic equations [J]. Quart J Roy Meteor Soc.

YANG XUE SHENG, HU JIANGLIN,CHEN DEHUI,et al,2008. Verification of grapes unified global and regional numerical weather prediction model dynamic core[J]. Chinese Sci Bull, 53(22):7.

YESSAD K,WEDI N P,2011. The hydrostatic and nonhydrostatic global model IFS/APREGE: deep-layer model formulation and testing. Technical Memorandum No. 675, Centre National De RecherchesMeteorologiques, Meteo-France, Toulouse, France.

ZÄNGL G,REINERT D,RÍPODAS P,et al,2015. The ICON (ICOsahedral Non-hydrostatic) modelling framework of DWD and MPI-M: Description of the non-hydrostatic dynamical core[J]. Quart J Roy Meteor Soc,141: 563-579.

第 2 章
全球谱模式高精度数值计算方法

2.1 概述

高精度数值计算方法旨在解决数值模式积分稳定性、精度以及计算速度等问题(Bauer et al.,2015),是求解大气运动控制方程组的基础,在全球模式构建中起着至关重要的作用,其在根本上决定了全球数值模拟在计算上的可行性,主要涉及水平离散、垂直离散和时间离散等方面(Ullrich et al., 2017)。

大体上,全球业务模式从水平离散的角度可以分为两类:格点模式和谱模式,后者为本书关注的重点。对于全球谱模式而言,其网格设计的选择相对单一。为了同时兼顾精度和效率,已逐步从早期的全高斯网格过渡到精简高斯网格(Hortal et al., 1991),再到当前的三次八面体网格(Wedi et al., 2015; Malardel et al., 2016);而谱离散主要基于球谐函数变换,其包括纬圈上的傅里叶变换和经圈上的勒让德变换两部分。早期全球谱模式的成功一定程度上依赖于快速傅里叶变换算法的提出,当前为了进一步提高谱变换的效率,快速勒让德变换算法(Wedi,2013;Yin et al., 2021)也已经提出并实现业务化应用。

垂直方向离散最初使用有限差分方法。有限差分垂直离散简单直接、守恒性容易满足和能够灵活处理各类复杂边界,然而精度较低。与有限差分方法相比,有限元方法拥有诸多优势,比如更高的积分精度、更弱的垂直噪声、更好的垂直传输性能等,因此逐渐广泛应用于数值天气预报模式中。对均匀划分的网格,应用三阶有限元方法能获得 8 阶代数精度(Untch et al., 2003)。基于有限元的垂直离散方法在 2004 年成功应用于 ECMWF 的全球静力预报模式 IFS 中,也已在 2010 年国防科技大学开发的 YHGSM 模式中得以实现。

但是当应用有限元离散格式到基于质量坐标的非静力模式中时遇到了很大的困难。一方面基于质量坐标的非静力模式的垂直操作包括一阶微分、二阶微分、一阶积分三类算子,相比静力模式仅存在一阶积分算子的情况要复杂得多,这也导致更加复杂的垂直离散。另一方面,基于质量坐标的非静力模式中连续的垂直算子之间满足一些约束条件(Benard,2004),这些约束条件在离散时如果不能得到满足,会显著地影响模式积分的准确性与稳定性。有限差分方法通过精巧设计能够满足这些约束,而在采用有限元方法时,这些约束条件却很难或者几乎不可能满足。

为使得在有限元方法应用到非静力模式时避免出现上述问题,Simarro 等(2013)转而在模式方程组中采用基于高度的垂直坐标,此时上述约束条件不再存在,从而可以采用有限元方法。Yang 等(2020)对质量坐标非静力模式提出了一种新的高精度垂直离散方法,在格点空间采用有限元离散以充分发挥其高精度的特点,而在谱空间采用分层更密的有限差分离散,既保证了谱空间计算的高精度,又能确保离散算子仍然满足约束条件。由于增加的垂直分层仅用于谱空间的计算,对格点空间的计算没有影响,而谱空间的计算量很小,因此不会显著增加模式计算量。

时间分裂-显式格式和半隐式格式是目前常用的两种时间积分方案(Skamarock et al.,

2012;Cullen et al.,2003;Walters et al.,2014)。时间分裂-显式格式一般对声波等快波项采用较短的时间步长,而对非声波项采用较长的时间步长。相对于时间分裂-显式格式,半隐式格式具有更优良的稳定性和守恒性,因为其对快波项采用半隐式处理,即使取较长的时间步长,也不会影响积分稳定性和计算精度。

早在20世纪60年代,曾庆存和Robert等在国际上先后提出了半隐式(SI)算法。后来经过许多学者的发展和完善,现已在数值预报模式中广泛应用。到80年代,Robert等(1985)进一步将半隐式方法与半拉格朗日方案相结合并应用于谱模式,发现半隐式半拉格朗日(SISL)格式能够进一步增大时间步长,且具有很高的稳定性。由于采用半隐式半拉格朗日方案不仅有助于提高空间差分离散的计算精度,同时也使模式时间步长的选取主要取决于差分离散的计算精度而不再受限于计算稳定性,因此近年来SISL平流方案已逐渐取代欧拉平流方案成为主流(Diamantakis,2014),并在ECMWF、英国气象局(UKMO)、法国气象局、加拿大气象中心等业务模式中得到了广泛应用。

早期SISL格式都采用三时间层中心差分格式,但由于两时间层差分格式相比三时间层效率能提高一倍,因为在同等时间截断误差下,两时间层格式允许的网格距离是三时间层的两倍(Temperton et al.,1987),但计算精度会随网格距离增大而降低。如何克服网格距离增大带来的精度降低问题是应用两时间层格式的关键。事实上,如何克服两时间层格式的精度损失问题,可以归结为如何高效且准确地确定半拉格朗日轨迹,使其至少具有二阶精度的问题(Staniforth et al.,1985; McDonald et al.,1987)。在McDonald和Bates(1987)的论文中,最终给出了该问题的解决办法,其基本思路是采用时间外插方法使得风场的插值精度达到二阶,这为稳定而精确地应用两时间层SISL格式铺平了道路。但是两时间层SISL格式应用依然面临其他问题,如在一些应用中发现,需要在半隐式平均时设置一阶阻尼项(McDonald et al.,1992; Bates et al.,1993),早期的ECMWF两时间层模式测试时还发现在副热带地区出现传播的噪声,以及外插格式存在潜在不稳定等现象。

半拉格朗日方法避免了对流项的计算,但是必须对数据场进行插值,以获得质点在初始点位置以及中心点位置的值。插值包括线性插值和高阶插值(三阶),欧洲中期天气预报中心的典型做法是在应用半隐式半拉格朗日格式时对部分变量进行线性插值,以节约计算开销,同时对其余变量进行高阶插值,以保证计算精度。在进行线性插值时,子区域之间只需要交换1个点对应的边界数据。而对于高阶插值,例如三阶插值,则需要相邻子区域之间交换多个点对应的边界数据。因此,对于高阶插值,需要合理对格点空间进行划分,以减少子区域间的通信。

在长期模拟中,已发现SL方法缺乏局部和全球守恒性(McDonald et al.,1989)。不满足质量守恒是当前业务数值预报中心标准SL格式面临的典型问题。SL带来的质量守恒问题被怀疑与对流层顶部平流层下层区域的偏差有关(Stenke et al.,2008)。虽然存在完全满足质量守恒的SL格式,例如SLICE(Semi-Lagrangian Inherently-Conserving and Efficient algorithm; Zerroukat et al.,2002,2012),和CSLAM(Conservative semi-Lagrangian multi-tracer transport scheme;Lauritzen et al.,2010),然而其以超出业务允许的计算代价来满足质量守恒,且在中期预报技巧上提高很少。此外,因为满足质量守恒的SL方法需要使用数值天气预报模式的长时间步长逆向追踪网格单元,其精度在强变形流区域(例如复杂地形附近)会出现退化,从而可能导致出现比不采用此类格式时更差的结果。

不同业务和研究中心开发的全球模式在数值计算方法上各有其特点,简要概述如下:

ECMWF 的业务模式采用 IFS(ECMWF, 2016)的静力平衡浅薄大气版本，垂直方向采用有限元离散，水平方向采用基于三次八面体高斯网格的谱变换方法、时间方向采用两时间层半隐式半拉格朗日格式。由于全球谱变换的通信开销，谱变换在未来可能变得低效。为了应对该危机，ECMWF 开发了依赖于最近邻域信息的不同数值方法，最近的研究表明有限体积可以更高效和更具可扩展性地计算 IFS 中的微分算子，然而其精度取决于邻域的网格点数。IFS 的非静力有限体积模块 FVM(Smolarkiewicz et al. ,2016, 2017)采用基于三次八面体高斯网格的非结构网格，仍然适用于谱变换模式。与原精简高斯网格相比，三次八面体精简高斯网格更均匀，具有较高的分辨率、较低的计算开销和简化谱地形滤波。

美国新一代全球预报系统(NGGPS)以 NOAA 地球流体动力学实验室(GFDL)开发的 FV3(Lin,2004)模式为预报系统新的动力核心，在立方体一球面网格上采用三阶有限体积方法，由于维数的分裂精度降到二阶，其最主要的特征之一是采用拉格朗日垂直坐标。FV3 具有强大的"聚焦"功能，可以更好地瞄准主要天气系统，能够在主要天气系统周围生成边长为 2～3 km 高分辨率的嵌套网格，在面对飓风等天气系统时，可以和全球预报同步完成对飓风的预报。美国国家大气研究中心(NCAR)开发的 MPAS(Skamarock et al. ,2012)，采用六边形 C 型网格，密度和位温位于六边形中心，速度分解为垂直于每一条边的分量进行存储。MPAS 最主要的特色是使用了一种"非结构化网格"，这种网格的分辨率可以灵活变化-针对关注的区域可以配置更高的分辨率，在海洋等其他区域可以降低分辨率以提高计算效率。综合下来，在陆地区域，其平均分辨率为 3 km。

美国环境保护局(EPA)与迈阿密大学联合开发的 OLAM(Walko et al. ,2008a, 2008b, 2011)，水平离散采用具有局部加密功能的六边形 C-网格，采用有限体积方法进行离散求解，声波使用水平显式和垂直隐式的时间分裂格式进行求解。密歇根大学开发的动力内核 MCore(Ullrich et al. ,2012a, 2012b)，在立方体球面网格上采用四阶有限体积方法进行空间离散，主要用于研究有限体积方法在大气背景下的性能。美国加利福尼亚大学的 Tempest (Ullrich, 2014; Guerra et al. ,2016)模式是一个用于测试高性能数值方法的模式，采用立方球面网格、水平谱元离散、垂直有限体积方法、完全显式时间积分和水平显式垂直隐式格式。美国国家海洋大气管理局的非静力二十面体模式 NIM 采用二十面体网格、4 阶龙格库塔时间离散格式，并采用有限体积法进行离散。

英国气象局的 ENDGame(Thuburn,2016)，采用半隐式半拉格朗日时间离散，水平方向采用 C-网格的有限差分方法，垂直方向采用 Charney-Phillips 方案，非对流项完全隐式处理，由于格式不守恒，因此采用后验校正格式。日本东京大学的云解析模式 NICAM(Tomita et al. , 2001)，全球 3 km 水平分辨率，主要由东京大学、日本海洋-地球科学和技术委员会等联合开发，初衷主要用于测试地球模拟器。该模式采用全球二十面体三角形网格，时间方向采用高度局部化的有限差分，空间上采用基于二阶精度的有限体积法与地形跟随垂直坐标，对声波进行分裂显式处理。

法国皮埃尔西蒙斯拉普拉斯学院的 DYNAMICO(Dubos et al. , 2015)是一个能量守恒的有限差分/有限体积模式，水平采用二十面体 C-网格，垂直采用洛伦兹网格，时间离散采用基于龙格库塔的隐式-显式格式。加拿大气象中心开发且业务化的全球环境多尺度模式 GEM (Girard et al. , 2014)水平方向采用经、纬网格(Arakawa 网格)或者全球阴-阳网格，垂直方向采用 Charney-Phillips(CP)网格，采用地形跟随垂直坐标。时间离散为两个时间层的 Crank-

Nicholson 迭代半拉格朗日方法，风的对流在时间上进行插值。在 GEM 中，动力过程和物理过程采用时间分裂格式。所有诊断变量在动力过程中更新，接着在物理过程更新，动力过程和物理过程的时间步长相同。

本章主要介绍 YHGSM(Yin-He Global Spectral Model)实现过程中所采用的具体数值计算方法。

2.2 全球浅薄大气静力谱模式数值计算

2.2.1 半隐式半拉格朗日时间离散

2.2.1.1 半隐式半拉格朗日时间离散格式

在采用两时间层半隐半拉格朗日方案时，根据 t_n 和 $t_n-\Delta t$ 时刻的已知风速外推出 $t_n+\Delta t/2$ 时刻的风速。利用这些风速可以计算出在 $t_n+\Delta t$ 时刻到达点对应轨迹的起始点和中点位置。然后通过插值得到起始点和中点处的变量值，最后计算出 $t_n+\Delta t$ 时刻到达点处的变量值(Staniforth et al.，1991)。

两时间层半隐半拉格朗日方案将不含时间导数的项分离为线性部分和非线性部分，同时对线性部分利用对到达点的隐式处理和起始点的显式处理进行平均来计算；对非线性部分，利用轨迹中点处两个时间层的外插进行计算，且其中轨迹中点处的值通过插值得到。为了将插值计算集中处理并简化所需数据结构，也常将中点处的计算替换为起始点处与到达点处的平均值来进行处理。

两时间层半隐半拉格朗日时间积分方案的计算主要包括两个部分，其一是沿着质点的运动轨迹反向找出每个网格点的起始点和中点，其二是通过插值计算起始点和中点处的各种量值。该积分方案不需要进行时间滤波，其变量的选取、插值格式、谱空间的处理与通常的三时间层半拉格朗日时间积分方案一致。半拉格朗日计算在物理过程计算之前的格点空间中进行。

记需要求解的非线性方程组为：

$$\begin{cases}\dfrac{\mathrm{d}Z}{\mathrm{d}t}=MZ+P\\ Z=(\ln\pi_s,U,V,T)^{\mathrm{T}}\end{cases}\tag{2.1}$$

式中，MZ 是其他非线性项，P 表示物理贡献。假设对应的线性化方程组为：

$$\partial Z/\partial t=\overline{L}Z\tag{2.2}$$

将非线性方程组改写为下述形式：

$$\frac{\mathrm{d}Z}{\mathrm{d}t}=(M-\overline{L})Z+\overline{L}Z+P\tag{2.3}$$

采用下述两时间层半隐半拉格朗日方案进行时间离散：

$$\frac{Z_F^+ - Z_O^0}{\Delta t} = [(M-\overline{L})Z]_C^{t+\Delta t/2} + \frac{1}{2}(\overline{L}Z_F^+ + \overline{L}Z_O^0) + P_C^{t+\Delta t/2} \tag{2.4}$$

即

$$\left(I - \frac{\Delta t}{2}\overline{L}\right)Z_F^+ = Z_O^0 + \Delta t(M-\overline{L})Z]_C^{t+\Delta t/2} + \frac{\Delta t}{2}\overline{L}Z_O^0 + \Delta t P_C^{t+\Delta t/2} \tag{2.5}$$

式中，下标为 F 的点表示到达点（处于网格点上），下标 C 表示轨迹中点、O 表示起始点，C 与 O 不一定在网格点上。对动力过程的非线性项，可以采用稳定外插方式（ECMWF，2016；Hortal，2002）来计算轨迹中点处半时间层上的值：

$$\left(I - \frac{\Delta t}{2}\overline{L}\right)Z_F^+ = Z_O^0 + \frac{\Delta t}{2}\{2R_O^t - R_O^{t-\Delta t} + R_F^t\} + \frac{\Delta t}{2}\overline{L}Z_O^0 + \Delta t P_C^{t+\Delta t/2} \tag{2.6}$$

即

$$\left(1 - \frac{\Delta t}{2}\overline{L}\right)Z_F^+ = \left(1 + \frac{\Delta t}{2}\overline{L}\right)Z_O^0 + \frac{\Delta t}{2}\{2R_O^0 - R_O^{t-\Delta t} + R_F^0\} + \Delta t P_C^{t+\Delta t/2} \tag{2.7}$$

其中

$$R(Z) = (M-\overline{L})Z \tag{2.8}$$

在式（2.7）中，物理过程贡献项（$P_C^{t+\Delta t/2}$）可以近似为

$$P_C^{t+\Delta t/2} = P_O^t + P_F^{t+\Delta t} \tag{2.9}$$

式中，P_O^t 是上一时刻在起始点的物理贡献项，$P_F^{t+\Delta t}$ 是新时刻在到达点的物理贡献项，即采用了所谓的分裂物理过程（Leslie et al.，1991）。

2.2.1.2 半拉格朗日方案轨迹计算

设 F 点为 $t+\Delta t$ 时刻空气微团所在网格点，则需要获知该微团 t 时刻所在位置 O。记 O 到 F 的位移矢量为 $\boldsymbol{\alpha}$，则 O 到轨迹中点 C 的位移矢量近似为 $\boldsymbol{\alpha}/2$，记 $\boldsymbol{x}$ 为 F 点的位置矢量，由位移与速度的对应关系有：

$$\boldsymbol{\alpha} = \Delta t \mathbf{V}(t+\Delta t/2, \boldsymbol{x} - \boldsymbol{\alpha}/2)。 \tag{2.10}$$

因此，可以采用下列基于稳定外插的方式来计算轨迹（ECMWF，2016；Hortal，2002）：

$$\boldsymbol{\alpha}^{(i)} = \frac{\Delta t}{2}\{2\mathbf{V}(t, \boldsymbol{x} - \boldsymbol{\alpha}^{(i-1)}) - \mathbf{V}(t-\Delta t, \boldsymbol{x} - \boldsymbol{\alpha}^{(i-1)}) + \mathbf{V}(t, \boldsymbol{x})\} \quad i=1,2,\cdots \tag{2.11}$$

式中，$\boldsymbol{\alpha}^{(0)} = 0$。因此，

$$\begin{bmatrix} (a\cos\theta)(\lambda - \lambda^{(i)}) \\ a(\theta - \theta^{(i)}) \end{bmatrix} = \frac{\Delta t}{2}\left\{ J_{O^{(i-1)}F} \begin{bmatrix} \tilde{u}(t, \lambda^{(i-1)}, \theta^{(i-1)}, \eta^{(i-1)}) \\ \tilde{v}(t, \lambda^{(i-1)}, \theta^{(i-1)}, \eta^{(i-1)}) \end{bmatrix} + \begin{bmatrix} u(t, \lambda, \theta, \eta) \\ v(t, \lambda, \theta, \eta) \end{bmatrix} \right\} \tag{2.12}$$

式中，

$$\tilde{u}(t, \lambda^{(i-1)}, \theta^{(i-1)}, \eta^{(i-1)}) = 2u(t, \lambda^{(i-1)}, \theta^{(i-1)}, \eta^{(i-1)}) - u(t-\Delta t, \lambda^{(i-1)}, \theta^{(i-1)}, \eta^{(i-1)}) \tag{2.13}$$

$$\tilde{v}(t, \lambda^{(i-1)}, \theta^{(i-1)}, \eta^{(i-1)}) = 2v(t, \lambda^{(i-1)}, \theta^{(i-1)}, \eta^{(i-1)}) - v(t-\Delta t, \lambda^{(i-1)}, \theta^{(i-1)}, \eta^{(i-1)}) \tag{2.14}$$

为确保计算时方向的一致性引入旋转矩阵（Staniforth et al.，2010）为

$$J_{O^{(i-1)}F} = \begin{bmatrix} p^{(i-1)} & q^{(i-1)} \\ -q^{(i-1)} & p^{(i-1)} \end{bmatrix} \tag{2.15}$$

$$\begin{cases} p^{(i-1)}=\dfrac{\cos\theta\cos\theta^{(i-1)}+[1+\sin\theta\sin\theta^{(i-1)}\cos(\lambda-\lambda^{(i-1)})]}{1+\sin\theta\sin\theta^{(i-1)}+\cos\theta\cos\theta^{(i-1)}\cos(\lambda-\lambda^{(i-1)})} \\ q^{(i-1)}=\dfrac{(\sin\theta+\sin\theta^{(i-1)})\sin(\lambda-\lambda^{(i-1)})}{1+\sin\theta\sin\theta^{(i-1)}+\cos\theta\cos\theta^{(i-1)}\cos(\lambda-\lambda^{(i-1)})} \end{cases} \tag{2.16}$$

由此可以导出

$$\lambda^{(i)}=\lambda-\frac{\Delta t}{2a\cos\theta}\{p^{(i-1)}\tilde{u}(t,\lambda^{(i-1)},\theta^{(i-1)},\eta^{(i-1)})+q^{(i-1)}\tilde{v}(t,\lambda^{(i-1)},\theta^{(i-1)},\eta^{(i-1)})+u(t,\lambda,\theta,\eta)\} \tag{2.17}$$

$$\theta^{(i)}=\theta-\frac{\Delta t}{2a}\{-q^{(i-1)}\tilde{u}(t,\lambda^{(i-1)},\theta^{(i-1)},\eta^{(i-1)})+p^{(i-1)}\tilde{v}(t,\lambda^{(i-1)},\theta^{(i-1)},\eta^{(i-1)})+v(t,\lambda,\theta,\eta)\} \tag{2.18}$$

类似地，记 $\tilde{\dot{\eta}}(t,\lambda^{(i-1)},\theta^{(i-1)},\eta^{(i-1)})=2\dot{\eta}(t,\lambda^{(i-1)},\theta^{(i-1)},\eta^{(i-1)})-\dot{\eta}(t-\Delta t,\lambda^{(i-1)},\theta^{(i-1)},\eta^{(i-1)})$，则

$$\eta^{(i)}=\eta-\frac{\Delta t}{2}\{\tilde{\dot{\eta}}(t,\lambda^{(i-1)},\theta^{(i-1)},\eta^{(i-1)})+\dot{\eta}(t,\lambda,\theta,\eta)\} \tag{2.19}$$

2.2.1.3 轨迹起始点处的插值计算

在计算出 O 点对应位置 $(\lambda_O,\theta_O,\eta_O)=(\lambda^{(i)},\theta^{(i)},\eta^{(i)})$ 后，需要确定其周围的网格点，之后，再用这些网格点上的值插值得到 O 点的值。

在水平 λ 方向上，由于采用的是等距网格 $\lambda_i=2i\pi/I$，其中 I 为水平方向的网格点数，因此，通过计算 $\lambda I/(2\pi)$ 获得整数部分 i，即知 $\lambda\in[\lambda_i,\lambda_{i+1}]$。注意，$\lambda$ 离 λ_i 的距离为 $\lambda-2i\pi/I$，λ 离 λ_{i+1} 的距离为 $2(i+1)\pi/I-\lambda$。

在水平 θ 方向上，由于 $\mu_i=\sin\theta_i$ 事先已经在高斯积分初始化时计算得到，因此，可以由此计算得到 $\theta_i=\arcsin\mu_i$ 并事先进行存储。之后，在需要确定 θ_O 所处位置时，通过二分查找确定 θ_O 处于哪一个 $[\theta_i,\theta_{i+1})$。

在垂直方向上，第 k 个半层 $\bar{k}$ 的 η 值由 $\eta_{\bar{k}}=A_{\bar{k}}/\pi_s^*+B_{\bar{k}}$ 来确定，由此可以通过两个半层的平均值近似计算出整层上的 η，并事先进行存储。在需要确定 η_O 所处位置时，通过二分查找确定 η_O 所属的区间 $[\eta_i,\eta_{i+1})$。

也可以采用另一种确定 λ_O、θ_O、η_O 相对位置的方法，这里以 λ_O 为例进行介绍。假设 O 点对应的 F 点为 (λ_i,θ_k)，则 λ_O 应离 λ_i 不远，因此，可以按离 i 点距离远近逐一进行判断来确定其相对位置，即，依次判断 λ_O 是否属于 $[\lambda_i,\lambda_{i+1})$、$[\lambda_{i-1},\lambda_i)$、$[\lambda_{i+1},\lambda_{i+2})$、$[\lambda_{i-2},\lambda_{i-1})$、$[\lambda_{i+2},\lambda_{i+3})$、$[\lambda_{i-3},\lambda_{i-2})$、…。

2.2.2 全球浅薄大气静力谱模式方程组的线性化

线性算子通过在一个非常简单的参考状态 Y^* 附近进行线性化来获取，该参考状态(用带星号的量来表示)具有如下特征：

a)静止：$u^*=v^*=0$；

b)恒温：T^* 为常数；

c)水平同构，即 π_s^* 为常数，从而 π^*、ϕ^*、m^* 都只是 η 的函数；

d)为干空气：$q^*=0$；

e)没有地面重力势：即 $\phi_s^* = \phi_{(\eta=1)}^* = 0$。

对该参考大气，实际上只需要两个常数 T^* 与 π_s^* 来进行描述，因为其他几个状态变量可以分别用下列方式来确定：

$$\frac{\mathrm{d}\phi^*}{\mathrm{d}\eta} = -m^* \frac{R_\mathrm{d} T^*}{\pi^*} \tag{2.20}$$

其中，R 与 R_d 的关系为 $R = R_\mathrm{d} + (R_v - R_\mathrm{d})q$，从而

$$\phi^*(\eta) + R_\mathrm{d} T^* \ln\pi^*(\eta) = \mathrm{Const} \tag{2.21}$$

通过参考状态中对地面静压力的指定来设置该常数的值：

$$\pi^*(\eta=1) = \pi_s^* = \mathrm{Const} \tag{2.22}$$

参考状态中的真实气压(p^*)当然等于静压力部分(π^*)，这是因为参考状态是在静力平衡状况下得到的：$p^* = \pi^*$，从而有 $\rho^* = \pi^*/(R_\mathrm{d} T^*)$。

参考状态现在已经完全确定，可以发现，该参考状态由两个任选的参数 T^* 与 π_s^* 来描述。参考状态中气压的垂直廓线自然由与垂直坐标相关的函数 A、B 来确定：

$$\pi^*(\eta) = A(\eta) + B(\eta)\pi_s^* \tag{2.23}$$

$$m^*(\eta) = \frac{\mathrm{d}A(\eta)}{\mathrm{d}\eta} + \frac{\mathrm{d}B(\eta)}{\mathrm{d}\eta}\pi_s^* \tag{2.24}$$

对 $\ln\pi_s$ 的控制方程(1.97)、关于 $\dot{\pi}$(传统上记为 ω)的控制方程(1.100)，以及关于 T 的控制方程(1.96)，可以分别得到其线性化方程

$$\frac{\partial \ln\pi_s}{\partial t} = -\frac{1}{\pi_s^*}\int_0^1 m^* D\mathrm{d}\eta \tag{2.25}$$

$$\omega = -\int_0^\eta m^* D\mathrm{d}\eta' \tag{2.26}$$

$$\frac{\partial T}{\partial t} = -\frac{R_\mathrm{d} T^*}{c_\mathrm{pd}} \frac{1}{\pi^*}\int_0^\eta m^* D\mathrm{d}\eta' \tag{2.27}$$

状态方程可以改写为

$$\mathrm{e}^{\ln\pi}\frac{\partial\phi}{\partial\eta} = -mRT = -mR_\mathrm{d} T_v \tag{2.28}$$

其中，$T_v = TR/R_\mathrm{d}$，其线性化方程为

$$\pi^* \frac{\partial(\phi-\phi^*)}{\partial\eta} + \pi^*\left(\frac{\pi-\pi^*}{\pi^*}\right)\frac{\partial\phi^*}{\partial\eta} = -m^* R_\mathrm{d}(T_v - T^*) - (m-m^*)R_\mathrm{d} T^* \tag{2.29}$$

再利用式(2.20)，可以得到

$$\frac{\partial\phi}{\partial\eta} = -\frac{m^* R_\mathrm{d} T_v}{\pi^*} - \frac{mR_\mathrm{d} T^*}{\pi^*} + \frac{\pi}{\pi^{*2}} m^* R_\mathrm{d} T^* \tag{2.30}$$

所以

$$\int_\eta^1 \frac{\partial\phi}{\partial\eta}\mathrm{d}\eta' = -R_\mathrm{d} T^* \int_\eta^1 \frac{\mathrm{d}}{\mathrm{d}\eta}\left(\frac{\pi}{\pi^*}\right)\mathrm{d}\eta' - R_\mathrm{d}\int_\eta^1 \frac{m^*}{\pi^*} T_v \mathrm{d}\eta' \tag{2.31}$$

$$\phi = \phi_s - R_\mathrm{d} T^* \frac{\pi}{\pi^*} + R_\mathrm{d} T^* \frac{\pi_s}{\pi_s^*} + R_\mathrm{d}\int_\eta^1 \frac{m^*}{\pi^*} T_v \mathrm{d}\eta' \tag{2.32}$$

从关于 u 的控制方程(1.94)与关于 v 的控制方程(1.95)，可以分别得到其线性化方程

$$\frac{\partial u}{\partial t} = -\int_\eta^1 \frac{m^*}{\pi^*} \frac{R_\mathrm{d}\partial T_v}{a\cos\theta\partial\lambda}\mathrm{d}\eta - \frac{\partial\phi_s}{a\cos\theta\partial\lambda} - \frac{R_\mathrm{d} T^*}{\pi_s^*}\frac{\partial\pi_s}{a\cos\theta\partial\lambda} + 2\Omega v\sin\theta \tag{2.33}$$

$$\frac{\partial v}{\partial t}=-\int_{\eta}^{1}\frac{m^*}{\pi^*}\frac{R_d\partial T_v}{a\partial\theta}d\eta-\frac{\partial\phi_s}{a\partial\theta}-\frac{R_dT^*}{\pi_s^*}\frac{\partial\pi_s}{a\partial\theta}-2\Omega u\sin\theta \tag{2.34}$$

综上可知,如果记

$$G^*Z=\int_{\eta}^{1}(m^*/\pi^*)Zd\eta \tag{2.35}$$

$$S^*Z=\frac{1}{\pi^*}\int_0^{\eta}m^*Zd\eta' \tag{2.36}$$

$$N^*Z=\frac{1}{\pi_s^*}\int_0^{1}m^*Zd\eta' \tag{2.37}$$

则线性化方程组为:

$$\begin{cases}\dfrac{\partial u}{\partial t}=-R_dG\left(\dfrac{\partial T_v}{a\cos\theta\partial\lambda}\right)-\dfrac{\partial\phi_s}{a\cos\theta\partial\lambda}-R_dT^*\dfrac{\partial\ln\pi_s}{a\cos\theta\partial\lambda}+2\Omega v\sin\theta\\ \dfrac{\partial v}{\partial t}=-R_dG\left(\dfrac{\partial T_v}{a\partial\theta}\right)-\dfrac{\partial\phi_s}{a\partial\theta}-R_dT^*\dfrac{\partial\ln\pi_s}{a\partial\theta}-2\Omega u\sin\theta\\ \dfrac{\partial T}{\partial t}=-\dfrac{R_dT^*}{c_{pd}}S^*(D)\\ \dfrac{\partial}{\partial t}\ln\pi_s=-N^*(D)\end{cases} \tag{2.38}$$

式中,

$$\{S^*(D)\}_l=\frac{1}{\pi_l^*}\int_0^{\eta_l}\frac{\partial\pi^*}{\partial\eta}Dd\eta=\frac{1}{\pi_l^*}\sum_{k=1}^{l-1}\delta\pi_k^*D_k+\alpha_lD_l \tag{2.39}$$

$$\{N^*(D)\}_l=\frac{1}{\pi_s^*}\int_0^{1}\frac{\partial\pi^*}{\partial\eta}Dd\eta=\frac{1}{\pi_{L+1/2}^*}\sum_{k=1}^{L}\delta\pi_k^*D_k \tag{2.40}$$

动量方程中的非科里奥利力项可以表示为$-R_dT^*\nabla\ln\pi_s-R_dG^*(\nabla T_v)-\nabla\phi_s$,其中,对任意$Y$,

$$G^*(Y)=\int_{\eta_l}^{1}\frac{m^*}{\pi^*}Yd\eta=\sum_{k=l+1}^{L}\delta_k^*Y_k+\alpha_l^*Y_l \tag{2.41}$$

2.2.3 全球浅薄大气静力模式中的非线性项垂直离散

这里介绍第1.3.3节控制方程组中非线性动力项的垂直离散。

风方程(1.94)和(1.95)中需要计算

$$M_VZ=-\{\nabla\phi+(RT)\nabla\ln\pi\}+\begin{pmatrix}2\Omega v\sin\theta\\-2\Omega u\sin\theta\end{pmatrix} \tag{2.42}$$

在第l层上离散为

$$(M_VZ)_l=-\{(\nabla\phi)_l+(RT)_l(\nabla\ln\pi)_l\}+\begin{pmatrix}2\Omega v\sin\theta\\-2\Omega u\sin\theta\end{pmatrix} \tag{2.43}$$

对温度方程(1.96)的非线性项,按下述方式进行计算:

$$M_TZ=\frac{RT}{c_p}\frac{\dot{\pi}}{\pi} \tag{2.44}$$

在第l层上,

$$\{M_TZ\}_l=\frac{RT_l}{c_p}\left\{\frac{\dot{\pi}}{\pi}\right\}_l \tag{2.45}$$

其中，

$$\left\{\frac{\dot{\pi}}{\pi}\right\}_l = \boldsymbol{V}_l \cdot (\nabla\pi/\pi)_l - \frac{1}{\pi_l}\int_0^{\eta_l} \nabla\cdot(m\boldsymbol{V})\mathrm{d}\eta' \tag{2.46}$$

从而

$$\left\{\frac{\dot{\pi}}{\pi}\right\}_l = \boldsymbol{V}_l \cdot \nabla\pi_l/\pi_l - \alpha_l D_l - \alpha_l \frac{\delta B_l}{\delta\pi_l}(\boldsymbol{V}_l \cdot \nabla\pi_s) - \frac{1}{\pi_l}\sum_{k=1}^{l-1}\{\delta\pi_k D_k + \delta B_k(\boldsymbol{V}_k \cdot \nabla\pi_s)\} \tag{2.47}$$

对地面气压方程(1.97)中非线性项的计算，有

$$M_\pi Z = \boldsymbol{V}_s \cdot \nabla\ln\pi_s - \frac{1}{\pi_s}\nabla\cdot\int_0^1 m\boldsymbol{V}\mathrm{d}\eta \tag{2.48}$$

$$M_\pi Z = \boldsymbol{V}_s \cdot \nabla\ln\pi_s - \frac{1}{\pi_s}\sum_{k=1}^{L}\{\delta\pi_k D_k + \delta B_k(\boldsymbol{V}_k \cdot \nabla\pi_s)\} \tag{2.49}$$

此外，在上述计算过程中，需要用到$\nabla\phi$在整层上的值。由于

$$\phi_l = \phi_{l+1/2} + \alpha_l (RT)_l \tag{2.50}$$

从而

$$\nabla\phi_l = \nabla\phi_{l+1/2} + \{\alpha_l \nabla(RT)_l + (RT)_l \nabla\alpha_l\} \tag{2.51}$$

由于半层上的位势计算公式为：

$$\phi_{l+1/2} = \phi_s + \sum_{k=l+1}^{L}\delta_k\{(RT)_k\} \tag{2.52}$$

所以

$$\nabla\phi_{L+1/2} = \nabla\phi_s \tag{2.53}$$

$$\nabla\phi_{l-1/2} = \nabla\phi_{l+1/2} + \{(RT)_l \nabla\delta_l + \delta_l \nabla(RT)_l\} \tag{2.54}$$

对垂直速度，按照下述方式进行诊断计算

$$gw = \frac{\mathrm{d}(gz)}{\mathrm{d}t} = \frac{\mathrm{d}\phi}{\mathrm{d}t} \tag{2.55}$$

即

$$w = -\frac{1}{g}\frac{\mathrm{d}\phi}{\mathrm{d}t} \tag{2.56}$$

由于

$$\phi - \phi_s = \int_\eta^1 RT\frac{\partial\ln\pi}{\partial\eta}\mathrm{d}\eta \tag{2.57}$$

$$\phi_l = \phi_s + \alpha_l (RT)_l + \sum_{k=l+1}^{L}\delta_k (RT)_k \tag{2.58}$$

因此，

$$\frac{\mathrm{d}\phi_l}{\mathrm{d}t} = \frac{\partial\phi_l}{\partial t} + \boldsymbol{V}_l \cdot \nabla\phi_l + \dot{\eta}_l\frac{\partial\phi_l}{\partial\eta} \tag{2.59}$$

$$\frac{\partial\phi_l}{\partial t} = \frac{\partial\alpha_l}{\partial t}(RT)_l + \alpha_l R\frac{\partial T_l}{\partial t} + \sum_{k=l+1}^{L}\left\{\frac{\partial\delta_k}{\partial t}(RT)_k + \delta_k R\frac{\partial T_k}{\partial t}\right\} \tag{2.60}$$

式中，

$$\delta\pi_l = \pi_{l+1/2} - \pi_{l-1/2} \tag{2.61}$$

且

$$\delta_l=\delta\pi_l/\pi_l=\pi_{l+1/2}^{1/2}\pi_{l-1/2}^{-1/2}-\pi_{l+1/2}^{-1/2}\pi_{l-1/2}^{1/2} \tag{2.62}$$

$$\alpha_l=1-\pi_{l-1/2}/\pi_l=1-\pi_{l+1/2}^{-1/2}\pi_{l-1/2}^{1/2} \tag{2.63}$$

$$\frac{\partial\delta_l}{\partial t}=\frac{1}{2\pi_l}\left\{\frac{1}{\pi_{l-1/2}}+\frac{1}{\pi_{l+1/2}}\right\}\left\{-C_l\frac{\partial\pi_s}{\partial t}\right\} \tag{2.64}$$

$$\frac{\partial\alpha_l}{\partial t}=\frac{1}{2\pi_l\pi_{l+1/2}}\left\{-C_l\frac{\partial\pi_s}{\partial t}\right\} \tag{2.65}$$

在前面的计算中，需要用到整层上的 δ、α、$\nabla\delta$、$\nabla\alpha$、$\nabla\ln\pi$、气压梯度力项、$\nabla\pi$，与整层和半层上的 π，这些参数计算方式如下：

$$\begin{cases}\delta_1=2+c_v/R\\ \alpha_1=1\\ \pi_1=\delta\pi_1/\delta_1\end{cases} \tag{2.66}$$

$$\begin{cases}\delta_l=\delta\pi_l/\pi_l\\ \alpha_l=1-\pi_{l-1/2}/\pi_l\\ \pi_l=(\pi_{l-1/2}\pi_{l+1/2})^{1/2}\end{cases} \tag{2.67}$$

$$\nabla\pi_l=(\pi_l/\delta\pi_l)\nabla\pi_s\{\delta B_l+C_l/\pi_l\} \tag{2.68}$$

$$\nabla\alpha_l=-\frac{\alpha_l}{\pi_l\delta\pi_l}C_l\ \nabla\pi_s \tag{2.69}$$

$$\nabla\delta_l=-\frac{\delta_l}{\pi_l\delta\pi_l}C_l\ \nabla\pi_s \tag{2.70}$$

$$C_l=A_{l+1/2}B_{l-1/2}-A_{l-1/2}B_{l+1/2} \tag{2.71}$$

2.2.4 全球浅薄大气静力谱模式的水平离散

2.2.4.1 格点空间到谱空间的变换

对格点空间到谱空间的变换，只需要对风场、温度、地面气压等基本预报变量对应方程的右端项进行修改。对温度与地面气压等给定标量场 X，在采用三角截断的情况下，假设其球谐谱表示为：

$$X(\lambda,\mu,\eta,t)=\sum_{m=-N}^{N}\sum_{n=|m|}^{N}X_n^m(\eta,t)P_n^m(\mu)\mathrm{e}^{\mathrm{i}m\lambda} \tag{2.72}$$

其中，N 为最大截断波数，i 为虚单位，$\mu=\sin\theta$，$P_n^m(\mu)$为第一类连带勒让德函数，定义如下：

$$P_n^m(\mu)=\sqrt{(2n+1)\frac{(n-m)!}{(n+m)!}}\frac{1}{2^n n!}(1-\mu^2)^{m/2}\frac{\mathrm{d}^{n+m}}{\mathrm{d}\mu^{n+m}}(\mu^2-1)^n\quad m\geqslant 0 \tag{2.73}$$

则谱系数：

$$X_n^m(\eta,t)=\frac{1}{2\pi}\int_{-1}^{1}\int_0^{2\pi}X(\lambda,\mu,\eta,t)P_n^m(\mu)\mathrm{e}^{-\mathrm{i}m\lambda}\mathrm{d}\lambda\mathrm{d}\mu \tag{2.74}$$

假设在 λ 与 μ 方向分别采用 I、J 个积分点进行数值积分近似，并在 λ 方向采用基于等距节点的数值积分、在 μ 方向采用高斯型积分，$\mu_j=\sin\theta_j$ 为高斯型积分的配置点，ω_j 为对应的积分权重系数，则式(2.74)可以近似为

$$X_n^m(\eta,t)=\frac{1}{I}\sum_{k=0}^{I-1}\sum_{j=0}^{J-1}X(\lambda_k,\mu_j,\eta,t)\omega_j P_n^m(\mu_j)\mathrm{e}^{-\mathrm{i}m\lambda_k} \tag{2.75}$$

对风场右端项，由于

$$\zeta=\frac{1}{a\cos^2\theta}\left\{\frac{\partial\{v\cos\theta\}}{\partial\lambda}-(1-\mu^2)\frac{\partial\{u\cos\theta\}}{\partial\mu}\right\} \tag{2.76}$$

$$D=\frac{1}{a\cos^2\theta}\left\{\frac{\partial\{u\cos\theta\}}{\partial\lambda}+(1-\mu^2)\frac{\partial\{v\cos\theta\}}{\partial\mu}\right\} \tag{2.77}$$

因此，

$$D_{(m,n)}=\frac{1}{I}\sum_{k=0}^{I-1}\sum_{j=0}^{J-1}\{\mathrm{i}m\{u(\lambda_k,\mu_j)\cos\theta_j\}P_n^m(\mu_j)-\{v(\lambda_k,\mu_j)\cos\theta_j\}H_n^m(\mu_j)\}\frac{\omega_j}{a(1-\mu_j^2)}\mathrm{e}^{-\mathrm{i}m\lambda_k} \tag{2.78}$$

$$\zeta_{(m,n)}=\frac{1}{I}\sum_{k=0}^{I-1}\sum_{j=0}^{J-1}\{\mathrm{i}m\{v(\lambda_k,\mu_j)\cos\theta_j\}P_n^m(\mu_j)+\{u(\lambda_k,\mu_j)\cos\theta_j\}H_n^m(\mu_j)\}\frac{\omega_j}{a(1-\mu_j^2)}\mathrm{e}^{-\mathrm{i}m\lambda_k} \tag{2.79}$$

2.2.4.2 谱空间到格点空间的变换

谱空间到格点空间的变换即是将谱系数场变换为格点空间需要用到的基本格点场，因此，先分析格点计算中需要用到那些格点场。从第 2.2～2.3 节的计算过程可以发现，需要用到的格点量包括 u、v、D、ζ、$\ln\pi_s$、T 以及 u、v、$\ln\pi_s$、T、与 ϕ_s 的水平导数。对需要进行谱空间到格点空间变换的预报变量 Z，计算公式为：

$$(ua\cos\theta)_{(m,n)}=\mathrm{i}mD_{(m,n)}L_n^{-1}+(n-1)e_{(m,n)}\zeta_{(m,n-1)}L_{n-1}^{-1}-(n+2)e_{(m,n+1)}\zeta_{(m,n+1)}L_{n+1}^{-1} \tag{2.80}$$

$$(va\cos\theta)_{(m,n)}=\mathrm{i}m\zeta_{(m,n)}L_n^{-1}-(n-1)e_{(m,n)}D_{(m,n-1)}L_{n-1}^{-1}+(n+2)e_{(m,n+1)}D_{(m,n+1)}L_{n+1}^{-1} \tag{2.81}$$

$$Z_m(\mu_j)=\sum_{n=|m|}^{N}Z_{(m,n)}P_n^m(\mu_j)\qquad m=-N,\cdots,N,\ j=1,\cdots,J \tag{2.82}$$

$$Z(\lambda_k,\mu_j)=\sum_{m=-N}^{N}\mathrm{e}^{\mathrm{i}m\lambda_k}Z_m(\mu_j)\qquad k=1,\cdots,I,\ j=1,\cdots,J \tag{2.83}$$

式中，

$$e_{(0,0)}=0,e_{(m,n)}=\sqrt{(n^2-m^2)/(4n^2-1)},\ L_n=-\frac{n(n+1)}{a^2} \tag{2.84}$$

对与风有关的水平导数，有

$$\frac{\partial u_l(\lambda_k,\mu_j)}{\partial\lambda}=\sum_{m=-N}^{N}\mathrm{e}^{\mathrm{i}m\lambda_k}\{\mathrm{i}mu_{l,m}(\mu_j)\}\qquad k=1,\cdots,I,j=1,\cdots,J \tag{2.85}$$

$$\frac{\partial v_l(\lambda_k,\mu_j)}{\partial\lambda}=\sum_{m=-N}^{N}\mathrm{e}^{\mathrm{i}m\lambda_k}\{\mathrm{i}mv_{l,m}(\mu_j)\}\qquad k=1,\cdots,I,j=1,\cdots,J \tag{2.86}$$

$$\frac{1}{a\cos\theta_j}\frac{\partial U_l(\lambda_k,\mu_j)}{\partial\theta}=\frac{1}{a\cos^2\theta_j}\frac{\partial V_l(\lambda_k,\mu_j)}{\partial\lambda}-\zeta_l(\lambda_k,\mu_j)\qquad k=1,\cdots,I,j=1,\cdots,J \tag{2.87}$$

$$\frac{1}{a\cos\theta_j}\frac{\partial V_l(\lambda_k,\mu_j)}{\partial\theta}=D_l(\lambda_k,\mu_j)-\frac{1}{a\cos^2\theta_j}\frac{\partial U_l(\lambda_k,\mu_j)}{\partial\lambda}\qquad k=1,\cdots,I,j=1,\cdots,J \tag{2.88}$$

其中 $U=u\cos\theta,V=v\cos\theta$。对标量相关的经向导数，有

$$H_n^m(\mu)=(1-\mu^2)\frac{\mathrm{d}P_n^m(\mu)}{\mathrm{d}\mu}=(n+1)e_{(m,n)}P_{n-1}^m(\mu)-ne_{(m,n+1)}P_{n+1}^m(\mu) \tag{2.89}$$

$$(1-\mu^2)\frac{\partial Z(\lambda_k,\mu_j)}{\partial \mu}=\sum_{m=-N}^{N}\mathrm{e}^{\mathrm{i}m\lambda_k}\left\{\sum_{n=|m|}^{N}Z_{(m,n)}H_n^m(\mu_j)\right\}\quad k=1,\cdots,I,j=1,\cdots,J \tag{2.90}$$

对标量相关的纬向导数，有

$$\frac{\partial Z(\lambda_k,\mu_j)}{\partial \lambda}=\sum_{m=-N}^{N}\mathrm{e}^{\mathrm{i}m\lambda_k}\{\mathrm{i}mZ_m(\mu_j)\}\qquad k=1,\cdots,I,j=1,\cdots,J \tag{2.91}$$

此外，地面地形变量 ϕ_s 及其水平导数也需要进行谱格变换，对应的水平导数具体计算方式为：

$$\frac{1}{a\cos\theta}\frac{\partial \phi_s(\lambda_k,\mu_j)}{\partial \lambda}=\frac{1}{a\cos\theta}\sum_{m=-N}^{N}\mathrm{e}^{\mathrm{i}m\lambda_k}\{\mathrm{i}m\phi_{s,m}(\mu_j)\}\qquad k=1,\cdots,I,j=1,\cdots,J \tag{2.92}$$

$$\frac{(1-\mu^2)}{a\cos\theta}\frac{\partial \phi_s(\lambda_k,\mu_j)}{\partial \mu}=\frac{1}{a\cos\theta}\sum_{m=-N}^{N}\mathrm{e}^{\mathrm{i}m\lambda_k}\left\{\sum_{n=|m|}^{N}\phi_{s,(m,n)}H_n^m(\mu_j)\right\}\qquad k=1,\cdots,I,j=1,\cdots,J \tag{2.93}$$

2.2.4.3 精简高斯网格

在利用数值积分式(2.75)近似式(2.74)时，在 λ 方向采用等距节点进行近似计算，这种纬圈上的等距划分便于采用快速傅里叶变换进行快速计算。对这种普通型数值积分，当格点数为 I 时，其代数精度为 $I-1$，即对任意 $I-1$ 次多项式均精确成立。在 μ 方向采用的高斯型数值积分，当格点数为 J 时，其代数精度为 $2J-1$，即对任意 $2J-1$ 次多项式均精确成立。因此，当要求对式(2.74)中 X 为单变量，即对线性泛函精确成立时，相当于式(2.74)需要对最高 $2N$ 阶多项式都能精确成立。因此，需要满足 $I-1\geqslant 2N$ 且 $2J-1\geqslant 2N$，即 $I\geqslant 2N+1$ 且 $J\geqslant(2N+1)/2$。这种要求对线性泛函数值积分精确成立的网格，即为线性网格。对 YHGSM 等采用半隐式半拉格朗日格式的模式，其采用了基于预报变量全导数的方程组，二次泛函形式的平流项不再存在，二次泛函积分精度的影响相对较小，因此，广泛采用线性高斯网格。当然，对采用欧拉时间积分格式的模式，由于平流项的存在，数值积分需要对二次泛函精确成立，此时需要满足 $I\geqslant 3N+1$ 且 $J\geqslant(3N+1)/2$，对应的网格即为二次网格。此外，ECMWF 的最新研究表明，采用三次网格可以进一步提高模式的有效分辨率(Wedi et al.，2015；Malardel et al.，2016)，此时 $I\geqslant 4N+1$ 且 $J\geqslant(4N+1)/2$。

在式(2.75)中，任何第 j 个纬圈上的点数都为 I，这一方面简化了数据结构，相当于在水平方向上可以用通常的二维数组进行高效访问，但另一方面，由于三角截断所具有的各项同性(雷兆崇 等，1991)，意味着在整个球面上应尽量采用相同的格点空间分辨率，以避免不必要的计算量增长。因此，理想情况是从赤道向极地，每个纬圈上的网格点数应不断减少，并使得各个纬圈上的网格间距基本相等。由于每个纬圈所在纬度由高斯积分的配置点所确定，因此，这种网格在趋向极地过程中纬圈上点数不断减少的网格称为精简高斯网格(Hortal et al.，1991)。

在精简高斯网格中，传统上要求每个纬圈上的点数只含有 2、3、5 等素因子，使得点数具有 $N=2^p3^q5^r$ 的形式，以高效进行快速傅里叶变换的计算。此外，在极点附近的几个纬圈，纬圈点数适当进行增加，以消除噪声。最近，ECMWF 已经基于对快速傅里叶变换的优化，实现了任何格点数时的快速傅里叶变换高效计算，因此不再受上述素因子条件的限制，其在此基础上设计了网格距更均匀的三次八面体网格。已有研究表明，传统精简网格相对于经、纬网格可以减少约 30%的网格点数，三次八面体网格可以将网格点数进一步减少约 22%(Wedi et al.，2015；Malardel et al.，2016)，极大提高了计算效率。

2.2.5 全球浅薄大气静力谱模式的谱空间求解

先来导出以涡度和散度为预报变量的线性化方程。由式(2.38)中的速度方程以及散度(D)、涡度(ζ)与风场的关系：

$$D=\frac{1}{a\cos\theta}\left(\frac{\partial(v\cos\theta)}{\partial\theta}+\frac{1}{\cos\theta}\frac{\partial(u\cos\theta)}{\partial\lambda}\right) \tag{2.94}$$

$$\zeta=\frac{1}{a\cos\theta}\left\{\frac{1}{\cos\theta}\frac{\partial(v\cos\theta)}{\partial\lambda}-\frac{\partial(u\cos\theta)}{\partial\theta}\right\} \tag{2.95}$$

可得：

$$\frac{\partial D}{\partial t}=-R_{\mathrm{d}}G(\Delta T_v)-\Delta\phi_s-R_{\mathrm{d}}T^*\Delta\ln\pi_s-2\Omega u\cos\theta/a+2\Omega\sin\theta\zeta \tag{2.96}$$

$$\frac{\partial\zeta}{\partial t}=-2\Omega\sin\theta D-2\Omega v\cos\theta/a \tag{2.97}$$

将两时间层下的方程组展开为分量形式，并记 $\delta t=\Delta t$，则时间步进公式即为

$$(\ln\pi_s)^++\delta t\cdot N^*D^+=\widetilde{R}_\pi^+ \tag{2.98}$$

$$D^++R_{\mathrm{d}}\delta t\cdot\Delta\{T^*\ln\pi^++G^*T_v^+\}+\delta t\Delta\phi_s-\delta t(2\Omega\sin\theta)\zeta^++2\delta t\,(u\cos\theta)^+\Omega/a=\widetilde{R}_D^+ \tag{2.99}$$

$$\zeta^++\delta t((2\Omega\sin\theta)D^++2\Omega\,(v\cos\theta)^+/a)=\widetilde{R}_\zeta^+ \tag{2.100}$$

$$T^++\delta t(R_{\mathrm{d}}T^*/c_{\mathrm{pd}})S(D^+)=\widetilde{R}_T^+ \tag{2.101}$$

由于

$$u\cos\theta=-\sum_{m=-M}^{M}\sum_{n=|m|}^{N(m)}\frac{a}{n(n+1)}\{\mathrm{i}mD_n^mP_n^m(\mu)-\zeta_n^mH_n^m(\mu)\}\mathrm{e}^{\mathrm{i}m\lambda} \tag{2.102}$$

$$v\cos\theta=-\sum_{m=-M}^{M}\sum_{n=|m|}^{N(m)}\frac{a}{n(n+1)}\{\mathrm{i}m\zeta_n^mP_n^m(\mu)+D_n^mH_n^m(\mu)\}\mathrm{e}^{\mathrm{i}m\lambda} \tag{2.103}$$

因此，

$$\{u\cos\theta\}_n^m=-\frac{a}{n(n+1)}\{\mathrm{i}mD_n^m-[(n+1)e_{(m,n)}\zeta_{n-1}^m-ne_{(m,n+1)}\zeta_{n+1}^m]\} \tag{2.104}$$

$$\{v\cos\theta\}_n^m=-\frac{a}{n(n+1)}\{\mathrm{i}m\zeta_n^m+[(n+1)e_{(m,n)}D_{n-1}^m+ne_{(m,n+1)}D_{n+1}^m]\} \tag{2.105}$$

即

$$\{u\cos\theta\}_n^m=-\frac{\mathrm{i}am}{n(n+1)}D_n^m-\frac{1}{n}ae_{(m,n)}\zeta_{n-1}^m+\frac{1}{n+1}ae_{(m,n+1)}\zeta_{n+1}^m \tag{2.106}$$

$$\{v\cos\theta\}_n^m=-\frac{\mathrm{i}am}{n(n+1)}\zeta_n^m+\frac{1}{n}ae_{(m,n)}D_{n-1}^m-\frac{1}{n+1}ae_{(m,n+1)}D_{n+1}^m \tag{2.107}$$

另外，由于

$$\mu P_n^m(\mu)=e_{(m,n)}P_{n-1}^m(\mu)+e_{(m,n+1)}P_{n+1}^m(\mu) \tag{2.108}$$

因此，

$$\{\mu D\}_n^m=e_{(m,n)}D_{n-1}^m+e_{(m,n+1)}D_{n+1}^m \tag{2.109}$$

$$\{\mu\zeta\}_n^m=e_{(m,n)}\zeta_{n-1}^m+e_{(m,n+1)}\zeta_{n+1}^m \tag{2.110}$$

应用球谐谱逆变换于前述时间步进下的线性方程组，经整理可得

$$(\ln\pi_s)^+_{(m,n)}+\delta t\cdot N^* D^+_{m,n}=\widetilde{R}^+_{\pi,(m,n)} \tag{2.111}$$

$$\left(1-\mathrm{i}\,\frac{2\Omega\delta tm}{n(n+1)}\right)D^+_{(m,n)}-\frac{n(n+1)}{a^2}R_{\mathrm{d}}\delta t\cdot\{T^*\ln\pi^+_{s,(m,n)}+\{G^* T^+_{v,(m,n)}\}\}-\frac{n(n+1)}{a^2}\delta t\phi_{s,(m,n)}-$$
$$\frac{2(n+1)\delta t\Omega e_{(m,n)}}{n}\zeta^+_{(m,n-1)}-\frac{2n\delta t\Omega e_{(m,n+1)}}{n+1}\zeta^+_{(m,n+1)}=\widetilde{R}^+_{D,(m,n)} \tag{2.112}$$

$$\left(1-\mathrm{i}\,\frac{2\Omega\delta tm}{n(n+1)}\right)\zeta^+_{(m,n)}+\frac{2(n+1)\delta t\Omega e_{(m,n)}}{n}D^+_{(m,n-1)}+\frac{2n\delta t\Omega e_{(m,n+1)}}{n+1}D^+_{(m,n+1)}=\widetilde{R}^+_{\zeta,(m,n)} \tag{2.113}$$

$$T^+_{(m,n)}+\delta t(R_{\mathrm{d}}T^*/c_{pd})S(D^+_{(m,n)})=\widetilde{R}^+_{T,(m,n)} \tag{2.114}$$

消去式(2.112)与(2.113)中的 ζ,可以得到

$$\hat{C}_1 D^+_{(m,n)}+\hat{C}_2 D^+_{(m,n-2)}+\hat{C}_3 D^+_{(m,n+2)}-\frac{n(n+1)}{a^2}R_{\mathrm{d}}\delta t\cdot\{(G^* T^+_{v,(m,n)})+T^*(\ln\pi_s)^+_{(m,n)}\}$$
$$=\widetilde{R}_{D,(m,n)}+\frac{(2\delta t\Omega)}{1-\mathrm{i}\,\dfrac{2\Omega\delta tm}{n(n-1)}}e_{(m,n)}\frac{n+1}{n}\widetilde{R}_{\zeta,(m,n-1)}+$$
$$\frac{(2\delta t\Omega)}{1-\mathrm{i}\,\dfrac{2\Omega\delta tm}{(n+1)(n+2)}}e_{(m,n+1)}\frac{n}{n+1}\widetilde{R}_{\zeta,(m,n+1)}+\frac{n(n+1)}{a^2}\delta t\phi_{s,(m,n)} \tag{2.115}$$

其中

$$\begin{cases} e_{(0,0)}=0 \\ e_{(m,n)}=\sqrt{(n^2-m^2)/(4n^2-1)} \end{cases} \tag{2.116}$$

$$\hat{C}_1=1-\mathrm{i}\,\frac{2\Omega\delta tm}{n(n+1)}+\frac{(2\delta t\Omega)^2}{1-\mathrm{i}\,\dfrac{2\Omega\delta tm}{n(n-1)}}e^2_{(m,n)}\frac{(n-1)(n+1)}{n^2}+\frac{(2\delta t\Omega)^2}{1-\mathrm{i}\,\dfrac{2\Omega\delta tm}{(n+1)(n+2)}}e^2_{(m,n+1)}\frac{n(n+2)}{(n+1)^2} \tag{2.117}$$

$$\hat{C}_2=\frac{(2\delta t\Omega)^2}{1-\mathrm{i}\,\dfrac{2\Omega\delta tm}{n(n-1)}}e_{(m,n)}e_{(m,n-1)}\frac{n+1}{n-1} \tag{2.118}$$

$$\hat{C}_3=\frac{(2\delta t\Omega)^2}{1-\mathrm{i}\,\dfrac{2\Omega\delta tm}{(n+1)(n+2)}}e_{(m,n+1)}e_{(m,n+2)}\frac{n}{n+2} \tag{2.119}$$

利用式(2.111)、(2.114)消去式(2.115)中的 $\lg(\pi_s)^+_{(m,n)}$、$T^+_{v,(m,n)}$后,可以得到

$$\hat{C}_1 D^+_{m,n}+\hat{C}_2 D^+_{m,n-2}+\hat{C}_3 D^+_{m,n+2}-\frac{n(n+1)}{a^2}R\delta t\{[G^*\widetilde{R}_{T,(m,n)}]+T^*\widetilde{R}_{\pi,(m,n)}\}+$$
$$\frac{n(n+1)}{a^2}R_{\mathrm{d}}T^*\delta t^2\{(N^*+(R/c_{\mathrm{pd}})G^* S^*)D^+_{(m,n)}\}$$
$$=\widetilde{R}_{D,(m,n)}+\frac{(2\delta t\Omega)}{1-\mathrm{i}\,\dfrac{2\Omega\delta tm}{n(n-1)}}e_{(m,n)}\frac{n+1}{n}\widetilde{R}_{\zeta,(m,n-1)}+$$
$$\frac{(2\delta t\Omega)}{1-\mathrm{i}\,\dfrac{2\Omega\delta tm}{(n+1)(n+2)}}e_{(m,n+1)}\frac{n}{n+1}\widetilde{R}_{\zeta,(m,n+1)}+\frac{n(n+1)}{a^2}\delta t\phi_{s,(m,n)} \tag{2.120}$$

即

$$\left\{\hat{C}_1+\frac{n(n+1)}{a^2}\delta t^2\hat{B}\right\}D^+_{(m,n)}+\hat{C}_2D^+_{(m,n-2)}+\hat{C}_3D^+_{(m,n+2)}=R^{(2)}_{D,(m,n)} \tag{2.121}$$

式中，

$$\hat{B}=R_dT^*(N^*+(R/c_{pd})G^*S^*) \tag{2.122}$$

$$\begin{aligned}R^{(2)}_{D,(m,n)}=&\widetilde{R}^+_{D,(m,n)}+\frac{(2\delta t\Omega)}{1-\mathrm{i}\dfrac{2\Omega\delta tm}{n(n-1)}}e_{(m,n)}\frac{n+1}{n}\widetilde{R}^+_{\zeta,(m,n-1)}+\\&\frac{(2\delta t\Omega)}{1-\mathrm{i}\dfrac{2\Omega\delta tm}{(n+1)(n+2)}}e_{(m,n+1)}\frac{n}{n+1}\widetilde{R}^+_{\zeta,(m,n+1)}+\\&\frac{n(n+1)}{a^2}R\delta t\{[G^*\widetilde{R}^+_{T,(m,n)}]+T^*\widetilde{R}^+_{\pi,(m,n)}\}+\frac{n(n+1)}{a^2}\delta t\phi_{s,(m,n)}\end{aligned} \tag{2.123}$$

从式(2.121)求出 $D^+_{(m,n)}$ 后，即可以利用式(2.120)、(2.118)、(1.121)分别回代算出 $\zeta^+_{(m,n)}$、$(\ln\pi_s)^+_{(m,n)}$、$T^+_{(m,n)}$，计算方式分别如下：

$$\left(1-\mathrm{i}\frac{2\Omega\delta tm}{n(n+1)}\right)\zeta^+_{(m,n)}=\widetilde{R}^+_{\zeta,(m,n)}-\frac{2(n+1)\delta t\Omega e_{(m,n)}}{n}D^+_{(m,n-1)}-\frac{2n\delta t\Omega e_{(m,n+1)}}{n+1}D^+_{(m,n+1)} \tag{2.124}$$

$$T^+_{(m,n)}=\widetilde{R}^+_{T,(m,n)}-\delta t(R_dT^*/c_{pd})S^*(D^+_{(m,n)}) \tag{2.125}$$

$$(\ln\pi_s)^+_{(m,n)}=\widetilde{R}^+_{\pi,(m,n)}-\delta t\cdot N^*D^+_{(m,n)} \tag{2.126}$$

计算出各场的谱系数之后，对谱场在垂直方向上应用滤波。之后，在谱空间中进行水平扩散计算。

2.3 全球浅薄大气非静力谱模式数值计算

2.3.1 全球浅薄大气非静力谱模式方程组的线性化

对全球浅薄大气非静力谱模式方程组(1.107)～(1.113)的线性化，在选取参考状态时，除第 2.2.2 节所介绍的特征之外，额外选取：

(1)参考垂直速度 $w^*=0$，进而 $\overline{d}^*=0$；

(2)流体静力平衡：$p^*=\pi^*$，进而 $\overline{p}^*=0$。

此时，地面气压对数 $\ln\pi_s$ 的线性化方程与第 2.2.2 节中的式(2.25)相同。

从关于 $\overline{d}$ 的控制方程(1.109)可以得到其线性化方程为

$$\frac{\partial(\overline{d})}{\partial t}=-\frac{g^2\pi^*}{m^*R_dT^*}\frac{\partial}{\partial\eta}\left(\frac{1}{m^*}\frac{\partial\pi^*\overline{p}}{\partial\eta}\right) \tag{2.127}$$

从式(1.110)与式(1.111)可以得到关于 T 的控制方程

$$\frac{\mathrm{d}T}{\mathrm{d}t}=-\frac{RT}{c_v}D_3+\frac{c_p}{c_v}F_T \tag{2.128}$$

因此,其线性化方程为

$$\frac{\partial T}{\partial t}=-\frac{R_d T^*}{c_{vd}}(D+\bar{d}) \tag{2.129}$$

对式(1.111)进行线性化,并利用式(2.26),可以得到其线性化方程为

$$\frac{\partial \bar{p}}{\partial t}=-\frac{c_{pd}}{c_{vd}}(D+\bar{d})+\frac{1}{\pi^*}\int_0^\eta m^* D\mathrm{d}\eta' \tag{2.130}$$

状态方程可以改写为

$$\mathrm{e}^{\ln\pi+\bar{p}}\frac{\partial \phi}{\partial \eta}=-mRT \tag{2.131}$$

其线性化方程为

$$\pi^*\frac{\partial(\phi-\phi^*)}{\partial \eta}+\pi^*\left(\frac{\pi-\pi^*}{\pi^*}+\bar{p}\right)\frac{\partial \phi^*}{\partial \eta}=-m^* R_d(T_v-T^*)-(m-m^*)R_d T^* \tag{2.132}$$

另由参考大气的定义式(2.20)有

$$\pi^*\frac{\partial(\phi)}{\partial \eta}+(\pi+\pi^*\bar{p})\frac{\partial \phi^*}{\partial \eta}=-m^* R_d T_v-mR_d T^* \tag{2.133}$$

$$\frac{\partial(\phi)}{\partial \eta}=-\frac{m^* R_d T_v}{\pi^*}-\frac{mR_d T^*}{\pi^*}+\frac{\pi}{\pi^{*2}}m^* R_d T^*+\bar{p}m^*\frac{R_d T^*}{\pi^*} \tag{2.134}$$

所以可以得到

$$\phi=\phi_s-R_d T^*\frac{\pi}{\pi^*}+R_d T^*\frac{\pi_s}{\pi_s^*}-R_d T^*\int_\eta^1\frac{\bar{P}}{\pi^*}m^*\mathrm{d}\eta'+R_d\int_\eta^1\frac{m^*}{\pi^*}T_v\mathrm{d}\eta' \tag{2.135}$$

从关于 u 的控制方程(1.107)可以得到

$$\begin{aligned}\frac{\partial u}{\partial t}=&-\int_\eta^1\frac{m^*}{\pi^*}\frac{R_d\partial T_v}{a\cos\theta\partial\lambda}\mathrm{d}\eta+\int_\eta^1\frac{m^*}{\pi^*}\frac{R_d T^*\partial\bar{p}}{a\cos\theta\partial\lambda}\mathrm{d}\eta'-\frac{R_d T^*\partial\bar{p}}{a\cos\theta\partial\lambda}-\\&\frac{\partial\phi_s}{a\cos\theta\partial\lambda}-\frac{R_d T^*}{\pi_s^*}\frac{\partial\pi_s}{a\cos\theta\partial\lambda}+2\Omega v\sin\theta\end{aligned} \tag{2.136}$$

类似地,从式(1.108)可以得到 v 的线性化方程为

$$\begin{aligned}\frac{\partial v}{\partial t}=&-\int_\eta^1\frac{m^*}{\pi^*}\frac{R_d\partial T_v}{a\partial\theta}\mathrm{d}\eta+R_d T^*\int_\eta^1\frac{m^*}{\pi^*}\frac{\partial\bar{p}}{a\partial\theta}\mathrm{d}\eta'-R_d T^*\frac{\partial\bar{p}}{a\partial\theta}-\\&\frac{\partial\phi_s}{a\partial\theta}-\frac{R_d T^*}{\pi_s^*}\frac{\partial\pi_s}{a\partial\theta}-2\Omega u\sin\theta\end{aligned} \tag{2.137}$$

综上可知,线性化方程组可以写为:

$$\begin{aligned}\frac{\partial u}{\partial t}=&-R_d G^*\left(\frac{\partial T_v}{a\cos\theta\partial\lambda}\right)+R_d T^* G^*\left(\frac{\partial\bar{p}}{a\cos\theta\partial\lambda}\right)-\frac{R_d T^*\partial\bar{p}}{a\cos\theta\partial\lambda}-\\&\frac{\partial\phi_s}{a\cos\theta\partial\lambda}-R_d T^*\frac{\partial\ln\pi_s}{a\cos\theta\partial\lambda}+2\Omega v\sin\theta\end{aligned} \tag{2.138}$$

$$\begin{aligned}\frac{\partial v}{\partial t}=&-R_d G^*\left(\frac{\partial T_v}{a\partial\theta}\right)+R_d T^* G^*\left(\frac{\partial\bar{p}}{a\partial\theta}\right)-R_d T^*\frac{\partial\bar{p}}{a\partial\theta}-\\&\frac{\partial\phi_s}{a\partial\theta}-R_d T^*\frac{\partial\ln\pi_s}{a\partial\theta}-2\Omega u\sin\theta\end{aligned} \tag{2.139}$$

$$\frac{\partial T}{\partial t}=-\frac{R_d T^*}{c_{vd}}(D+\bar{d}) \tag{2.140}$$

$$\frac{\partial}{\partial t}\ln\pi_s = -N^*(D) \tag{2.141}$$

$$\frac{\partial \overline{p}}{\partial t} = -\frac{c_{\mathrm{pd}}}{c_{\mathrm{vd}}}(D+\overline{d}) + S^*(D) \tag{2.142}$$

$$\frac{\partial(\overline{d})}{\partial t} = -\frac{g^2}{R_{\mathrm{d}} T_a^*} L^*(\overline{p}) \tag{2.143}$$

式中，$c_*^2 = RT^* c_p/c_v$，$H_* = RT^*/g$，$N_*^2 = g^2/(c_p T^*)$，且

$$\partial^* X = (\pi^*/m^*)(\partial X/\partial\eta) \tag{2.144}$$

$$L^* X = \partial^*(\partial^*+1)X = \frac{\pi^*}{m^*}\frac{\partial}{\partial\eta}\left(\frac{1}{m^*}\frac{\partial\pi^* X}{\partial\eta}\right) \tag{2.145}$$

为简化推导，线性化方程(2.138)与(2.139)中的 T_v 也可以采用 T。

2.3.2 全球浅薄大气非静力谱模式的时、空离散

将式(2.7)展开为分量形式，代入非线性模式(1.107)～式(1.112)与线性模式(2.138)～式(2.143)，并记 $\delta t = \Delta t/2$，则时间步进公式即为

$$(\ln\pi_s)^+ + \delta t \cdot N^* D^+ = \widetilde{R}_\pi^+ \tag{2.146}$$

$$D^+ + R_{\mathrm{d}}\delta t \cdot \Delta\{T^*\overline{p}^+ + T^*\ln\pi^+ - T^* G^* \overline{p}^+ + G^* T^+\} + \delta t\Delta\phi_s - \delta t(2\Omega\sin\theta)\zeta^+ + 2\delta t(u\cos\theta) + \Omega/a = \widetilde{R}_D^+ \tag{2.147}$$

$$\zeta^+ + \delta t((2\Omega\sin\theta)D^+ + 2\Omega(v\cos\theta)^+/a) = \widetilde{R}_\zeta^+ \tag{2.148}$$

$$T^+ + \delta t(R_{\mathrm{d}} T^*/c_{\mathrm{vd}})(D^+ + \overline{d}^+) = \widetilde{R}_T^+ \tag{2.149}$$

$$\overline{p}^+ + \delta t((c_{\mathrm{pd}}/c_{\mathrm{vd}})(D^+ + \overline{d}^+) - S^* D^+) = \widetilde{R}_p^+ \tag{2.150}$$

$$\overline{d}^+ + \delta t\frac{g^2}{R_{\mathrm{d}} T_a^*} L^* \overline{p}^+ = \widetilde{R}_{\mathrm{d}}^+ \tag{2.151}$$

其中的右端项通过对式(2.7)中右端项按分量形式展开，并代入线性模式与非线性模式算子得到。

2.3.3 全球浅薄大气非静力谱模式预报变量的水平离散

应用球谐谱逆变换于线性方程组(2.146)～(2.151)，并利用式(2.104)、式(2.105)、式(2.109)和式(2.110)，经整理可得

$$(\ln\pi_s)_{(m,n)}^+ + \delta t \cdot N^* D_{m,n}^+ = \widetilde{R}_{\pi,(m,n)}^+ \tag{2.152}$$

$$\left(1 - \mathrm{i}\frac{2\Omega\delta t m}{n(n+1)}\right)D_{(m,n)}^+ - \frac{n(n+1)}{a^2}R_{\mathrm{d}}\delta t \cdot \{T^*\overline{p}_{(m,n)}^+ + T^*\ln\pi_{s,(m,n)}^+ - T^*\{G^*\overline{p}_{(m,n)}^+\} + \{G^* T_{(m,n)}^+\}\} - \frac{n(n+1)}{a^2}\delta t\phi_{s,(m,n)} - \frac{2(n+1)\delta t\Omega e_{(m,n)}}{n}\zeta_{(m,n-1)}^+ - \frac{2n\delta t\Omega e_{(m,n+1)}}{n+1}\zeta_{(m,n+1)}^+ = \widetilde{R}_{D,(m,n)}^+ \tag{2.153}$$

$$\left(1 - \mathrm{i}\frac{2\Omega\delta t m}{n(n+1)}\right)\zeta_{(m,n)}^+ + \frac{2(n+1)\delta t\Omega e_{(m,n)}}{n}D_{(m,n-1)}^+ + \frac{2n\delta t\Omega e_{(m,n+1)}}{n+1}D_{(m,n+1)}^+ = \widetilde{R}_{\zeta,(m,n)}^+ \tag{2.154}$$

$$T^{+}_{(m,n)}+\delta t(R_{\mathrm{d}}T^{*}/c_{\mathrm{vd}})(D^{+}_{(m,n)}+\overline{d}^{+}_{(m,n)})=\widetilde{R}^{+}_{T,(m,n)} \tag{2.155}$$

$$\overline{p}^{+}_{(m,n)}+\delta t((c_{\mathrm{pd}}/c_{\mathrm{vd}})(D^{+}_{(m,n)}+\overline{d}^{+}_{(m,n)})-\{S^{*}D^{+}_{(m,n)}\})=\widetilde{R}^{+}_{p,(m,n)} \tag{2.156}$$

$$\overline{d}^{+}_{(m,n)}+\delta t\frac{g^{2}}{R_{\mathrm{d}}T^{*}_{a}}\{L^{*}\overline{p}^{+}_{(m,n)}\}=\widetilde{R}^{+}_{d,(m,n)} \tag{2.157}$$

其中右端项分别为式(2.146)～式(2.151)的球谐谱逆变换结果。

通过将式(2.154)中n替换为$n-1$与$n+1$,可以消去式(2.153)中的ζ,得到

$$\begin{aligned}&\hat{C}_1D^{+}_{(m,n)}+\hat{C}_2D^{+}_{(m,n-2)}+\hat{C}_3D^{+}_{(m,n+2)}-\frac{n(n+1)}{a^2}R_{\mathrm{d}}\delta t\cdot\{(G^{*}T^{+}_{(m,n)})-T^{*}(G^{*}\overline{p}^{+}_{(m,n)})+\\&T^{*}\overline{p}^{+}_{(m,n)}+T^{*}(\ln\pi_s)^{+}_{(m,n)}\}=\widetilde{R}_{D,(m,n)}+\frac{(2\delta t\Omega)}{1-\mathrm{i}\dfrac{2\Omega\delta tm}{n(n-1)}}e_{(m,n)}\frac{n+1}{n}\widetilde{R}_{\zeta,(m,n-1)}+\\&\frac{(2\delta t\Omega)}{1-\mathrm{i}\dfrac{2\Omega\delta tm}{(n+1)(n+2)}}e_{(m,n+1)}\frac{n}{n+1}\widetilde{R}_{\zeta,(m,n+1)}+\frac{n(n+1)}{a^2}\delta t\phi_{s,(m,n)}\end{aligned} \tag{2.158}$$

其中,$e_{(m,n)}$的定义如式(2.116),且

$$\hat{C}_1=1-\mathrm{i}\frac{2\Omega\delta tm}{n(n+1)}+\frac{(2\delta t\Omega)^2}{1-\mathrm{i}\dfrac{2\Omega\delta tm}{n(n-1)}}e^{2}_{(m,n)}\frac{(n-1)(n+1)}{n^2}+\frac{(2\delta t\Omega)^2}{1-\mathrm{i}\dfrac{2\Omega\delta tm}{(n+1)(n+2)}}e^{2}_{(m,n+1)}\frac{n(n+2)}{(n+1)^2} \tag{2.159}$$

$$\hat{C}_2=\frac{(2\delta t\Omega)^2}{1-\mathrm{i}\dfrac{2\Omega\delta tm}{n(n-1)}}e_{(m,n)}e_{(m,n-1)}\frac{n+1}{n-1} \tag{2.160}$$

$$\hat{C}_3=\frac{(2\delta t\Omega)^2}{1-\mathrm{i}\dfrac{2\Omega\delta tm}{(n+1)(n+2)}}e_{(m,n+1)}e_{(m,n+2)}\frac{n}{n+2} \tag{2.161}$$

利用式(2.152)、式(2.155)和式(2.156)消去式(2.158)中的$\lg(\pi_s)^{+}_{(m,n)}$、$T^{+}_{(m,n)}$、$\overline{p}^{+}_{(m,n)}$,得到

$$\begin{aligned}&\hat{C}_1D^{+}_{(m,n)}+\hat{C}_2D^{+}_{(m,n-2)}+\hat{C}_3D^{+}_{(m,n+2)}-\frac{n(n+1)}{a^2}R_{\mathrm{d}}\delta t\{[G^{*}\widetilde{R}_{T,(m,n)}]-\\&T^{*}[G^{*}\widetilde{R}_{p,(m,n)}]+T^{*}\widetilde{R}_{p,(m,n)}+T^{*}\widetilde{R}_{\pi,(m,n)}\}+\\&\frac{n(n+1)}{a^2}R_{\mathrm{d}}T^{*}\delta t^2\{(c_{\mathrm{pd}}/c_{\mathrm{vd}}-G^{*}-S^{*}+G^{*}S^{*}+N^{*})D^{+}_{(m,n)}\}+\\&\frac{n(n+1)}{a^2}R_{\mathrm{d}}T^{*}\delta t^2([c_{\mathrm{pd}}/c_{\mathrm{vd}}-G^{*}]\overline{d}^{+}_{(m,n)})\\&=\widetilde{R}_{D,(m,n)}+\frac{(2\delta t\Omega)}{1-\mathrm{i}\dfrac{2\Omega\delta tm}{n(n-1)}}e_{(m,n)}\frac{n+1}{n}\widetilde{R}_{\zeta,(m,n-1)}+\\&\frac{(2\delta t\Omega)}{1-\mathrm{i}\dfrac{2\Omega\delta tm}{(n+1)(n+2)}}e_{(m,n+1)}\frac{n}{n+1}\widetilde{R}_{\zeta,(m,n+1)}+\frac{n(n+1)}{a^2}\delta t\phi_{s,(m,n)}\end{aligned} \tag{2.162}$$

由式(2.39)、式(2.40)、式(2.41)可知,对连续积分形式及其中的有限差分离散形式,均满足

$$-G^* S^* + G^* + S^* - N^* = 0 \tag{2.163}$$

从而式(2.162)可以简化为

$$\left\{\hat{C}_1 + \frac{n(n+1)}{a^2}\delta t^2 \frac{R_{\mathrm{d}} T^* c_{\mathrm{pd}}}{c_{\mathrm{vd}}}\right\} D^+_{(m,n)} + \hat{C}_2 D^+_{(m,n-2)} + \hat{C}_3 D^+_{(m,n+2)} - \frac{n(n+1)}{a^2}\delta t^2 [\hat{B}_2 \overline{d}^+_{(m,n)}] = R^{(2)}_{D,(m,n)} \tag{2.164}$$

其中，

$$\hat{B}_2 = -\frac{c_{\mathrm{pd}}}{c_{\mathrm{vd}}} R T^* + R_{\mathrm{d}} T^* G^* \tag{2.165}$$

$$\begin{aligned} R^{(2)}_{D,(m,n)} = &\widetilde{R}^+_{D,(m,n)} + \frac{(2\delta t\Omega)}{1 - \mathrm{i}\dfrac{2\Omega\delta tm}{n(n-1)}} e_{(m,n)} \frac{n+1}{n} \widetilde{R}^+_{\zeta,(m,n-1)} + \\ &\frac{(2\delta t\Omega)}{1 - \mathrm{i}\dfrac{2\Omega\delta tm}{(n+1)(n+2)}} e_{(m,n+1)} \frac{n}{n+1} \widetilde{R}^+_{\zeta,(m,n+1)} + \frac{n(n+1)}{a^2} R_{\mathrm{d}} \delta t \{[G^* \widetilde{R}^+_{T,(m,n)}] - \\ &T^* [G^* \widetilde{R}^+_{p,(m,n)}] + T^* \widetilde{R}^+_{p,(m,n)} + T^* \widetilde{R}^+_{\pi,(m,n)}\} + \frac{n(n+1)}{a^2} \delta t \phi_{s,(m,n)} \end{aligned} \tag{2.166}$$

同时，由式(2.156)、式(2.157)可得：

$$(1 + \delta t^2 \hat{B}_4) \overline{d}^+_{(m,n)} + \delta t^2 \{\hat{B}_3 D^+_{(m,n)}\} = R^{(2)}_{\mathrm{d},(m,n)} \tag{2.167}$$

式中，

$$\hat{B}_3 = \frac{g^2 L^*}{R_{\mathrm{d}} T^*_a} \left(-\frac{c_{\mathrm{pd}}}{c_{\mathrm{vd}}} + S^*\right) \tag{2.168}$$

$$\hat{B}_4 = -\frac{c_{\mathrm{pd}}}{c_{\mathrm{vd}}} \frac{g^2 L^*}{R_{\mathrm{d}} T^*_a} \tag{2.169}$$

$$R^{(2)}_{\mathrm{d},(m,n)} = \widetilde{R}^+_{\mathrm{d},(m,n)} - \delta t \frac{g^2}{R_{\mathrm{d}} T^*_a} \{L^* \widetilde{R}_{p,(m,n)}\} \tag{2.170}$$

在式(2.167)中，分别以 $n-2$ 和 $n+2$ 替代 n，可得

$$(1 + \delta t^2 \hat{B}_4) \overline{d}^+_{(m,n-2)} + \delta t^2 \{\hat{B}_3 D^+_{(m,n-2)}\} = R^{(2)}_{\mathrm{d},(m,n-2)} \tag{2.171}$$

$$(1 + \delta t^2 \hat{B}_4) \overline{d}^+_{(m,n+2)} + \delta t^2 \{\hat{B}_3 D^+_{(m,n+2)}\} = R^{(2)}_{\mathrm{d},(m,n+2)} \tag{2.172}$$

之后将式(2.164)两边同时左乘 $\delta t^2 \hat{B}_3$，再将从式(2.167)、式(2.171)、式(2.172)所得 $\delta t^2 \hat{B}_3 D^+_{(m,n)}$、$\delta t^2 \hat{B}_3 D^+_{(m,n-2)}$、$\delta t^2 \hat{B}_3 D^+_{(m,n+2)}$ 的表达式代入，就可以得到关于 $\overline{d}^+_{(m,n)}$ 的亥姆霍兹方程：

$$\begin{aligned} &\left\{\hat{C}_1 + \frac{n(n+1)}{a^2}\delta t^2 \frac{R_{\mathrm{d}} T^* c_{\mathrm{pd}}}{c_{\mathrm{vd}}}\right\} R^{(2)}_{\mathrm{d},(m,n)} + \hat{C}_2 R^{(2)}_{\mathrm{d},(m,n-2)} + \hat{C}_3 R^{(2)}_{\mathrm{d},(m,n+2)} - \delta t^2 \hat{B}_3 R^{(2)}_{D,(m,n)} = \\ &\left\{\hat{C}_1 + \frac{n(n+1)}{a^2}\delta t^2 \frac{R_{\mathrm{d}} T^* c_{\mathrm{pd}}}{c_{\mathrm{vd}}}\right\} (1 + \delta t^2 \hat{B}_4) \overline{d}^+_{(m,n)} + \hat{C}_2 (1 + \delta t^2 \hat{B}_4) \overline{d}^+_{(m,n-2)} + \\ &\hat{C}_3 (1 + \delta t^2 \hat{B}_4) \overline{d}^+_{(m,n+2)} + \frac{n(n+1)}{a^2} \delta t^4 [\hat{B}_3 \hat{B}_2 \overline{d}^+_{(m,n)}] \end{aligned} \tag{2.173}$$

即

$$\left[\hat{C}_1 + \frac{n(n+1)}{a^2}\delta t^2 \hat{B}\right] \overline{d}^+_{(m,n)} + \hat{C}_2 \overline{d}^+_{(m,n-2)} + \hat{C}_3 \overline{d}^+_{(m,n+2)} = (1 + \delta t^2 \hat{B}_4)^{-1} \{-\delta t^2 \hat{B}_3 R^{(2)}_{D,(m,n)} + R^{(3)}_{d,(m,n)}\} \tag{2.174}$$

式中，

$$R_{d,(m,n)}^{(3)}=\left\{\hat{C}_1+\frac{n(n+1)}{a^2}\delta t^2\ \frac{c_{\mathrm{pd}}}{c_{\mathrm{vd}}}R_{\mathrm{d}}T^*\right\}R_{d,(m,n)}^{(2)}+\hat{C}_2R_{d,(m,n-2)}^{(2)}+\hat{C}_3R_{d,(m,n+2)}^{(2)} \tag{2.175}$$

$$\hat{B}=\frac{c_{\mathrm{pd}}R_{\mathrm{d}}T^*}{c_{\mathrm{vd}}}[1+\delta t^2\hat{B}_4]^{-1}\left[1+\delta t^2\ \frac{g^2}{c_{\mathrm{pd}}T_a^*}\hat{T}^*\right] \tag{2.176}$$

$$\hat{T}^*=\frac{c_{\mathrm{vd}}}{R_{\mathrm{d}}}L^*\left(S^*G^*-\frac{c_{\mathrm{pd}}}{c_{\mathrm{vd}}}S^*-\frac{c_{\mathrm{pd}}}{c_{\mathrm{vd}}}G^*\right) \tag{2.177}$$

由式(2.39)、式(2.40)和式(2.41)可知，对连续积分形式，满足

$$g^2L^*\left(S^*G^*-\frac{c_{\mathrm{pd}}}{c_{\mathrm{vd}}}S^*-\frac{c_{\mathrm{pd}}}{c_{\mathrm{vd}}}G^*\right)=N_*^2c_*^2 \tag{2.178}$$

式中，N_* 与 c_* 的定义见第2.3.1节。

2.3.4 全球浅薄大气非静力谱模式的垂直有限差分离散

正如第2.3.3节所描述的，在采用式(2.39)、式(2.40)和式(2.41)的垂直离散方式下，约束条件式(2.163)也能得到满足，因此，对 S^*、N^* 与 G^* 的垂直离散，采用这种方式是合理的。此外，由式(2.178)可见，在连续情形下，$\hat{T}^*$ 应为常数。因此，在进行垂直离散时，作为垂直离散算子矩阵，$\hat{T}^*$ 本应为单位矩阵的倍数。但在进行具体垂直离散时，这不可能得到满足，而只能从某种意义上进行近似。为了最大程度提高近似程度，取 $\hat{\boldsymbol{T}}^*$ 与 $\boldsymbol{L}^*$ 为三对角矩阵，并按下述方式进行计算：

$$\hat{\boldsymbol{T}}^*=\boldsymbol{I}+\boldsymbol{L}^*\hat{\boldsymbol{Q}}^* \tag{2.179}$$

$$\hat{Q}_{k,k}^*=\begin{cases}0 & k=1\\ \delta_k^*-2\alpha_k^* & k\neq 1\end{cases} \tag{2.180}$$

$$[\boldsymbol{L}^*\boldsymbol{X}]_l\approx\begin{cases}-a_l^*X_1+c_1^*(X_2-X_1) & l=1\\ a_l^*(X_{l-1}-X_l)+c_l^*(X_{l+1}-X_l) & 1<l<L\\ a_L^*(X_{L-1}-X_L)-a_L^*(\pi_L^*/\pi_{L-1}^*-1)X_L & l=L\end{cases} \tag{2.181}$$

$$a_l^*=\begin{cases}\dfrac{\pi_{l-1}^*}{\delta_l^*(\pi_l^*-\pi_{l-1}^*)} & l=2\sim L\\[2ex] \dfrac{\pi_{\mathrm{top}}^*}{\delta_1^*(\pi_1^*-\pi_{\mathrm{top}}^*)} & l=1\end{cases} \tag{2.182}$$

$$c_l^*=\begin{cases}\dfrac{\pi_{l+1}^*}{\delta_l^*(\pi_{l+1}^*-\pi_l^*)} & l=1\sim L-1\\[2ex] \dfrac{\pi_s^*}{\delta_L^*(\pi_s^*-\pi_L^*)} & l=L\end{cases} \tag{2.183}$$

式中，L 为模式层数，$\pi_{\mathrm{top}}^*=A_{1/2}+B_{1/2}\pi_{\mathrm{ref}}^*$，$\pi_s^*=\pi_{\mathrm{ref}}$。对非线性连续方程组中的垂直算子，进行与线性连续方程组中垂直算子类似的离散。

非线性方程组(1.107)和式(1.108)中的动力部分离散为

$$\begin{bmatrix}M_uZ\\ M_vZ\end{bmatrix}_l=\nabla\phi_l+\left(\frac{\delta p_l}{\delta\pi_l}-1\right)\nabla\phi_l+(RT\nabla\pi)_l/\pi_l+(RT\nabla\bar{p})_l+2\Omega\sin\theta\begin{bmatrix}v_l\\ u_l\end{bmatrix} \tag{2.184}$$

式中，

$$\delta p_l = p_{l+1/2} - p_{l-1/2} \tag{2.185}$$

$$\begin{cases} p_{1/2} = \pi_{1/2} \\ p_{l+1/2} = \pi_{l+1/2} \mathrm{e}^{(\bar{p}_l + \bar{p}_{l+1})/2} \\ p_{L+1/2} = \pi_{L+1/2} \mathrm{e}^{\bar{p}_L} \end{cases} \tag{2.186}$$

由式(1.91)可以得到

$$\phi_l = \phi_{l+1/2} + \alpha_l (RT)_l (\pi/p)_l \tag{2.187}$$

$$\phi_{l+1/2} = \phi_s + \sum_{k=l+1}^{L} \delta_k (RT_k (\pi/p)_k) \tag{2.188}$$

从而

$$\nabla\phi_{L+1/2} = \nabla\phi_s \tag{2.189}$$

$$\nabla\phi_{l-1/2} = \nabla\phi_{l+1/2} + (\pi/p)_l \{(RT)_l \nabla\delta_l + \delta_l \nabla(RT)_l - \delta_l (RT)_l \nabla\bar{p}_l\} \tag{2.190}$$

$$\nabla\phi_l = \nabla\phi_{l+1/2} + (\pi/p)_l \{\alpha_l \nabla(RT)_l + (RT)_l \nabla\alpha_l - \alpha_l (RT)_l \nabla\bar{p}_l\} \tag{2.191}$$

非线性方程(1.109)中的动力部分可以改写为:

$$M_d Z = -\left\{\frac{R_{\mathrm{d}}}{R}\bar{d} + \left(1 - \frac{R_{\mathrm{d}}}{R}\right)Y\right\}(\bar{d} - Y) + \frac{gp}{R_{\mathrm{d}}T}\frac{\partial \mathbf{V}}{\partial \pi} \cdot \nabla w - \frac{g^2 p}{R_{\mathrm{d}}T}\frac{\partial}{\partial \pi}\left(\frac{\partial(p-\pi)}{\partial \pi}\right) + \dot{Y} \tag{2.192}$$

从而可以离散为

$$\begin{aligned} \{M_d Z\}_l = & -\left\{\frac{R_{\mathrm{d}}}{R}\bar{d}_l + \left(1 - \frac{R_{\mathrm{d}}}{R}\right)Y_l\right\}(\bar{d}_l - Y_l) + \left\{\frac{p}{R_{\mathrm{d}}T}\frac{\delta \mathbf{V}}{\delta \pi} \cdot \nabla(gw)\right\}_l - \\ & \frac{g^2 p_l}{R_{\mathrm{d}}T_l \pi_l}\left\{\frac{\partial}{\partial \ln \pi}\left(\frac{\partial(p-\pi)}{\partial \pi}\right)\right\}_l + \frac{Y_l^0 - Y_l^-}{\Delta t} \end{aligned} \tag{2.193}$$

其中,Y 的定义如式(1.102)所示,

$$Y_l = \left(\frac{p}{\pi}\right)_l \frac{1}{R_l T_l \delta_l}\{\nabla\phi_{l-1/2} \cdot (\mathbf{V}_l - \mathbf{V}_{l-1/2}) + \nabla\phi_{l+1/2} \cdot (\mathbf{V}_{l+1/2} - \mathbf{V}_l)\} \tag{2.194}$$

$$\left\{\frac{p}{R_{\mathrm{d}}T}\frac{\partial \mathbf{V}}{\partial \pi} \cdot \nabla(gw)\right\}_l = \frac{(p/\pi)_l}{R_{\mathrm{d}}T_l\delta_l}\{\nabla(gw)_{l-1/2} \cdot (\mathbf{V}_l - \mathbf{V}_{l-1/2}) + \nabla(gw)_{l+1/2} \cdot (\mathbf{V}_{l+1/2} - \mathbf{V}_l)\} \tag{2.195}$$

$$\left\{\frac{g^2 p}{R_{\mathrm{d}}T\pi}\frac{\partial\{\partial(p-\pi)/\partial\pi\}}{\partial \ln \pi}\right\}_l = \left\{\frac{g^2 p}{R_{\mathrm{d}}T\pi}\right\}_l \left\{\frac{\{\partial(p-\pi)/\partial\pi\}_{l+1/2} - \{\partial(p-\pi)/\partial\pi\}_{l-1/2}}{\delta_l}\right\} \tag{2.196}$$

$$\left(\frac{\partial(p-\pi)}{\partial \pi}\right)_{l+1/2} = \begin{cases} \dfrac{(p_{l+1} - \pi_{l+1}) - (p_l - \pi_l)}{\pi_{l+1} - \pi_l} & 0 < l < L \\ \dfrac{p_1 - \pi_1}{\pi_1} & l = 0 \\ \dfrac{1}{g}\dfrac{\mathrm{d}w_s}{\mathrm{d}t} & l = L \end{cases} \tag{2.197}$$

$$\mathbf{V}_{l+1/2} = \varepsilon_l \mathbf{V}_l + (1 - \varepsilon_l)\mathbf{V}_{l+1} \tag{2.198}$$

$$\varepsilon_l = \frac{\delta_{l+1} - \alpha_{l+1}}{\delta_{l+1} - \alpha_{l+1} + \alpha_l} \tag{2.199}$$

由式(1.117)和式(1.118)分别可以得到

$$(gw)_{l-1/2} = (gw)_{l+1/2} + (R_{\mathrm{d}}T)_l (\pi/p)_l (\bar{d}_l - X_l)\delta_l \tag{2.200}$$

$$\nabla(gw)_{l-1/2}=\nabla(gw)_{l+1/2}+\nabla(R_{\mathrm{d}}T)_l(\pi/p)_l(\overline{d}_k-X_k)\delta_l-(R_{\mathrm{d}}T)_l(\pi/p)_l\nabla\overline{p}_l(\overline{d}_k-X_k)\delta_l+(R_{\mathrm{d}}T)_l(\pi/p)_l(\nabla\overline{d}_k-\nabla X_k)\delta_l+(R_{\mathrm{d}}T)_l(\pi/p)_l(\overline{d}_k-X_k)\nabla\delta_l \tag{2.201}$$

$$\nabla(gw)_{L+1/2}=\nabla(gw)_s \tag{2.202}$$

由式(1.119)可以得到

$$\frac{\partial(gw)_s}{a\cos\theta\partial\lambda}=\frac{\partial u_s}{a\cos\theta\partial\lambda}\frac{\partial\phi_s}{a\cos\theta\partial\lambda}+u_s\frac{\partial}{a\cos\theta\partial\lambda}\left(\frac{\partial\phi_s}{a\cos\theta\partial\lambda}\right)+\frac{\partial v_s}{a\cos\theta\partial\lambda}\frac{\partial\phi_s}{a\partial\theta}+v_s\frac{\partial}{a\cos\theta\partial\lambda}\left(\frac{\partial\phi_s}{a\partial\theta}\right) \tag{2.203}$$

$$\frac{\partial(gw)_s}{a\partial\theta}=\frac{\partial u_s}{a\partial\theta}\frac{\partial\phi_s}{a\cos\theta\partial\lambda}+u_s\frac{\partial}{a\cos\theta\partial\lambda}\left(\frac{\partial\phi_s}{a\partial\theta}\right)+\frac{\partial v_s}{a\partial\theta}\frac{\partial\phi_s}{a\partial\theta}+v_s\frac{\partial}{a\partial\theta}\left(\frac{\partial\phi_s}{a\partial\theta}\right) \tag{2.204}$$

式中，$u_s=u_L$，$v_s=v_L$。

非线性方程(1.110)和(1.111)的动力部分可以分别离散为

$$\{M_TZ\}_l=-\frac{RT_l}{c_v}(D_l+\overline{d}_l) \tag{2.205}$$

$$\{M_pZ\}_l=-\frac{c_p}{c_v}(D_l+\overline{d}_l)-\left(\frac{\dot{\pi}}{\pi}\right)_l \tag{2.206}$$

式中，$(\dot{\pi}/\pi)_l$ 按式(2.46)进行离散。

非线性方程(1.112)与浅薄大气静力模式时相同，按照式(2.49)进行离散。

2.3.5 全球浅薄大气非静力谱模式动力框架验证评估

本节测试样例主要包括：稳定态测试、斜压不稳定波测试、3D Rossby-Haurwitz 波测试、山峰波测试、线性垂直切变波测试，来源于 DCMIP 计划（Ullrich et al.，2012），以及 Wedi 等(2009)和 Klemp 等(2015)的工作。DCMIP 计划的主要目的就是为了提供统一平台，用于对比检验不同全球模式的动力框架以及性能。为了表述方便，将本节所用的常量符号、值及其物理意义描述如表 2.1。

表 2.1 测试中所用到的常数列表

常量	值	物理意义
z_{top}	44000 m	模式顶高度推荐值
p_{top}	2.26 hPa	模式顶气压推荐值
a	6.37122×10^6 m	地球半径
Ω	7.292×10^{-5} s^{-1}	地球自转角速度
p_s	1000 hPa	表面气压(常值)
p_0	1000 hPa	参考气压(常值)
η_0	0.252	参考面的 η 值(急流中心位置)
η_t	0.2	对流层顶的 η 值
η_s	1	地面的 η 值
u_0	35 m/s	纬向风的最大值
u_p	1 m/s	纬向风扰动的最大值

续表

常量	值	物理意义
λ_c	$\pi/9$	纬向风扰动中心的经度(20° E)
θ_c	$2\pi/9$	纬向风扰动中心的纬度(40° E)
R	$a/10$	纬向风扰动的半径
T_0	288 K	地面平均温度
Γ	0.005 K/m	温度垂直递减率
ΔT	4.8×10^5 K	经验温度差异

2.3.5.1 稳定态测试

稳定状态测试基本思路为构造一个满足模式方程组的解，使得方程的右端项为0，从而使得每一时间步长积分的结果理论值等于初始值，使用该测试样例可以定量测试模式数值方案算法设计的准确度。

(1)初始场设计

稳定态测试的初始场构造参考Jablonowski等(2006)的研究。

本测试样例是在基于气压的η垂直坐标系下初始化的，定义

$$\eta=\frac{p}{p_s(\lambda,\theta)} \tag{2.207}$$

式中，p为气压，$p_s(\lambda,\theta)$为地面气压且为常数($p_s=1000$ hPa)，$\lambda\in[0,2\pi]$为经度；$\theta\in[-\pi/2,\pi/2]$为纬度，$\eta\in[0,1]$。

引入辅助变量η_ν，定义如下：

$$\eta_\nu=(\eta-\eta_0)\frac{\pi}{2} \tag{2.208}$$

纬向风场由位于中纬度地区的两个对称纬向急流构成。纬向速度(u)的定义如下：

$$u(\lambda,\theta,\eta)=u_0\cos^{\frac{3}{2}}\eta_\nu\sin^2(2\theta) \tag{2.209}$$

为纬向均匀分布，且最大值$u_0=35$ m/s。经向速度和垂直速度为0，即

$$\begin{cases} v=0 \\ w=0 \end{cases} \tag{2.210}$$

在给定层次上，全温度分布由水平平均温度和水平变化两部分构成，具体表达式如下：

$$T(\lambda,\theta,\eta)=\overline{T}(\eta)+\frac{3}{4}\frac{\eta\pi u_0}{R_d}\sin\eta_\nu\cos^{\frac{1}{2}}\eta_\nu\times$$

$$\left\{2u_0\cos^{\frac{3}{2}}\eta_\nu\left(-2\sin^6\theta\left(\cos^2\theta+\frac{1}{3}\right)+\frac{10}{63}\right)+a\Omega\left(\frac{8}{5}\cos^3\theta\left(\sin^2\theta+\frac{2}{3}\right)-\frac{\pi}{4}\right)\right\} \tag{2.211}$$

其中，水平平均温度的垂直分布分为两段，分别代表低层和中层大气温度特性，其表达式如下：

$$\overline{T}(\eta)=\begin{cases} T_0\eta^{\frac{R_d\Gamma}{g}} & \eta_t\leqslant\eta\leqslant1 \\ T_0\eta^{\frac{R_d\Gamma}{g}}+\Delta T(\eta_t-\eta)^5 & \eta<\eta_t \end{cases} \tag{2.212}$$

密度ρ通过理想气体定律给定，即

$$\rho(\lambda,\theta,\eta)=\frac{p(\lambda,\theta,\eta)}{R_dT(\lambda,\theta,\eta)} \tag{2.213}$$

其中，理想干空气比气体常数$R_d=287.0$ J/(kg·K)。

最后给出位势场 $\phi=gz$，这里 z 代表模式层 η 上的海拔高度。在给定层次上，全位势场 $\phi=\overline{\phi}+\phi'$ 由水平平均($\overline{\phi}$)和水平变化(ϕ')两部分构成，其表达式如下：

$$\phi(\lambda,\theta,\eta)=\overline{\phi}(\eta)+u_0\cos^{\frac{3}{2}}\eta_v\times\left\{2u_0\cos^{\frac{3}{2}}\eta_v\left(-2\sin^6\theta\left(\cos^2\theta+\frac{1}{3}\right)+\frac{10}{63}\right)+a\Omega\left(\frac{8}{5}\cos^3\theta\left(\sin^2\theta+\frac{2}{3}\right)-\frac{\pi}{4}\right)\right\} \tag{2.214}$$

且水平平均位势为

$$\overline{\phi}(\eta)=\begin{cases}\dfrac{T_0 g}{\Gamma}\left(1-\eta^{\frac{R_d\Gamma}{g}}\right) & \eta_t\leqslant\eta\leqslant 1\\ \dfrac{T_0 g}{\Gamma}\left(1-\eta^{\frac{R_d\Gamma}{g}}\right)-\Delta\phi(\eta) & \eta<\eta_t\end{cases} \tag{2.215}$$

式中，

$$\Delta\phi(\eta)=R_d\Delta T\left\{\left(\ln\left(\frac{\eta}{\eta_t}\right)+\frac{137}{60}\right)\eta_t^5-5\eta_t^4\eta+5\eta_t^3\eta^2-\frac{10}{3}\eta_t^2\eta^3+\frac{5}{4}\eta_t\eta^4-\frac{1}{5}\eta^5\right\} \tag{2.216}$$

该测试样例还需要初始化地表面重力位势场(ϕ_s)。地形场平衡于地面非 0 纬向速度，在式(2.214)中令 $\eta=\eta_s=1$ 就可以得到 ϕ_s 的表达式，即

$$\phi_s(\lambda,\theta)=u_0\cos^{\frac{3}{2}}\eta_v\times\left\{2u_0\cos^{\frac{3}{2}}\eta_v\left(-2\sin^6\theta\left(\cos^2\theta+\frac{1}{3}\right)+\frac{10}{63}\right)+a\Omega\left(\frac{8}{5}\cos^3\theta\left(\sin^2\theta+\frac{2}{3}\right)-\frac{\pi}{4}\right)\right\} \tag{2.217}$$

按照以上公式构造的稳定态测试样例初始场剖面分布见图 2.1。

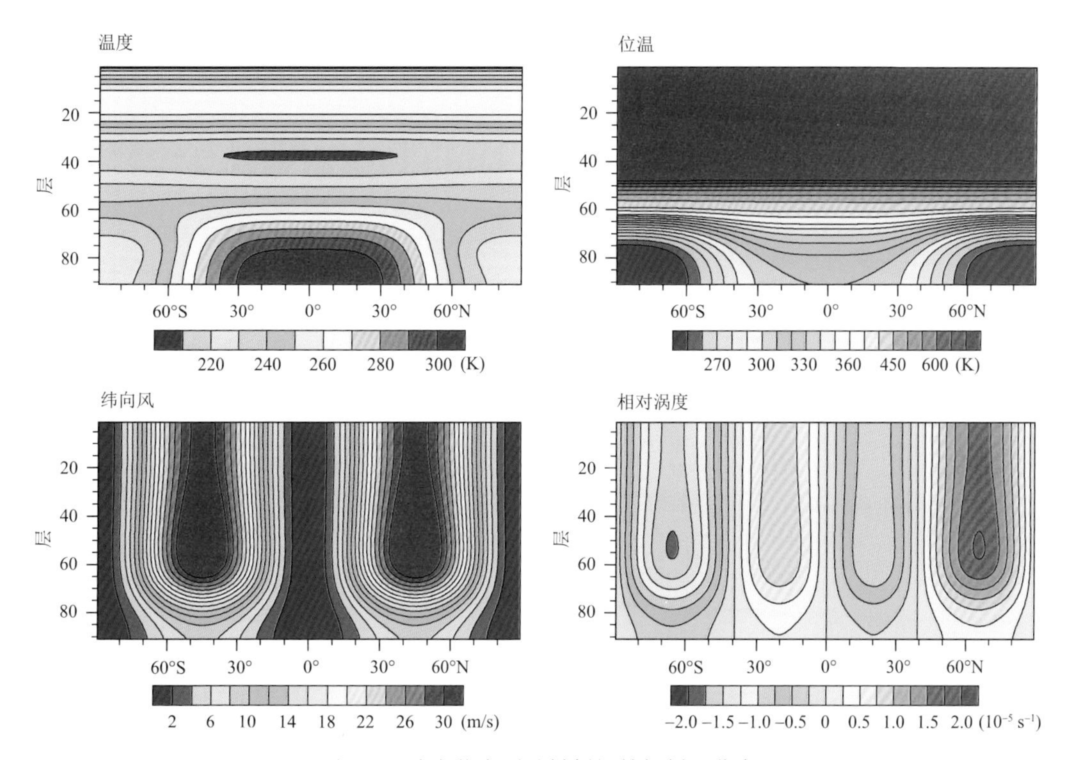

图 2.1　稳定状态测试样例初始场剖面分布

(2)试验设计

稳定态测试采用的水平分辨率为 T_L159,即在赤道附近格距近似为 125 km;垂直方向分为 91 层,对应模式顶层气压为 1 Pa(大约 75 km);模拟积分 30 d,间隔 1 d 输出一次结果。为了考察非静力模式的稳定性,同时进一步考察时间步长对这种模拟积分稳定性的影响,设置 3 组具有不同时间步长的试验,具体设置见表 2.2。

表 2.2　不同试验的水平格点分辨率、格点数和时间步长

谱分辨率	近赤道格点数/(lat ×lon)	近赤道格距/km	时间步长/s
T_L159	160×320	125	600
T_L159	160×320	125	1200
T_L159	160×320	125	1800

(3)模拟结果分析

图 2.2 给出了水平分辨率 T159、时间步长 600 s 时稳定态测试积分 30 d 后的结果。不难看出,同初始状态相比,二者几乎完全一致,这证实了非静力模式的准确性。事实上,我们还分析了其他试验的结果,对应时间步长 1200 s(图 2.3)和 1800 s(图 2.4),积分 30 d 后除模式层顶附近有微小扰动外,二者也几乎完全一致。

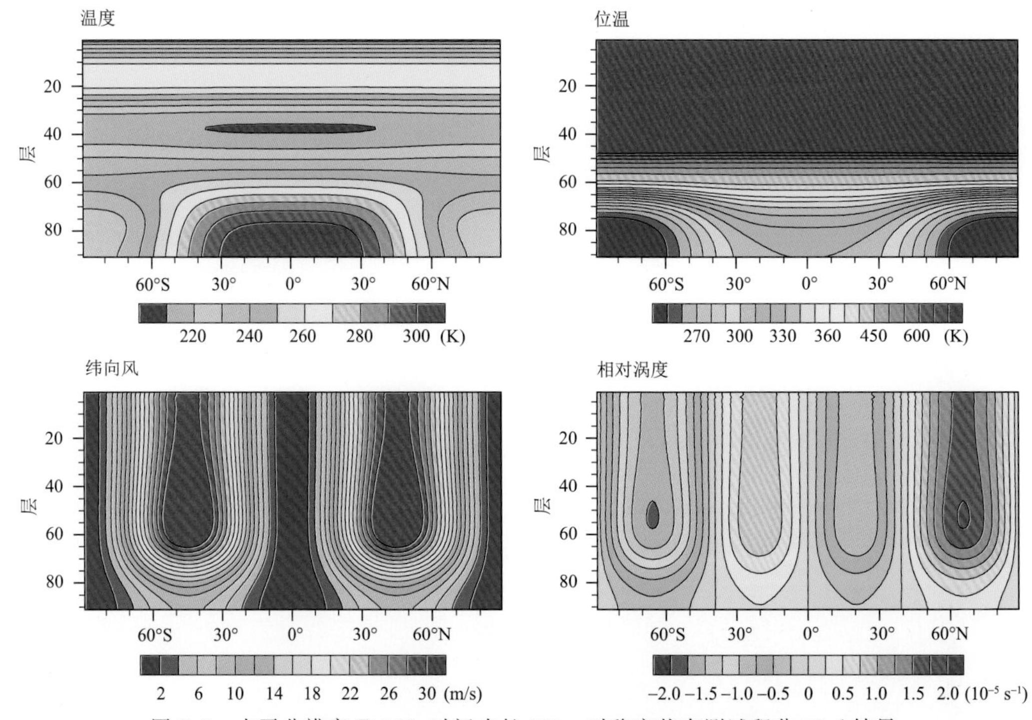

图 2.2　水平分辨率 T_L159、时间步长 600 s 时稳定状态测试积分 30 d 结果

为了进一步定量评估模式积分结果同分析解之间的误差大小,定义如下误差 L2 范数:

$$l_2(\bar{u}(t)-\bar{u}(t=0))=\left[\frac{1}{2}\int_0^1\int_{-\pi/2}^{-\pi/2}\{\bar{u}(\theta,\eta,t)-\bar{u}(\theta,\eta,t=0)\}^2\cos\theta\mathrm{d}\theta\mathrm{d}\eta\right]^{1/2}$$

$$\approx\left[\frac{\sum_k\sum_j\{\bar{u}(\theta_j,\eta_k,t)-\bar{u}(\theta_j,\eta_k,t=0)\}^2 w_j\Delta\eta_k}{\sum_k\sum_j w_j\Delta\eta_k}\right]^{1/2} \tag{2.218}$$

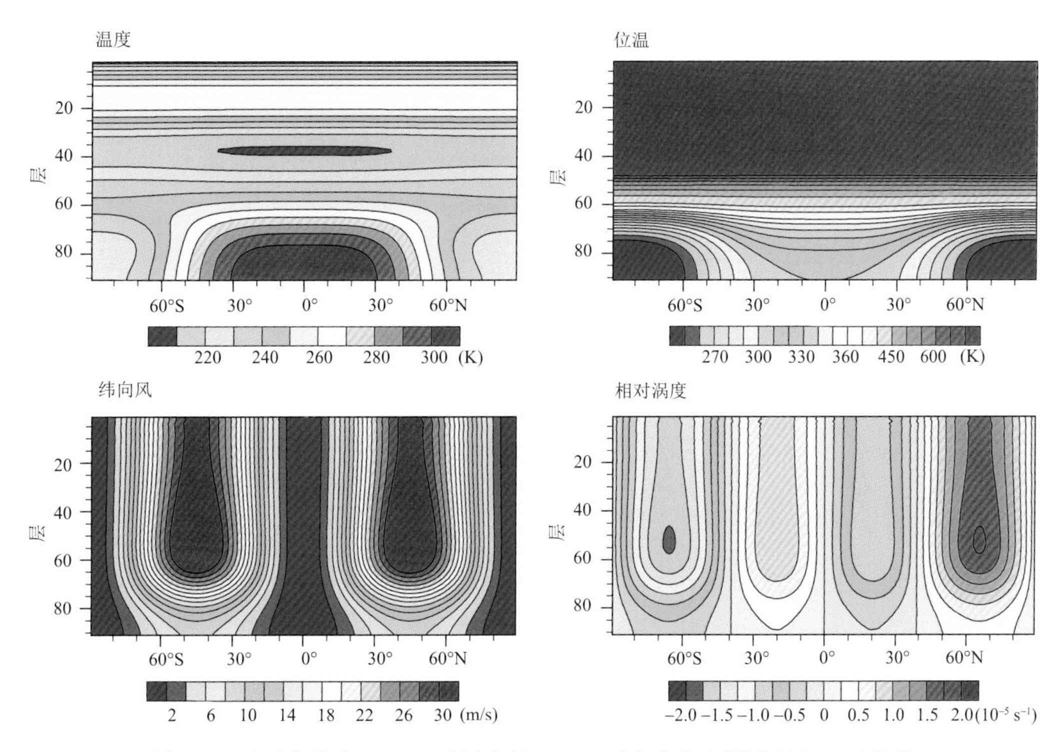

图 2.3 水平分辨率 T_L159、时间步长 1200 s 时稳定状态测试积分 30 d 结果

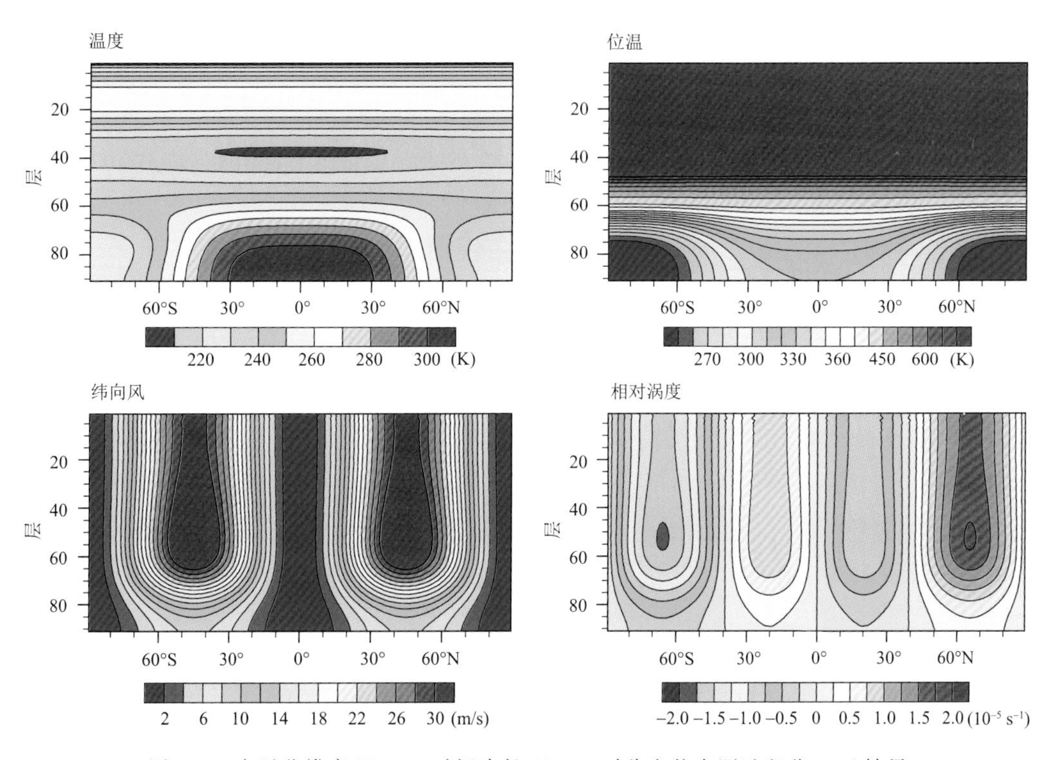

图 2.4 水平分辨率 T_L159、时间步长 1800 s 时稳定状态测试积分 30 d 结果

其中，$\overline{(\ )}$代表纬向平均，且上述关于位置索引(j,k)的求和运算遍历所有的纬度点θ_j和垂直层η_k；w_j为网格点的高斯权重，$\Delta\eta_k=\eta_{k+1/2}-\eta_{k-1/2}$为垂直权重，其代表了模式层的厚度。这里半层索引$k\pm1/2$对应模式层交界面的位置。利用该$l_2$范数可以定量计算3种时间步长的模式积分的误差大小，结果如图2.5所示。一般情况下，纬向平均的退化主要归因于θ-η平面内初始激发的重力波，后者随着时间缓慢衰减。他们调整离散系统的地转平衡，这是因为分析平衡的初始状态在离散空间并不是完全平衡的。从图中可以看出，对于不同时间步长，非静力模式动力核初始均调整纬向平均，随后几乎表现为平直的廓线，随着积分时间略有增大。即使是在时间步长取3600 s时，该特征依然保持。这些结果定量证实了非静力模式框架的稳定性，可以很好地维持纬向平均特征。

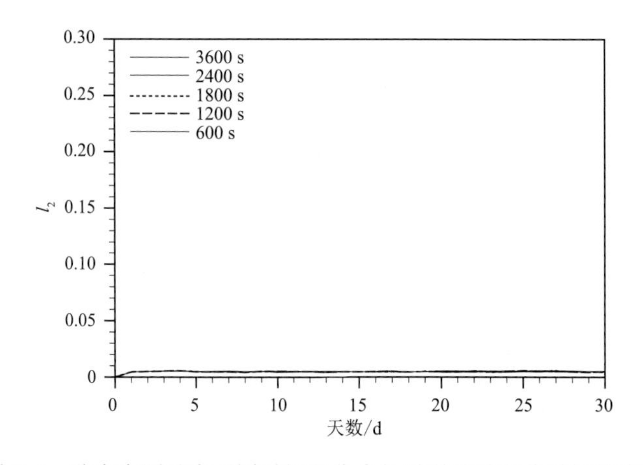

图2.5　稳定态测试中不同时间积分步长时误差随积分时间的演变

2.3.5.2　斜压不稳定波测试

斜压不稳定测试用于考查三维模式对理想斜压波演变的模拟效果(Jablonowski et al.，2006)，试验设计方案参考DCMIP的测试用例4。

(1)初始场设计

在上一节稳定状态初始场之上，叠加一个纬向风扰动，可以触发斜压波。纬向风扰动场记为$u'(\lambda,\theta,\eta)$，其表达式如下：

$$u'(\lambda,\theta,\eta)=u_p\exp\left(-\left(\frac{r}{R}\right)^2\right) \tag{2.219}$$

式中，r为相对纬向风扰动中心的大圆距离，其表达式如下：

$$r=a\arccos(\sin\theta_c\sin\theta+\cos\theta_c\cos\theta\cos(\lambda-\lambda_c)) \tag{2.220}$$

该纬向风扰动场具有高斯型结构，具体形态如图2.6所示。这样，实际纬向风场就由位于中纬度地区的两个对称纬向急流以及叠加之上的高斯型纬向风扰动构成，具体定义如下：

$$u(\lambda,\theta,\eta)=u_0\cos^{\frac{3}{2}}\eta_\nu\sin^2(2\theta)+u_p\exp\left(-\left(\frac{r}{R}\right)^2\right) \tag{2.221}$$

其他初始变量场(温度场、位势场)设置和初始化流程不变，同稳定态测试样例。

(2)试验设计

模拟采用的水平分辨率为T_L159，在赤道附近格距近似为125 km；垂直方向分为91层，模式顶层气压为1 Pa(大约75 km)，即$T_L159L91$。时间步长设为1200 s，模式结果间隔3 h

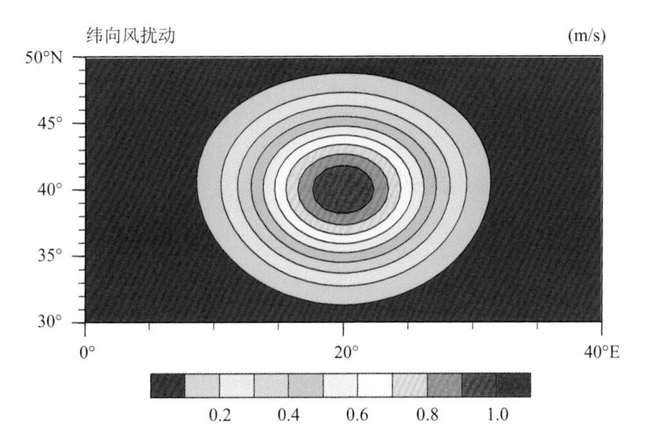

图 2.6　斜压波初始纬向扰动分布

输出一次。

(3)模拟结果分析

图 2.7～图 2.12 分别给出了非静力模式和静力模式模拟的 4～10 d 850 hPa 温度场以及二者之间的差异。从斜压波演变结果来看，前 4 d 斜压波的增长非常缓慢(图 2.7)；从第 5 天开始，温度场出现较明显的波动，与之对应的地面气压场上也出现一对冷高压和暖低压中心。到第 6 天(图 2.8)，地面气压场中出现两个较弱的低压和高压系统，并逐渐向东传播，对应的在温度场上可以看到两个较小振幅的波动。到了第 8 天(图 2.10)，两个高低压系统有了显著

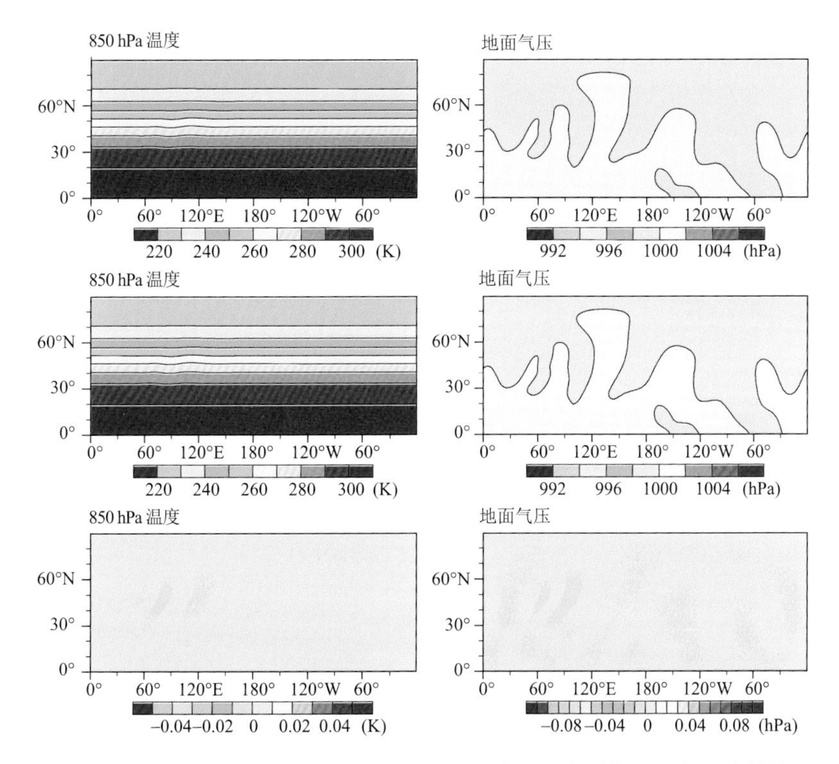

图 2.7　非静力(第 1 行)和静力模式(第 2 行)在第 4 天分别模拟的斜压波结构以及二者之间的差异(第 3 行)，(左)850 hPa 温度；(右)地面气压

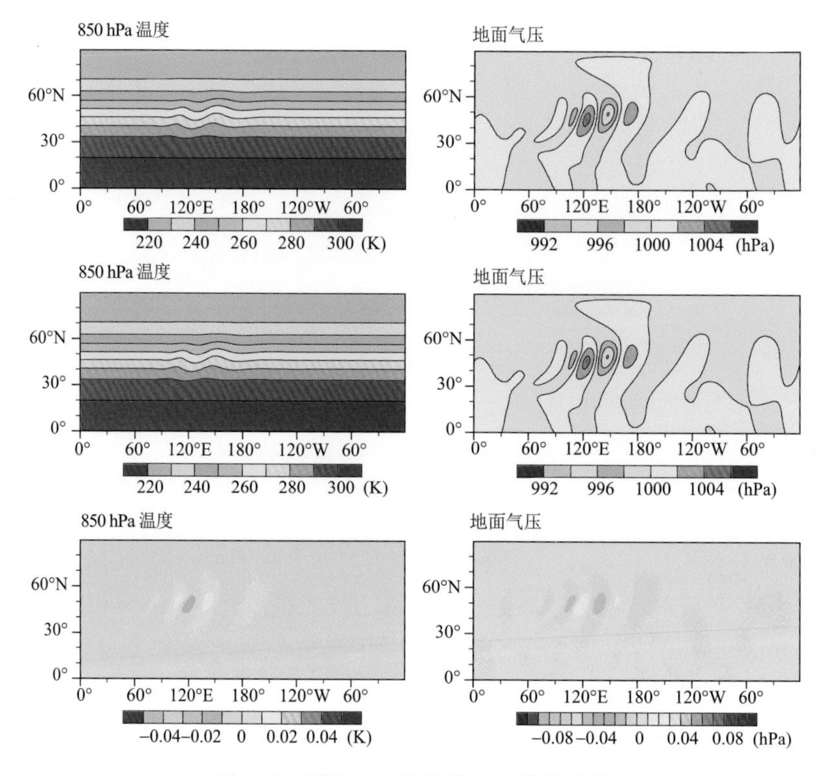

图 2.8　同图 2.7，但为第 6 天模拟结果

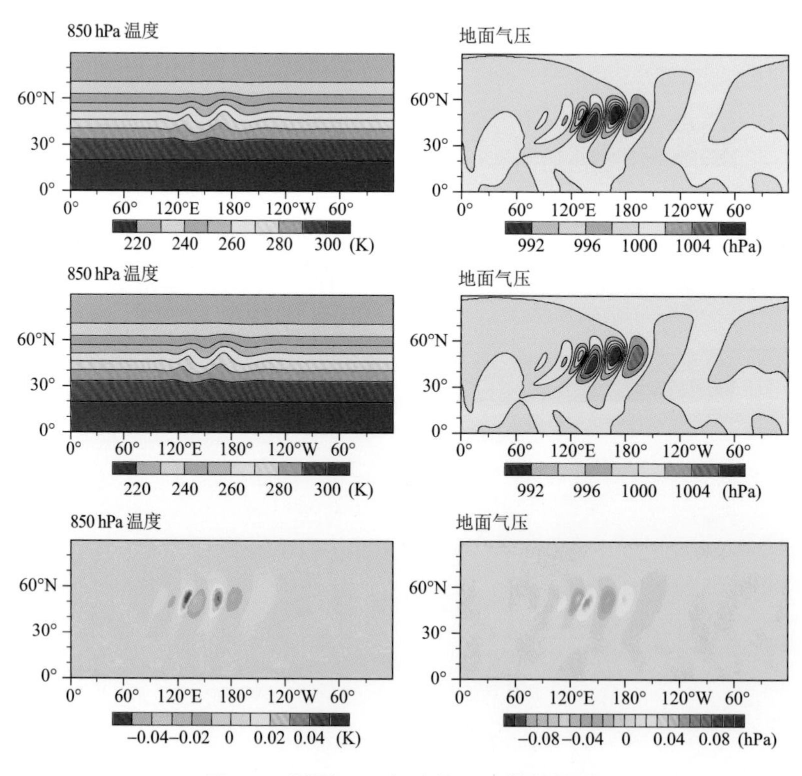

图 2.9　同图 2.7，但为第 7 天模拟结果

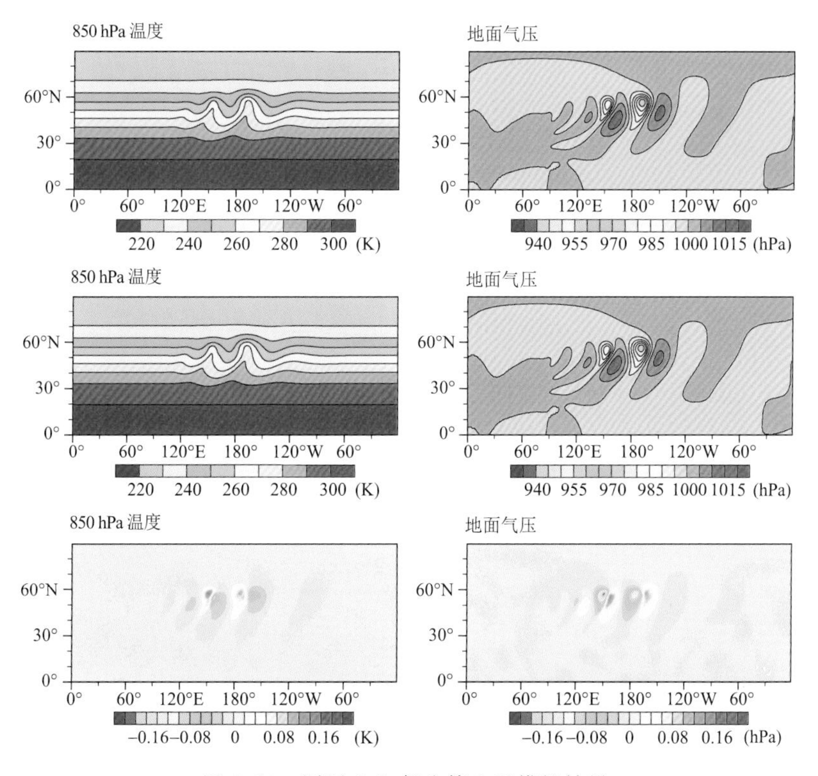

图 2.10 同图 2.7,但为第 8 天模拟结果

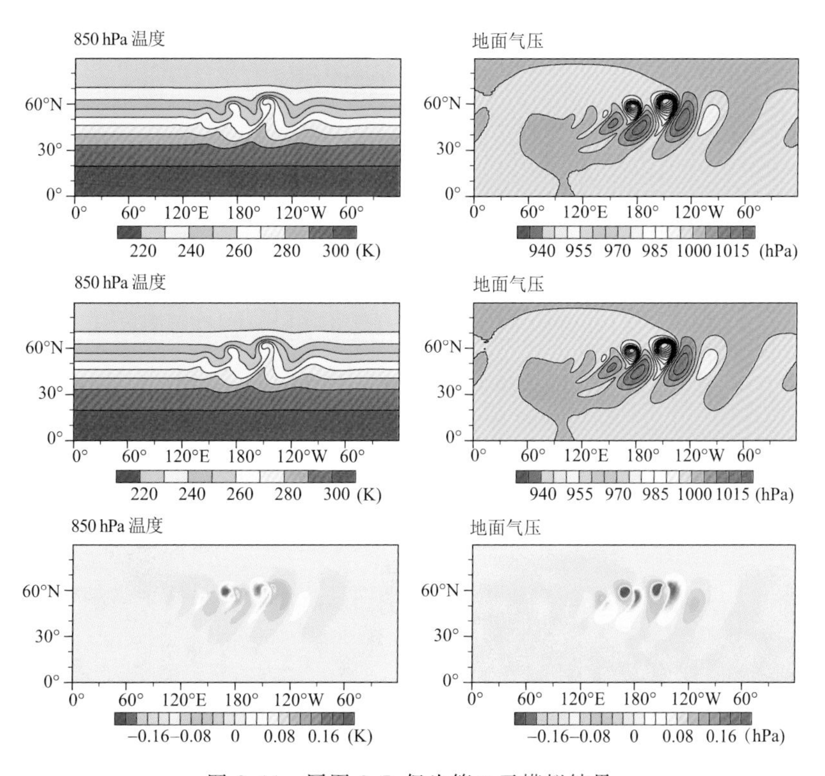

图 2.11 同图 2.7,但为第 9 天模拟结果

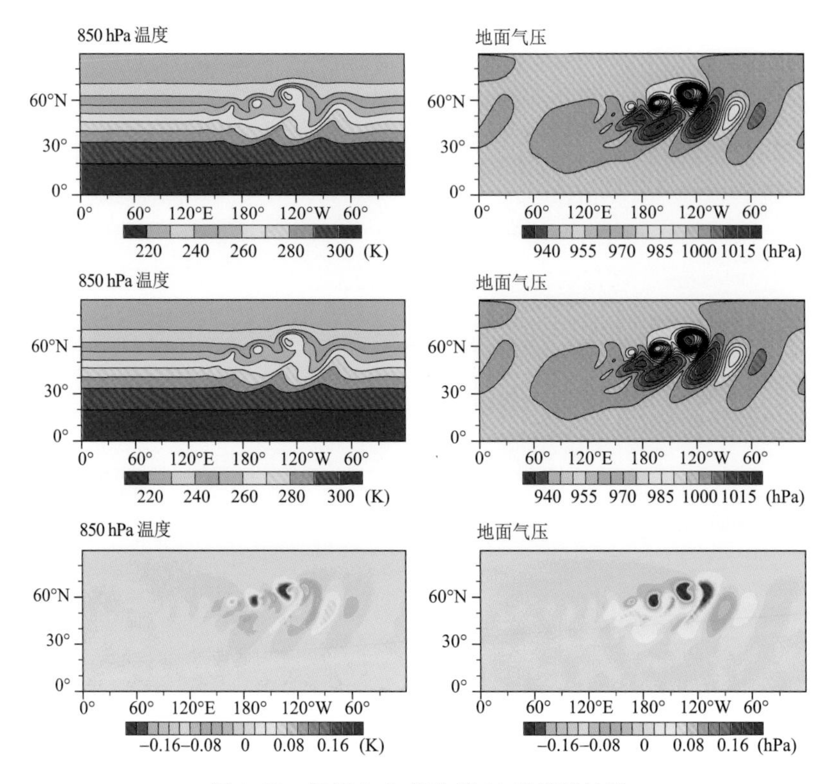

图 2.12 同图 2.7，但为第 10 天模拟结果

的加深(尺度也变大)，温度场上的波动峰值几乎达到极值，同时波峰西侧冷气团开始侵入到暖波峰中，且第三支上游波动已经开始显现。积分第 9 天时(图 2.11)，扰动发展到最强盛的时期，同时也可以看到有明显的冷空气从西北侧入侵到暖低压中心，暖中心呈现出锢囚的趋势。到第 10 天(图 2.12)，波形破碎已开始，形成 3 个具有相对较高温度的封闭气团。

以上斜压波演变结果与已有的研究结果基本一致(Jablonowski et al.，2006)，进一步验证了非静力谱模式的正确性；同时，在当前分辨率水平下，非静力谱模式和静力谱模式积分结果差异不大，但是随着积分时间延长这种差异有增大的趋势，可以推断随着水平分辨率的提高或者考虑湿物理过程，这种差异将会更明显。

2.3.5.3 3D Rossby-Haurwitz 波测试

Rossby-Haurwitz 波是正压涡度方程的解析解，且在基于非线性浅水方程和原始方程的模式中也能近似保守其形状，因此常用它来测试三维数值天气预报模式的稳定性，可以有效揭示数值模式的耗散和守恒特征。

(1)初始场设计

Rossby-Haurwitz 波测试的初始速度场为无辐散的，且其流函数定义如下：

$$\psi(\lambda,\theta)=-a^2M\sin\theta+a^2K\cos^n\theta\sin\theta\cos(n\lambda) \tag{2.222}$$

式中，a 代表地球半径，n 代表波数且取值为 $n=4$。另外，参数 $M=K=u_0/na$，且 $u_0=50$ m/s，最终 $M=K\approx1.962\times10^{-6}\ \mathrm{s}^{-1}$。对于正压无辐散模态(Haurwitz，1940)，此流函数能够保持形状不变在纬向方向以如下角速度移动：

$$\nu=\frac{n(3+n)M-2\Omega}{(1+n)(2+n)} \tag{2.223}$$

因此，参数 n 和 M 的选择决定了 Rossby-Haurwitz 波东传(+)或是西传(−)。基于以上选择的参数和地转角速度(Ω)，上式决定了模拟的 Rossby-Haurwitz 波是向西传播的。时间周期 $\tau=2\pi/\nu\approx24$ d，相当于传播速度 −15.2°/d。此数值对于三维静力流也近似满足(Wan,2008)。

水平速度初始风场设置如下：

$$u(\lambda,\theta,\eta)=aM\cos\theta+aK\cos^{n-1}\theta\cos(n\lambda)(n\sin^2\theta-\cos^2\theta) \tag{2.224}$$

$$v(\lambda,\theta,\eta)=-aKn\cos^{n-1}\theta\sin\theta\sin(n\lambda) \tag{2.225}$$

$$w=0 \tag{2.226}$$

温度随高度线性递减，即

$$T=T_0-\Gamma z \tag{2.227}$$

式中，温度垂直递减率 $\Gamma=0.0065$ K/m 接近大气干绝热直减率，$T_0=288$ K。将以上温度廓线代入静力平衡关系 $\partial p/\partial z=-\rho g$，可以得到等价高度($z$)的表达式：

$$z=\frac{T_0}{\Gamma}\left(1-\left(\frac{p}{p_{\mathrm{ref}}}\right)^{\frac{\Gamma R_{\mathrm{d}}}{g}}\right) \tag{2.228}$$

值得注意的是，z 并不代表真实位势高度。参考气压 $p_{\mathrm{ref}}=955$ hPa，其同时也决定了两极的地面气压。极点表面对应于等价高度 $z=0$ m。可以转换温度廓线到基于气压的垂直坐标系，即

$$T(p)=T_0\left(\frac{p}{p_{\mathrm{ref}}}\right)^{\frac{\Gamma R_{\mathrm{d}}}{g}} \tag{2.229}$$

这里气压 p 通过如下表达式给出：

$$p(\lambda,\theta,\eta)=A(\eta)p_0+B(\eta)p_s(\lambda,\theta) \tag{2.230}$$

基于式(2.228)，可以进一步得到地面气压表达式如下：

$$p_s(\lambda,\theta)=p_{\mathrm{ref}}\left(1+\frac{\Gamma}{gT_0}\phi'(\lambda,\theta)\right)^{\frac{g}{\Gamma R_{\mathrm{d}}}} \tag{2.231}$$

式中，

$$\phi'(\lambda,\theta)=a^2A(\theta)+a^2B(\theta)\cos(n\lambda)+a^2C(\theta)\cos(2n\lambda) \tag{2.232}$$

式中各定义式为：

$$A(\theta)=\frac{M(2\Omega+M)}{2}\cos^2\theta+\frac{K^2}{4}\cos^{2n}\theta[(n+1)\cos^2\theta+(2n^2-n-2)]-\frac{n^2K^2}{2}\cos^{2(n-1)}\theta \tag{2.233}$$

$$B(\theta)=\frac{2(\Omega+M)K}{(n+1)(n+2)}\cos^n\theta[(n^2+2n+2)-(n+1)^2\cos^2\theta] \tag{2.234}$$

$$C(\theta)=\frac{K^2}{4}\cos^{2n}\theta[(n+1)\cos^2\theta-(n+2)] \tag{2.235}$$

图 2.13 给出了 Rossby-Haurwitz 波测试的初始场分布。图中描述了 500 hPa 纬向风、500 hPa 经向风、500 hPa 位势高度和表面气压。

(2)试验设计

Rossby-Haurwitz 波测试水平分辨率采用 T64，垂直方向分为 31 层，即 T64L31；时间步长设置为 600 s，模式结果间隔一天输出一次。

(3)模拟结果分析

图 2.14～图 2.16 分别给出 Rossby-Haurwitz 波测试积分 15 d、20 d 和 30 d 的结果。从

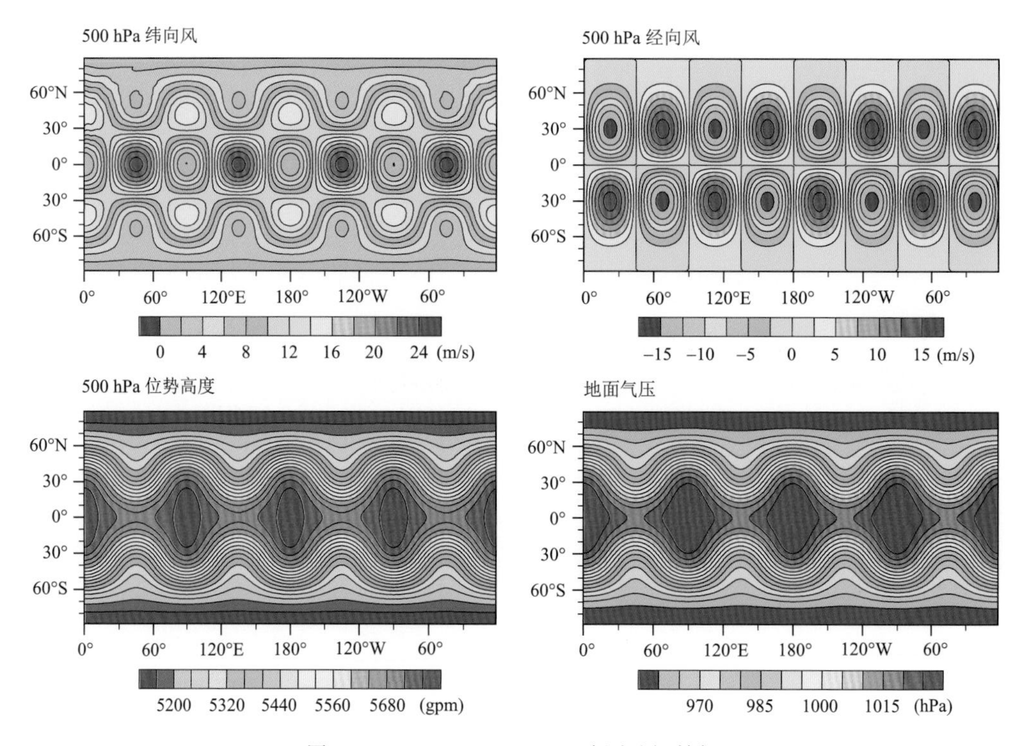

图 2.13　Rossby-Haurwitz 波测试初始场

图中可看出，波形轮廓在水平风场、重力位势高度场和地表气压场中保持完好，长时间积分后波形也未产生显著的形变。这验证了非静力模式的准确性和稳定性。

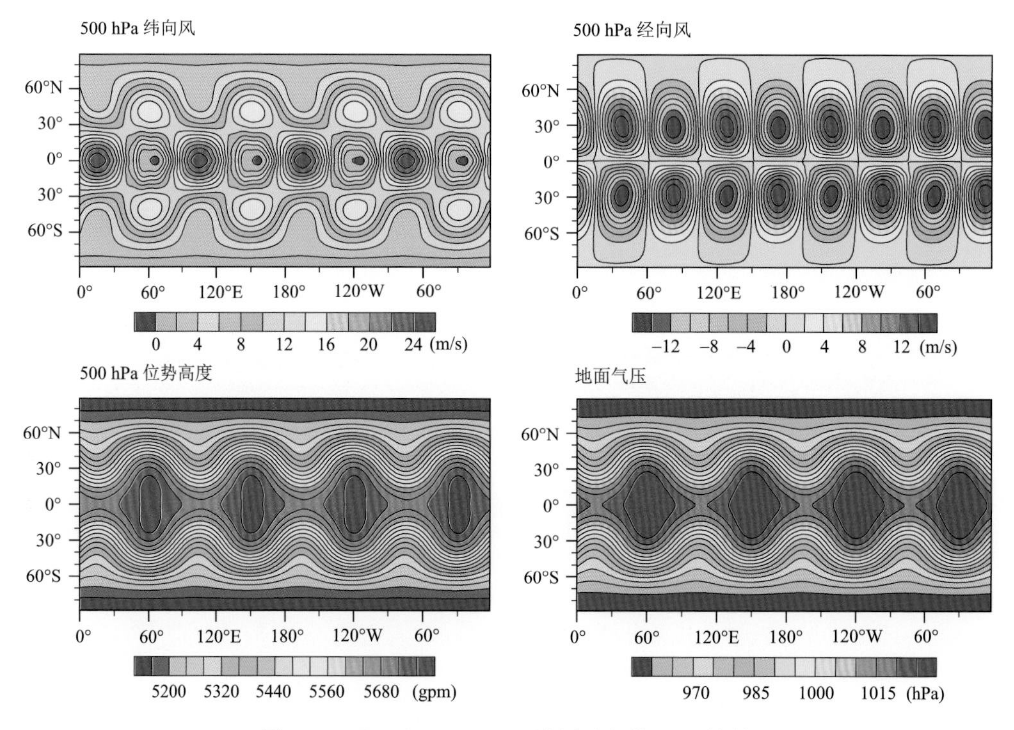

图 2.14　Rossby-Haurwitz 波测试积分 15 d 结果

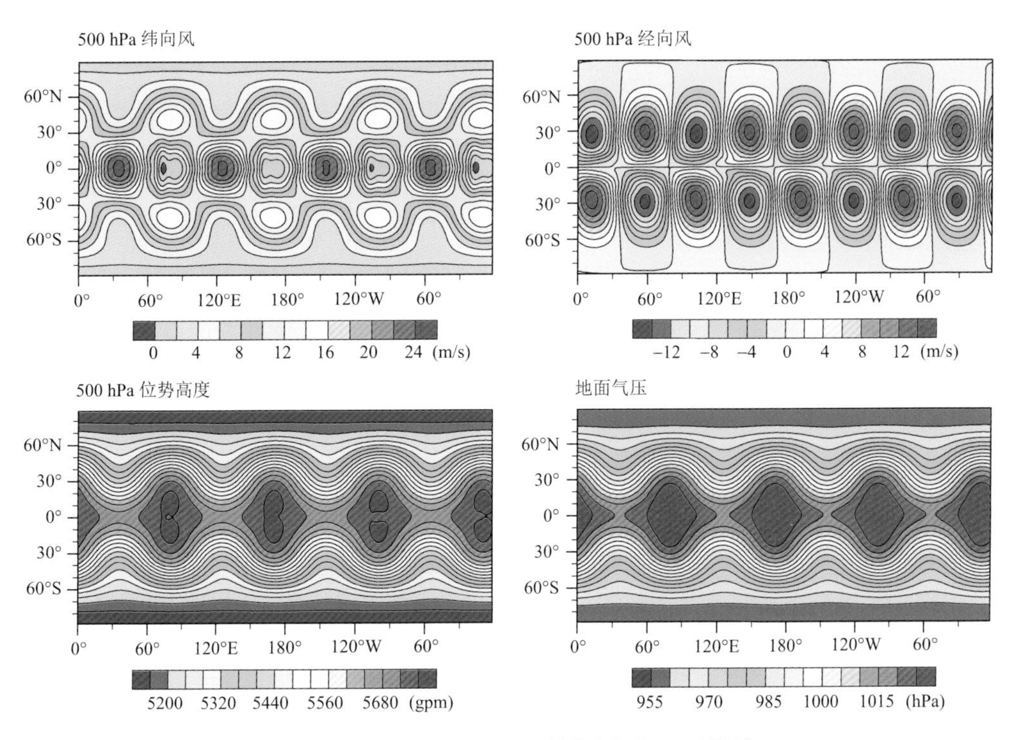

图 2.15 Rossby-Haurwitz 波测试积分 20 d 结果

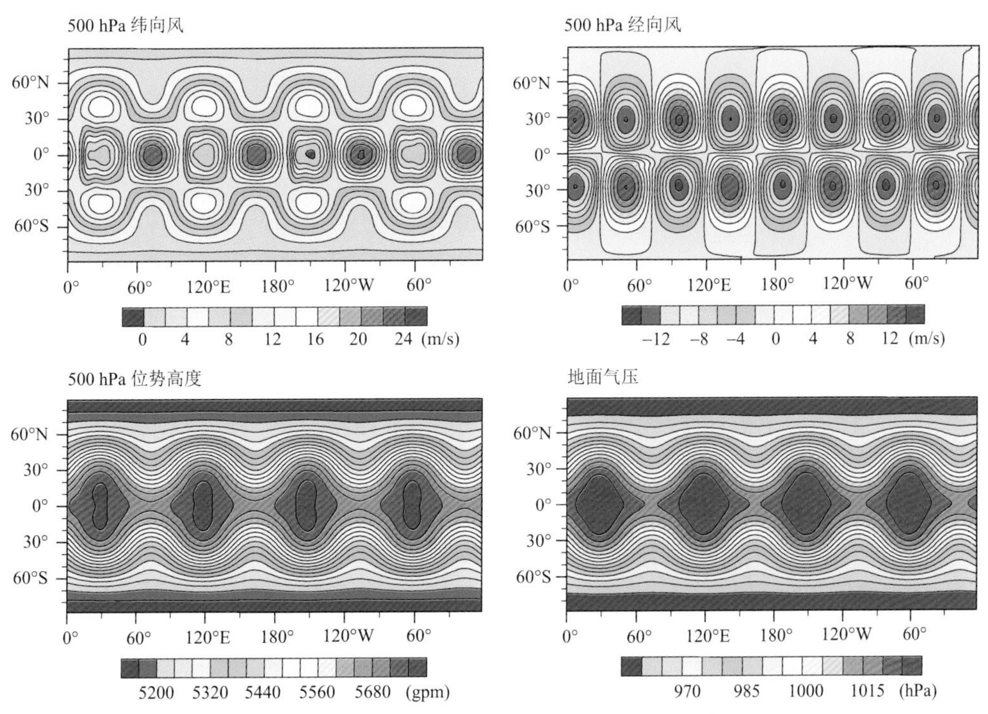

图 2.16 Rossby-Haurwitz 波测试积分 30 d 结果

2.3.5.4 山峰波测试(Mountain waves)

在稳定大气层结条件下,气流经过给定地形廓线的运动特征是气象学研究中的一个非常重要的问题，因为其体现了波动长距离传播的远场效应，能够影响大部分的计算区域。

（1）平均大气探空

该测试样例目的在于模拟在无旋（$\Omega=0$）和地球半径缩小的情况下，具有常数风速和稳定度的大气经过给定地形廓线的流场。参照 DCMIP 测试用例 2，基于赤道上空的等温平均态（$T(\lambda,0,z)=T_{eq}=300$ K）和纬向风分布来初始化基本大气状态。

纬向风定义如下：

$$u(\lambda,\theta,z)=u_{eq}\cos\theta \tag{2.236}$$

式中，$u_{eq}=20$ m/s，λ 和 θ 分别表示经度和纬度。初始态满足静力平衡关系：

$$\frac{\partial \ln p}{\partial z}=-\frac{g}{R_d T(\theta)} \tag{2.237}$$

和梯度风平衡关系：

$$\frac{\partial \ln p}{\partial \theta}=-\frac{u^2}{R_d T(\theta)}\tan\theta=-\frac{u_{eq}^2}{2R_d T(\theta)}\sin 2\theta \tag{2.238}$$

对式（2.237）和式（2.238）求交叉导数，容易证实：在不存在风垂直切变前提下，初始温度场为常数，即

$$T(\lambda,\theta,z)=T_{eq} \tag{2.239}$$

且可以进一步得到平衡的初始气压场，其表达式如下：

$$p(\lambda,\theta,z)=p_{eq}\exp\left(-\frac{u_{eq}^2}{2R_d T_{eq}}\sin^2\theta-\frac{gz}{R_d T_{eq}}\right) \tag{2.240}$$

则地面气压 $p_s(\lambda,\theta)$ 的定义为：

$$p_s(\lambda,\theta)=p_{eq}\exp\left(-\frac{u_{eq}^2}{2R_d T_{eq}}\sin^2\theta-\frac{gz_s(\lambda,\theta)}{R_d T_{eq}}\right) \tag{2.241}$$

式中，$z_s(\lambda,\theta)$ 即为地形高度。

（2）山峰地形设置

测试地形分为两种：圆形山峰（DCMIP 测试用例 2.1）和准两维山脊（Klemp et al.，2015），事实上后者是前者的变形，其优点是准两维山脊测试可以与 Schär 等（2002）的二维山峰测试结果直接对比。

对于圆形山峰，地形轮廓的一般形式表达如下：

$$z_s(\lambda,\theta)=h_0\exp\left[-\frac{r(\lambda,\theta)^2}{d_0^2}\right]\cos^2\left[\frac{\pi r(\lambda,\theta)}{\xi_0}\right] \tag{2.242}$$

式中，$r(\lambda,\theta)$ 为大圆距离，其定义如下：

$$r(\lambda,\theta)=\frac{a}{X}\arccos(\sin\theta_c\sin\theta+\cos\theta_c\cos\theta\cos(\lambda-\lambda_c)) \tag{2.243}$$

式中，a 为全地球半径，X 为地球半径缩放因子，$h_0=250$ m，$d_0=5000$ m，$\xi_0=4000$ m。由式（2.242）和式（2.243）给定的地形保证了沿其中心线（赤道）的轮廓与 Schär 测试样例所使用的二维地形廓线是一样的。

为了使得三维模式模拟的结果与二维 Schär 测试样例具有相似性，Klemp 等（2015）对式（2.242）和式（2.243）定义的圆形地形进行了修改，其主要思想是保留地形沿赤道的形状不变，然后拓展此经度方向的地形廓线从而在南、北方向（纬度方向）上形成一个山脊，同时保持地形高度和宽度在靠两极的过程中逐渐减小为 0（即二维地形廓线乘以 $\cos\theta$）。在这种情况下，沿

着赤道的山峰波结构应该与 Schär 等(2002)的二维解非常相似。修改后的地形廓线即为准二维山脊,此时 $r(\lambda,\theta)$ 的表达式变成:

$$r(\lambda,\theta)=\frac{a}{X}(\lambda-\lambda_c)\cos\theta=r_0(\lambda)\cos\theta \tag{2.244}$$

地形高度(z_s)的表达式则变成:

$$z_s(\lambda,\theta)=h_0\exp\left[-\frac{r_0(\lambda)^2}{d_0^2}\right]\cos^2\left[-\frac{\pi r_0(\lambda)}{\xi_0}\right]\cos\theta \tag{2.245}$$

两种地形轮廓见图 2.17。

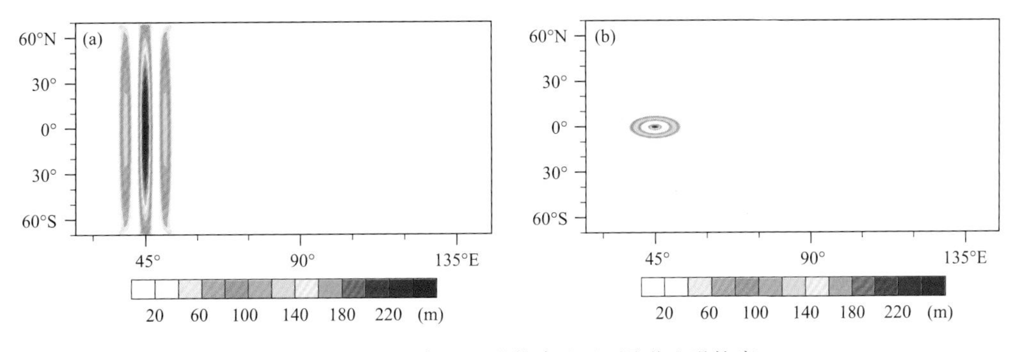

图 2.17 (a)山脊形地形轮廓和(b)圆形地形轮廓

(3)试验配置

为了最小化球面曲率的影响,同时也避免山峰波扰动在 2 h 模拟中环绕全球,地球半径缩放因子取为 $X=166.7$,同 Klemp 等 (2015)的研究。所有模拟分辨率均为 $T_L159L91$,时间步长 $\Delta t=12$ s,积分 2 h;在 10 km 高度之上采用吸收层,且对 gw 施加 Rayleigh 阻尼作用。对两类地形分别进行静力和非静力试验,并与参考分析解进行比较,其中对于 Schär 地形的二维分析解见 Klemp 等(2015)的附录 A,对于圆形地形的三维分析解见 Klemp 等(2015)的附录 B。

(4)模拟结果分析

①准两维山脊地形试验

理论分析表明(Schär et al.,2002),气流经过准两维山脊地形的正确解为一个位于主干地形廓线上的弱振幅山峰波(图 2.18c)。图 2.18 给出了非静力(a)和静力(b)模式积分 2 h 模拟的垂直速度沿着山脊中心线垂直剖面分布;图 2.19 给出了 Klemp 等(2015)基于非静力 MPAS 模式的对应时刻模拟结果。从图中可以看出,非静力谱模式的模拟结果与 Klemp 等(2015)的结果非常相似,并接近于参考分析解;而静力谱模式模拟的山峰波结构振幅偏大,且形态完全不同于参考分析解。

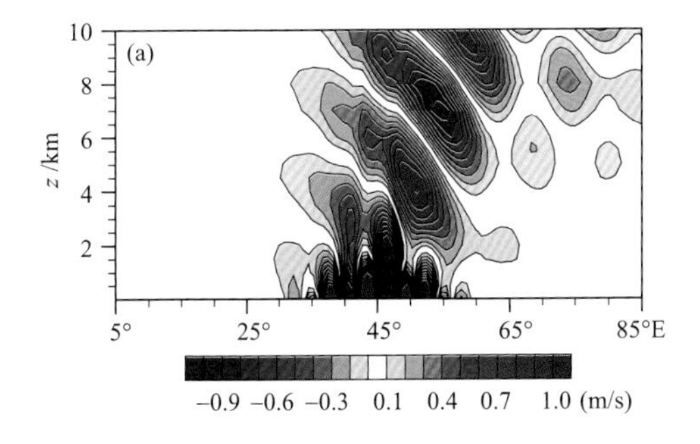

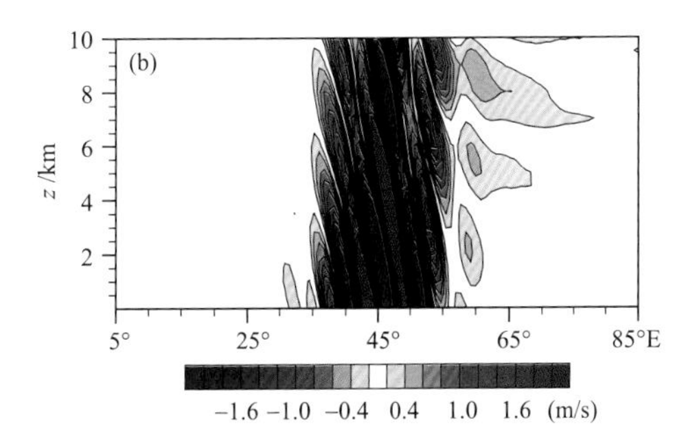

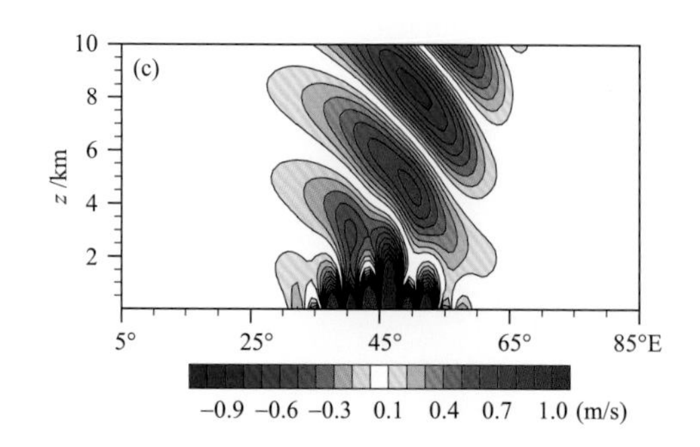

图 2.18　在积分时间 $t=2$ h 时刻模拟的垂直速度沿山脊中心线纬向垂直剖面分布
(a)非静力模拟；(b)静力模拟；(c)参考分析解(Schär et al.，2002)

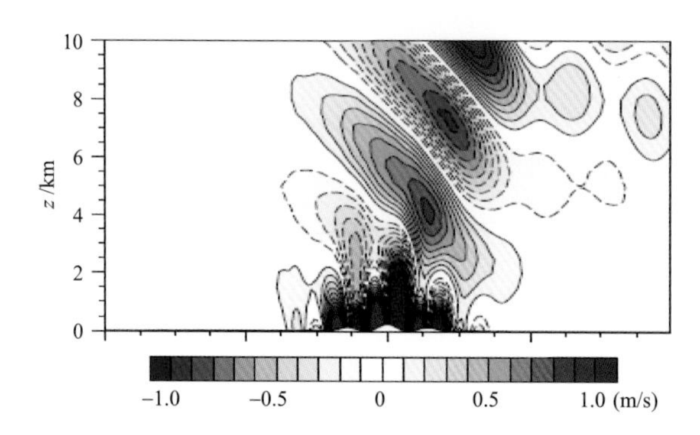

图 2.19　基于 MPAS 模式在积分时间 2 h 模拟的垂直速度沿山脊中心线纬向垂直剖面参考分布(Klemp et al.，2015)

②圆形地形试验

图 2.20 和图 2.21 分别给出了对应于圆形地形的模拟山峰波结构和相应的线性分析参考解。从图中不难看出，非静力模式模拟的山峰波结构与参考分析解基本一致，但静力模式模拟的山峰波结构严重偏离分析参考解。

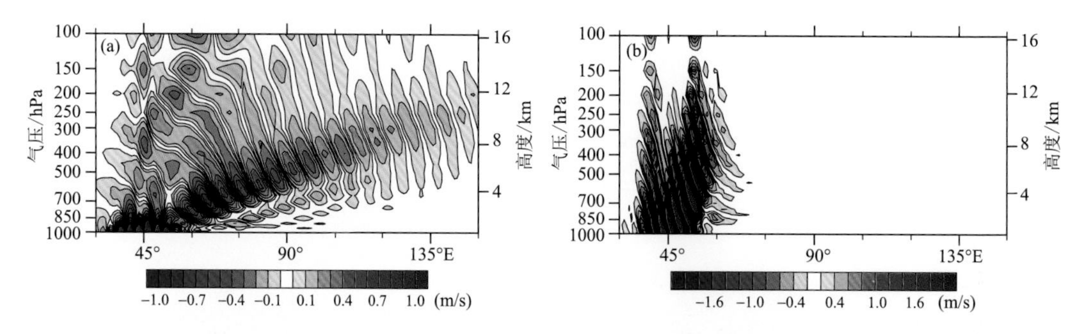

图 2.20　积分 2 h 模拟的垂直速度沿着圆形山峰中心线垂直剖面分布
(a)非静力模拟；(b)静力模拟

2.3.5.5　线性垂直切变波

线性切变波是一个非常具有鉴别力的测试，因为存在切变的情况下，非静力和静力控制方程对地形强迫重力波的传播预测情况完全不同。虽然静力模式也能产生一个垂直传播的地形

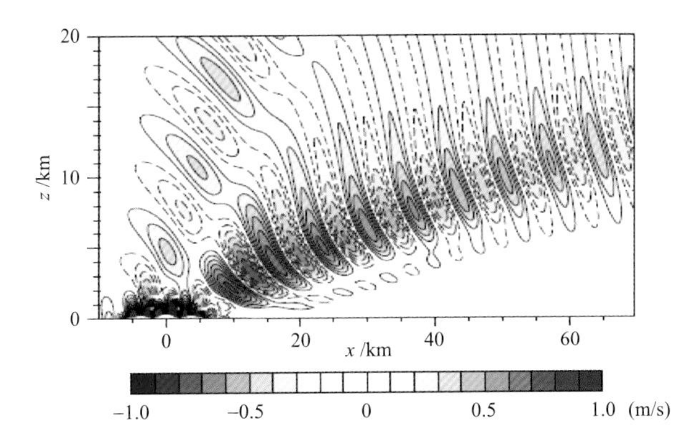

图 2.21 积分 2 h 对应于圆形地形的三维山峰波线性分析解(Klemp et al., 2015)

重力波,但其正确解应该是一个截陷的、水平传播的重力波,简称背风波。

(1)初始场设计

线性切变波测试的初始化过程参考 Wedi 等(2009)。具有三维椭圆形状的山峰地形定义如下:

$$h(\theta,\lambda)=h_0\{(1+(l_\lambda/L_\lambda)^2+(l_\phi/L_\phi)^2)\} \tag{2.246}$$

式中,$l_\lambda=a\arccos[\sin^2\theta_c+\cos^2\theta_c\cos(\lambda-\lambda_c)]$,$l_\theta=a\arccos[\sin\theta_c\sin\theta+\cos\theta_c\cos\theta]$。这里 $L_\lambda=2.5$ km 为山峰半宽,椭圆山峰的经向轴长定义为 $L_\theta=|L_\lambda^2-L_f^2|^{1/2}$,山峰的中心位置为$(\lambda_c,\theta_c)=(\pi/2,0)$,焦距为 $L_f=a\arccos[\sin\theta_d\sin\theta_c+\cos\theta_d\cos\theta_c\cos(\lambda_d-\lambda_c)]$,且$(\lambda_d,\theta_d)=(\pi/2,\pi/3)$,山峰高度 $h_0=100$ m。以上所有的距离和公式的表达都遵循球面大圆准则。

背景态纬向风廓线分为两段:在对流层顶以上为常数;在对流层顶(大约 10.5 km)以下具有线性切变,即

$$u_e(\theta,z)=U_0(1+cz)\cos\theta \tag{2.247}$$

式中,$U_0=10$ m/s,$c=2.5\times10^{-4}\,\mathrm{m}^{-1}$,$(v_e,w_e)=(0,0)$,Brunt-Väisälä 频率 $N=0.01\ \mathrm{s}^{-1}$。这样在对流层中理查森数 $Ri\equiv N^2/(U_0c)^2=16$,而在平流层中 $Ri=\infty$。假定为等温背景条件,避免大气稳定度不连续情况。

基于位温表达式和静力平衡关系,大气稳定度可以表示如下:

$$S=\frac{\partial\ln T}{\partial z}-\frac{R}{c_p}\frac{\partial\ln p}{\partial z}=\frac{\partial\ln T}{\partial z}+\frac{g}{c_pT} \tag{2.248}$$

因此,对于具有常数稳定度 $S=N^2/g$ 的大气等价于具有 $T_0=g^2/(c_pN^2)$的等温大气。

(2)试验设计

模式采用水平分辨率为 $\mathrm{T_L}159$,垂直分 91 层,地球半径 $a=20.3718$ km。为了保证模式低层具有均匀垂直间隔,垂直坐标采用指数拉伸 σ 坐标,等价于在混合垂直地形追随 η 坐标 $\pi(\eta)=A(\eta)+B(\eta)p_s$ 中设置 $A(\eta)=0$,而 $B(\eta)$的值以如下形式给出:

$$B_k=\begin{cases}\left(\exp\left(-\dfrac{91-k}{aN_k}\right)-\exp\left(-\dfrac{1}{a}\right)\right)\Big/\left(1-\exp\left(-\dfrac{1}{a}\right)\right) & k\geqslant31\\ B_k=B_{31}k/31 & k<31\end{cases} \tag{2.249}$$

式中,参数 $N_k=290$,$a=0.5$ 为放大因子。表 2.3 给出了按照如上公式给定的模式 32~91 层的 B_k 值以及所对应的平均位势高度。模式低层 12 km 以下,模式层垂直间隔 $\Delta z\approx210$ m,与

以往的研究设置相当，参考态大气温度设置为 1000 K(SITR=1000 K，SITRA=600 K)。为了避免模式层顶重力波反射的影响，在模式高度 20 km 以上对 gw 施加 Rayleigh 阻尼作用。为了突出非静力效应，基于同一初始场分别进行了非静力和静力模拟。

表 2.3　模式 32～91 层的 B_k 值以及对应的平均位势高度

JLEV	B_k	高度/gpm	JLEV	B_k	高度/gpm	JLEV	B_k	高度/gpm	JLEV	B_k	高度/gpm
32	0.613391	12407.18	47	0.697302	9283.673	62	0.790359	6165.501	77	0.893558	3037.956
33	0.618719	12197.25	48	0.703211	9075.952	63	0.796912	5957.361	78	0.900824	2828.967
34	0.624084	11987.68	49	0.709161	8868.218	64	0.80351	5749.177	79	0.908142	2619.906
35	0.629486	11778.48	50	0.715152	8660.468	65	0.810154	5540.948	80	0.91551	2410.774
36	0.634926	11569.64	51	0.721184	8452.701	66	0.816843	5332.671	81	0.922928	2201.567
37	0.640403	11361.16	52	0.727258	8244.914	67	0.823579	5124.344	82	0.930399	1992.285
38	0.645918	11153.03	53	0.733374	8037.105	68	0.830362	4915.966	83	0.93792	1782.926
39	0.651471	10945.23	54	0.739532	7829.272	69	0.837192	4707.535	84	0.945494	1573.488
40	0.657063	10737.53	55	0.745733	7621.413	70	0.844068	4499.049	85	0.953121	1363.969
41	0.662693	10529.84	56	0.751977	7413.526	71	0.850993	4290.506	86	0.9608	1154.368
42	0.668362	10322.16	57	0.758265	7205.609	72	0.857965	4081.904	87	0.968532	944.6839
43	0.674071	10114.47	58	0.764595	6997.659	73	0.864986	3873.242	88	0.976318	734.9145
44	0.679819	9906.778	59	0.77097	6789.676	74	0.872055	3664.518	89	0.984158	525.0583
45	0.685606	9699.084	60	0.777388	6581.656	75	0.879173	3455.73	90	0.992051	315.1139
46	0.691434	9491.383	61	0.783851	6373.598	76	0.886341	3246.877	91	1	105.0796

(3)模拟结果分析

图 2.22 给出了非静力和静力模式积分 2 h 模拟的垂直速度分布。从图中不难看出，静力模式未能成功复制出截陷的、水平传播的背风波。而非静力模式模拟结果与过去研究结果十分一致。具体来讲，山峰($\pi/2$)后面形成一串闭合单体，且其水平波长近似为$(60/180)\pi a\times(2/3)\approx 14$ km，与线性解析结果相一致；此外垂直速度的强度也等价于以往的数值研究(Wurtele et al.，1987)。

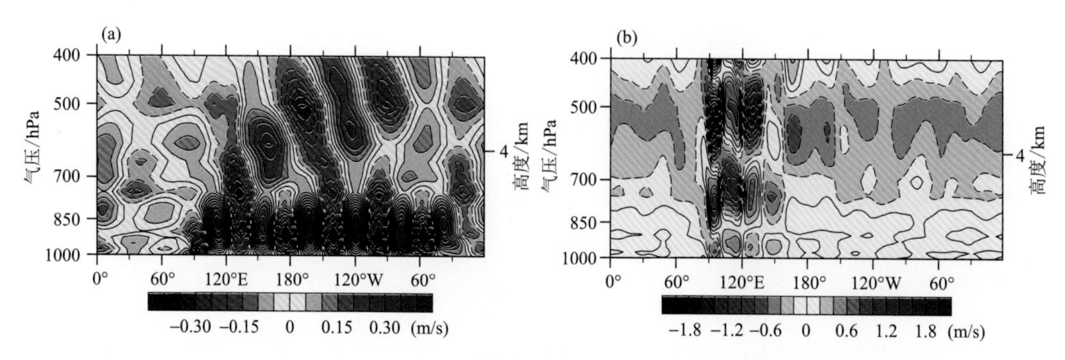

图 2.22　在积分时间 $t=2$ h 时刻模拟的垂直速度沿赤道纬向垂直剖面分布

(a)非静力模拟；(b)静力模拟

2.4 全球浅薄大气非静力载水谱模式数值计算

2.4.1 全球浅薄大气非静力载水谱模式方程组的线性化

对全球浅薄大气非静力谱模式方程(1.134)～(1.139)的线性化，在选取参考状态时，除将 π_s^* 恒定替换 π_{ds}^* 外，其他特征与第 2.2.2 节和第 2.3.1 节中相同，具体可以描述为：

①静止：$u^*=v^*=w^*=d^*=dl^*=0$；

②恒温：T^* 为常数；

③水平同构，即 π_{ds}^* 为常数，从而 π_d^*、ϕ^*、m_d^* 都只是 η_d 的函数；

④为干空气：$\hat{q}_v^*=0$；

⑤没有地面重力势：即 $\phi_s^*=\phi_{(\eta=1)}^*=0$；

⑥流体静力平衡：$p^*=\pi_d^*$，进而 $\hat{q}^*=0$。

对该参考大气，实际上只需要两个常数 T^* 与 π_{ds}^* 来进行描述，因为其他几个状态变量可以分别用下列方式来确定：

$$\frac{\mathrm{d}\phi^*}{\mathrm{d}\eta_d}=-R_\mathrm{d}T^*\frac{m_d^*}{\pi_d^*} \tag{2.250}$$

垂直积分式(2.250)，可以得到

$$\phi^*+R_\mathrm{d}T^*\ln\pi_d^*=\mathrm{const} \tag{2.251}$$

上式中常数通过指定地面干静力平衡气压来设置，

$$\pi_d^*(\eta_d=1)=\pi_{ds}^*=\mathrm{const} \tag{2.252}$$

参考态满足静力平衡，因此参考态密度表达式为：

$$\rho^*=\frac{\pi_d^*}{R_\mathrm{d}T^*} \tag{2.253}$$

至此，参考态就被完全确定了。参考态气压的垂直廓线只依赖于 A 和 B 的选择：

$$\pi_d^*(\eta_d)=A(\eta_d)+B(\eta_d)\pi_{ds}^* \tag{2.254}$$

$$m_d^*(\eta_d)=\frac{\mathrm{d}A}{\mathrm{d}\eta_d}+\frac{\mathrm{d}B}{\mathrm{d}\eta_d}\pi_{ds}^* \tag{2.255}$$

对方程(1.142)进行线性化有

$$\phi'=R_\mathrm{d}\left(T^*\frac{\pi'_{ds}}{\pi_{ds}^*}-T^*\frac{\pi'_d}{\pi_d^*}+\int_{\eta_d}^1\frac{m_d^*}{\pi_d^*}T'_m\mathrm{d}\eta'-T^*\int_{\eta_d}^1\frac{m_d^*}{\pi_d^*}\hat{q}\,\mathrm{d}\eta'\right) \tag{2.256}$$

对动量方程(1.134)线性化有(在考虑科里奥利力项时，可以采用类似于式(1.149)的方法来进行处理)：

$$\frac{\partial\mathbf{V}}{\partial t}=-\frac{R_\mathrm{d}T^*}{\pi_d^*}\nabla(\pi'_d+\pi_d^*\hat{q})-\nabla\phi' \tag{2.257}$$

化为散度形式为：

$$\frac{\partial D}{\partial t}=-\frac{R_{\mathrm{d}}T^{*}}{\pi^{*}}\Delta(\pi'_{d}+\pi_{d}^{*}\hat{q})-\Delta\phi' \tag{2.258}$$

将式(2.256)代入式(2.258)可得：

$$\frac{\partial D}{\partial t}=\Delta\left(-R_{\mathrm{d}}T^{*}\hat{q}-R_{\mathrm{d}}T^{*}\frac{\pi'_{ds}}{\pi_{ds}^{*}}-R_{\mathrm{d}}\int_{\eta_d}^{1}\frac{m_d^{*}}{\pi_d^{*}}T'_{m}\mathrm{d}\eta'+R_{\mathrm{d}}T^{*}\int_{\eta_d}^{1}\frac{m_d^{*}}{\pi_d^{*}}\hat{q}\mathrm{d}\eta'\right) \tag{2.259}$$

其中散度和水平拉普拉斯算子为，

$$D=\frac{1}{a\cos\phi}\left(\frac{\partial u}{\partial\lambda}+\frac{\partial(v\cos\phi)}{\partial\phi}\right) \tag{2.260}$$

$$\Delta f=\nabla\cdot\nabla f=\left(\frac{1}{a\cos\phi}\right)^{2}\frac{\partial f}{\partial\lambda}+\frac{1}{a^{2}\cos\phi}\frac{\partial}{\partial\phi}\left(\frac{\partial f}{\partial\phi}\cos\phi\right) \tag{2.261}$$

气压偏差项($\hat{q}$)的方程(1.137)可以线性化为：

$$\frac{\partial\hat{q}}{\partial t}=-\frac{c_p}{c_v}(D+d)+\frac{1}{\pi_d^{*}}\int_{0}^{\eta_d}m_d^{*}D\mathrm{d}\eta' \tag{2.262}$$

垂直散度(dl)的方程(1.135)可线性化为：

$$\frac{\partial dl}{\partial t}=-g^{2}\frac{\pi_d^{*}}{m_d^{*}R_{\mathrm{d}}T^{*}}\frac{\partial}{\partial\eta_d}\left(\frac{1}{m_d^{*}}\frac{\partial\pi_d^{*}\hat{q}}{\partial\eta_d}\right) \tag{2.263}$$

地表干静力气压(π'_{ds})的方程(1.138)可以线性化为：

$$\frac{\partial\pi'_{ds}}{\partial t}=-\int_{0}^{1}m_d^{*}D\mathrm{d}\eta \tag{2.264}$$

因此预报变量的线性化方程组为：

$$\frac{\partial D}{\partial t}=\Delta\left(-R_{\mathrm{d}}T^{*}\hat{q}-R_{\mathrm{d}}T^{*}\frac{\pi'_{ds}}{\pi_{ds}^{*}}-R_{\mathrm{d}}\mathbf{G}^{*}T'_{m}+gH_{*}\mathbf{G}^{*}\hat{q}\right) \tag{2.265}$$

$$\frac{\partial T'}{\partial t}=-\frac{R_{\mathrm{d}}T^{*}}{c_v}(D+dl) \tag{2.266}$$

$$\frac{\partial\pi'_{ds}}{\partial t}=-\pi_{ds}^{*}\mathbf{N}^{*}D \tag{2.267}$$

$$\frac{\partial\hat{q}}{\partial t}=-\frac{c_p}{c_v}(D+dl)+\mathbf{S}^{*}D \tag{2.268}$$

$$\frac{\partial dl}{\partial t}=-\frac{g^{2}}{R_{\mathrm{d}}T^{*}}\mathbf{L}_v^{*}\hat{q} \tag{2.269}$$

其中未声明的参数定义见第 2.3.1 节，且垂直方向算子$\mathbf{G}^{*}$、$\mathbf{S}^{*}$、$\mathbf{N}^{*}$、$\mathbf{L}_v^{*}$分别定义为：

$$\partial^{*}X=\frac{\pi_d^{*}}{m_d^{*}}\frac{\partial X}{\partial\eta_d} \tag{2.270}$$

$$\mathbf{G}^{*}X=\int_{\eta_d}^{1}\frac{m_d^{*}}{\pi_d^{*}}X\mathrm{d}\eta \tag{2.271}$$

$$\mathbf{S}^{*}X=\frac{1}{\pi_d^{*}}\int_{0}^{\eta_d}m_d^{*}X\mathrm{d}\eta \tag{2.272}$$

$$\mathbf{N}^{*}X=\frac{1}{\pi_{ds}^{*}}\int_{0}^{1}m_d^{*}X\mathrm{d}\eta \tag{2.273}$$

$$\mathbf{L}_v^{*}X=\partial^{*}(\partial^{*}+1)X \tag{2.274}$$

2.4.2 全球浅薄大气非静力载水谱模式的离散求解

将式(2.7)展开为分量形式，代入非线性模式(1.134)～式(1.138)与线性模式(2.265)～式(2.269)，并记 $\delta t=\Delta t/2$，则时间步进公式即为

$$D-\delta t\Delta\left[R_{\mathrm{d}}T^{*}(\boldsymbol{G}^{*}-1)\hat{q}-R_{\mathrm{d}}\boldsymbol{G}^{*}T-\frac{R_{\mathrm{d}}T^{*}}{\pi_{ds}^{*}}\pi_{ds}\right]=\widetilde{D} \tag{2.275}$$

$$dl-\delta t\left(-\frac{g}{rH_{*}}\boldsymbol{L}_{v}^{*}\hat{q}\right)=\widetilde{d}l \tag{2.276}$$

$$\hat{q}-\delta t\left[\boldsymbol{S}^{*}D-\frac{c_{\mathrm{pd}}}{c_{\mathrm{vd}}}(D+dl)\right]=\widetilde{\hat{q}} \tag{2.277}$$

$$T-\delta t\left[-\frac{R_{\mathrm{d}}T^{*}}{c_{\mathrm{vd}}}(D+dl)\right]=\widetilde{T} \tag{2.278}$$

$$\pi_{ds}-\delta t(-\pi_{ds}^{*}\boldsymbol{N}^{*}D)=\widetilde{\pi}_{ds} \tag{2.279}$$

消除其余变量，只剩 D、d，并应用式(2.163)，可以得到：

$$\begin{aligned}dl&=dl^{\cdot}+\delta t^{2}\left[\left(-\frac{g}{rH_{*}}\boldsymbol{L}_{v}^{*}\right)\left(\boldsymbol{S}^{*}-\frac{c_{\mathrm{pd}}}{c_{\mathrm{vd}}}\right)D+\left(-\frac{g}{rH_{*}}\boldsymbol{L}_{v}^{*}\right)\left(-\frac{c_{\mathrm{pd}}}{c_{\mathrm{vd}}}\right)dl\right]\\&=dl^{\cdot}+\delta t^{2}\left[\frac{\boldsymbol{L}_{v}^{*}}{rH_{*}^{2}}(-R_{\mathrm{d}}T^{*}\boldsymbol{S}^{*}+c_{*}^{2})D+c_{*}^{2}\frac{\boldsymbol{L}_{v}^{*}}{rH_{*}^{2}}dl\right]\end{aligned} \tag{2.280}$$

$$D=D^{\cdot}+\delta t^{*}\Delta[c_{*}^{2}D+(-R_{\mathrm{d}}T^{*}\boldsymbol{G}^{*}+c_{*}^{2})dl] \tag{2.281}$$

式中，

$$dl^{\cdot}=\widetilde{d}l+\delta t\left[\left(-\frac{g}{rH_{*}}\boldsymbol{L}_{v}^{*}\right)\widetilde{\hat{q}}\right] \tag{2.282}$$

$$D^{\cdot}=\widetilde{D}+\delta t\Delta\left[R_{\mathrm{d}}T^{*}(\boldsymbol{G}^{*}-1)\widetilde{\hat{q}}-R_{\mathrm{d}}\boldsymbol{G}^{*}\widetilde{T}-\frac{R_{\mathrm{d}}T^{*}}{\pi_{ds}^{*}}\widetilde{\pi}_{ds}\right] \tag{2.283}$$

进一步化简可得：

$$\left[1-\delta t^{2}c_{*}^{2}\left(\Delta+\frac{\boldsymbol{L}_{v}^{*}}{rH_{*}^{2}}\right)-\delta t^{4}\frac{N_{*}^{2}c_{*}^{2}}{r}\Delta\hat{T}^{*}\right]dl=dl^{\cdot\cdot} \tag{2.284}$$

$$dl^{\cdot\cdot}=(1-\delta t^{2}c_{*}^{2}\Delta)dl^{\cdot}+\delta t^{2}\frac{\boldsymbol{L}_{v}^{*}}{rH_{*}^{2}}(-R_{\mathrm{d}}T^{*}\boldsymbol{S}^{*}+c_{*}^{2})D^{\cdot} \tag{2.285}$$

其中为尽量满足约束条件(式(2.178))，$\hat{T}^{*}$ 按照式(2.179)进行离散。最终，关于 dl 的亥姆霍兹方程可以写为：

$$[1-\delta t^{2}\hat{\boldsymbol{B}}\Delta]dl=dl^{\cdot\cdot\cdot} \tag{2.286}$$

式中，

$$dl^{\cdot\cdot\cdot}=\left(1-\delta t^{2}c_{*}^{2}\frac{\boldsymbol{L}_{v}^{*}}{rH_{*}^{2}}\right)^{-1}dl^{\cdot\cdot} \tag{2.287}$$

$$\hat{\boldsymbol{B}}=c_{c}^{2}\left(1-\delta t^{2}c_{*}^{2}\frac{\boldsymbol{L}_{v}^{*}}{rH_{*}^{2}}\right)^{-1}\left(1+\delta t^{2}\frac{N_{*}^{2}}{r}\hat{\boldsymbol{T}}^{*}\right)=\boldsymbol{T}_{1}^{-1}\boldsymbol{T}_{2} \tag{2.288}$$

2.4.3 全球浅薄大气非静力载水谱模式动力框架验证评估

2.4.3.1 简单物理过程参数化

为了开展模式动力框架湿效应测试，同时又不使得模拟研究过于复杂，需要实现一些简化的物理过程参数化。本节实现的简化物理过程参数化主要包括：常系数水平耗散方案、常系数二阶垂直耗散方案、简化 Kessler 暖云微物理方案（Kessler，1969）、表面通量方案和边界层混合方案。

（1）谱空间下常系数水平耗散

水平耗散是在谱空间下坐标面上实现的（Sardeshmukh et al.，1984；ECMWF，2016）。记 $X^{+}_{m,n}$ 代表水平耗散作用前 $t+\Delta t$ 时刻状态变量 X 在二维波数 (m,n) 处所对应的谱系数，则耗散后的对应值 $\widetilde{X}^{+}_{m,n}$ 表达如下：

$$\overline{X}^{+}_{m,n}=\left\{1+2\Delta t K_X\left(\frac{n(n+1)}{a^2}\right)^r\right\}^{-1}X^{+}_{m,n} \tag{2.289}$$

其中耗散系数定义为：

$$K_X=h_X\tau^{-1}\left(\frac{a^2}{N(N+1)}\right)^r \tag{2.290}$$

式中，r 为水平耗散算子的阶数，τ 为时间尺度，N 为最大截断波数，a 为地球半径，h_X 为变量 X 耗散系数增强因子，类似于普朗特数倒数。该水平耗散可以自然地应用于变换到谱空间下的任意预报变量（例如涡度、散度、温度、非静力变量和水汽）和所有其他湿物质（云水、雨水等）。值得注意的是，当该水平耗散应用于除了水汽以外的其他湿物质变量时，需要额外进行正与逆谱变换。

（2）二阶常系数垂直耗散

垂直耗散采用类似于 WRF 模式（Skamarock et al.，2008）的二阶常系数方案，其作用于格点空间的坐标面上。对于速度变量 $(u、v、w)$，具体表达式如下：

$$\frac{\partial X}{\partial t}=\cdots+g^2K_v\rho_d m_d^{-1}\partial_\eta(\rho_d m_d^{-1}\partial_\eta X) \tag{2.291}$$

对于标量变量，其表达式为：

$$\frac{\partial X}{\partial t}=\cdots+g^2K_v P_r^{-1}\rho_d m_d^{-1}\partial_\eta(\rho_d m_d^{-1}\partial_\eta X) \tag{2.292}$$

式中，K_v 为垂直耗散系数，P_r^{-1} 标量混合的逆湍流普朗克数，与 Klemp 等（2015）一致，在理想场测试中该垂直方向上的湍流混合实际作用于偏离初始平衡态的扰动部分。

（3）简化 Kessler 暖云微物理方案（Kessler，1969）

简化暖云微物理方案具体由如下方程组表达：

$$\frac{\Delta\theta}{\Delta t}=-\frac{L}{c_p\pi}\left(\frac{\Delta q_{vs}}{\Delta t}+E_r\right) \tag{2.293}$$

$$\frac{\Delta q_v}{\Delta t}=\frac{\Delta q_{vs}}{\Delta t}+E_r \tag{2.294}$$

$$\frac{\Delta q_c}{\Delta t}=-\frac{\Delta q_{vs}}{\Delta t}-A_r-C_r \tag{2.295}$$

$$\frac{\Delta q_r}{\Delta t}=-E_r+A_r+C_r-V_r\frac{\partial q_r}{\partial z} \tag{2.296}$$

式中，L 为凝结潜热加热率，A_r 为云水到雨水的自转化率，C_r 为雨水的碰并率，E_r 为雨水的蒸发率，V_r 为雨水下落末速度。

假设气压遵循状态方程

$$p=\rho R_d T(1+0.61q_v) \tag{2.297}$$

上述方程可以改写为无量纲气压 π 方程，即：

$$\pi=\left(\frac{p}{p_0}\right)^{\frac{R_d T}{c_p}} \tag{2.298}$$

饱和水汽混合比的确定，采用如下 Teten 公式：

$$q_{vs}(p,T)=\left(\frac{380.0}{p}\right)\exp\left(17.27\times\frac{T-273.0}{T-36.0}\right) \tag{2.299}$$

自转化率(A_r)和碰并系数(C_r)参照 Kessler 参数化方案，其定义如下：

$$A_r=k_1(q_c-a) \tag{2.300}$$

$$C_r=k_2 q_c q_r^{0.875} \tag{2.301}$$

其中，$k_1=0.001\ \mathrm{s^{-1}}$，$a=0.001\ \mathrm{g/g}$，$k_2=2.2\ \mathrm{s^{-1}}$。

云水、雨水和水汽混合比的迭代公式，即

$$q_c^{n+1}=\max(q_c^n-\Delta q_r,0) \tag{2.302}$$

$$q_r^{n+1}=\max(q_r^n-\Delta q_r+S,0) \tag{2.303}$$

这里 S 为沉降率，Δq_r 定义为：

$$\Delta q_r=q_c^n-\frac{q_c^n-\Delta t\max(A_r,0)}{1+\Delta t C_r} \tag{2.304}$$

相似地，雨水蒸发方程定义如下：

$$E_r=\frac{1}{\rho}\cdot\frac{\left(1-\frac{q_v}{q_{vs}}\right)C\ (\rho q_r)^{0.525}}{5.4\times10^5+\frac{2.55\times10^6}{p q_{vs}}} \tag{2.305}$$

雨水下落末速度表达式如下：

$$V_r=36349\ (\rho q_r)^{0.1346}\left(\frac{\rho}{\rho_0}\right)^{-\frac{1}{2}} \tag{2.306}$$

(4)表面通量参数化

表面通量参数化强迫应用于最低模式层，其采用部分隐式公式以避免数值模式不稳定。在本节描述中用下标 a 来代表模式最低层。表面通量依赖于拖曳系数 C_d，定义如下：

$$C_d=C_{d0}+C_{d1}|\boldsymbol{v}_a|,\ |\boldsymbol{v}_a|<20\ \mathrm{m/s} \tag{2.307}$$

$$C_d=0.002,\ |\boldsymbol{v}_a|\geqslant 20\ \mathrm{m/s} \tag{2.308}$$

式中，$C_{d0}=7.0\times10^{-4}$，$C_{d1}=6.5\times10^{-5}\ \mathrm{s/m}$，$|\boldsymbol{v}_a|$ 为模式最低层水平风速的大小，定义为：

$$|\boldsymbol{v}_a|=\sqrt{u_a^2+v_a^2} \tag{2.309}$$

对于蒸发和感热加热，其容积系数均设置为：

$$C_E=C_H=0.0011 \tag{2.310}$$

记模式最低层高度为 z_a，表面通量效应表达如下：

$$\frac{\partial \boldsymbol{v}_a}{\partial t}=-\frac{C_d\,|\boldsymbol{v}_a|\,\boldsymbol{v}_a}{z_a} \tag{2.311}$$

$$\frac{\partial T_a}{\partial t}=-\frac{C_H\,|\boldsymbol{v}_a|\,(T_s-T_a)}{z_a} \tag{2.312}$$

$$\frac{\partial q_a}{\partial t}=\frac{C_E\,|\boldsymbol{v}_a|\,(q_{\mathrm{sat},s}-q_a)}{z_a} \tag{2.313}$$

需要说明的是，表面风速为 0，因此没有显式地出现在方程(2.311)中。在以上这些方程中，T_s 代表给定的海表面温度(SST)，$q_{\mathrm{sat},s}$ 为饱和比湿，其由克劳修斯-克拉伯龙方程式给出，即：

$$q_{\mathrm{sat}}(p)\approx\varepsilon\frac{e_s(T_s)}{p}\approx\frac{\varepsilon}{p}e_0^*\,\mathrm{e}^{-(L/R_v)[(1/T_s)-(1/T_0)]} \tag{2.314}$$

式中，e_0^* (=610.78 Pa)为 T_0=273.16 K 时的饱和水汽压。

为了确保稳定，前面提及的表面通量项均采用半隐式求解。以温度演变方程为例，首先，时间偏导采用后向欧拉算子展开，即

$$\frac{T_a^{n+1}-T_a^n}{\Delta t}=\frac{C_H\,|\boldsymbol{v}_a^n|\,(T_s-T_a^{n+1})}{z_a} \tag{2.315}$$

n 和 $n+1$ 分别代表当前时间步和下一时间步。注意，方程右边唯一隐式处理的变量是 T_a；$|\boldsymbol{v}_a^n|$ 为当前时间步值，C_H 为常数。T_a^{n+1} 的求解方程如下：

$$T_a^{n+1}=\frac{T_a^n+C_H\,|\boldsymbol{v}_a^n|\,T_s\dfrac{\Delta t}{z_a}}{1+C_H\,|\boldsymbol{v}_a^n|\dfrac{\Delta t}{z_a}} \tag{2.316}$$

相似地，$\boldsymbol{v}_a$ 和 q_a 计算表达式如下：

$$\boldsymbol{v}_a^{n+1}=\frac{\boldsymbol{v}_a^n}{1+C_d^n\,|\boldsymbol{v}_a^n|\dfrac{\Delta t}{z_a}} \tag{2.317}$$

$$q_a^{n+1}=\frac{q_a^n+C_E\,|\boldsymbol{v}_a^n|\,q_{\mathrm{sat},s}^n\dfrac{\Delta t}{z_a}}{1+C_E\,|\boldsymbol{v}_a^n|\dfrac{\Delta t}{z_a}} \tag{2.318}$$

式中，C_d^n 为时间依赖系数。

(5)简单边界层混合方案

边界层强迫作用于纬向速度(u)、经向速度(v)和湿度(q)的控制方程如下：

$$\frac{\partial u}{\partial t}=-\frac{1}{\rho}\frac{\partial\rho\overline{w'u'}}{\partial z} \tag{2.319}$$

$$\frac{\partial v}{\partial t}=-\frac{1}{\rho}\frac{\partial\rho\overline{w'v'}}{\partial z} \tag{2.320}$$

$$\frac{\partial q}{\partial t}=-\frac{1}{\rho}\frac{\partial\rho\overline{w'q'}}{\partial z} \tag{2.321}$$

在边界层参数化方案中采用的是位温而不是温度，因为位温的垂直廓线能够更合适表征静力稳定度。对应的时间倾向方程如下：

$$\frac{\partial\Theta}{\partial t}=-\frac{1}{\rho}\frac{\partial\rho\overline{w'\Theta'}}{\partial z} \tag{2.322}$$

式中，u'、v'、w'、Θ' 和 q' 分别代表纬向速度、经向速度、垂直速度、位温和比湿偏离其平均态的

扰动。上横线代表求平均。假定气压保持不变(物理参数化过程中常用假设),位温时间倾向可以变换回温度倾向形式,即

$$\frac{\partial T}{\partial t}=-\frac{1}{\rho}\left(\frac{p}{p_0}\right)^{\kappa}\frac{\partial \rho\overline{w'\Theta'}}{\partial z} \tag{2.323}$$

式中,参考气压 $p_0=1000$ hPa。

湍流混合的特征为用常数垂直涡动耗散表征边界层类埃克曼廓线,即

$$\overline{w'u'}=-K_m\frac{\partial u}{\partial z} \tag{2.324}$$

$$\overline{w'v'}=-K_m\frac{\partial v}{\partial z} \tag{2.325}$$

$$\overline{w'\Theta'}=-K_E\frac{\partial \Theta}{\partial z} \tag{2.326}$$

$$\overline{w'q'}=-K_E\frac{\partial q}{\partial z} \tag{2.327}$$

式中,K_m 为动量涡动扩散系数,K_E为能量和水汽涡动扩散系数。为了计算涡动扩散系数,保持涡动扩散在最低模式层上与上一节计算的表面通量一致。为了使得边界层($p_{\text{top}}=850$ hPa)上平缓变化,采用动量涡动扩散系数渐变为0,即:

$$K_m=C_{\text{d}}\,|\boldsymbol{v}_a|\,z_a \qquad p>p_{\text{top}} \tag{2.328}$$

$$K_m=C_{\text{d}}\,|\boldsymbol{v}_a|\,z_a\left(-\left[\frac{p_{\text{top}}-p}{p_{\text{strato}}}\right]^2\right) \qquad p\leqslant p_{\text{top}} \tag{2.329}$$

式中,常数 p_{strato}决定了递减率,且设置为100 hPa。K_E定义如下:

$$K_E=C_E\,|\boldsymbol{v}_a|\,z_a \qquad p>p_{\text{top}} \tag{2.330}$$

$$K_E=C_E\,|\boldsymbol{v}_a|\,z_a\left(-\left[\frac{p_{\text{top}}-p}{p_{\text{strato}}}\right]^2\right) \qquad p\leqslant p_{\text{top}} \tag{2.331}$$

为了避免数值模式不稳定,边界层方案的求解采用隐式时间离散,具体计算细节见 Reed 等(2012)。

(6)Bryan 边界层方案

针对理想热带气旋测试,提供了一个可选的 Bryan 型边界层方案。与简单边界层混合方案的唯一不同在于涡动扩散系数的计算方式不同。

具体地,K_m的计算替换为:

$$K_m=\kappa u^* z\left(1-\frac{z}{h}\right)^2 \qquad z\leqslant h \tag{2.332}$$

$$K_m=0 \qquad z>h \tag{2.333}$$

式中,$\kappa=0.4$,$u^*=\sqrt{C_{\text{d}}}\,|\boldsymbol{v}_a|$,且 $h=1$ km。K_E 的计算变为:

$$\begin{aligned} K_E&=\kappa e^* z\left(1-\frac{z}{h}\right)^2 \qquad z\leqslant h \\ K_E&=0 \qquad z>h \end{aligned} \tag{2.334}$$

式中,$e^*=\sqrt{C_E}\,|\boldsymbol{v}_a|$。

2.4.3.2 理想热带气旋测试

标准大小地球上理想热带气旋测试主要参考 Reed 等(2011, 2012)的系列工作。在此测试个例中,主要是在背景环境场上初始化一个分析涡,用于模拟气旋的快速增强。

(1)初始场设计

背景状态由给定的比湿廓线、虚位温和气压廓线组成。初始廓线近似满足梯度风平衡。为了使得模拟具有实际意义,选择与 Jordan(1958)中观测的热带探空相匹配的垂直探空。背景态比湿廓线只是高度 z 的函数,具体表达式如下:

$$\bar{q}(z)=\begin{cases} q_0\exp\left(-\dfrac{z}{z_{q1}}\right)\exp\left[-\left(\dfrac{z}{z_{q2}}\right)^2\right] & 0\leqslant z\leqslant z_t \\ q_t & z_t\leqslant z \end{cases} \tag{2.335}$$

背景场虚温探空 $\overline{T}_v(z)$ 分为两个不同部分,分别代表低层和高层大气,定义如下:

$$\overline{T}_v(z)=\begin{cases} T_{v0}-\Gamma z & 0\leqslant z\leqslant z_t \\ T_{vt}=T_{v0}-\Gamma z_t & z_t<z \end{cases} \tag{2.336}$$

这里表面虚位温 $T_{v0}=T_0(1+0.608\,q_0)$,对流层顶虚位温 $T_{vt}=T_{v0}-\Gamma z_t$。而背景温度廓线可以通过表达式 $T_v=T(1+0.608q)$ 得到。

基于静力平衡关系和虚位温定义式可以得到湿空气背景态气压垂直廓线 $\bar{p}(z)$,其表达式如下:

$$\bar{p}(z)=\begin{cases} p_b\left(\dfrac{T_{v0}-\Gamma z}{T_{v0}}\right)^{g/R_\mathrm{d}\Gamma} & 0\leqslant z\leqslant z_t \\ p_t\exp\left(\dfrac{g(z_t-z)}{R_\mathrm{d}T_{vt}}\right) & z_t<z \end{cases} \tag{2.337}$$

对流层顶(z_t)上气压是连续的,其表达式如下:

$$p_t=p_b\left(\frac{T_{vt}}{T_{v0}}\right)^{g/R_\mathrm{d}\Gamma} \tag{2.338}$$

对于给定的参数,$p_t\approx 130.5$ hPa。

接下来,描述轴对称涡的设置。湿空气气压 $p(r,z)$ 为背景气压廓线和两维气压扰动 $p'(r,z)$ 之和,即

$$p(r,z)=\bar{p}(z)+p'(r,z) \tag{2.339}$$

式中,r 代表离指定分析涡中心的径向距离。在球面上 r 是基于大圆距离定义的,

$$r=a\arccos(\sin^2\phi_c+\cos^2\phi_c\cos(\lambda-\lambda_c)) \tag{2.340}$$

扰动气压定义表达式如下:

$$p'(r,z)=\begin{cases} -\Delta p\exp\left(-\left(\dfrac{r}{r_p}\right)^{3/2}-\left(\dfrac{z}{z_p}\right)^2\right)\left(\dfrac{T_{v0}-\Gamma z}{T_{v0}}\right)^{\frac{g}{R_\mathrm{d}\Gamma}} & 0\leqslant z\leqslant z_t \\ 0 & z_t<z \end{cases} \tag{2.341}$$

理想热带气旋的初始场剖面如图 2.23 所示。

(2)试验设计

模式采用水平分辨率为 T_L639(赤道附近格距近似为 31 km),垂直分 31 层。积分时间步长 $\Delta t=300$ s,积分 10 d,间隔 3 h 输出 1 次结果。模拟过程中,耦合的物理参数化过程为以上完整的简化物理过程包,包括:简化 Kessler 暖云微物理方案、简单边界层混合方案(其中边界层方案为 Bryan 边界层方案)、谱空间下四阶常系数水平耗散(即 $r=2$)以及二阶 Smagorinsky(1963)水平耗散。分别基于非静力载水模式和非载水模式开展理想测试,主要分析第 10 d 预报结果。

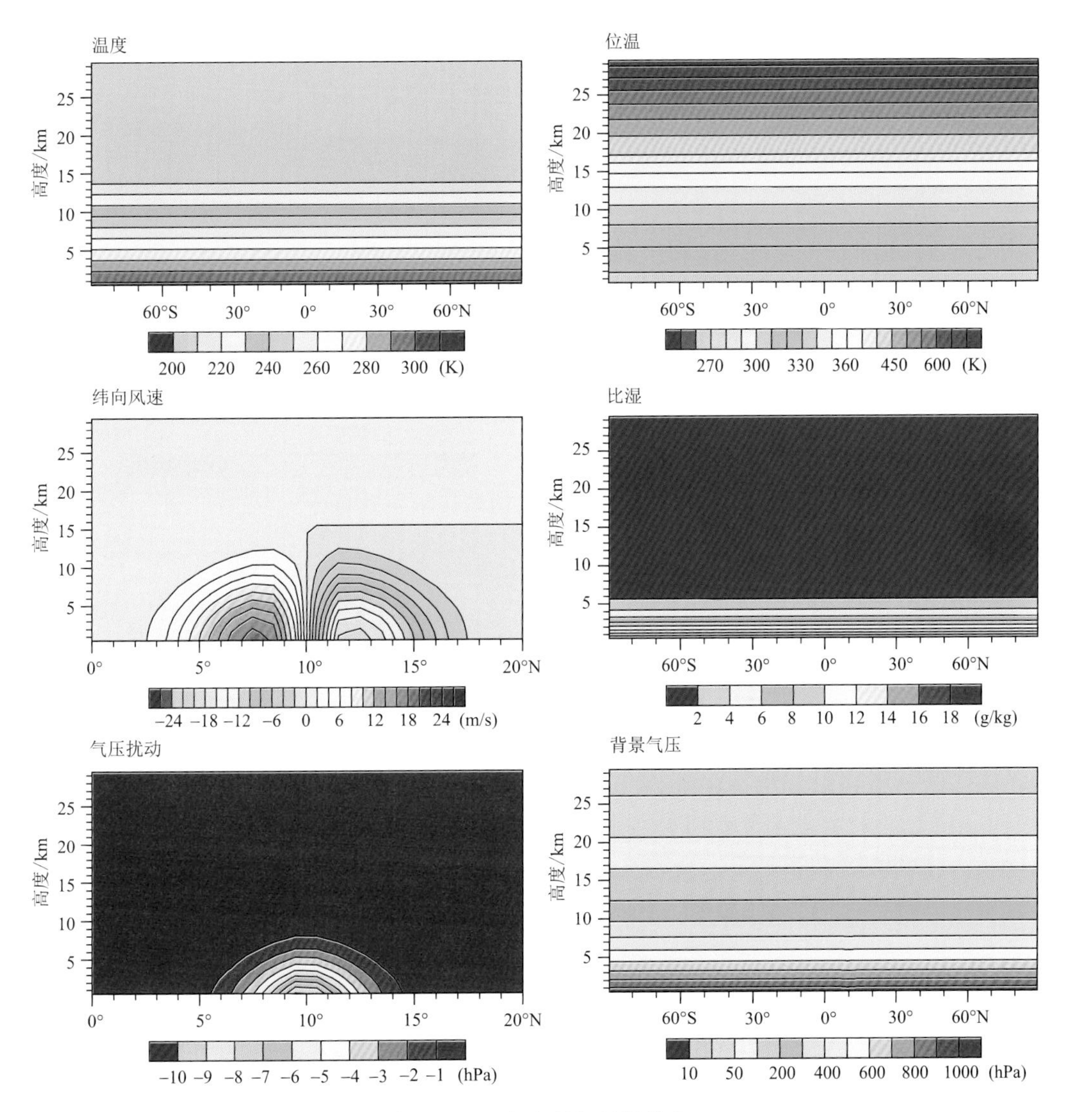

图 2.23　理想台风初始场分布

(3)模拟结果分析

图 2.24 和图 2.25 分别给出非静力载水模式和非静力非载水模式模拟的第 10 天理想热带气旋结构特征。从图中可以看出，非载水和载水模式动力框架均能模拟出类似热带气旋结构的气旋，即非常强的风速、相对平静的台风眼、暖核心和极端降水，且这些模拟结果与 DCMIP2016 中其他模式结果一致。但是，二者之间模拟的热带气旋在强度和位置上也存在明显差异。对于载水模式动力框架，1500 m 上最大风速为 72.55 m/s，5000 m 上最大温度异常为 10.45 K；而对于非载水模式动力框架，分别为 61.17 m/s 和 9.00 K。也就是说，载水模式模拟的理想热带气旋要比非载水模式模拟的强得多。进一步与 DCMIP2016 中 MPAS 的结果进行对比，可以看出非静力载水模式模拟的结果与 MPAS 模式模拟强度基本相当(1500 m 上超过 70 m/s)，而非载水模式模拟结果偏弱。

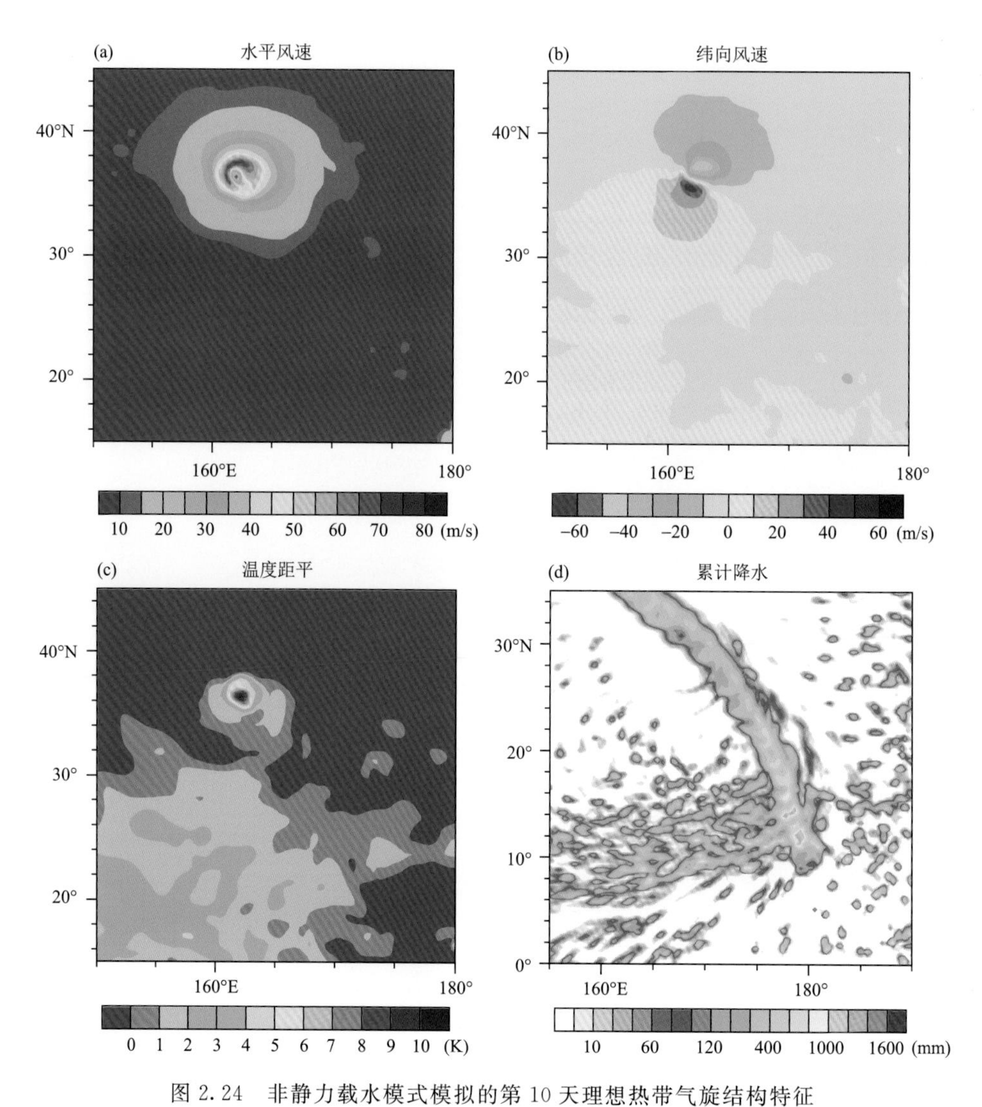

图 2.24 非静力载水模式模拟的第 10 天理想热带气旋结构特征

(a)1500 m 高度层上水平风速;(b)100 m 高度层上纬向风速;(c)5000 m 高度层上温度异常;(d)10 d 累计降水

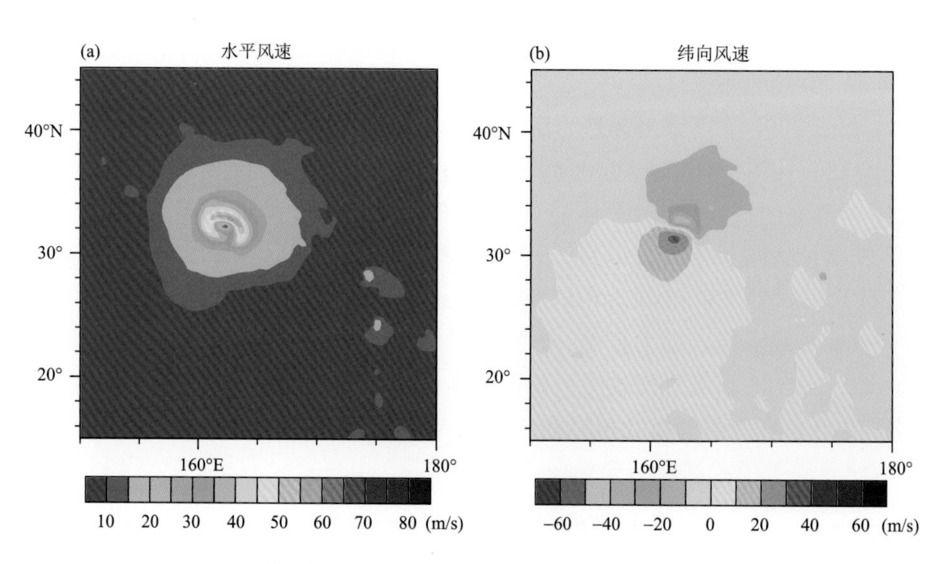

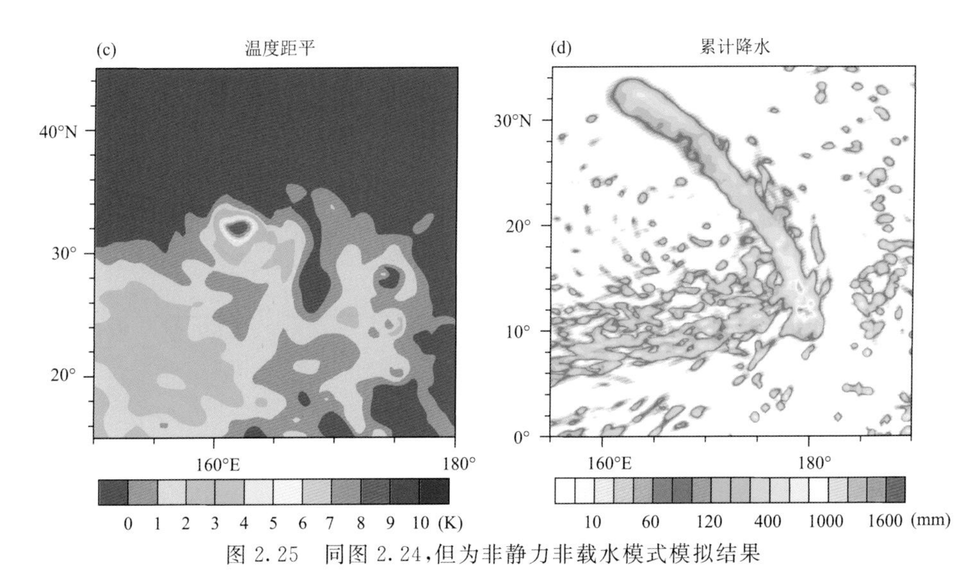

图 2.25 同图 2.24，但为非静力非载水模式模拟结果

(4)评估检验结论

基于理想热带气旋测试，评估了新发展的非静力载水模式动力框架，结果表明：新非静力载水模式动力框架模拟的热带气旋强度更强、结构更紧凑且更具同心圆形态，因此也更接近于实际热带气旋观测结果和其他模式模拟结果。

2.4.3.3 理想超级单体测试

超级单体雷暴的典型特征是具有较强的、长时间生命期对流单体，是造成强降水、大冰雹、破坏性地面风以及强龙卷风的主要原因，通常发生在具有强水平风垂直切变的环境中。其发展演变体现了典型的非静力动力学特征，因此常被推荐为评估全球非静力模式动力框架的基准测试。

(1)初始场设计

理想超级单体的初始化通过在纬向均一平均大气状态的基础上叠加一个热泡来实现，具体初始化程序参见 DCMIP2016 的开源代码，简称 DCMIP2016-suppcell。对于该理想测试，基本常数如表 2.4 所示。

表 2.4 超级单体测试中所用到的常数列表

常量	值	物理意义
X	120	地球半径缩放因子
θ_{tr}	343 K	对流层顶位温
θ_0	300 K	赤道表面位温
z_{tr}	12000 m	对流层顶高度
T_{tr}	213 K	对流层顶温度
U_s	30 m/s	最大纬向风速
U_c	15 m/s	坐标参考速度
z_s	5000 m	最大速度的最低高度
Δz_u	1000 m	速度的过渡距离
$\Delta\theta$	3 K	热力扰动大小

续表

常量	值	物理意义
λ_p	0	热力扰动中心经度
ϕ_p	0	热力扰动中心纬度
r_p	X×1000 m	热力扰动水平半宽
z_c	1500 m	扰动中心高度
z_p	1500 m	扰动垂直半宽

假定饱和水汽混合比由下式给出：

$$q_{\text{vs}}(p,T)=\left(\frac{380.0}{p}\right)\exp\left(17.27\times\frac{T-273.0}{T-36.0}\right) \tag{2.342}$$

该测试样例的定义依赖于静力和梯度风平衡，无量纲气压(π)和虚位温(θ_v)表达如下：

$$\begin{cases}\dfrac{\partial\pi}{\partial z}=-\dfrac{g}{c_p\theta_v}\\ u^2\tan\phi=-c_p\theta_v\dfrac{\partial\pi}{\partial\phi}\end{cases} \tag{2.343}$$

以上这些方程可以联合评估 π，即

$$\frac{\partial\theta_v}{\partial\phi}=-\frac{\sin(2\phi)}{g}\left(u^2\frac{\partial\theta_v}{\partial z}-\theta_v\frac{\partial u^2}{\partial z}\right) \tag{2.344}$$

风速通过解析形式给出。经向和垂直风速初始化为 0。纬向风的表达式如下：

$$\bar{u}(\phi,z)=\begin{cases}\left(U_s\dfrac{z}{z_s}-U_c\right)\cos\phi & z<z_s-\Delta z_u\\ \left[\left(-\dfrac{4}{5}+3\dfrac{z}{z_s}-\dfrac{5}{4}\dfrac{z^2}{z_s^2}\right)U_s-U_c\right]\cos\phi & |z-z_s|\leqslant\Delta z_u\\ (U_s-U_c)\cos(\phi) & z>z_s+\Delta z_u\end{cases} \tag{2.345}$$

赤道廓线是通过数值迭代确定的。赤道上空位温表达式如下：

$$\theta_{\text{eq}}(z)=\begin{cases}\theta_0+(\theta_{\text{tr}}-\theta_0)\left(\dfrac{z}{z_{\text{tr}}}\right)^{\frac{5}{4}} & 0\leqslant z\leqslant z_{\text{tr}}\\ \theta_{\text{tr}}\exp\left(\dfrac{g(z-z_{\text{tr}})}{c_pT_{\text{tr}}}\right) & z_{\text{tr}}\leqslant z\end{cases} \tag{2.346}$$

赤道上空气压和温度通过静力平衡关系迭代得到。迭代初始时刻状态如下：

$$\theta_{v,\text{eq}}^{(0)}(z)=\theta_{\text{eq}}(z) \tag{2.347}$$

迭代程序如下：

$$\pi_{\text{eq}}^{(i)}=1-\int_0^z\frac{g}{c_p\theta_{v,\text{eq}}^{(i)}}\mathrm{d}z \tag{2.348}$$

$$p_{\text{eq}}^{(i)}=p_0\,(\pi^{(i)})^{c_p/R_{\text{d}}} \tag{2.349}$$

$$T_{\text{eq}}^{(i)}=\theta_{\text{eq}}(z)\pi_{\text{eq}}^{(i)} \tag{2.350}$$

$$q_{\text{eq}}^{(i)}=H(z)q_{vs}(p_{\text{eq}}^{(i)},T_{\text{eq}}^{(i)}) \tag{2.351}$$

$$\theta_{v,\text{eq}}^{(i+1)}=\theta_{\text{eq}}(z)(1+M_vq_{\text{eq}}^{(i)}) \tag{2.352}$$

大约经过 10 次迭代，以上迭代程序可以收敛到机器精度。然后，赤道上空湿度廓线扩展至整个区域，即

$$q(z,\phi)=q_{\mathrm{eq}}(z) \tag{2.353}$$

一旦赤道廓线确定,虚位温就可以通过如下迭代公式确定,即

$$\theta_v^{(i+1)}(z,\phi)=\theta_{v,\mathrm{eq}}(z)+\int_0^{\phi}\frac{\sin(2\phi)}{2g}\left(\overline{u}^2\frac{\partial\theta_v^{(i)}}{\partial z}-\theta_v^{(i)}\frac{\partial\overline{u}^2}{\partial z}\right)\mathrm{d}\phi \tag{2.354}$$

这一迭代,大概也需要10次左右才能收敛到机器精度。虚位温确定后,可以进一步计算无量纲气压,其表达式如下:

$$\pi(z,\phi)=\pi_{\mathrm{eq}}(z)-\int_0^{\phi}\frac{u^2\tan\phi}{c_p\theta_v}\mathrm{d}\phi \tag{2.355}$$

且

$$p(z,\phi)=p_0\pi(z,\phi)^{c_p/R_{\mathrm{d}}} \tag{2.356}$$

$$T_v(z,\phi)=\theta_v(z,\phi)(p/p_0)^{R_{\mathrm{d}}/C_p} \tag{2.357}$$

得到的初始纬向平均大气状态如图2.26所示。

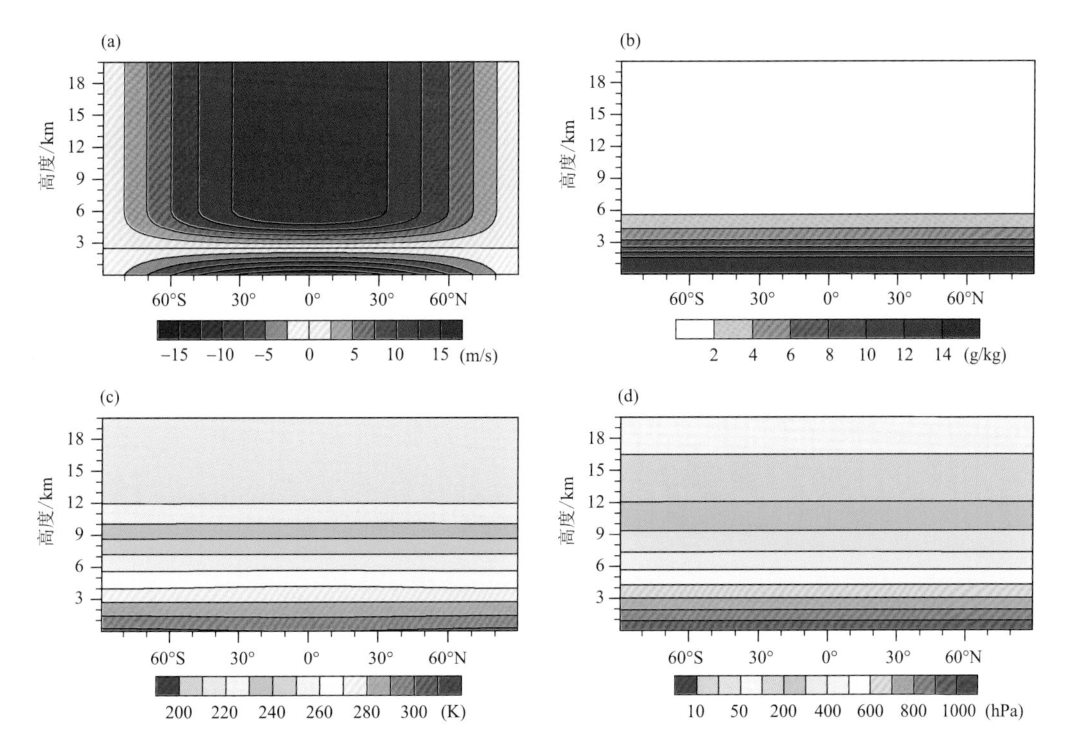

图2.26 超级单体测试中初始纬向平均的大气状态:(a)纬向速度(u)垂直剖面(间隔2.5 m/s);(b)水汽混合比(q_v)垂直剖面(间隔2 g/kg);(c)温度场(T)垂直剖面(间隔10 K);(d)全静力气压垂直剖面

为了激发对流,在初始位温场的基础上引入如下热力扰动,即

$$\theta'(\lambda,\phi,z)=\begin{cases}\Delta\theta\cos^2\left(\dfrac{\pi}{2}R_\theta(\lambda,\phi,z)\right) & R_\theta(\lambda,\phi,z)<1\\ 0 & R_\theta(\lambda,\phi,z)\geqslant 1\end{cases} \tag{2.358}$$

其中

$$R_\theta(\lambda,\phi,z)=\left[\left(\frac{R_c(\lambda,\phi;\lambda_p,\phi_p)}{r_p}\right)^2+\left(\frac{z-z_c}{z_p}\right)^2\right]^{1/2} \tag{2.359}$$

初始温度扰动如图2.27所示。

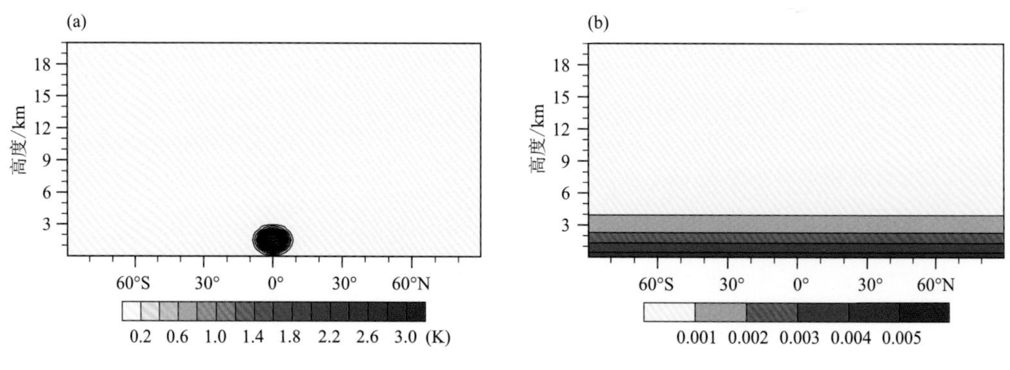

图 2.27 初始扰动结构：(a)初始温度扰动垂直剖面(间隔 0.2 K)；(b)非载水谱中需要的初始气压偏差($\hat{q}$)垂直剖面(间隔 0.001)

(2)试验设计

为了进一步突出湿物理过程与非静力的相互作用，模拟试验采用缩小地球半径的技术途径，即地球半径缩小至原来的 1/120。时间步长 3 s，积分 2 h，10 min 输出一次结果。模拟耦合的物理参数化过程包括：简化 Kessler 暖云微物理方案、谱空间下二阶常系数水平耗散以及二阶常系数垂直耗散。主要分析模拟 5000 m 高度层上垂直对流结构和雨水结构以及最大垂直速度等的演变，与 Klemp 等(2015)基于 MPAS 模式的模拟结果和 Smolarkiewicz 等(2017)基于 FVM 模式模拟结果进行对比分析。

(3)模拟结果分析

图 2.28 给出了非静力载水谱模式动力框架和非载水谱模式动力框架模拟过程中全球平均的全空气质量、总水物质质量以及干空气质量相对于初始时刻的变化随时间的演变特征。从图中不难看出：对于非载水谱模式动力框架，干空气质量变化和总水物质质量变化存在反相关关系；也就是说，在降水发生的大气中将存在虚假的干空气质量增长。而对于载水谱模式动力框架，干空气质量总体上是守恒的，且总质量的变化与总水物质质量变化呈正相关。

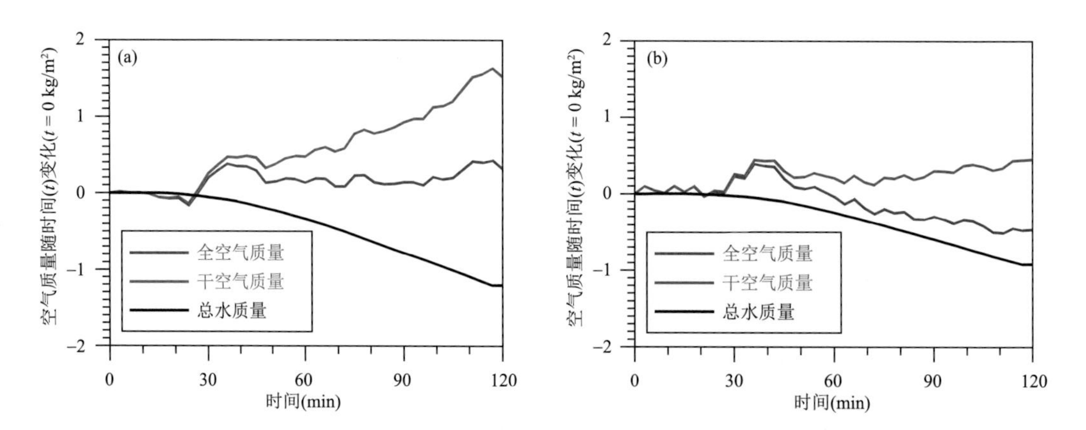

图 2.28 超级单体模拟过程中全球平均的全空气质量(蓝线)、总水质量(黑线)以及干空气质量(红线)的变化(相对于初始时刻值)随时间的演变：(a)非载水谱模式动力框架；(b)载水谱模式动力框架(这里质量定义为整层大气柱的垂直积分，全球平均基于高斯权重计算得到)

图 2.29 给出了载水谱模式动力框架模拟的分裂超级单体总体演变特征。积分30 min,一个单一的、强马蹄形上升运动形成,同时在最大正速度区域的东侧还存在一个相对应的单叶形下沉运动。积分到 60 min,起初的上升运动已经分裂为两个向极传播的上升运动单体。这种向极传播运动特征主要是由上升运动两侧适宜的由切变诱发的垂直气压梯度造成的。同时需要注意的是,此时赤道上空不存在第三支相对小的强垂直速度区域,这一点非常不同于 FVM 模式模拟的结果。模拟到 90 min,两个关于赤道对称的超级单体风暴已经形成。由于它们的向极传播特征,两超级单体风暴继续远离,到积分 120 min 对流单体的外围已经分别到达南北

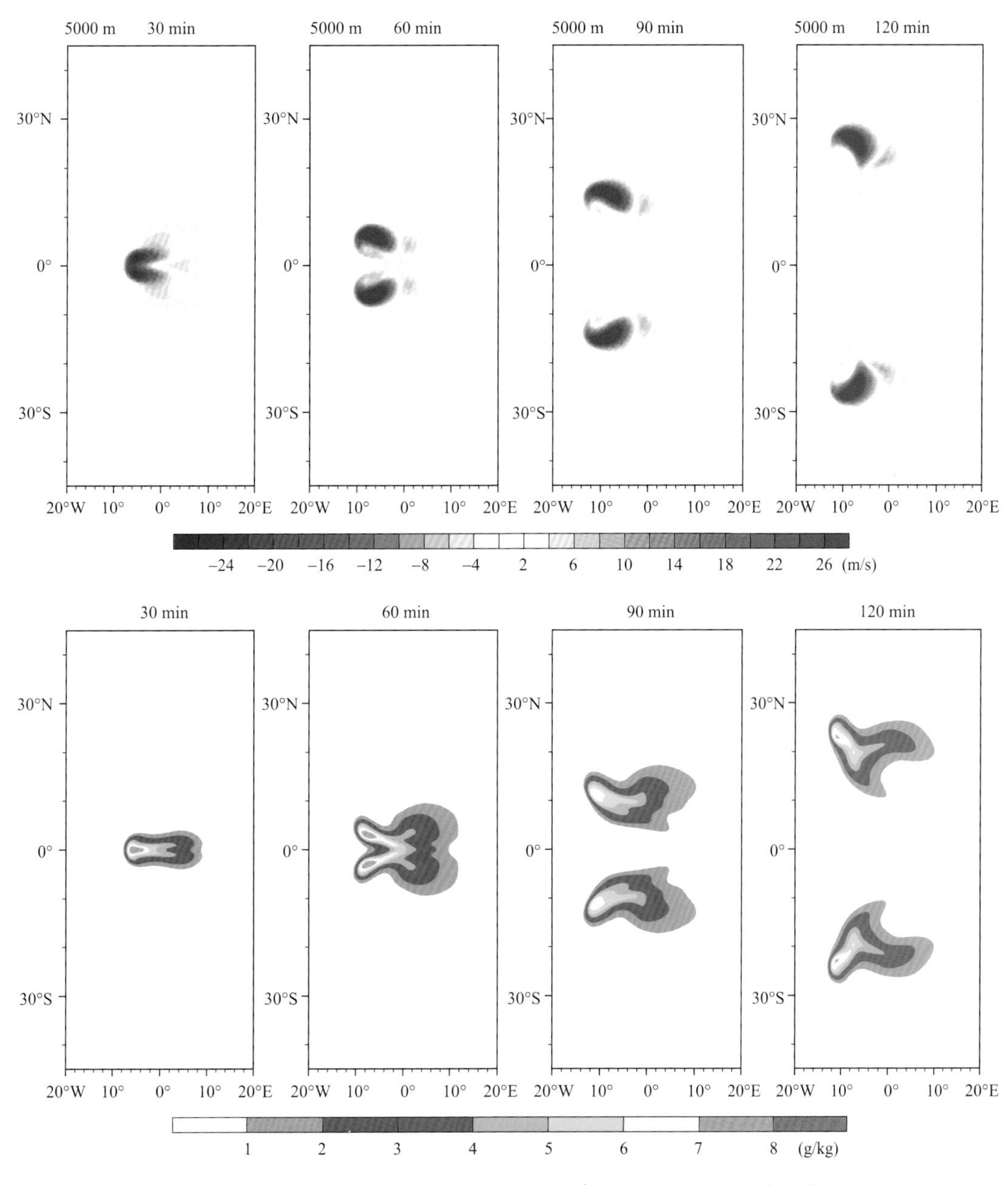

图 2.29 载水谱模式动力框架模拟的 5 km 高度上间隔 30 min 水平截面:
第一行,垂直速度;第二行,雨水含量

纬 30°。雨水物质场的演变特征表现出相似的行为。对比 MPAS 模拟结果，可以清晰地看出：动力框架模拟的分裂超级单体特征非常接近于 MAPS 模拟结果，尤其是前 90 min，两者模拟的超级单体结构和位置几乎一致，且向极传播速度也基本相当。

进一步分析非载水谱模式动力框架模拟的结果（图 2.30）。从图中可以看到相似的分裂特征，但具有相对较小的向极传播速度。以至于积分到 60 min 初始上升运动还未完全分裂成两个独立的上升运动单体，最终分裂造成的两超级单体风暴之间的经向距离稍短一些。此外，两动力框架模拟的纬向运动特征也不尽相同。载水谱模式动力框架模拟的超级单体在纬向几乎是静止不同的，这与该特定测试的设计初衷一致；而非载水谱模式动力框架模拟的超级单体向东移动，导致积分到 120 min 相对向东偏偏移四度（近似 2 km）。除了位置上的差异，两者

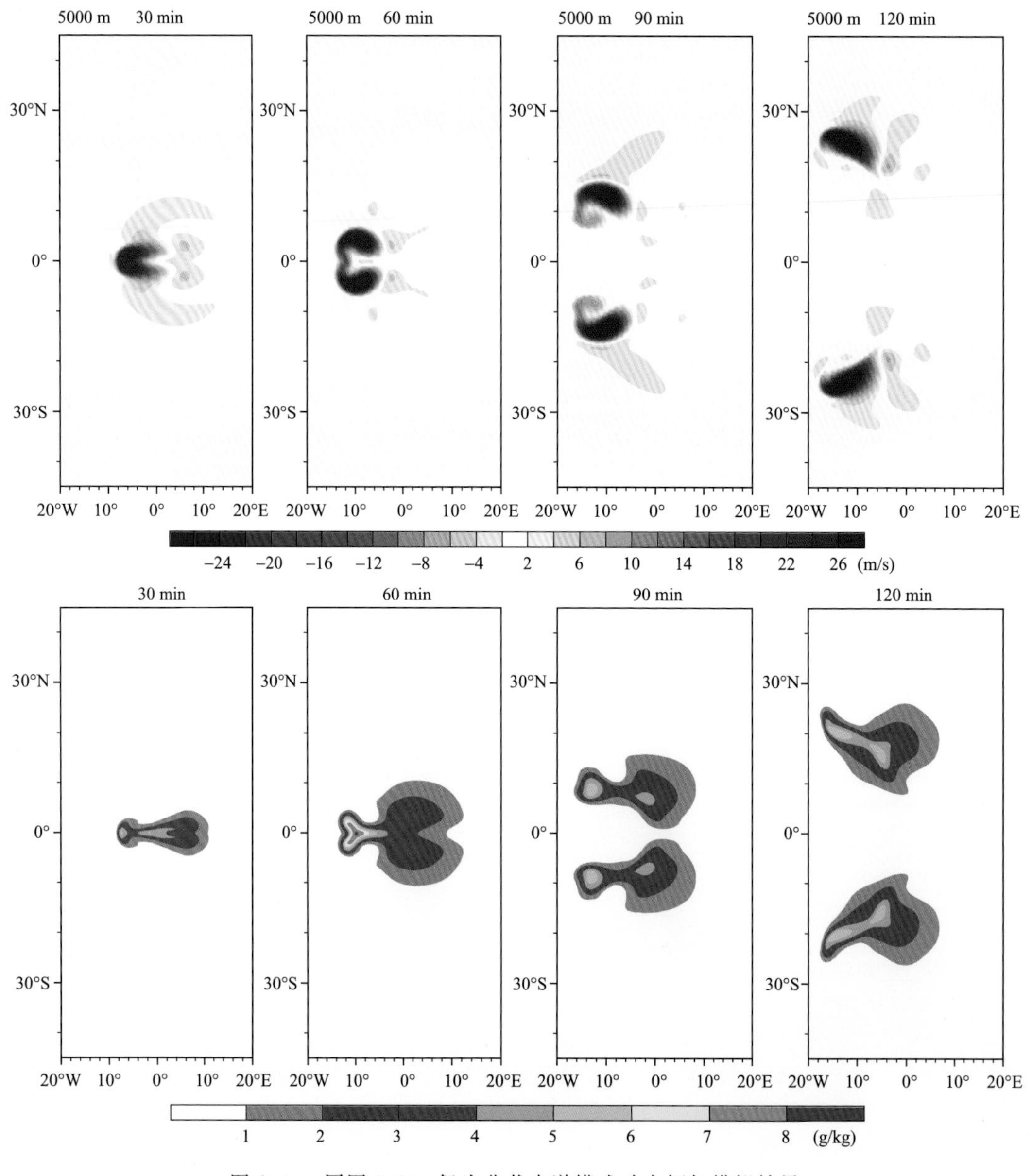

图 2.30 同图 2.29，但为非载水谱模式动力框架模拟结果

之间结构和强度也同样存在差异。图2.30中5 km高度上最大垂直速度在积分30 min、60 min、90 min和120 min时刻分别为34.0 m/s、40.4 m/s、39.6 m/s和39.1 m/s；而图2.29中分别为28.9 m/s、37.3 m/s、35.5 m/s和34.7 m/s。换句话说，非载水谱模式动力框架模拟的分裂超级单体要比载水谱模式动力框架模拟的强得多。从整个区域最大速度来看(图略)，载水谱模式动力框架模拟的分裂超级单体其最大垂直速度为40～50 m/s，与MPAS模式模拟结果相当(40～45 m/s)；而非载水谱模式动力框架模拟出更强的超级单体，其最大垂直速度为50～60 m/s。

对理想超级单体的测试结果表明，新发展的非静力载水谱模式动力框架能够更好地模拟出与参考结果一致的理想超级单体结构和演变特征。

2.5 全球深厚大气非静力谱模式数值计算

2.5.1 全球深厚大气非静力谱模式方程组的线性化

对全球深厚大气非静力谱模式方程组(1.264)～(1.268)的线性化，在选取参考状态时，除第2.2.2节所介绍的特征之外，额外选取：

①参考垂直速度$w^*=0$，进而$d^*=0$；

②流体静力平衡：$p^*=\pi^*$，进而$\hat{q}^*=0$；

③地面处质点到地心的距离为$\eta=1$处的r^*，即地球半径：$r_s^*=a$。

参考态π^*, m^*, r^*都是水平均匀，为垂直坐标η的函数，其中π^*与m^*的表达式分别如式(2.23)与式(2.24)所示，r^*的表达式(替代了第2.2.2节中对ϕ^*的表达式)为：

$$\frac{\mathrm{d}r^*}{\mathrm{d}\eta}=-\frac{R_\mathrm{d}T^*m^*}{G\pi^*}\frac{r^{*2}}{a^2} \tag{2.360}$$

对方程(1.269)进行线性化有

$$r'=\frac{r^{*2}R_\mathrm{d}}{a^2G}\left(T^*\frac{\pi'_s}{\pi_s^*}-T^*\frac{\pi'}{\pi^*}+\int_\eta^1\frac{m^*}{\pi^*}T'\mathrm{d}\eta-T^*\int_\eta^1\frac{m^*}{\pi^*}\hat{q}\mathrm{d}\eta\right) \tag{2.361}$$

对动量方程(1.264)进行线性化有：

$$\frac{\partial(\boldsymbol{U})}{\partial t}=-R_\mathrm{d}T\frac{\nabla(+\pi^*\hat{q})}{\pi^*}-\frac{a^2}{r^{*2}}\nabla(Gr) \tag{2.362}$$

将式(2.361)代入式(2.362)可得：

$$\frac{\partial(\boldsymbol{U})}{\partial t}=\nabla\left(-R_\mathrm{d}T^*\hat{q}-R_\mathrm{d}T^*\frac{\pi'_s}{\pi_s^*}-R_\mathrm{d}\int_\eta^1\frac{m^*}{\pi^*}T'\mathrm{d}\eta+R_\mathrm{d}T^*\int_\eta^1\frac{m^*}{\pi^*}\hat{q}\mathrm{d}\eta\right) \tag{2.363}$$

化为散度形式为：

$$\frac{\partial D}{\partial t}=\Delta\left(-R_\mathrm{d}T^*\hat{q}-R_\mathrm{d}T^*\frac{\pi'_s}{\pi_s^*}-R_\mathrm{d}\int_\eta^1\frac{m^*}{\pi^*}T'\mathrm{d}\eta+R_\mathrm{d}T^*\int_\eta^1\frac{m^*}{\pi^*}\hat{q}\mathrm{d}\eta\right) \tag{2.364}$$

其中,散度和水平拉普拉斯算子定义为:

$$D=\frac{1}{r^{*}\cos\theta}\left(\frac{\partial u}{\partial\lambda}+\frac{\partial(v\cos\theta)}{\partial\theta}\right) \tag{2.365}$$

$$\Delta f=\nabla\cdot\nabla f=\left(\frac{1}{r^{*}\cos\theta}\right)^{2}\frac{\partial f}{\partial\lambda}+\frac{1}{r^{*2}\cos\theta}\frac{\partial}{\partial\theta}\left(\frac{\partial f}{\partial\theta}\cos\theta\right) \tag{2.366}$$

气压偏差项($\hat{q}$)的方程(1.267)可以线性化为:

$$\frac{\partial\hat{q}}{\partial t}=-\frac{c_{p}}{c_{v}}(D+d)+\frac{1}{\pi^{*}}\int_{0}^{\eta}\left(\frac{4m^{*}w}{r^{*}}+m^{*}D\right)\mathrm{d}\eta \tag{2.367}$$

式中,

$$w=\frac{a^{2}}{r^{*2}}\frac{1}{G}R_{\mathrm{d}}T^{*}\int_{\eta}^{1}d\frac{m^{*}}{\pi^{*}}\frac{r^{*4}}{a^{4}}\mathrm{d}\eta \tag{2.368}$$

伪垂直散度(d)的方程(1.265)可以线性化为:

$$\frac{\partial d}{\partial t}=-\frac{G^{2}\pi^{*}}{m^{*}R_{\mathrm{d}}T^{*}}\frac{a^{4}}{r^{*4}}\frac{\partial}{\partial\eta}\left(\frac{1}{m^{*}}\frac{\partial\pi^{*}\hat{q}}{\partial\eta}\right) \tag{2.369}$$

地表静力气压(π_{s})的线性化方程为:

$$\frac{\partial\pi_{s}}{\partial t}=-\int_{0}^{1}m^{*}D\mathrm{d}\eta-\int_{0}^{1}\frac{4m^{*}w}{r^{*}}\mathrm{d}\eta \tag{2.370}$$

综上所述,预报变量的线性化方程组为(其中包含科里奥利力时的处理方式见对式(1.149)的描述):

$$\frac{\partial D}{\partial t}=\Delta_{H}\left(-R_{\mathrm{d}}T^{*}\hat{q}-R_{\mathrm{d}}T^{*}\frac{\pi_{s}}{\pi_{s}^{*}}-R_{\mathrm{d}}\mathbf{G}^{*}T+R_{\mathrm{d}}T^{*}\mathbf{G}^{*}\hat{q}\right) \tag{2.371}$$

$$\frac{\partial T}{\partial t}=-\frac{R_{\mathrm{d}}T^{*}}{c_{v}}(D+d) \tag{2.372}$$

$$\frac{\partial\pi_{s}}{\partial t}=-\pi_{s}^{*}\mathbf{N}^{*}D-\pi_{s}^{*}\mathbf{N}^{*}\mathbf{F}^{*}d \tag{2.373}$$

$$\frac{\partial\hat{q}}{\partial t}=-\frac{c_{p}}{c_{v}}(D+d)+\mathbf{S}^{*}D+\mathbf{S}^{*}\mathbf{F}^{*}d \tag{2.374}$$

$$\frac{\partial d}{\partial t}=-\frac{G^{2}}{R_{\mathrm{d}}T_{e}^{*}}\frac{a^{4}}{r^{*4}}\mathbf{L}_{v}^{*}\hat{q} \tag{2.375}$$

其中,$T_{e}^{*}=OT^{*}$,垂直操作算子$\mathbf{G}^{*}$,$\mathbf{S}^{*}$,$\mathbf{N}^{*}$,$\mathbf{L}_{v}^{*}$的定义分别如式(2.35)、式(2.36)、式(2.37)与式(2.145)所示,而$\mathbf{F}^{*}$的定义为:

$$\mathbf{F}^{*}X=\frac{1}{r^{*}}\frac{a^{2}}{r^{*2}}\frac{R_{\mathrm{d}}T^{*}}{G}\mathbf{G}^{*}\left(\frac{r^{*4}}{a^{4}}X\right) \tag{2.376}$$

2.5.2 全球深厚大气非静力谱模式的离散求解

对于深厚大气而言,水平拉普拉斯算子是同地球半径相关的,为了便于操作,定义与半径无关的水平拉普拉斯算子(Δ_{a})为:

$$\Delta_{a}f=\left(\frac{1}{a\cos\theta}\right)^{2}\frac{\partial f}{\partial\lambda}+\frac{1}{a^{2}\cos\theta}\frac{\partial}{\partial\theta}\left(\frac{\partial f}{\partial\theta}\cos\theta\right) \tag{2.377}$$

类似地,与半径无关的散度算子(D_{a})为:

$$D_{a}=\frac{1}{a\cos\theta}\left(\frac{\partial u}{\partial\lambda}+\frac{\partial(v\cos\theta)}{\partial\theta}\right) \tag{2.378}$$

因此有

$$\Delta=\left(\frac{a^2}{r^{*2}}\right)\Delta_a \tag{2.379}$$

$$D=\left(\frac{a}{r^*}\right)D_a \tag{2.380}$$

需要注意的是,Δ_a 与垂直方向无关,所以能够与垂直操作算子进行位置交换。

将非线性方程组(1.264)~(1.268)与线性方程组(2.371)~(2.375)分别对应的算子 $\boldsymbol{M}$ 和 $\overline{L}$ 代入式(2.7),可以得到:

$$D-\delta t\left(\frac{a}{r^*}\right)^2\Delta_a[R_d T^*\boldsymbol{G}^*\hat{q}-R_d T^*\hat{q}-R_d T^*\frac{\pi_s}{\pi_s^*}-R_d\boldsymbol{G}^* T]=\widetilde{D} \tag{2.381}$$

$$T-\delta t[-\frac{R_d T^*}{c_v}(D+d)]=\widetilde{T} \tag{2.382}$$

$$\pi_s-\delta t[-\pi_s^*\ \boldsymbol{N}^* D-\pi_s^*\ \boldsymbol{N}^*\boldsymbol{F}^* d]=\widetilde{\pi}_s \tag{2.383}$$

$$\hat{q}-\delta t\left[-\frac{c_p}{c_v}(D+d)+\boldsymbol{S}^*(D+\boldsymbol{F}^* d)\right]=\widetilde{\hat{q}} \tag{2.384}$$

$$d-\delta t[-\frac{G^2}{oR_d T^*}\frac{a^4}{r^{*4}}\boldsymbol{L}_v^*\hat{q}]=\widetilde{d} \tag{2.385}$$

通过消元并应用式(2.163)可以得到 D 与 d 的方程为:

$$\left(1-\delta t^2\ \frac{a^4}{r^{*4}}\frac{\boldsymbol{L}_v^*}{oH_*^2}(c_*^2-R_d T^*\boldsymbol{S}^*\boldsymbol{F}^*)\right)d=d^{\bullet}+\delta t^2\ \frac{a^4}{r^{*4}}\frac{1}{oH_*^2}\boldsymbol{L}_v^*(c_*^2-R_d T^*\boldsymbol{S}^*)D \tag{2.386}$$

$$\left(1-\delta t^2\ \frac{a^2}{r^{*2}}\Delta_a c_*^2\right)D=D^{\bullet}+\delta t^2\ \frac{a^2}{r^{*2}}(c_*^2-R_d T^*\boldsymbol{G}^*(1-\boldsymbol{F}^*))\Delta_a d \tag{2.387}$$

其中

$$d^{\bullet}=\widetilde{d}-\delta t\ \frac{G^2}{oR_d T^*}\frac{a^4}{r^{*4}}\boldsymbol{L}_v^*\ \widetilde{\hat{q}} \tag{2.388}$$

$$D^{\bullet}=\widetilde{D}+\delta t\left(\frac{a}{r^*}\right)^2\Delta_a\left[-R_d T^*\widetilde{\hat{q}}-\frac{R_d T^*}{\pi_H^*}\widetilde{\pi}_s-R_d\boldsymbol{G}^*\widetilde{T}+R_d T^*\boldsymbol{G}^*\widetilde{\hat{q}}\right] \tag{2.389}$$

并且 $c_*^2=R_d T^* c_p/c_v$。

方程(2.386)可以进一步化简为:

$$\boldsymbol{T}_a D=\boldsymbol{T}_1 d-d^{\bullet} \tag{2.390}$$

式中,

$$\boldsymbol{T}_1=\left(1-\delta t^2\ \frac{a^4}{r^{*4}}\frac{\boldsymbol{L}_v^*}{oH_*^2}(c_*^2-R_d T^*\boldsymbol{S}^*\boldsymbol{F}^*)\right) \tag{2.391}$$

$$\boldsymbol{T}_a=\delta t^2\ \frac{a^4}{r^{*4}}\frac{1}{oH_*^2}\boldsymbol{L}_v^*(c_*^2-R_d T^*\boldsymbol{S}^*) \tag{2.392}$$

因此有:

$$D=\boldsymbol{T}_a^{-1}\boldsymbol{T}_1 d-\boldsymbol{T}_a^{-1}d^{\bullet} \tag{2.393}$$

方程(2.387)可以写为:

$$\left(1-\delta t^2\ \frac{a^2}{r^{*2}}\Delta_a c_*^2\right)D=D^{\bullet}+\delta t^2\ \boldsymbol{T}_b\Delta_a d \tag{2.394}$$

其中

$$\boldsymbol{T}_b=\frac{a^2}{r^{*2}}(c_*^2-R_\mathrm{d}T^*\boldsymbol{G}^*(1-\boldsymbol{F}^*)) \tag{2.395}$$

将式(2.393)代入式(2.395)有：

$$\begin{aligned} &d-\boldsymbol{T}_1^{-1}\boldsymbol{T}_a\delta t^2\frac{a^2}{r^{*2}}c_*^2\boldsymbol{T}_a^{-1}\boldsymbol{T}_1\Delta_a d-\delta t^2\boldsymbol{T}_1^{-1}\boldsymbol{T}_a\boldsymbol{T}_b\Delta_a d= \\ &\boldsymbol{T}_1^{-1}\boldsymbol{T}_a\left(D^{\bullet}+\left(1-\delta t^2\frac{a^2}{r^{*2}}\Delta_a c_*^2\right)\boldsymbol{T}_a^{-1}d^{\bullet}\right) \end{aligned} \tag{2.396}$$

设

$$d^{\bullet\bullet}=\boldsymbol{T}_a\left(D^{\bullet}+\left(1-\delta t^2\frac{a^2}{r^{*2}}\Delta_a c_*^2\right)\boldsymbol{T}_a^{-1}d^{\bullet}\right) \tag{2.397}$$

$$d^{\bullet\bullet\bullet}=\boldsymbol{T}_1^{-1}d^{\bullet\bullet} \tag{2.398}$$

$$\boldsymbol{T}_2=\boldsymbol{T}_a\left(\frac{a^2}{r^{*2}}c_*^2\boldsymbol{T}_a^{-1}\boldsymbol{T}_1+\boldsymbol{T}_b\right) \tag{2.399}$$

$$\widehat{\boldsymbol{B}}=\boldsymbol{T}_1^{-1}\boldsymbol{T}_2 \tag{2.400}$$

得到最终求解方程为：

$$(1-\delta t^2\widehat{\boldsymbol{B}}\Delta_a)d=d^{\bullet\bullet\bullet} \tag{2.401}$$

2.5.3 全球深厚大气非静力谱模式动力框架验证评估

本节对深厚大气绝热动力框架，通过深厚大气稳定态测试与深厚大气斜压不稳定波测试来进行其正确性与性能的验证评估。

2.5.3.1 深厚大气稳定态测试

稳定状态测试基本思路为构造一个满足模式方程组的解，使得方程的右端项为0，从而使得每一时间步长积分的结果理论值等于初始值，使用该测试样例可以定量测试模式数值方案算法设计的准确性。深厚大气稳定态测试的初始场纬向均一，且形式如下：

$$\begin{cases} u=u(\theta,r) \\ v=w=0 \\ q=q(\theta,r)=\ln(p(\theta,r)) \\ T=T(\theta,r) \end{cases} \tag{2.402}$$

温度场可以进一步写成：

$$T(\theta,r)=\left(\frac{a}{r}\right)^3\cdot\left\{\tau_1(r)-\tau_2(r)\left[\left(\frac{r}{a}\cos\theta\right)^k-\left(\frac{k+2}{2}\right)\left(\frac{r}{a}\cos\theta\right)^{k+2}\right]\right\}^{-1} \tag{2.403}$$

且

$$\tau_1(r)=A\frac{a}{r}\frac{\Gamma}{T_0}\exp\left[\frac{\Gamma}{T_0}(r-a)\right]+B\frac{a}{r}\left[1-2\left(\frac{r-a}{bH_0}\right)^2\right]\exp\left[-\left(\frac{r-a}{bH_0}\right)^2\right] \tag{2.404}$$

$$\tau_2(r)=\frac{a}{r}C\left[1-2\left(\frac{r-a}{bH_0}\right)^2\right]\exp\left[-\left(\frac{r-a}{bH_0}\right)^2\right] \tag{2.405}$$

式中，T_0 为常数，Γ 为垂直温度递减率，$H_0\equiv RT_0/g_0$ 为大气标高，g_0 为地球表面($r=a$)重力加速度，b 为半宽参数，A、B、C 的具体表达形式如下：

$$A=\frac{1}{\Gamma} \tag{2.406}$$

$$\begin{cases} B=\dfrac{T_0-T_0^p}{T_0T_0^p} \\ C=\dfrac{k+2}{2}\left(\dfrac{T_0^E-T_0^P}{T_0^ET_0^P}\right) \end{cases} \tag{2.407}$$

这里，

$$T_0^E=T(r=a,\theta=0) \tag{2.408}$$

$$T_0^P=T\left(r=a,\theta=\pm\frac{\pi}{2}\right) \tag{2.409}$$

$$T_0=\frac{T_0^E+T_0^P}{2} \tag{2.410}$$

纬向风的表达式如下：

$$u=-\Omega r\cos\theta+\sqrt{(\Omega r\cos\theta)^2+r\cos\theta U} \tag{2.411}$$

式中，

$$U=Ck\frac{g_0}{a}(r-a)\exp\left[-\left(\frac{r-a}{bH_0}\right)^2\right]\times\left[\left(\frac{r\cos\theta}{a}\right)^{k-1}-\left(\frac{r\cos\theta}{a}\right)^{k+1}\right]T \tag{2.412}$$

该稳定态测试中的各参数具体取值如下：

$$\begin{cases} T_0^E=310\ \mathrm{K} \\ T_0^P=240\ \mathrm{K} \\ b=2 \\ k=3 \\ \Gamma=0.005 \end{cases} \tag{2.413}$$

为了突出深厚大气效应，采用缩小地球半径技术，即

$$\begin{cases} a^*=a/X \\ \Omega^*=\Omega X \end{cases} \tag{2.414}$$

式中，$a=6.371229\times10^6\ \mathrm{m}$、$\Omega=7.29212\times10^{-5}\ \mathrm{s}^{-1}$为标准地球参数；$X$为地球半径缩放因子。稳定态测试初始温度场和纬向风场分布如图 2.31 所示。

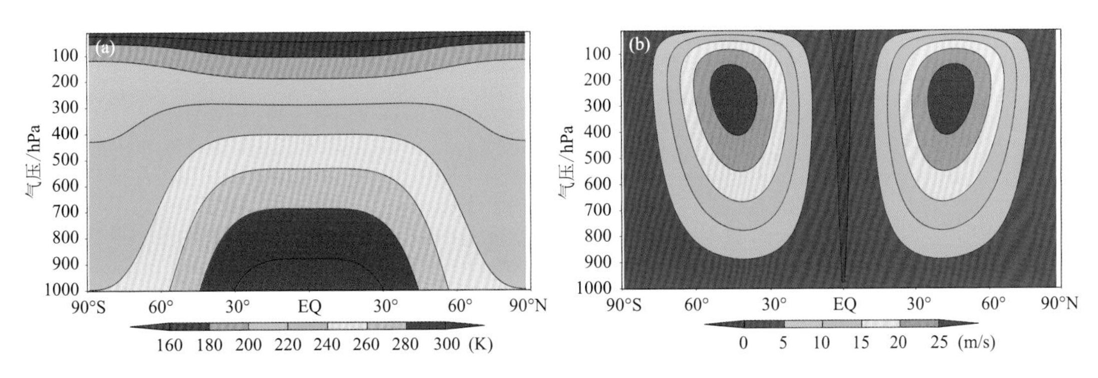

图 2.31 深厚大气稳定态测试初始温度场(a)和纬向风场(b)分布

为了进一步定量评估模式积分结果同分析解之间的误差大小，定义如下误差 L_2 范数：

$$L_2(\overline{u}(t)-\overline{u}(t=0))=\left[\frac{1}{2}\int_0^1\int_{-\frac{\pi}{2}}^{+\frac{\pi}{2}}\{\overline{u}(\theta,\eta,t)-\overline{u}(\theta,\eta,t=0)\}^2\cos\theta\mathrm{d}\theta\mathrm{d}\eta\right]^{1/2}$$
$$\approx\left[\frac{\sum_k\sum_j\{\overline{u}(\theta_j,\eta_k,t)-\overline{u}(\theta_j,\eta_k,t=0)\}^2w_j\Delta\eta_k}{\sum_k\sum_j w_j\Delta\eta_k}\right]^{1/2} \tag{2.415}$$

式中，u 为纬向风速；$\overline{(\ )}$代表纬向平均，且上述关于位置索引(j,k)的求和运算遍历所有的纬度点 ϕ_j 和垂直层 η_k；w_j 为网格点的高斯权重，$\Delta\eta_k=\eta_{k+1/2}-\eta_{k-1/2}$为垂直权重，其代表了模式层的厚度。这里半层索引 $k\pm1/2$ 对应模式层交界面的位置。利用该 L_2 范数可以定量计算模式积分误差大小。

稳定态测试采用的水平分辨率为 T_L159，即在赤道附近格距近似为 125 km；垂直方向分为 91 层，对应模式顶层气压为 1 Pa(大约 75 km 高)；模拟积分 30 d，间隔 1 d 输出一次结果。为了考察非静力模式的稳定性，同时进一步考察时间步长对这种模拟积分稳定性的影响，设置 3 组具有不同时间步长的试验，具体设置见表 2.5。

表 2.5　不同试验的水平格点分辨率、格点数和时间步长

谱分辨率	近赤道格点数/(纬度×经度)	近赤道格距/km	时间步长/s
T_L159	160×320	125	600
T_L159	160×320	125	1200
T_L159	160×320	125	1800

对水平分辨率 T_L159、时间步长 600 s 时的稳定态测试，图 2.32 给出了积分 30 d 后的结果。不难看出，同初始状态相比，二者几乎完全一致，这证实了深厚非静力模式的准确性。事

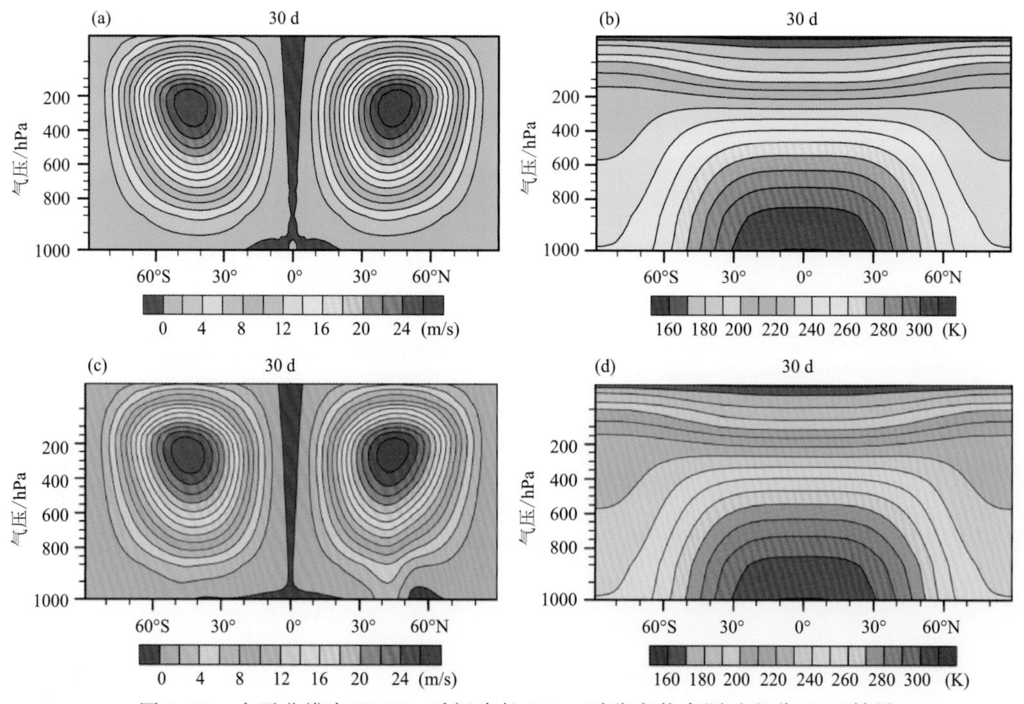

图 2.32　水平分辨率 T_L159、时间步长 300 s 时稳定状态测试积分 60 d 结果

(a)浅薄大气纬向风场；(b)浅薄大气温度场；(c)深厚大气纬向风场；(d)深厚大气温度场

实上，即使时间步长为1200 s，积分30 d后除相对涡度场有微小扰动外，二者也几乎完全一致。这初步验证了全球深厚大气非静力谱模式动力框架的稳定性。

2.5.3.2 深厚大气斜压不稳定波测试

斜压不稳定测试用于考查三维模式对理想斜压波演变的模拟效果，试验设计方案参考Ullrich等(2014)。主要思想为：在稳定态测试初始风场之上，分别叠加一个纬向风扰动和经向风扰动，可以触发斜压波。初始扰动风场的流函数为：

$$\psi'=-\frac{8d_0V_p}{3\sqrt{3}\pi}\zeta(z)\cos^4\left(\frac{\pi d}{2d_0}\right)\qquad 0\leqslant d\leqslant d_0 \tag{2.416}$$

式中，$\zeta(z)$为垂直截限函数，其表达式如下：

$$\zeta(z)=1-3\left(\frac{z}{z_t}\right)^2+2\left(\frac{z}{z_t}\right)^3\qquad 0\leqslant z\leqslant z_t \tag{2.417}$$

式中，d为球面上距离中心(λ_c,θ_c)的大圆距离，即

$$d=a\cos^{-1}\{\sin\theta_c\sin\theta+\cos\theta_c\cos\theta\cos(\lambda-\lambda_c)\} \tag{2.418}$$

式中，d_0为扰动水平区域的边界，V_p扰动风场的最大值。求解扰动风场的流函数，就可以得到相应的经向风和纬向风扰动表达式，即

$$u'=-\frac{1}{a}\frac{\partial\psi'}{\partial\theta}=-\frac{16V_p}{3\sqrt{3}}\cos^3\left(\frac{\pi d}{2d_0}\right)\sin\left(\frac{\pi d}{2d_0}\right)\times\frac{-\sin\theta_c\cos\theta+\cos\theta_c\sin\theta\cos(\lambda-\lambda_c)}{\sin(d/a)} \tag{2.419}$$

$$v'=-\frac{1}{a\cos\theta}\frac{\partial\psi'}{\partial\lambda}=\frac{16V_p}{3\sqrt{3}}\cos^3\left(\frac{\pi d}{2d_0}\right)\sin\left(\frac{\pi d}{2d_0}\right)\times\frac{\cos\theta_c\sin(\lambda-\lambda_c)}{\sin(d/a)} \tag{2.420}$$

式中，参数取值如下：$V_p=1.0$，$z_t=1.5\times10^4$，$(\lambda_c,\theta_c)=(\pi/9,2\pi/9)$。

图2.33给出了针对地球半径缩小为原来的1/20时，采用第2.3节所描述浅薄大气非静力与本节所描述深厚大气非静力模式动力框架的模拟结果，其中第一行为浅薄大气非静力动力框架模拟结果，第二行为深厚大气非静力动力框架模拟结果，左边一列为积分8 d的模拟结果，右边一列为积分10 d的模拟结果。由图可见，全球深厚大气非静力模拟的高低气压结构更精细，数值上也表现得更强，其与Ullrich等(2014)中给出的结果也具有较好的一致性，这初步验证了深厚大气非静力谱模式动力框架的正确性与其对斜压不稳定波模拟的有效性。

2.6 全球非静力谱模式的高精度垂直离散

有限元离散是一种高精度Galerkin数值计算方法，广泛应用于各类工程数值计算中。相比有限差分，有限元方法具有更高的精度，对于均匀分布的格点，三阶样条基函数有限元方法能获得八阶精度，而有限差分格式只有二阶精度。欧洲中期天气预报中心于2004年成功将有限元方法应用到静力模式中(Untch et al.，2003)。其应用结果表明，有限元垂直离散相比有限差分除精度高之外还具有能够减少垂直噪声等诸多优点。

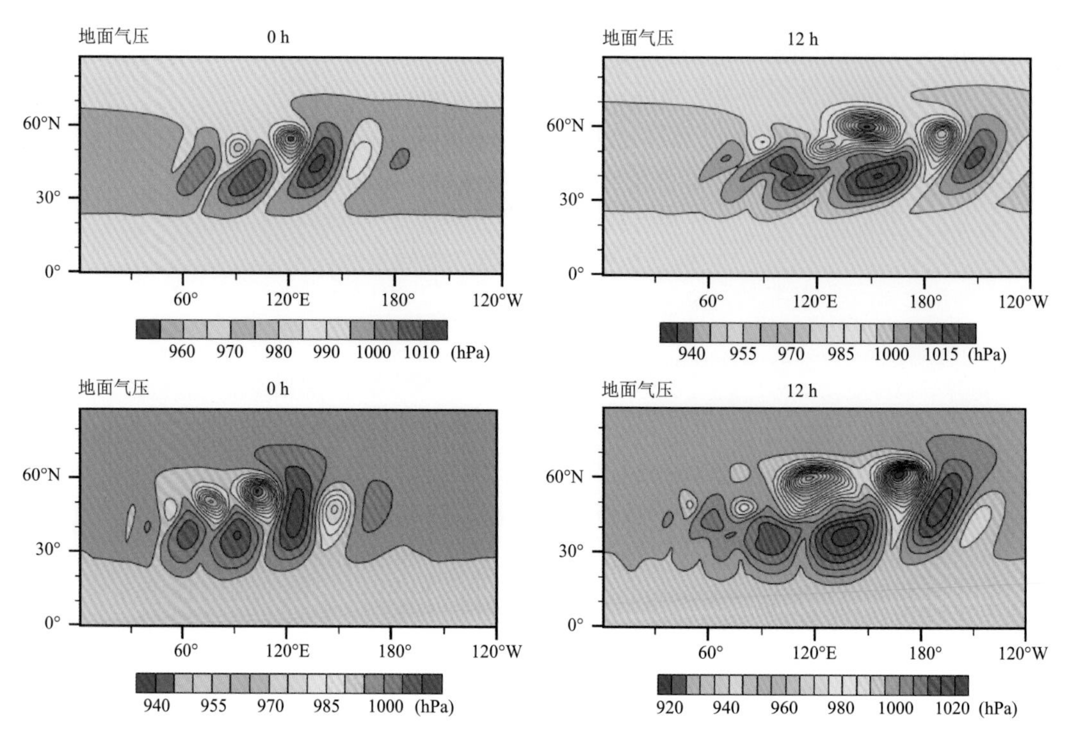

图 2.33 YHGSM 浅薄非静力和深厚非静力分别模拟的斜压波结构(缩小半径为 1/20 倍)
(左边一列为第 8 天(9.6 h)结果,右边一列为第 10 天结果;上图为浅薄大气结果,下图为深厚大气结果)

然而在非静力模式中应用有限元垂直离散却遇到了难题,因为非静力模式中存在的垂直离散算子复杂难以满足守恒性和静止性等问题,这会严重影响到模式积分的稳定性。本节提出一种新的混合有限元垂直离散格式,即对格点空间的非线性部分采用有限元离散,提高离散精度,而对谱空间的线性部分采用有限差分计算,以沿用现有有限差分离散对约束条件的满足性。这种混合离散方法在增加较小计算开销的情况下,有效提升了整体垂直离散精度(Yang et al., 2015)。

2.6.1 垂直有限元离散基本原理

在采用有限元离散时,半层与整数层中的 η 值都必须给出。先计算半层上的 η:

$$\eta_{k+1/2}=A_{k+1/2}/p_0+B_{k+1/2} \quad 0\leqslant k\leqslant L \tag{2.421}$$

式中,p_0 为定常的气压,取 1013.25 hPa。之后,计算整数层上的 η:

$$\eta_k=0.5(\eta_{k-1/2}+\eta_{k+1/2}) \quad 1\leqslant k\leqslant L \tag{2.422}$$

在有限元离散中,将包括压力在内的所有变量都放在整数层上,即不采用交错配置,从而可以方便地利用垂直坐标的定义以及预定义的 $(\mathrm{d}A/\mathrm{d}\eta)_k$ 与 $(\mathrm{d}B/\mathrm{d}\eta)_k$(而不是 $A_{k+1/2}$ 与 $B_{k+1/2}$),使得

$$\left(\frac{\partial p}{\partial \eta}\right)_k=\left(\frac{\mathrm{d}A}{\mathrm{d}\eta}\right)_k+\left(\frac{\mathrm{d}B}{\mathrm{d}\eta}\right)_k p_s \tag{2.423}$$

之后,在整数层上需要用到的气压就可以通过对式(2.423)从大气顶到整数层关于 η 积分

得到。

非静力模式中需要计算的大部分垂直层积分是从大气顶到各个模式层与到地面的积分，所以下面推导这种积分用有限元表示的算子，即得到从大气顶到各个模式层 η_k 与地面 $\eta=1$ 的积分。流体静力学方程中的积分（即从地面向上）可以通过将从大气顶到地面的积分减去从大气顶到模式层的积分得到。

设$\{d_i(\eta),\ i=K_1\sim K_2\}$与$\{e_i(\eta),\ i=M_1\sim M_2\}$是两组完备的线性独立函数，每组函数都可以作为基函数将定义在区域[0,1]上的函数进行展开。垂直积分

$$F(\eta)=\int_0^{\eta}f(x)\mathrm{d}x \tag{2.424}$$

可以近似地表示为

$$\sum_{i=K_1}^{K_2}C_i d_i(\eta)=\sum_{i=M_1}^{M_2}c_i\int_0^{\eta}e_i(x)\mathrm{d}x \tag{2.425}$$

式中，C_i是将 $F(\eta)$利用基函数$\{d_i(\eta),\ i=K_1\sim K_2\}$进行线性展开时的系数，$c_i$是将 $f(\eta)$利用基函数$\{e_i(\eta),\ i=M_1\sim M_2\}$进行线性展开时的系数。之后，可以通过在式(2.425)两边同时乘以一组完备测试函数$\{t_i(\eta),\ i=N_1\sim N_2\}$中的每一个，并再对两边同时在整个垂直区域上进行积分来应用 Galerkin 方法：

$$\sum_{i=K_1}^{K_2}C_i\int_0^1 d_i(x)t_j(x)\mathrm{d}x=\sum_{i=M_1}^{M_2}c_i\int_0^1\left(t_j(x)\int_0^x e_i(y)\mathrm{d}y\right)\mathrm{d}x\quad N_1\leqslant j\leqslant N_2 \tag{2.426}$$

用矩阵形式表示，即为 $\boldsymbol{AC}=\boldsymbol{Bc}$，假设 $\boldsymbol{A}$ 非奇异，则可以表示为 $\boldsymbol{C}=\boldsymbol{A}^{-1}\boldsymbol{Bc}$。

将以上关系和物理空间与有限元空间之间的转换关系（即 $\boldsymbol{c}=\boldsymbol{S}^{-1}\boldsymbol{f}$ 与 $\boldsymbol{F}=\boldsymbol{PC}$）合并到一起，就可以得到 $\boldsymbol{F}=\boldsymbol{PA}^{-1}\boldsymbol{BS}^{-1}\boldsymbol{f}\equiv\boldsymbol{If}$，其中 $\boldsymbol{f}$ 与 $\boldsymbol{F}$ 分别表示由 f 与 F 的值组成的物理空间的向量，在第 $i=1\sim L$ 个模式层上，$f_i=f(\eta_i)$，$F_i=F(\eta_i)$，$\boldsymbol{F}$ 也包含了模式地表的积分值。当采用高阶插值函数而不是线性插值函数作为基函数与测试函数时，这些向量可能包括 f 和 F 在边界上的一阶与高阶导数值。

矩阵 $\boldsymbol{I}=\boldsymbol{PA}^{-1}\boldsymbol{BS}^{-1}$就是用有限元公式表示的积分算子，应用到定义于整数层上的给定函数，就得到了该函数从大气顶到每个模式层与地面的积分，其实现与具体采用的基函数密切相关。基函数既可以采用线性插值函数（hat 函数），也可以采用三次 B 样条函数，还可以采用其他基函数。

以层次 η_i 为中心的 hat 函数简单地给出为：

$$e_i(\eta)=\begin{cases}(\eta-\eta_{i-1})/(\eta_i-\eta_{i-1}) & \eta_{i-1}\leqslant\eta\leqslant\eta_i\\(\eta_{i+1}-\eta)/(\eta_i-\eta_{i-1}) & \eta_i\leqslant\eta\leqslant\eta_{i+1}\\0 & \text{其他}\end{cases} \tag{2.427}$$

相应地，三次 B 样条覆盖 η_i周围的 4 个区间，对等距离散的情形，其解析表达式为：

$$B_i(\eta)=\frac{1}{4h^3}\begin{cases}(\eta-\eta_{i-2})^3 & \eta_{i-2}\leqslant\eta\leqslant\eta_{i-1}\\h^3+3h^2(\eta-\eta_{i-1})+3h(\eta-\eta_{i-1})^2-3(\eta-\eta_{i-1})^3 & \eta_{i-1}\leqslant\eta\leqslant\eta_i\\h^3+3h^2(\eta_{i+1}-\eta)+3h(\eta_{i+1}-\eta)^2-3(\eta_{i+1}-\eta)^3 & \eta_i\leqslant\eta\leqslant\eta_{i+1}\\(\eta_{i+2}-\eta)^3 & \eta_{i+1}\leqslant\eta\leqslant\eta_{i+2}\\0 & \text{其他}\end{cases} \tag{2.428}$$

式中，h 表示等距情形下相邻两层之间的距离。在实际应用中，垂直方向并非等距。此时，可

以利用在整个实轴上 2 阶连续可微，对 $\eta \leqslant \eta_{i-2}$ 与 $\eta \geqslant \eta_{i+2}$ 时 $B_i(\eta)=0$ 的条件，从分段三次多项式构造得到。

由于大气顶、底部并未定义在整层上，因此，为利用 hat 函数覆盖整个大气层，需要采用 $L+2$ 个线性无关的 hat 函数，比模式整数层数大 2(在大气两端各有一个)。利用三次 B 样条需要用到比模式整数层数大 4 这么多个样条函数，这是因为每个三次 B 样条覆盖了 4 个区间。在线性情形下，选取这些额外基函数时，使其分别在大气顶($\eta=0$)与大气底部($\eta=1$)达到峰值，从而只有其他线性有限元的大约一半宽。对三次情形，我们对以上需要的额外节点(层次)选取更一致的离散方式，这些额外节点处于第一层以上，与最后一层以下，同时额外基函数的中心分别位于$-3\eta_1$、$-\eta_1$、$1+(1-\eta_L)$、$1+3(1-\eta_L)$，即处于大气层之外。

为利用足够的条件确定函数 f 的三次样条插值(即插值空间的系数 c_i)，我们已经知道了整数层上的函数值 $f_i(i=1\sim L)$，还需要指明 f_{-1}、f_0、f_{1+L}、f_{2+L} 的值，以及在 -1 层与 $L+2$ 层上的一阶或二阶导数。取 $f_{-1}=f_0=f_1$，$f_{2+L}=f_{1+L}=f_L$，$f'_{L+2}=f'_{-1}=0$。在线性情形下，指明 f_0、f_{1+L} 就足够了，又取 $f_0=f_1$，$f_{1+L}=f_L$。现在，对三次样条基函数情形，系数 c_j 可以通过下列线性方程组得以求出：

$$\begin{cases} \sum_{i=-1}^{L+2} c_i e'_i(\eta_{-1}) = f'_{-1} \\ \sum_{i=-1}^{L+2} c_i e_i(\eta_j) = f_j \quad -1 \leqslant j \leqslant L+2 \\ \sum_{i=-1}^{L+2} c_i e'_i(\eta_{L+2}) = f'_{L+2} \end{cases} \tag{2.429}$$

在线性基函数情形下，简化为

$$\sum_{i=-1}^{L+2} c_i e_i(\eta_j) = f_j \quad -1 \leqslant j \leqslant L+2 \tag{2.430}$$

其解的向量形式即为 $\boldsymbol{c}=\boldsymbol{S}^{-1}\boldsymbol{f}$，其中矩阵 $\boldsymbol{S}^{-1}$ 是物理空间到有限元空间的投影算子，对样条函数可以保证其存在性，因为式(2.429)中的矩阵 $\boldsymbol{S}$ 是对角占优的。在线性情形下，投影算子为单位矩阵，因为 hat 函数的最大值为 1(对所有 i 从 0 到 $L+1$，$e_i(\eta_i)=1$)，而在其他点上其值为 0(对不等于 i 的 j，$e_i(\eta_j)=0$)，即基函数为插值基函数，这与三次情形是不一样的。

在线性与三次这两种情形下，测试函数都可选为与积分基函数 d_i 相同。基函数 d_i 与 e_i 也基本相同，只是$\{d_i\}$扩展到了第一个半层(从大气层顶到第一个整数层)。这些基函数在大气层顶已经修改为 0，以确保在大气层顶(即刚开始时的积分值)为 0($F(\eta=0)\equiv 0$)。对线性有限元，可以修改最顶层的 hat 函数来满足这个条件。对三次有限元，将位于 -1 的三次 B 样条(e_{-1})与位于 0、1、2 的 B 样条(即 e_0、e_1、e_2)分别进行线性组合来构造 3 个新的基函数 d_0、d_1、d_2，使得这 3 个基函数在大气层顶的值为 0。在大气层以外，这 3 个基函数的值将为负数，但这并没有关系。由于积分具有了“边界”条件，所以$\{d_i\}$比$\{e_i\}$少一个函数。在矩阵 $\boldsymbol{I}$ 中所需要的投影矩阵 $\boldsymbol{P}$，也可以以类似于 $\boldsymbol{S}$ 的计算方式那样进行计算，只是现在采用的是基函数$\{d_i\}$而已。

2.6.2 混合有限元高精度垂直离散格式

2.6.2.1 垂直方向的混合有限元离散方法

模式方程组在垂直方向上既可以采用有限差分离散，也可以采用有限元进行离散。但是，全球非静力谱模式在进行垂直离散时，需要保持连续算子的性质式(2.163)继续得到满足，这只有精巧设计的有限差分格式才能做到。本节提出了一种混合有限元离散方法，以结合有限元和有限差分各自的优点。对于半隐式格式积分，隐式求解可写为

$$(I-\delta tL^{*})\widetilde{X}^{+}=\widetilde{X}=\delta\widetilde{X}_{\mathrm{Lin}}+\widetilde{X}_{\mathrm{NL}} \tag{2.431}$$

式中，$\widetilde{X}^{+}$为待求解的未知变量，$\widetilde{X}$显式已知，L^{*}为线性操作算子。在方程右端，$\delta\widetilde{X}_{\mathrm{Lin}}$为仅同线性操作算子相关的线性部分，其余部分$\widetilde{X}_{\mathrm{NL}}$称为非线性部分。给定一个垂直场$g$定义在整层$\eta_i(i=1,\cdots,L)$上，并且假设上、下边界的值分别为$g(\eta_0)$和$g(\eta_{L+1})$。

首先，我们构造分段三阶样条插值f来近似g，且g满足如下边界条件：

$$g(\eta_0)=g(\eta_1),g(\eta_{L+1})=g(\eta_L) \tag{2.432}$$

$$\frac{\partial g}{\partial\eta_0}=\frac{\partial g}{\partial\eta_{L+1}}=0 \tag{2.433}$$

生成的分段函数f在点$\eta_i,i=0,1,\cdots,L+1$上同g相等，并且在区间$[\eta_0,\eta_{L+1}]$中满足二阶导数连续。

然后把分段样条函数f转换为3阶B样条函数集$\{B_i(\eta)\}_{i=0}^{L+3}$的线性组合：

$$f(\eta)=\sum_{i=0}^{L+3}\hat{f}_iB_i(\eta) \tag{2.434}$$

构造B样条函数集的节点t由下式给定：

$$t_i=\begin{cases}\eta_0 & 0\leqslant i\leqslant 3\\ \eta_{i-3} & 3<i\leqslant L+3\\ \eta_{L+1} & L+3<i\leqslant L+7\end{cases} \tag{2.435}$$

B样条函数集完全由节点t决定，由节点构造$\{B_i(\eta)\}_{i=0}^{L+3}$可采用de Boor由qn递归算法实现。线性组合系数$\hat{f}_i$可通过下式直接计算获得

$$\hat{f}_i=f(t_{i+2})+\frac{1}{3}(\Delta t_{i+2}-\Delta t_{i+1})f'(t_{j+2})-\frac{1}{3}\Delta t_{j+1}\Delta t_{i+2}f''(t_{j+2})/2 \tag{2.436}$$

上述两步变换可以写为矩阵形式$\hat{\boldsymbol{f}}=\boldsymbol{Ag}$，其中$(L+4)\times L$矩阵$\boldsymbol{A}$把在物理空间的场向量$\boldsymbol{g}$投射到$B$样条 样条空间$\hat{\boldsymbol{f}}$，且考虑了边界条件。为了把$B$样条样条空间的场向量$\hat{\boldsymbol{f}}$投射到物理空间，设投射矩阵为$\boldsymbol{B}$，有

$$\boldsymbol{g}=\boldsymbol{B}\hat{\boldsymbol{f}} \tag{2.437}$$

$\boldsymbol{B}$的计算可以通过简单的获取$B_i(\eta)$的函数值而得到。

模式从顶部积分到某分层η

$$G(\eta)=\int_{\eta_0}^{\eta}g(\eta')\mathrm{d}\eta' \tag{2.438}$$

能够写为B样条形式

$$\sum_{i=0}^{L+3}\hat{F}_iB_i(\eta)=\sum_{i=0}^{L+3}\hat{f}_i\int_{\eta_0}^{\eta}B_i(\eta')\mathrm{d}\eta' \tag{2.439}$$

式中，$\hat{F}_i$ 为积分函数 $G(\eta)$ 在 B 样条空间的展开系数。对上式应用 Galerkin 方法，且使测试函数 $w_i(\eta)=B_i(\eta)$ 有

$$\sum_{i=0}^{L+3}\hat{F}_i\int_{\eta_0}^{\eta_{L+1}}B_i(\eta)w_j(\eta)\mathrm{d}\eta=\sum_{i=0}^{L+3}\hat{f}_i\int_{\eta_0}^{\eta_{L+1}}\left(w_j(\eta)\int_{\eta_0}^{\eta}B_i(\eta')\mathrm{d}\eta'\right)\mathrm{d}\eta \tag{2.440}$$

写为矩阵形式为

$$\hat{\boldsymbol{F}}=\boldsymbol{M}^{-1}\boldsymbol{S}\hat{\boldsymbol{f}} \tag{2.441}$$

式中，

$$\begin{cases}\boldsymbol{M}_{i,j}=\int_{\eta_0}^{\eta_{L+1}}B_i(\eta)w_j(\eta)\\ \boldsymbol{S}_{i,j}=\int_{\eta_0}^{\eta_{L+1}}\left(w_j(\eta)\int_{\eta_0}^{\eta}B_i(\eta')\mathrm{d}\eta'\right)\mathrm{d}\eta\end{cases} \tag{2.442}$$

由于边界条件信息在分段三阶样条插值时已经包括，所以此处不需要额外考虑边界情况。对于在模式分层上的场 g 其从模式顶部积分到模式层的积分场 G 能通过

$$\boldsymbol{G}=\boldsymbol{B}\hat{\boldsymbol{F}}=\boldsymbol{R}_{\mathrm{top}}\boldsymbol{g} \tag{2.443}$$

计算获得，其中 $(L\times L)$ 矩阵 $\boldsymbol{R}_{\mathrm{top}}=\boldsymbol{BM}^{-1}\boldsymbol{SA}$，是垂直积分算子。微分矩阵 $\boldsymbol{D}$ 也能通过类似的方法计算。

在一个时间步积分之初，所有的变量 X 都定义在整层上，对应的垂直坐标为 $\eta_i(i\in[0,L+1])$，其中 η_0、η_{L+1} 表示顶部和底部边界值。对于线性部分计算，首先增加垂直分层数量，在每两整层（η_i、η_{i+1}）之间均匀地插入新 $Ec-1$ 层。这里 Ec 表示扩大因子。现在包括之前的 L 整层，上、下边界，一共有 $Ec\cdot(L+1)+1$ 层。新的扩大分层集作为有限差分的半层，应用到有限差分格式中，由此可以得到 $Ec\cdot(L+1)$ 个有限差分整层，混合有限元离散方案下的垂直分层如图 2.34 所示。在有限差分计算和隐式方程求解后，把有限差分整层数据缩减到最初有限元整层，完成一个时间步循环。

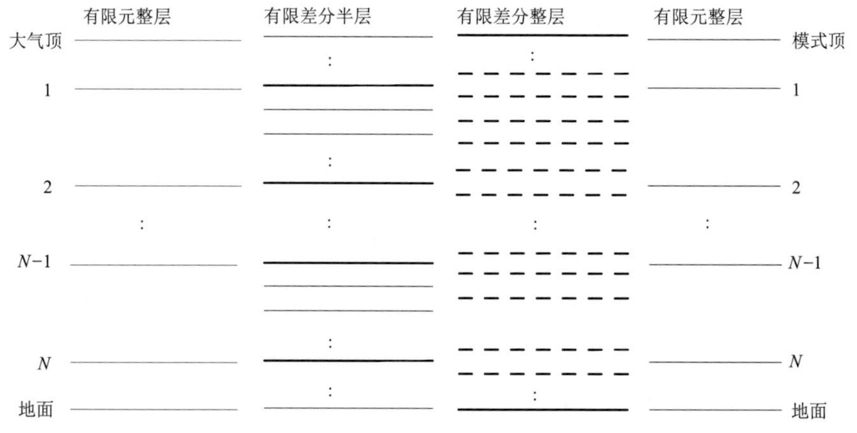

图 2.34　混合有限元离散方案下的垂直分层示意

单个时间步的计算过程可以描述为：

①在格点空间，有限元方法计算位于有限元整层的非线性项 X_{NL}，然后把预报变量 X 和

非线性部分 X_{NL} 投射到谱空间。

②扩大预报变量和非线性部分的谱系数 $\widetilde{X}$，$\widetilde{X}_{NL}$ 到有限差分整层。

③计算线性部分 $\delta\widetilde{X}_{\mathrm{Lin}}$ 且求解隐式方程组，$\widetilde{X}^{+}$ 位于有限差分整层。

④缩减 $\widetilde{X}^{+}$ 到有限元整层。

⑤对 $\widetilde{X}^{+}$ 进行逆谱变换，从谱空间变换到格点空间，且令 $X^{0}=X^{+}$，转到下一时间步的计算。

算法的流程如图 2.35 所示。

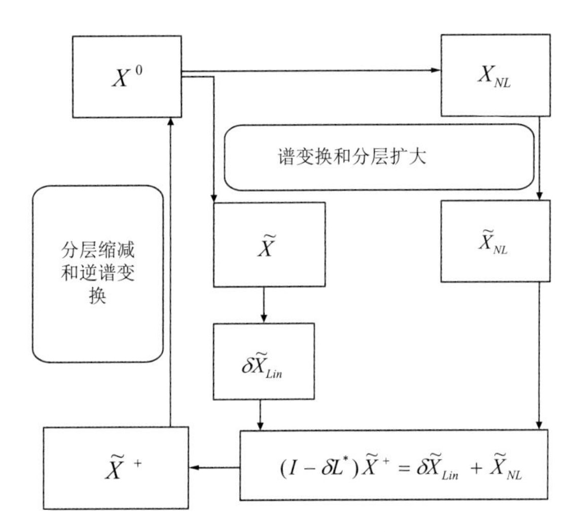

图 2.35 混合有限元离散方案下
的整体算法流程图

数据场的扩大操作是一个插值操作，从已有的较少数据中构建新的较多的数据场，即从有限元整层到有限差分整层，数据场约扩大了 Ec 倍。这个插值操作与前述介绍类似，给定一个垂直场 g 定义在整层 $\eta_i(i=1,\cdots,L)$ 上，并且假设上、下边界的值分别为 $g(\eta_0)$ 和 $g(\eta_{L+1})$，能够构造出三阶分段插值函数 $f(\eta)$，该分段插值函数满足一定的边界条件。在数据场扩大过程中，分段函数 $f(\eta)$ 在顶部(η_0、η_1)的插值定为线性插值，这样便于计算的稳定。既然 $f(\eta)$ 为连续函数，那么位于有限差分整层的值能够通过函数直接获得。整个扩大操作能够写为矩阵形式为

$$\boldsymbol{g}_{fd}=\boldsymbol{E}\boldsymbol{g} \tag{2.444}$$

式中，$\boldsymbol{E}$ 为 $P\times L$ 矩阵，且 $P=(L+1)\cdot Ec$，$\boldsymbol{g}_{fd}$ 为有限差分整层场，$\boldsymbol{g}$ 为有限元整层场，扩大算子的时间复杂度约为 $O(L^2\cdot Ec)$。

对于缩减操作，为从多数据计算少数据，从有限差分整层到有限元整层，此处采用的是简单的线性插值。仅采用有限元整层的两个相邻层的值来做线性插值，时间复杂度约为 $O(L)$。

2.6.2.2 垂直方向基于 Gauss 点的改进混合有限元离散方法

标准混合有限元方法在扩大垂直层操作中，新的层均匀分布在区间中，因此形如

$$\int_A^B f(l)\mathrm{d}l=\sum_{i=1}^{E_c}h_i f(l_i) \tag{2.445}$$

的数值积分为中心积分形式，具有二阶代数精度。为提高数值积分公式的计算精度，将新增垂直层位置依照高斯点和高斯权重来确定，同时将整层值 $f(l_i)$ 用对应高斯点位置的值 $f(g_i)$ 代替（Yang et al.，2020）。具体计算过程如下：

①给定区间[−1,1]，依照高斯积分权重 A_i 来确定新的半层的值

$$\begin{cases}\tilde{l}_0=-1\\ \tilde{l}_i=\tilde{l}_{i-1}+A_i\ (i=1,\cdots,E_c)\end{cases} \tag{2.446}$$

这样确保了积分区间的长度 $h_i\equiv\tilde{l}_i-\tilde{l}_{i-1}$ 等于高斯权重 A_i。同时，假定区间 [−1,1] 上的高斯点为 $g_i,i=1,2,\cdots,E_c$。

②对于任意区间[A,B]，$A>0$，用如下映射关系将位于区间[−1,1]的值 t 映射至区间[A,B]的值 x

$$x=\frac{(B+A)}{2}+\frac{(B-A)}{2}t \tag{2.447}$$

③依照公式确定整层的值 l_i

$$l_i=\sqrt{\tilde{l}_{i-1}\tilde{l}_i}\quad (i=1,\cdots,E_c) \tag{2.448}$$

④在构建垂直操作算子 $\mathbf{G}^*$、$\mathbf{S}^*$、$\mathbf{N}^*$、$\mathbf{L}_v^*$ 时，需要用到的整层函数值 $f(l_i)$ 均用其高斯点的函数值 $f(g_i)$ 来代替（$f(l_i)\Rightarrow f(g_i)$）。

通过上述操作规则①至②能确保数值积分式(2.445)为高斯积分，因此具有更高的积分精度。从图 2.36 可以看出，高斯点 g_i 同整层 l_i 位置是十分接近的，且函数位于与高斯点和整层的值均通过三次样条插值提供，因此用 $f(g_i)$ 替代 $f(l_i)$ 不会造成较大的误差。

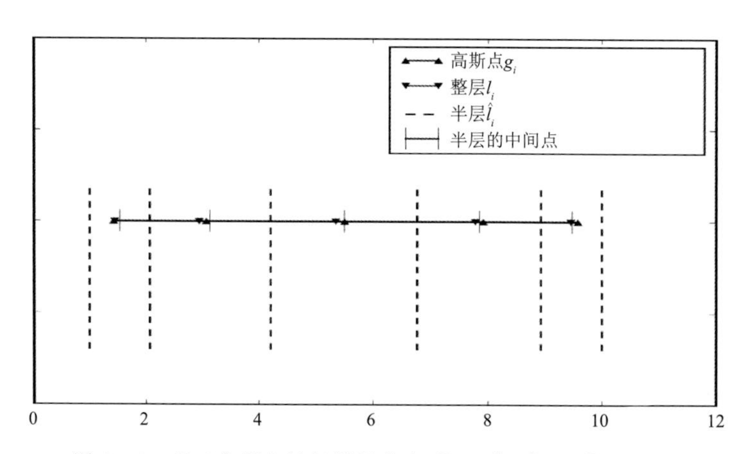

图 2.36　基于高斯点的新增层分布（[A,B]=[1,10]，Ec=5）

2.6.2.3　垂直方向混合有限元离散方法的验证评估

在图 2.37 中给出了对如 2.3.5.1 节所描述稳定态测试在全球浅薄大气非静力动力框架下的模拟结果，可以看出，稳定态测试高斯混合有限元 $Ec=5$，在计算 15 d 后结果保持完好，同初始状态肉眼看不出区别，而有限差分 FD 方法则在顶部有一定的扭曲。计算结果证明高斯混合有限元方法相比标准混合有限元方法具有更高的计算精度和计算稳定性。

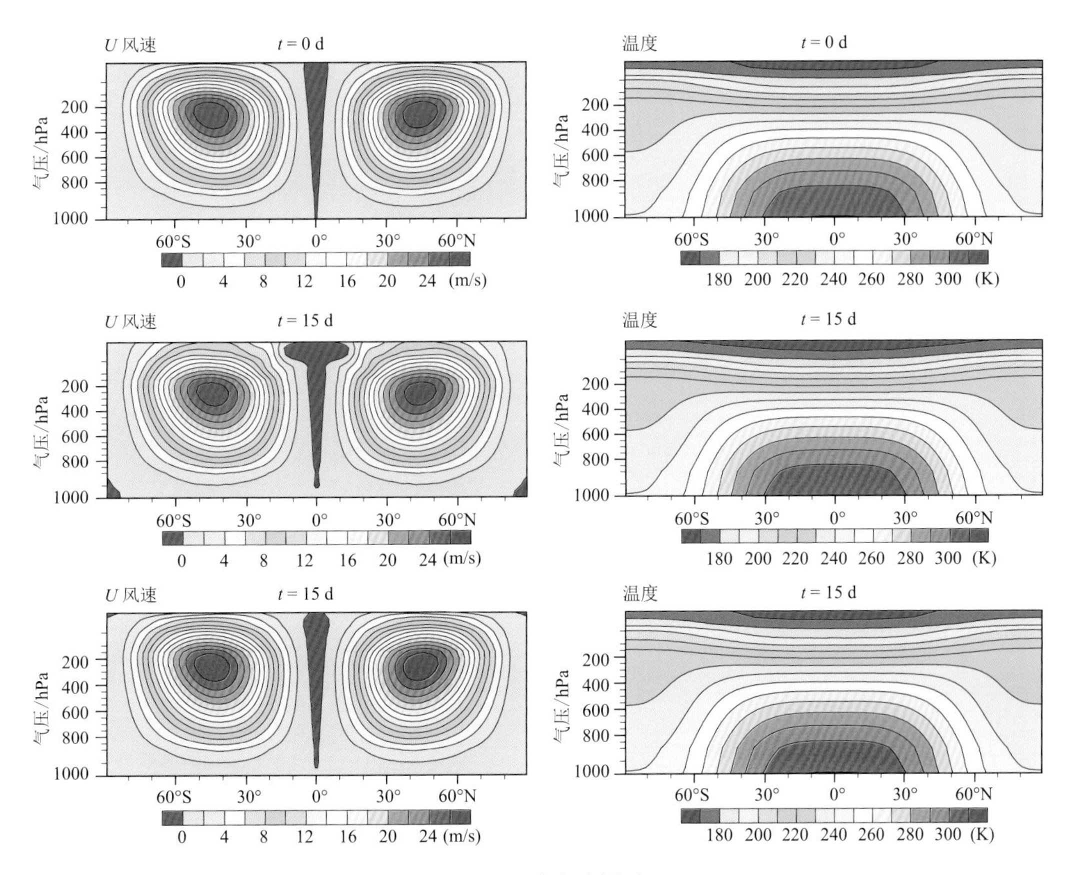

图 2.37 稳定态测试

上为初始状态，中为有限差分结果，下为高斯有限元 $Ec=5$ 的结果

参考文献

雷兆崇，章基嘉，1991. 数值模式中的谱方法[M]. 北京：气象出版社.

BATES J，MOORTHI S，HIGGINS R，1993. A global multilevel atmospheric model using a vector semi-Lagrangian finite-difference scheme. Part I：Adiabatic formulation [J]. Mon Wea Rev，121 (1)：244-263.

BAUER P，THORPE A J，BRUNET G，2015. The quiet revolution of numerical weather prediction [J]. Nature，525：47-55.

BENARD P，2004. Study of the VFE discretisation in view of NH modeling. Internal note，2004. http://www.cnrm.meteo.fr/gmapdoc/IMG/pdf/vfememo1.pdf.

CULLEN M J P，SALMOND D J，2003. On the use of a predictor-corrector scheme to couple the dynamics with the physical parametrizations in the ECMWF model [J]. Quart J Roy Meteor Soc，129：1217-1236，doi：10.1256/qj.02.12.

DIAMANTAKIS M，2014. The semi-Lagrangian technique in atmospheric modelling：Current status and future challenges//Seminar on Recent Developments in Numerical Methods for Atmosphere and Ocean Modelling，2-5 September 2013. https://www.ecmwf.int/node/9054.

DUBOS T，DUBEY S，TORT M，et al，2015. DYNAMICO-1.0，an icosahedral hydrostatic dynamical core designed for consistency and versatility [J]. Geosci Model Dev，8：3131-3150.

ECMWF，2016. IFS documentation，version CY43r1. Part III：Dynamics and numerical procedures. http://

www. ecmwf. int/research/ifsdocs

GIRARD C, PLANTE A, DESGAGNÉ M, et al, 2014. Staggered Vertical Discretization of the Canadian Environmental Multiscale(CEM) model using a coordinate of the log-hydrostatic-pressure type [J]. Mon Wea Rev, 142: 1183-1196.

GUERRA J E, ULLRICH P A, 2016. A high-order staggered finite-element vertical discretization for non-hydrostatic atmospheric models[J]. Geoscientfic Model Development, 9: 2007-2029. doi: 10. 5194/gmd-2015-275.

HAURWITZ B, 1940. The motion of atmospheric disturbances on the spherical earth [J]. J Mar Res, 3: 254-267.

HORTAL M, 2002. The developement and testing of a new two-time-level semi-Lagrangian scheme (SETTLS) in the ECMWF forecast model [J]. Quart J Roy Meteor Soc, 128: 1671-1687.

HORTAL M, SIMMONS A, 1991. Use of reduced Gaussian grids in spectral models [J]. Mon Wea Rev, 119: 1057-1074.

JABLONOWSKI C, WILLIAMSON D L, 2006. A baroclinic instability test case for atmospheric model dynamical cores [J]. Quart J Roy Meteor Soc, 132: 2943-2975.

JORDAN C L, 1958. Mean soundings for the west indies area [J]. J Meteor, 15(1): 91-97.

KESSLER E, 1969. On the distribution and continuity of water substance in atmospheric circulation [J]. Meteor Monogr, 32: 84.

KLEMP J B, SKAMAROCK W C, PARK S H, 2015. Idealized global nonhydrostatic atmospheric test cases on a reduced-radius sphere [J]. J Adv Model Earth Syst, 7. doi: 10. 1002/2015MS000435.

LAURITZEN P H, NAIR R D, ULLRICH P A, 2010. A conservative semi-Lagrangian multi-tracer transport scheme (CSLAM) on the cubed-sphere grid [J]. J Comput Phys. 229(5): 1401-1424.

LESLIE L M, PURSER R J, 1991. High-order numerics in an unstaggered three-dimensional time-split semi-Lagrangian forecast model [J]. Mon Wea Rev, 119: 1612-1623.

LIN S J, 2004. A "vertically Lagrangian" finite-volume dynamical core for global models [J]. Mon Wea Rev, 132: 2293-2307.

MALARDEL S, WEDI N P, DECONINCK W, et al, 2016. A new grid for the IFS [J]. ECMWF Newsletter, 146: 23-28.

MCDONALD A, BATES J, 1987. Improving the estimate of the departure point position in a two-time level semi-Lagrangian and semi-implicit scheme [J]. Mon Wea Rev, 115 (3): 737-739.

MCDONALD A, BATES J, 1989. Semi-Lagrangian integration of a gridpoint shallow water model on the sphere [J]. Mon Wea Rev, 117 (1): 130-137.

MCDONALD A, HAUGEN J, 1992. A two-time-level, three-dimensional semi-Lagrangian, semi-implicit, limited-area gridpoint model of the primitive equations[J]. Mon Wea Rev, 120 (11): 2603-2621.

PENG J, WU J P, ZHANG W M, et al, 2019. A modified non-hydrostatic moist global spectral dynamical core using a dry-mass vertical coordinate [J]. Quart J R Meteor Soc, 1-14. doi: 10. 1002/qj. 3574.

REED K A, JABLONOWSKI C, 2011. An analytic vortex initialization on technique for idealized tropical cyclone studies in AGCMs [J]. Mon Wea Rev, 139: 689-710.

REED K A, JABLONOWSKI C, 2012. Idealized tropical cyclone simulations of intermediate complexity: A test case for AGCMs [J]. J Adv Model Earth Syst, 4: 4001.

ROBERT A, YEE T L, RITCHIE H, 1985. A semi-Lagrangian and semi-implicit numerical integration scheme for multilevel atmospheric models [J]. Mon Wea Rev, 113 (3): 388-394.

SARDESHMUKH P D, HOSKINS B J, 1984. Spatial smoothing on the sphere[J]. Mon Wea Rev, 112: 2524-

2529.

SCHÄR C, LEUENBERGER D, FUHRER O,et al,2002. A new terrain-following vertical coordinate formulation for atmospheric prediction models [J]. Mon Wea Rev,130:2459-2480.

SIMARRO J, V HOMAR, G SIMARRO, 2013. A non-hydrostatic global spectral dynamical core using a height-based vertical coordinate [J]. Tellus A, 65.

SKAMAROCK W C, KLEMP J B,DUDHIA J,et al,2008. Adescription of the Advanced Research WRF Version 3. NCAR Tech. Note NCAR/TN-4751STR, 113pp. doi:10.5065/D68S4MVH.

SKAMAROCK W C, KLEMP J B, DUDA M G,et al,2012. A Multi-scale nonhydrostatic atmospheric model using centroidal Voronoi tesselations and C-grid staggering [J]. Mon Wea Rev,240:3090-3105.

SKAMAROCK W C, DUDA M G, PARK S H,2016. MPAS-Atmosphere v4.0 with DCMIP 2016 test cases. Zenodo. http://doi.org/10.5281/zenodo.583316.

SMAGORINSKY J,1963. General circulation experiments with the primitive equations [J]. Mon Wea Rev,91: 99-164.

SMOLARKIEWICZ P K, DECONINCK W, HAMRUD M,et al,2016. A finite-volume module forsimulating global all-scale atmospheric flows [J]. J Comput Phys,314:287-304.

SMOLARKIEWICZ P K, KÜHNLEIN C, GRABOWSKI W,2017. A finite-volume module for cloud-resolving simulations of global atmospheric flows [J]. J Comput Phys,341:208-229.

STANIFORTH A, PUDYKIEWICZ J,1985. Reply to comments on and addenda to "some properties and comparative performance of the semi-lagrangian method of Robert in the solution of the advection-diffusion equation" [J]. Atmosphere,23(2):195-200.

STANIFORTH A, CÔTÉ J,1991. Semi Lagrangian integration schemes for atmospheric models-a review [J]. Mon Wea Rev, 119(9):2206-2223.

STANIFORTH A, WHITE A A, WOOD N,2010. Treatment of vector equations in deep-atmosphere, semi-Lagrangian models. I: Momentumequation [J]. Quart J Roy Meteor Soc,128:1671-1687.

STENKE A, GREWE V, PONATER M,2008. Lagrangian transport of water vapor and cloud water in the ECHAM4 GCM and its impact on the cold bias [J]. Clim Dyn,31:491-506.

TEMPERTON C, STANIFORTH A,1987. An efficient two-time-level semi-Lagrangian semi-implicit integration scheme [J]. Quart J Roy Meteor Soc, 113 (477): 1025-1039.

THUBURN J,2016. ENDGame: The New Dynamical Core of the Met Office Weather and Climate Prediction Model// Aston P, Mulholland A, Tant K. UK Success Stories in Industrial Mathematics. Springer, Cham. https://doi.org/10.1007/978-3-319-25454-8_4

TOMITA H, TSUGAWA M, SATOH M,et al,2001. Shallow water model on a modified icosahedral geodesic grid by using spring dynamics [J]. J Comput Phys. 174:579-613.

ULLRICH P A,2014. A global finite-element shallow-water model supporting continuous and discontinuous elements [J]. Geosci Model Dev,7:3017-3035.

ULLRICH P A, JABLONOWSKI C,2012a. MCore: A non-hydrostatic atmospheric dynamical core utilizing high-order finite-volume methods [J]. J Comput Phys,231:5078-5108.

ULLRICH P A, JABLONOWSKI C, KENT J,et al,2012b. Dynamical Core Model Intercomparison Project (DCMIP) Test Case Document, Earth System CoG. http://www.earthsystemcog.org.

ULLRICH P A, MELVIN T, JABLONOWSKI C,et al,2014. A proposed baroclinic wave test case for deep- and shallow-atmosphere dynamical cores [J]. Quart J Roy Meteor Soc,140:1590-1602.

ULLRICH P A,JABLONOWSKI C,REED K A,et al,2016. Dynamical Core Model Intercomparison Project (DCMIP2016) Test Case Document, https://github.com/ClimateGlobalChange/DCMIP2016.

ULLRICH P A, JABLONOWSKI C, KENT J, et al, 2017. DCMIP2016: A review of non-hydrostatic dynamical core design and intercomparison of participating models [J]. Geosci Model Dev, 10: 4477-4509.

UNTCH A, HORTAL M, 2003. A finite-element scheme for the vertical discretization in the semi-Lagrange version of the ECMWF forcast model [J]. ECMWF Technical Memorandum, 382: 1-29.

WALKO R L, AVISSAR R, 2008a. The ocean-land-atmosphere model (OLAM). Part I: Shallow-water tests [J]. Mon Wea Rev, 136: 4033-4044.

WALKO R L, AVISSAR R, 2008b. The Ocean-Land-Atmosphere Model (OLAM). Part II: Formulation and tests of the nonhydrostatic dynamiccore [J]. Mon Wea Rev, 136: 4045-4062.

WALKO R L, AVISSAR R, 2011. A direct method for constructing refined regions in unstructured conforming triangular-hexagonal computation algrids: Application to OLAM [J]. Mon Wea Rev, 139: 3923-3937.

WALTERS D, COAUTHORS, 2014. ENDGame: A new dynamical core for seamless atmospheric prediction. Met Office Tech Rep. http://www.metoffice.gov.uk/media/pdf/s/h/ENDGameGOVSci_v2.0.pdf.

WAN H, 2008. University of Hamburg and Max-Planck Institute for Meteorology [D]. Hamburg.

WEDI N P, HAMRUD M, MOZDZYNSKI G, 2013. A fast spherical harmonics transform for global NWP and climate Models [J]. Mon Wea Rev, 141: 3450-3461.

WEDI N P, BAUER P, DECONINCK W, et al, 2015. The modelling infrastructure of the Integrated Forecasting System: Recent advances and future challenges [J]. ECMWF Technical Memorandum, 760: 1-48.

WEDI P W, SMOLARKIEWICZ P K, 2009. A framework for testing global non-hydrostatic models [J]. Quart J R Meteor Soc, 35: 46-484.

WOOD N, COAUTHORS, 2014. An inherently mass-conserving semi-implicit semi-Lagrangian discretization of the deep-atmosphere global non-hydrostatic equations [J]. Quart J Roy Meteor Soc, 140: 1505-1520.

WURTELE M G, SHARMAN R D, KELLER T L, 1987. Analysis and simulations of a troposphere-stratosphere gravity wave model. Part I [J]. J Atmos Sci, 44: 3269-3281.

YANG J H, SONG J Q, WU J P, et al, 2020. A modified hybrid finite-element method for a semi-implicit mass-based non-hydrostatic kernel [J]. Quart J R Meteor Soc, 10: 1002.

YANG J H, SONG J Q, WU J P, et al, 2021. A high-order vertical discretization method for a semi-implicit mass-based non-hydrostatic kernel [J]. Quart J Royal Meteor Soc, 10: 1002.

YIN F K, SONG J Q, WU J P, et al, 2021. An implementation of single-precision fast spherical harmonic transform in Yin-He global spectral model [J]. Quart J R Meteor Soc.

ZERROUKAT M, WOOD N, STANIFORTH A, 2002. SLICE: A Semi-Lagrangian Inherently Conservingand Efficient scheme for transport problems [J]. Quart J R Meteor Soc, 128: 2801-2820.

ZERROUKAT M, ALLEN T, 2012. A three-dimensional monotone and conservative semi-Lagrangian scheme (SLICE-3D) for transport problems [J]. Quart J Royal Meteor Soc, 138 (667): 1640-1651.

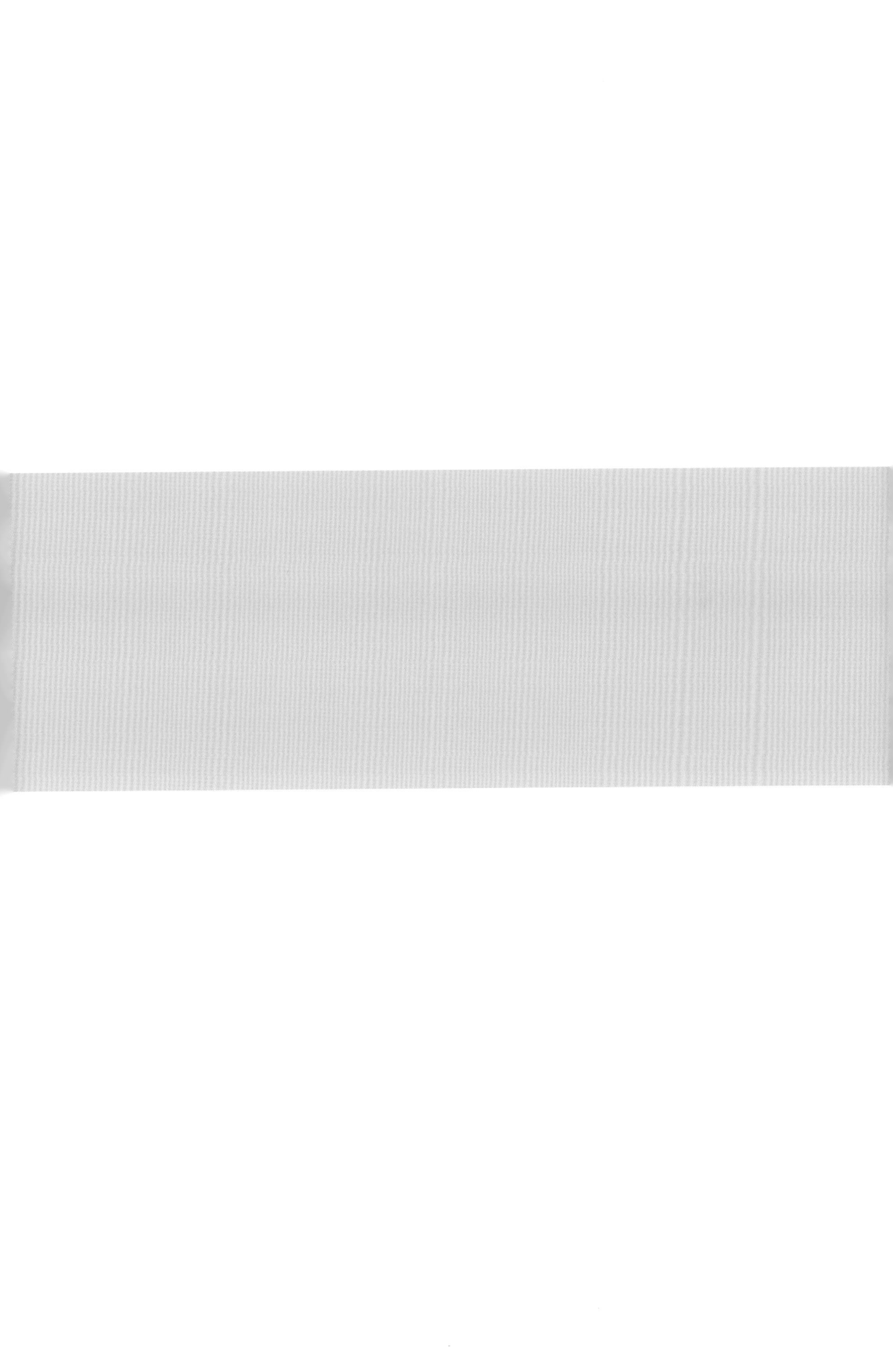

第3章 全球数值天气预报模式关键物理过程参数化改进

3.1 概述

数值天气预报是基于数学物理方法定量计算未来天气演变的科学，数值天气预报模式通过动力框架与物理过程参数化相结合来描述天气过程的演变。辐射传输、湍流混合、对流、云、陆面交换、次网格地形拖曳和非地形重力波拖曳等物理过程对大气的大尺度环流具有重要影响，必须在数值天气预报模式中进行仔细考虑。动力框架所能描述的尺度称为可分辨尺度，但鉴于数值模拟采用离散形式来近似连续问题，因而总会存在不可分辨的运动尺度上的物理过程会通过摩擦、凝结和蒸发等湿过程和辐射加热与冷却作为质量、动量和热量的源项进入可分辨尺度的模式方程中。由于这些过程通常都无法分辨，因此需要就这些不可分辨尺度运动对整个方程系统的作用，使用网格尺度信息来进行参数化，即模式中出现的各种物理过程参数化方案，如表 3.1 所示为中国气象局(CMA)、美国环境预报中心(NCEP)和欧洲中期天气预报中心(ECMWF)全球预报系统中当前所用的主要物理过程参数化方案。

表 3.1　3 个全球预报系统(CMA GFS、NCEP GFS 和 ECMWF IFS)的主要物理过程方案对比

	CMA GFS	NCEP GFS	ECMWF IFS
云物理	双参 5 类型云物理方案、宏云物理与预报云量方案	GFDL 云微物理方案	以 Tiedtke 方案为基础的云物理方案
积云对流	NSAS 积云对流参数化	尺度和气溶胶敏感的 NSAS 积云对流参数化	以 Tiedtke 方案为基础的积云对流参数化
辐射	RRTMG 长短波辐射	RRTMG 长短波辐射	以 RRTM 为基础的 McRAD 辐射方案
陆面	CoLM 陆面过程	Noah 陆面模式	CHTESSEL 方案
边界层	NMRF 边界层参数化	EDMF-TKE 方案	湍流扩散方案
重力波	次网格尺度地形重力波	地形和非地形重力波拖曳	地形和非地形重力波拖曳

云和大尺度降水是湿物理过程的关键环节，也是模式湿物理过程参数化的重要组成部分。云和大尺度降水通过一系列水成物类型(云水、云冰、雨、雪、霰、雹)和次网格云量的预报方程进行参数化，同时通过云微物理方案来描述由于成云或消云过程引起的云和降水源或汇。对预报方程和云物理过程的不同描述形成不同类型的云物理方案。中国气象局全球预报系统(CMA GFS)采用双参云物理方案，描述 5 种水成物类型(云水、雨、云冰、雪、霰)的混合比以及除云水外的其他 4 种水成物数浓度随时间的变化，同时采用宏云物理与预报云量方案对凝结物和云的分布进行考虑(Ma et al.，2018；沈学顺 等，2020)。NCEP GFS 采用 GFDL 云微物理方案，描述 5 种水成物类型(云水、雨、云冰、雪、霰或雹)的混合比随时间的变化(Zhou et al.，2022)。ECMWF IFS 模式采用以 Tiedtke 方案为基础的云物理方案，描述 4 种水成物类型(云水、云冰、雨、雪)的混合比随时间变化，同时将云量作为预报量，建立云量的时间变化与大尺度平流、层云凝结过程、对流过程以及蒸发过程等有关的预报方程(Forbes et al.，2011；

ECMWF,2021)。

积云对流过程通过水成物变化及伴生的热量和动量反馈作用于大气环流，对大气的温、湿场垂直结构具有非常重要的影响，同时也是对流降雨的主要贡献者。因此，积云对流也是模式需要重点考虑的湿物理过程之一。CMA GFS 采用新简化的 Arakawa-Schubert(NSAS)积云对流参数化方案(沈学顺 等,2020),包含质量通量类型的深对流和浅对流。NCEP GFS 采用 Arakawa-Schubert 系列参数化方案(Pan et al. ,1995),在进行新的简化和调整后形成 NSAS 方案(Han et al. ,2011),并将 NSAS 积云对流参数化升级为尺度和气溶胶敏感的方案(Han et al. ,2017)后于 2017 年投入业务应用。ECMWF IFS 以描述浅对流、中层对流和深对流的 Tiedtke 方案(Tiedtke,1989)为基础，在积云对流闭包、平衡和非平衡对流描述、云模型卷入卷出率以及尺度敏感等方面进行适应性升级改造，形成 Tiedtke-Bechtold 类型方案用于业务预报(Bechtold et al. ,2008,2014;Becker et al. ,2021;ECMWF,2021)。

陆面过程参数化方案或陆面过程模式主要描述的是发生在陆-气界面层和土壤层之间的物理、化学和生物学过程，并通过准确计算地表水分、热量和动量通量，为大气模式提供下边界条件。陆面过程模式从第一代的“水桶”模型至今，共经历了 4 代模型的快速发展(戴永久,2020),模式对陆面过程的描述越来越精细化，所包含的要素越来越全面。目前各大业务中心常用的代表性陆面过程模式主要有 CMA GFS 所采用的 CoLM 模型(Dai et al. ,2003)、NCAR 的 CLM 模型(OLESON et al. ,2004)、NCEP GFS 所采用的 Noah 模型(Mitchell et al. ,2004)、英国气象局的 JULES 模型(Best et al. ,2011)以及 ECMWF IFS 采用的 CHTESSEL 模型(Balsamo et al. ,2009;Boussetta et al. ,2013)等。

海洋和大气之间的动量交换是海-气相互作用过程的关键，无论是对于大尺度的大气和海洋环流，或是对天气尺度的热带气旋和风暴潮均具有重要影响。增强对海-气动量交换机理的认识，更准确地计算海-气交界面的动量通量，对于提升全球数值天气预报模式的预报效果至关重要。当前数值模式中主要通过对海表的空气动力学粗糙度参数化来实现海-气动量通量的计算。

行星边界层方案考虑由于涡旋传输引起的次网格尺度垂直通量，计算温度、湿度和动量倾向来描述热量、水成物和动量等的交换。对这些次网格尺度涡旋综合效果的不同描述形成了各种类型的边界层方案，例如 CMA GFS 采用以涡旋扩散为主的 NMRF 边界层方案(Zhang et al. ,2022),NCEP GFS 和 ECMWF IFS 则分别采用考虑涡旋质量通量框架的 EDMF-TKE 方案(Han et al. ,2019)和湍流扩散方案(ECMWF,2021)。

与此同时，辐射方案、重力波方案对模式的能量和大气环流演变同样至关重要，长波、短波辐射过程的描述，地形和非地形重力波的处理均对模式结果有显著影响。如 CMA GFS、NCEP GFS、ECMWF IFS 均以快速辐射传输模式(RRTM)为基础，利用预报的温度、湿度、云变量值以及气溶胶值等信息计算长波和短波的辐射通量。当然，据对辐射过程、云方案详略程度、气溶胶和示踪气体气候态值等的不同处理，3 个模式的 RRTM 版本或辐射方案各不相同。

需要看到的是，随着观测技术、数值天气预报模式技术进步和计算能力的提升，对物理过程的认识理解、模式参数化表达和应用能力会相应改变。吸收更准确的物理过程描述，进行更合理的参数化方案设计以及采用更物理-动力兼容的物理过程参数化方案来改进全球数值天气预报模式，是数值预报模式发展的重要环节。随着当前模式水平分辨率日趋精细，通常在较低分辨率下用参数化方案来描述的积云对流过程在高分辨率下变得部分分辨，这些参数化方案在高分辨率下的继续使用，可能导致积云对流的显式描述和参数化方案的对流贡献在数值模式中处于“竞争”状态，由此引发对积云对流过程的重复考虑而带来过度降水问题。因此，高分辨率下积云对流贡献的合理参数化成为数值天气预报模式发展面临的关键问题之一。针对此问题，本章将以能考虑物理过程中水汽源、汇质量效应的干空气质量守恒 YHGSM 模式为基础，描述尺度敏感的积云对流参数化。

另外，土壤湿度是控制陆-气能量和水分交换的重要因素，而且由于其具有一定的记忆特性，可对不同时、空尺度的天气和气候过程产生重要影响（Taylor et al.，2010；Prodhomme et al.，2016；Koukoula et al.，2018；Zhu et al.，2021）。因此，对陆面过程参数化方案而言，最重要的是如何提高对土壤湿度的模拟能力。针对该问题，YHGSM 新一代预报系统在土壤水分传导以及地表径流等陆面过程参数化方面进行了一系列改进。

3.2 尺度敏感的积云对流参数化

积云对流参数化理论假定大尺度运动的控制作用非常强，积云尺度的统计特征可以利用网格分辨尺度变量的扰动信息表示，即次网格尺度的积云对流在一定的大尺度环境中产生，其发生、发展受到大尺度环境场的制约，同时又对大尺度环境场产生反馈（周毅 等，2003）。因此，积云对流参数化的主要问题可以描述为：

①确定积云对流产生的条件：即参数化方案中常设计的对流触发机制。

②确定大尺度运动对积云的强迫机制：用于确定环境控制的对流调整，即参数化中所谓的动力控制，可理解为大尺度运动强迫与积云对流尺度调整之间存在的某种平衡机制，通常基于环境稳定度或者湿度给出。

③确定积云对流的反馈：即确定对流导致的环境调整，可理解为对流过程对环境场加热、增湿效应的垂直分布，有些反馈机制强烈依赖所采用云模型的卷入、卷出率，下沉气流属性和云模式微物理过程等所谓的静力控制；与此同时，估算对流降水量。

由于模式网格解析的尺度随分辨率提高而减小，低分辨率下描述这些问题的参数化形式及其背后的假设在高分辨率下逐渐面临挑战，合理描述这些参数化形式随分辨率的变化，成为正确表示模式中积云对流贡献的关键问题。ECMWF 将这个问题作为下一代模式升级的重要方面之一（Bechtold，2019），多种典型参数化方案也已开始进行面向尺度敏感性的升级。

3.2.1 几类常见方案及基本假设

尽管积云对流参数化聚焦的主要问题相同，但对这些问题不同的描述和处理方法，形成了各种类型的积云对流参数化方案。例如，基于不同不稳定机制形成的垂直对流型（Kuo，1974；Betts，1986；Grell，1993）、倾斜对流型（Nordeng，1987；Lindstrom et al.，1992）和垂直-倾斜混合型（费建芳 等，2010a，2010b）积云对流参数化方案，其中以垂直对流型参数化方案居多。根据不同的大尺度强迫与积云对流过程间的平衡方式和积云对流过程对大尺度环境的反馈调整，描述垂直对流型的积云对流参数化方案又可以分为以湿对流调整为基础的调整型(Betts, 1986;Betts et al., 1986)、以云模式为基础的质量通量型(Arakawa et al., 1974;Kain et al., 1990;Tiedtke, 1989)和整层水汽辐合为基础的湿度辐合型(Kuo, 1974;Anthes, 1977)。而依据方案中积云的描述方式，以云模式为基础的积云对流参数化甚至可再分为全云谱模式(Arakawa et al., 1974)、一维卷入-卷出羽流模式(Kain et al., 1993)和单体云模式(Tiedtke, 1989)等。历经几十年发展，当前基于云模式的质量通量型积云对流方案在研究和业务模式中较为多见，图 3.1 给出了 Arakawa 和 Schubert(AS)、Kain 和 Fritsch(KF)、Tiedtke 与 Grell 这 4 种常见系列的方案。总体来看，这 4 种类型方案随观测认识、模式技术发展和计算能力的进步，都有持续的更新迭代，大致表现出 20 世纪 60—90 年代的参数化方案设计、20 世纪 90 年代至 21 世纪初的大尺度强迫机制和云模型调整、21 世纪初至 21 世纪 10 年代的参数准确性订正以及 10 年代后至今的参数化方案尺度适应调整。

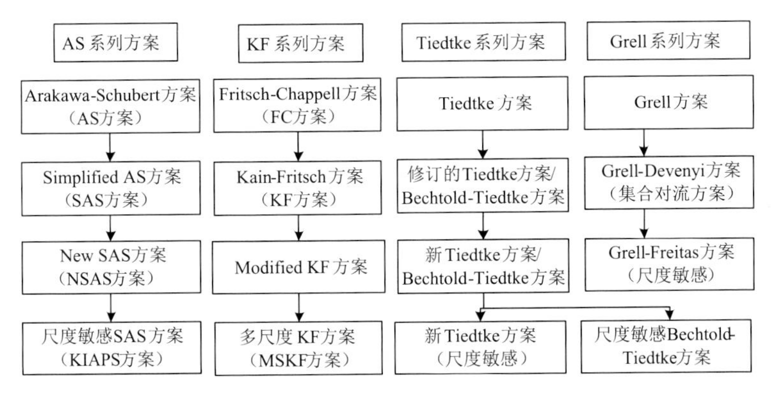

图 3.1　4 类积云对流参数化方案的研究进展

3.2.1.1　几类常见方案的尺度敏感升级

(1)AS 系列方案

AS 系列方案最早源自 Arakawa 等(1974)发展的大尺度环境与积云群的相互作用理论(AS 方案)。方案将积云群按照卷入率大小划分成云谱，为每段云谱定义它的云动函数(云内浮力强迫总量)，通过假定大尺度过程强迫与积云群消耗之间的准平衡，即大尺度与积云尺度之间有效浮力能的准平衡假设，获取每段云谱的垂直质量通量分布，从而通过积云群的下沉或卷出将积云对流的影响反馈至环境的温度和湿度等变量场。Grell (1993)对当时的积云参数化中所用到的不同闭包、静力控制和反馈假设进行预报评估时，将 AS 方案中的积云群(云综合体)简化为一种类型的云，并指出下沉气流和边界混合对于反馈非常重要。Pan 等(1995)综合 Grell(1993)的工作，形成仅考虑一种云类型且考虑湿对流下沉气流的简化 AS 方案(SAS 方案)，并在方案中考虑了基于涡旋扩散方法的浅对流，此方案于 1995—2000 年运行于 NCEP GFS。Han 和 Pan(2011)根据 SAS 方案运行情况，对 SAS 方案中的深对流方案进行修订，使其可以有更大的云底质量通量和更高的云底高度，以有效消除使用旧方案的模式结果中剩余的不稳定能量，这些不稳定造成格点尺度的过量降水。与此同时，将深对流云模式的卷入/卷出率与环境相对湿度进行关联，并且调整了对流抑制能、自由对流层高度等触发机制中的参数计算，以使深对流参数化模拟更合理。另外，将浅对流方案调整为物理上更合理的质量通量型参数化方案。这些调整过后的方案称之为新简化的 SAS 方案(NSAS 方案),并于 2010 年 7 月用于 NCEP GFS。

随模式分辨率提高,Han 等(2017)将 NSAS 积云对流方案升级为尺度敏感的参数化方案,使得云质量通量随分辨率提高而减小。这些与尺度敏感性相关的方面包括:引入 Arakawa 和 Wu(2013)统一参数化思想中提出的云底质量通量随积云对流面积占比的变化;对流翻转时间比大尺度平流时间尺度更大时,积云质量通量进一步随平流时间与对流翻转时间之比减小或对流调整时间设置为对流翻转时间的函数;当格距小于一定阈值时,不再使用准平衡假设计算积云质量通量,而将积云质量通量关联为上升气流垂直速度的函数。在模式水平分辨率进入积云对流被部分分辨的尺度时,这些调整能更合理地表示积云对流在模式中的贡献。另外,气溶胶影响开始纳入参数化的云模型中考虑,云模型中的微物理过程考虑更合理的粒子质量和浓度变化,有利于更准确表述积云对流参数化作用。

(2)KF 系列方案

KF 系列方案最早基于 Fritsch 和 Chappell(1980)发展的 Fritsch-Chappell(FC)方案。方案通过积云对流在一定时间内消除格点对流有效位能的准平衡假设,利用一个简单的一维卷入云模型描述积云发展,并从能量守恒角度推导平衡层以上的上升气流过冲及卷出对温度场的影响。而随着模式发展,中尺度对流系统的观测认识和模拟评估发现,FC 方案对一些重要物理过程的表现不足,同时积云对流的反馈作用不仅仅体现在温度场上。因此,Kain 和 Fritsch(1990,1993)基于 FC 方案,将方案中的参数化形式保持质量、热能、总湿度和动量的守恒形式,对流上升气流的云模型从一维卷入调整为一维卷入卷出模型,对流反馈从上升气流的温度影响扩展至水汽和动量影响,形成新的 Kain-Fritsch(KF)方案。随着 KF 方案的使用反馈,Kain(2004)针对许多反馈的问题,对上升气流、下沉气流和准平衡假设进行调整以使方案模拟结果更准确。例如,相对干且弱不稳定环境中指定上升气流的最小卷入率、云半径被关联为云下层辐合的函数、下沉气流质量通量被关联为上升气流质量通量的函数以及基于卷入气泡的对流有效位能计算。同时,基于 Ma 和 Tan(2009)的工作,将湿度平流影响纳入对流气泡的温度扰动考虑中,改进对流触发函数,形成改进的 KF 方案。

为改进高分辨率下(1~10 km)地面降水分布及变化的准确预报,Zheng 等(2016)引入尺度敏感的参数化云动力学,将改进的 KF 方案升级为多尺度 KF 方案。包括次网格尺度的云-辐射相互作用,动态的对流调整时间(对流调整时间用于消除对流有效位能,动态指的是其为水平格距的函数,水平格距越小,调整时间越长),格点尺度垂直速度考虑次网格上升气流质量通量和水平格距依赖的次网格上升气流有效垂直速度,云模型卷入率公式表示为云抬升凝结高度和格距的函数。Glotfelty 等(2019)进一步将尺度依赖的凝结物掉落率、尺度依赖的大气层结能力以及气溶胶-云相互作用添加至多尺度 KF 方案中,使积云对流的尺度敏感性以及气溶胶-云相互作用在方案中得到更准确描述。

(3)Tiedtke 系列方案

Tiedtke 系列方案最早基于 Tiedtke(1989)提出的方案。方案基于湿度调整概念进行设计,将对流分为深对流、浅对流和中层对流 3 种类型,其中深对流和中层对流基于湿度辐合假设,通过云下层湿度含量的准稳定状态假设来进行动力控制,浅对流利用地面蒸发带来的湿度供应进行考虑。方案对积云群的描述采用一个单体云模式,考虑上升和下沉气流,并考虑组织化卷入和卷出以及湍流的卷入和卷出。方案中考虑积云对流热力影响,将其反馈至大尺度静力能和湿度方程。Bechtold 等(2001,2004,2008)、Zhang 等(2011)在 Tiedtke 方案基础上，对准平衡闭包假设、云模型及触发机制等进行调整形成修正的 Tiedtke 方案，从而使方案适用更广的尺度并得到更准确的大气变化。这些包括深对流的湿度辐合闭包替换为对流有效位能闭包，云模型的组织化卷入率和卷出率调整为更准确的代表值，组织化卷出的湿物质不再以瞬间蒸发的方式处理，对流调整时间关联为对流翻转时间和谱空间截断数的函数，并设置深对流触发的湿度条件。同时，为改善模式对降雨日变化的模拟偏差，Bechtold 等(2014)对方案的闭包假设进行了修正，在深对流的有效位能闭包中考虑边界层强迫，浅对流闭包由积云对流和边界层过程之间的平衡获得。Zhang 和 Wang(2017)基于上述发展，进一步对云模型进行调整，将上升气流的卷入/卷出率关联为环境湿度的函数，并对云内云水到雨、云冰到雪等微物理过程进行了更新；同时，完善基于新气泡卷入率的对流触发条件以及由于对流激发的气压梯度计算，形成新 Tiedtke 方案。

为持续适应分辨率向千米尺度升级，Malardel 和 Bechtold(2019)、Bechtold(2019)、Becker 等(2021)对改善高分辨率(1～10 km)下对流贡献的准确描述进行了持续研究，以满足 ECMWF 面向 2025 年 5 km 水平分辨率的业务需求。与此同时，Wilt 等(2020)基于新 Tiedtke 方案进行了尺度敏感研究，以满足 MPAS 模式在不同区域分辨率从几千米至几十千米的应用需要。这些调整包括对流调整时间关联为水平格距的函数表达形式，云模型的凝结率和冻结过程考虑尺度依赖，对流降水计算考虑上升气流中卷出的雨和雪，将环境补偿下沉气流耦合至动力连续方程，不稳定闭包考虑总平流湿度倾向(ECMWF,2021)。

(4)Grell 系列方案

Grell 系列方案最早基于 Grell (1993)对积云参数化中所用到的不同闭包、静力控制和反馈的预报评估。该工作以 AS 方案为基础，综合 AS 准平衡假设、总湿度辐合、底层质量通量辐合等动力控制，积云谱和简单云模型等静力控制，Kuo 类型湿度中性状态、对流云纯稳态特征以及有无下沉气流等反馈，给出积云对流参数化发展和应用建议。Grell 和 Devenyi(2002)以 Grell(1993)为基础，综合多种积云参数化设计发展了 Grell-Devenyi 集合积云方案，方案中包括 CAPE 平衡机制、湿度辐合平衡机制或依赖低层垂直速度机制的闭包假设，不同上升/下沉气流卷入/卷出率及降雨率的云模型参数以及不同对流抑制能的触发条件，对不同成员组合的结果进行平均并反馈至模式。

与其他方案相似，随业务分辨率提高，Grell-Devenyi 方案的尺度敏感性也广受关注。Grell 和 Freitas(2014)基于 Grell-Devenyi 方案，将集合成员中的动力控制移除，升级方案随水平分辨率提升后的对流贡献表述，包括引入统一参数化思想中的上升气流面积占比参数，将环境补偿下沉气流按一定技巧分配至格点尺度邻近格点。在这些工作基础上，Freitas 等(2018,2020,2021)进一步补充云模型方面的改进，如考虑云凝结核影响的微物理过程，考虑气溶胶-云的相互作用等，并对方案在环流模式、地球系统模式不同尺度分辨率下的表现进行评估。

3.2.1.2 积云对流方案的常见假设

积云对流参数化描述积云综合体受大尺度平流、辐射和地面湍流通量等强迫的产生机制及其对大尺度环境温度、湿度和动量等的反馈作用。质量通量方案中，积云对流对大尺度湿度、能量和动量等贡献的收支方程可表示为：

$$\begin{cases}\left(\frac{\partial \bar{s}}{\partial t}\right)_{cu}=g\frac{\partial}{\partial p}[M_{up}s_{up}+M_{down}s_{down}-(M_{up}+M_{down})\bar{s}]+\\ \qquad L(c_{up}-e_{down}-e_{subcld})-(L_{subl}-L_{vap})(M_{elt}-F_{rez})\\ \left(\frac{\partial \bar{q}}{\partial t}\right)_{cu}=g\frac{\partial}{\partial p}[M_{up}q_{up}+M_{down}q_{down}-(M_{up}+M_{down})\bar{q}]-(c_{up}-e_{down}-e_{subcld})\\ \left(\frac{\partial \bar{u}}{\partial t}\right)_{cu}=g\frac{\partial}{\partial p}[M_{up}u_{up}+M_{down}u_{down}-(M_{up}+M_{down})\bar{u}]\\ \left(\frac{\partial \bar{v}}{\partial t}\right)_{cu}=g\frac{\partial}{\partial p}[M_{up}v_{up}+M_{down}v_{down}-(M_{up}+M_{down})\bar{v}]\end{cases} \tag{3.1}$$

从式(3.1)来看，计算这些积云对流带来的倾向方程，需要确定上升(下标 up 表示，下同)和下沉(下标 down 表示，下同)气流的质量通量(M_{up}和 M_{down})以及它们的静力能 s_{up}、s_{down}，湿度 q_{up}、q_{down}和动量(u_{up}、u_{down}，v_{up}、v_{down})等信息，对这些信息及其背后过程的描述构成了参数化方案的主要内容。另外，c_{up}、e_{down}分别为上升气流中的凝结/升华和下沉气流中的蒸发，L_{subl}和L_{vap}分别为源自升华和蒸发的潜热，L 为冰-水混合的有效潜热，e_{subcld}为不饱和的云下层降水蒸发，M_{elt}为雪的融化率，F_{rez}为对流上升气流中冷凝物的冻结率。

需要注意的是，由于参数化方案考虑积云群的统计表现特征，对这些过程的描述不可避免地会采用许多基于当下的认识和理解作为假设。但是，基于低分辨率下的认知和理解可能在高分辨率下变得不再合理，因此，需要随分辨率提升进行改变，这成为参数化方案在考虑尺度敏感性时的重要方面。对积云对流方案中常见假设的梳理，有助于聚焦尺度敏感性的考虑。下面以 Bechtold-Tiedtke 方案(ECMWF，2021)的执行过程为例进行介绍。

第一步，判断模式格柱是否存在对流，且当存在时判断其是何种对流类型(图 3.2)。这可以通过采用气泡理论假设，通过计算气泡的上升来进行判断，判断顺序一般为是否存在浅对流、是否为深对流或是否为中层对流。气泡上升过程使用简化的上升气流方程：

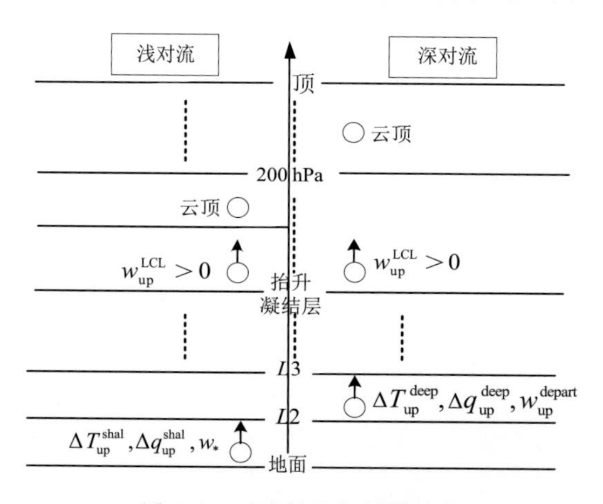

图 3.2　对流触发与判断示意

$$\frac{\partial \phi_{up}}{\partial z}=\varepsilon_{up}^{ini}(\bar{\phi}-\phi_{up}) \tag{3.2}$$

浅对流(上升过程中的初始值用 ini 表示)的卷入率设置为 $\varepsilon_{up}^{ini}=(0.8z^{-1}+2\times10^{-4})$，$\phi$ 一般代表干静力能或总水比湿。在此基础上给予模式最低层的气泡一个相对于环境的温度和湿度扰动，这个扰动一般依赖于地面感热和湍流潜热通量，如温度和湿度扰动分别给为：

$$\begin{cases} \Delta T_{\mathrm{up}}^{\mathrm{shal}} = \max\left(0.2, -1.5 \dfrac{J_s}{\rho c_p w_*}\right) \\ \Delta q_{\mathrm{up}}^{\mathrm{shal}} = \max\left(1 \times 10^{-4}, 1.5 \dfrac{J_q}{\rho L w_*}\right) \end{cases} \tag{3.3}$$

式中，w_* 为对流尺度速度，用来初始化模式最底层的上升气流垂直速度。带有这种扰动量的地面气泡上升，如果能找到其抬升凝结高度（LCL），此高度上的上升气流垂直速度为正，而且云层厚度小于 200 hPa，则判定当前模式格柱存在浅对流。

之后，在判断存在浅对流的基础上，进一步判断是否为深对流，即从下一个更高的模式层开始，重复上升气流的计算，但卷入率设置为与全上升气流计算相似的形式，且考虑简单的微物理过程，同时设定一定的初始扰动条件。如果气泡的抬升凝结高度被找到，且云厚高于 200 hPa，则判定为深对流；如果未找到，则继续下一模式层，直至达到 350 hPa 高度。如果浅对流和深对流都不存在，那么判断中层（抬升）对流是否存在，这种对流一般认为发生在暖锋雨带和温带气旋的暖区部分。这些单体可能通过抬升低层空气使其饱和而形成，积云的主要湿度源来自低层的大尺度辐合。

第二步，基于上述对流分类，确定每种对流的垂直输送。对流引起的质量通量垂直输送变化中，上升（下沉）气流质量通量的计算为其中的重要部分。计算过程的重要前提即获得云模式初始值，如云底质量通量。云底质量通量这种次网格尺度变量的确定则需要依赖积云尺度与大尺度环境之间的准平衡假设获取，例如假设大尺度强迫产生的扰动能量刚好被积云尺度活动消耗，因此，云底质量通量可理解为表征大尺度强迫的扰动能量和对流活跃程度的关联量。

Bechtold-Tiedtke 方案中，大尺度扰动能量在深对流类型中以密度尺度对流有效位能表示：

$$\mathrm{PCAPE} = -\int_{p\mathrm{base}}^{p\mathrm{top}} \left(\frac{T_{v,\mathrm{up}} - \overline{T}_v}{\overline{T}_v} - l_{\mathrm{up}}\right) \mathrm{d}p \tag{3.4}$$

式中，$T_{v,\mathrm{up}}$ 和 $\overline{T}_v$ 分别为上升气流和环境的虚温。

在考虑自由对流层受边界层强迫影响时（Bechtold et al.，2014），假设积云尺度消耗（用下标 CONV 表示）与大尺度扰动和边界层强迫（用下标 BL 表示）之间达成准平衡：

$$\frac{\partial \mathrm{PCAPE}}{\partial t}\Big|_{\mathrm{CONV}} = -\frac{\mathrm{PCAPE}}{\tau} + \alpha \frac{\partial \mathrm{PCAPE}}{\partial t}\Big|_{\mathrm{BL}} \tag{3.5}$$

式中，α 为浅对流消耗的边界层强迫占比，等于边界层时间尺度（τ_{BL}）与对流调整时间尺度（τ）之比。

基于式(3.5)，对流云底质量通量可表示为：

$$M_{\mathrm{base}} = M_{\mathrm{base}}^* \frac{\mathrm{PCAPE} - \mathrm{PCAPE}_{BL}}{\tau} \frac{1}{\displaystyle\int_{Z_{\mathrm{base}}}^{Z_{\mathrm{top}}} \frac{g}{T_v} M^* \left(\frac{\partial \overline{T}_v}{\partial z} + \frac{g}{c_p}\right) \mathrm{d}z} \tag{3.6}$$

式中，

$$\mathrm{PCAPE}\,|_{\mathrm{BL}} = -\tau_{\mathrm{BL}} \frac{1}{T_*} \int_{p_{\mathrm{surf}}}^{p_{\mathrm{base}}} \frac{\partial \overline{T}_v}{\partial t}\Big|_{\mathrm{BL}} \mathrm{d}p \tag{3.7}$$

$\dfrac{\partial \overline{T}_v}{\partial t}\Big|_{\mathrm{BL}}$ 包括源自平均平流、扩散热量数量和辐射的倾向，T_* 为温度尺度。M_{base}^*、M^* 分别为初始质量通量廓线和初始云底质量通量，从上升气流计算获得；$M_{\mathrm{base}} \geqslant 0$。这里下标 surf、base、 top 分别代表地面、云底和云顶。

需要注意的是，质量通量方案中，基于这种准平衡假设计算云底质量通量的方式通常基于一个假设，即网格单元中对流云的面积占比(δ)远小于 1。在此假设下，积云对流对热量和水汽等的垂直输送被简化为积云质量垂直通量与热量和水汽等的乘积。从而，难以确定的对流尺度垂直速度和对流云面积占比(δ)均无需单独计算，而通过直接计算与两者乘积有关的质量通量($M=\delta\omega$)即可(详见 3.2.2 节)。

另外，获取云底质量通量后，积云对流引起的垂直输送变化由云模式方程确定。由于云模型及其微物理过程的复杂性和不确定性，其中的隐含假设则更多，比如 Tiedtke-Bechtold 方案认为积云群综合体可以通过由一对卷入/卷出羽流描述上升和下沉过程的单体云模式表征，羽流假设为稳定状态羽流模型，变量廓线假定为 Top-hat 廓线等，更多细节可参考 Villalba-Pradas 和 Tapiador(2022)。

第三步，基于总体云模式和云底质量通量，计算积云对流引起的质量通量垂直变化，即计算积云对流对大尺度热力、湿度、动量等的反馈，并计算对流降水。这个过程中，一般假定积云对流不引起网格柱中的净质量变化，积云对流引起的质量变化通过网格单元内环境的补偿下沉进行抵消。

3.2.2 积云对流参数化的尺度敏感性

积云对流参数化方案是在各类假定前提下，对积云对流的触发条件、准平衡机制(动力控制)、云模型(反馈、静力机制)以及积云对流对环境的反馈进行设计，因此方案的尺度敏感性研究主要围绕基本假设及这些组成部分展开，主要分为 3 种途径。

第一种，针对对流面积占网格面积的比(δ)远小于 1 的假设(图 3.3)，设计统一的积云对流参数化方案，实现积云对流贡献从低分辨率下的高度参数化到云分辨率下的显式模拟。即，对某一物理量 ψ，积云对流的垂直输送表示为：

$$\overline{w'\psi'}=\frac{\delta}{1-\delta}(w_c-\overline{w})(\psi_c-\overline{\psi}) \tag{3.8}$$

式中，w_c 和 $\overline{w}$ 分别为垂直速度的云内和网格内平均，ψ_c 和 $\overline{\psi}$ 分别为物理量的云内值和网格内平均。

传统参数化方案设计中，在对流面积占网格面积的比(δ)远小于 1 的假设下，认为存在一个水平区域，既足够大可包含各种云谱段的积云对流综合，但又足够小仅覆盖大尺度扰动的一小部分。利用 $\delta\ll1$ 的假定以及这种情况下一般认为 $\overline{w}\ll w_c$，从而传统积云对流垂直输送被简化为 $\overline{w'\psi'}=\delta w_c(\psi_c-\overline{\psi})$。不可避免地，这种假设在模式网格越来越精细后逐渐变得难以成立。为了解决分辨率提升后这种假设难以成立的问题，统一参数化方案被提出，它将积云对流对热量、水汽等变量的垂直输送形式保留为对流占比面积(δ)的函数(Arakawa et al.，2011，2013；Wu et al.，2014)。基于 $\delta\to1$ 时参数化收敛至显式分辨的需求，$w_c-\overline{w}$ 和 $\psi_c-\overline{\psi}$ 为 $1-\delta$(或更高)的量级，这个极限条件下，$(w_c-\overline{w})(\psi_c-\overline{\psi})$ 是 $(1-\delta)^2$(或更高)的量级。满足这个需求的最简单选择是：

$$(w_c-\overline{w})(\psi_c-\overline{\psi})=(1-\delta)^2\left[(w_c-\overline{w})(\psi_c-\overline{\psi})\right]^* \tag{3.9}$$

式中，星号(*)表示当 $\delta\ll1$ 的极限形式，将大尺度扰动能量全部以积云对流垂直输送的形式进行调整，表示为：

$$M_{\mathrm{BE}}=\frac{\delta}{1-\delta}[(w_c-\overline{w})(\psi_c-\overline{\psi})]^* \tag{3.10}$$

M_{BE}由环境尺度的变量计算得到。

这种情况下，积云对流垂直输送表示为：

$$\overline{w'\psi'}=(1-\delta)^2 M_{\mathrm{BE}} \tag{3.11}$$

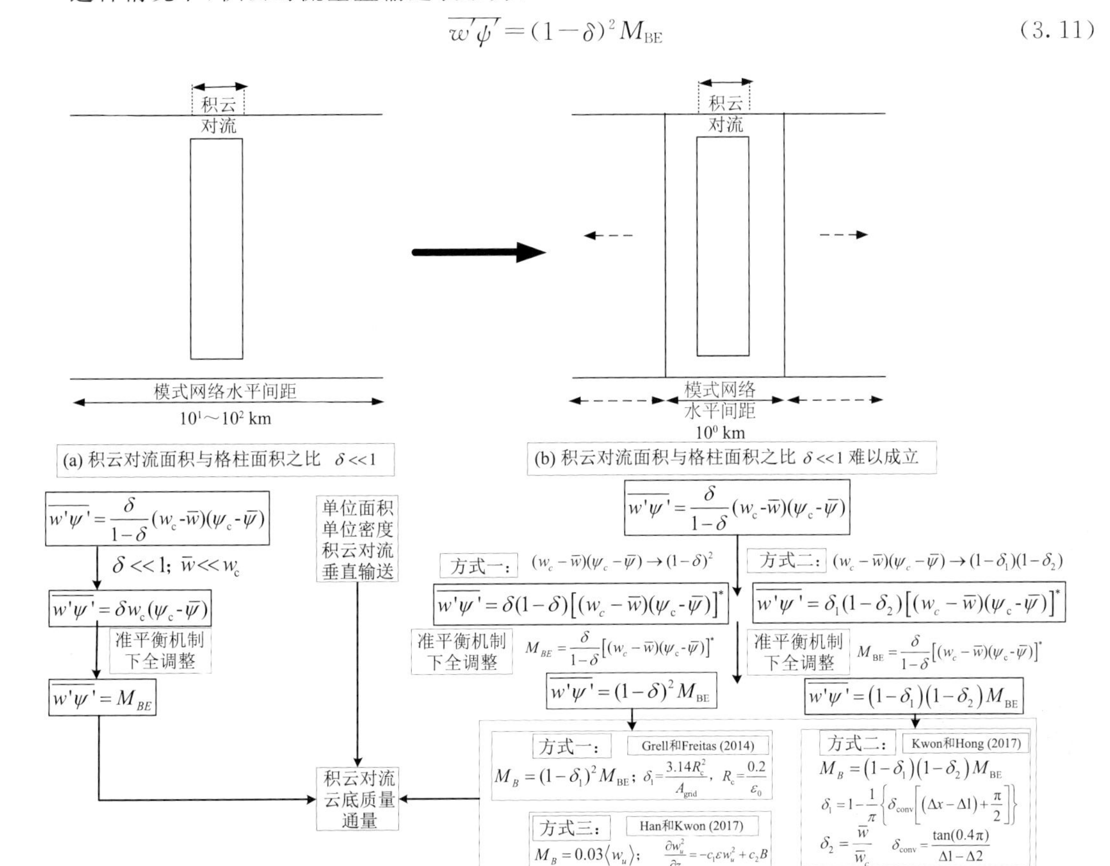

图3.3　不同模式网格水平间距下积云对流云底质量通量计算方式

参数化方案尺度敏感性的关键即确定不同分辨率下积云对流的面积占比(δ)。当分辨率提高时，积云对流垂直输送随积云面积占比变化，当$\delta\rightarrow1$时，垂直输送作用基本为0，转为显式分辨模式运行。Grell和Freitas(2014)按照这种统一参数化的思想，将积云对流面积占比(δ)引入Grell-Devenyi方案升级得到尺度敏感的Grell-Freitas方案，对20 km到5 km分辨率的测试表明，这种改进的参数化对最高分辨率有较好试验结果。Fowler等(2016)、Biswas等(2020)将尺度敏感的Grell-Freitas方案分别移植至全球非静力跨尺度预报模式(MPAS)和飓风天气研究与预报模式(HWRF)，发现其能较好地体现随分辨率提高对流方案降水减少的变化。类似地，Han等(2017)按照Grell和Freitas(2014)中描述的这种方式$\overline{w'\psi'}=(1-\delta)^2M_{BE}$，将简化AS方案(SAS)中的积云质量通量进行相同尺度敏感性调整，并将其用于美国国家环境预报中心(NCEP)业务运行的全球预报系统，以面对全球模式进入千米尺度业务运行的需要。Kwon和Hong(2017)针对关键参数δ的合理确定，设计了另一种形式相似但意义不同的尺度敏感性表达，即$\overline{w'\psi'}=(1-\delta_1)(1-\delta_2)M_{\mathrm{BE}}$，其中$\delta_1$仅为格距$\Delta x$的函数，假设对流云上升气流部分是平均不变的对流尺度；第二个量假定对流上升气流面积被允许随大气的热力和动力状态变化，表示为云内格点尺度垂直速度和对流上升气流速度之比（$\delta_2=\overline{w}/\overline{w}_c$），其试验结果表明这种调整相比于原方案在 1～3 km 的夏季降水模拟上有更好的表现。另外，Han 等(2017)指出，随格点尺度越来越小，可以采用另一种深对流方案的云底质量通量计算方式，即通过平均上升气流速度的函数进行计算。

第二种，针对方案设计所采用的平衡机制，云模型的卷入率、卷出率等参数以及触发条件这 3 个方面的控制变量进行尺度敏感性表述（表 3.2）。

表 3.2　从平衡机制、云模型及触发条件出发的尺度敏感性表述

参数	尺度敏感表达式	参考文献
对流调整时间 τ $\tau=(H/\overline{w}_{up})\alpha=\tau_c\alpha$（其中 $\overline{w}_{up}$ 为整个云深 H 内平均的上升气流垂直速度，$\tau_c=H/\overline{w}_{up}$ 为对流翻转时间）	$\alpha=(1+264/n)$（n 为模式谱空间截断数）	Bechtold et al.，2008
	$\alpha=1+1.66\times dx/dx_{ref}$（$dx$ 为水平网格距，$dx_{ref}=125$ km）	ECMWF，2015
	$\begin{cases}\alpha=1+(\ln(10^4/dx))^2 & dx<8\text{ km}\\ \alpha=1+1.60\times dx/dx_{ref} & dx\geqslant 8\text{ km}\end{cases}$	ECMWF，2021
	$\alpha=1+\ln(25/dx)$	Zheng et al.，2016
卷入率 $\Delta M_e=(0.03M_b\Delta p/Z_{LCL})\beta$（$M_b$ 为云底上升气流质量率，Δp 为云层深度；Z_{LCL} 为抬升凝结高度）	$\beta=1+\ln(25/dx)$	Zheng et al.，2016
对流云水卷出 $DTR=\delta_1 DTR^{org}$（DTR^{org} 为卷出初始值）对流抑制能 $CIN=(1-\delta_1)CIN^{org}$（$CIN^{org}$ 为 CIN 的初值）	$\delta_1=1-\frac{1}{\pi}\left\{\delta_{con}\left[(dx-\Delta1)+\frac{\pi}{2}\right]\right\}$，$\delta_{con}=\frac{\tan(0.4\pi)}{\Delta1-\Delta2}$（$\Delta1$、$\Delta2$ 分别为 5 km 和 1 km）	Kwon et al.，2017

由第一种分析可知，传统参数化方案假定 $\delta\ll1$，积云对流垂直输送简化为$\overline{w'\psi'}=\delta w_c(\psi_c-\overline{\psi})$，$M=\delta w_c$ 为积云质量垂直通量，通过云模型方程进行计算。积云对流尺度敏感设计的初衷即随分辨率提高，积云对流的影响减弱，因此，质量通量计算需要的云底质量通量和云模型内部参数随分辨率变化的调整成为尺度敏感的主要目标。云底质量通量通常利用积云对流调整与大尺度环境强迫之间的准平衡机制获取，例如 AS、KF、Tiedtke 和 Grell 系列的最新版本中均基于不稳定机制，即假定积云对流在一定时间 τ 内消除大尺度不稳定能量（常用云功函数或有效位能表示），积云对流调整时间 τ 成为计算云底质量通量的尺度敏感调整参数之一。Bechtold 等(2008)，Zheng 等(2016)将 τ 关联为对流翻转时间和谱空间模式截断的表达式，并随 ECMWF IFS 的模式技术发展，表达式不断进行更新调整（IFS Cy47r3）。Kwon 和 Hong(2017)采用类似方法将对流调整时间设为与对流翻转时间成正比，对流翻转时间利用云层平均的上升气流垂直速度计算。另外，云模型卷入率、卷出物随分辨率的变化也成为尺度敏感的调整参数。Zheng 等(2016)根据大涡模拟结果中得出的卷入率随格距减小而增大的结论，将 KF 方案中的卷入率重新考虑为分辨率依赖的 Tokioka 参数，结合次网格尺度云-辐射相互作用、动态调整的时间尺度、云上升气流质量通量对格点尺度速度的影响，发现升级的 KF 方案能提高高分辨率 WRF 模式的降雨位置和强度预报。Kwon 和 Hong(2017)根据 SAS 中的降水转换率关系，将对流云水卷出关联为网格内对流云占比的关系；与此同时，根据愈精细分辨

率下参数化作用应该愈小的理解，将判断对流是否触发的对流抑制能临界值调整为随网格内对流云占比的函数；这两种改变结合对流云底质量通量的统一参数化，Kwon 和 Hong(2017)的结果表明调整的对流方案对 3 km 分辨率下韩国地区的夏季降水模拟有正贡献。

第三种，针对参数化方案采用的“给定格柱内没有由于对流引起的净质量传输发生”这一假设，通过将补偿下沉分配至邻近格点或通过次网格尺度与分辨尺度的耦合，处理对流参数化方案中的环境补偿下沉问题(图 3.4)。

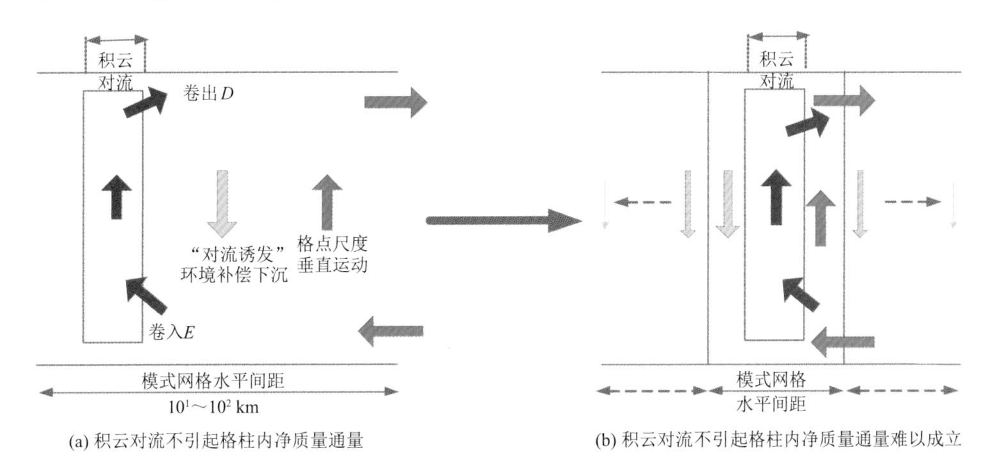

图 3.4　不同水平网格距下对流诱发的环境补偿下沉气流质量处理方式对比

传统参数化方案的这一假设，可以理解为每个格柱内对流云体的更小尺度上升和下沉气流所引起的质量通量完全被格柱内的局地下沉补偿(图 3.4a)。Kain 和 Fritsch(1993)指出，随模式分辨率提升，这一假设将变得越来越面临挑战，减轻这一缺陷的方法是将环境补偿下沉作为次网格动力的一部分，将其作为质量源项、汇项在分辨尺度的密度方程中考虑以达到消除这种不合理假设的目的。利用这种思想(图 3.4b)，Kuell 等(2007)将这个环境补偿利用局地密度倾向以格点间的净质量传输方式传递至格点尺度动力框架的密度方程，即：

$$\frac{\partial \rho}{\partial t}=-\vec{\nabla}_{\mathrm{h}}\cdot(\rho \boldsymbol{u}_{\mathrm{h}})-\frac{\partial(\rho w)}{\partial z}-\frac{\partial M_{\mathrm{sub}}}{\partial z} \tag{3.12}$$

式中，ρ、$\boldsymbol{u}_{\mathrm{h}}$、$w$ 分别为湿空气的密度、水平风矢和垂直速度，M_{sub} 为次网格对流引起的净质量；而积云参数化方案中仅考虑尺度更小的上升和下沉气流，基于此发展了综合的质量通量对流方案(HYMACS)，并将其用于区域非静力 COSMO 模式，理想测试和欧洲地区不同形势预报均表明能提高降雨型态。Langguth 等(2020)进一步将 HYMACS 移植至德国天气服务局的非静力变网格分辨率 ICON 模式。类似地，Ong 等(2017)利用同样的思想修改了 Kain-Fritsch 对流方案以允许净对流质量传输至格点尺度动力，并利用 WRF 模式进行了热带气旋理想试验。试验结果表明，综合方法对格距变化敏感度降低，对热带气旋动力场改进有潜在优势。与此同时，Malardel 和 Bechtold(2019)利用 ECMWF IFS 模式静力版本将环境补偿下沉气流耦合至格点尺度动力框架，并与业务 Bechtold-Tiedtke 对流方案的结果进行了比较，发现虽然对于静力模式系统来说有一些挑战，但有改进效果。另外，与这种物理-动力耦合的模式框架方程调整相比，Grell 和 Freitas(2014)则利用将补偿下沉简单重分布至邻近格点的思想(图 3.4b)，对方案的尺度敏感性进行了试验。结果表明，5 km 分辨率下这种试验有较好的结果，但统一的参数化方案可能在简便性和随分辨率调整的自动平滑能力方面更有优势。

3.2.3 水汽源汇的质量效应对强降雨过程模拟影响分析

从 3.2.2 节可知，针对“积云对流不引起格柱内净质量传输”这一假设随分辨率提升逐渐面临的挑战，Grell 和 Freitas(2014)、Malardel 和 Bechtold(2019)通过将补偿下沉分配至邻近格点或通过次网格尺度与分辨尺度的耦合方式，考虑由于积云对流带来的质量变化引起的动力效应。积云对流往往伴随强降水，强降水掉落引起格柱内湿空气质量的变化，这种水汽汇对局地湿空气密度变化的效应在强降雨系统中的作用不容低估。为解决这一假设的潜在问题，本节采用将补偿下沉气流质量通量耦合至动力框架的方法，分析考虑对流带来的水汽质量变化(前、后)模式对 2021 年 7 月河南极端强降雨过程的预报表现。

2021 年 7 月 17—22 日，河南全省经历一轮极强降雨过程，从太行山前到南阳盆地河南省大部分地区出现暴雨天气，多地发生特大暴雨天气过程，19 个国家级气象站突破建站以来日降水量极值，导致河南灾情严重，直接和衍生损失巨大。20—21 日(图 3.5)，河南中、北部的大暴雨到特大暴雨过程将此轮降雨过程峰值推向新的高度，20 日，以郑州国家站(57083)为代表的河南中、西部地区出现特大暴雨过程，24 h 累计降水(20 日 08 时—21 日 08 时)达到 624.1 mm，尤其是 20 日 16—17 时出现的 201.9 mm 极端峰值(Max)，超过河南“75・8”特大暴雨过程中的最大 198.5 mm 小时雨量，也打破全国大陆国家级气象站的 1 h 雨量记录。21 日，强降雨区

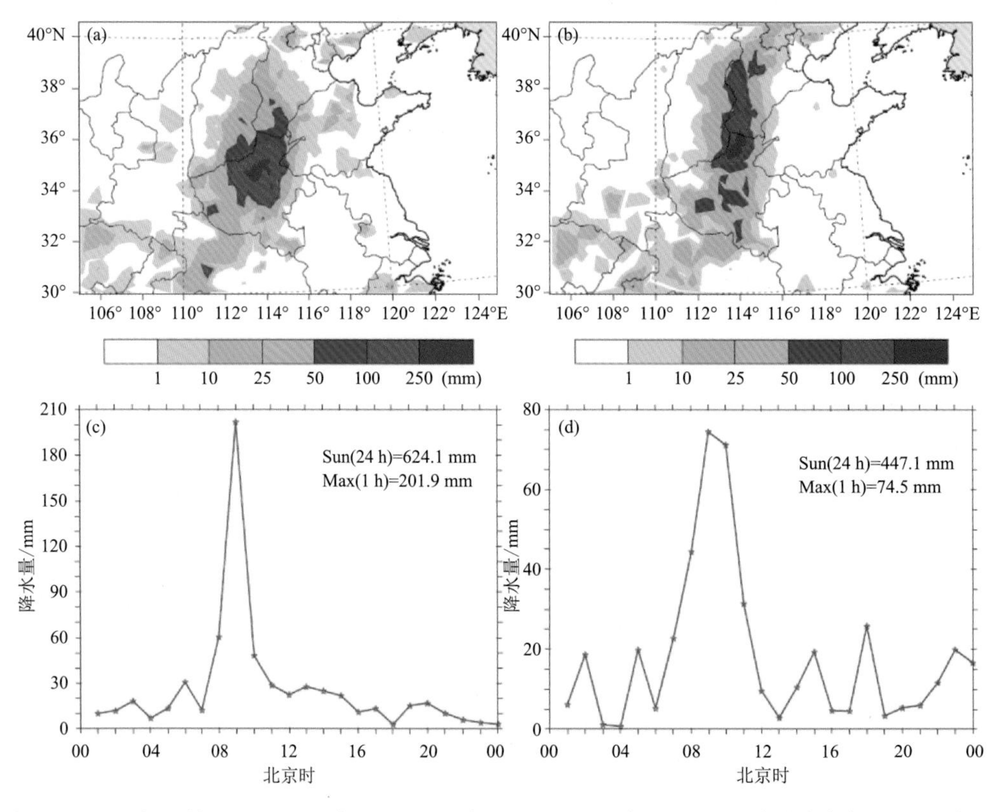

图 3.5 2021 年 7 月(a)20 日 08 时—21 日 08 时、(b)21 日 08 时—22 日 08 时累计降水量(mm)实况，以及(c)20 日郑州和(d)21 日辉县国家地面站的逐小时雨量

北移，100 mm 大暴雨雨区主要出现在河南北部、山西与河南交界、山东西南部以及河南中部部分地区，而以国家站辉县(53794)为代表的特大暴雨区主要出现在河南北部地区，辉县的 24 h 累计降水达 447.1 mm，降雨日峰值同样出现在 16—17 时，小时雨量为 74.5 mm。

为考虑水汽质量变化对局地密度方程的作用，基于 YHGSM 模式考虑和不考虑这种质量变化对动力框架影响的敏感性试验，以 17 日 20 时—20 日 20 时为起报时间，对 7 月 20 日和 21 日的强降雨进行预报，分析两种情况下提前 84 h、60 h 和 36 h 的降雨预报结果。

图 3.6 和图 3.7 分别为考虑(图中 a、c、e)和不考虑(图中 b、d、f)水汽质量变化对密度方程影响情况下，YHGSM 模式提前 84 h 到 36 h 预报时效分别对 20 日(图 3.6)和 21 日(图 3.7) 24 h 累计降水的预报结果。结果对比来看，两种情况下 20 日与 21 日的 24 h 降雨落区和形态预报基本一致，均表现为相比于实况的 20 日降雨预报西北向偏移和 21 日北偏，84 h 到 36 h 预报时效的一致性亦相对较好。但从暴雨以上落区与极值中心强度预报以及它们随时间的调

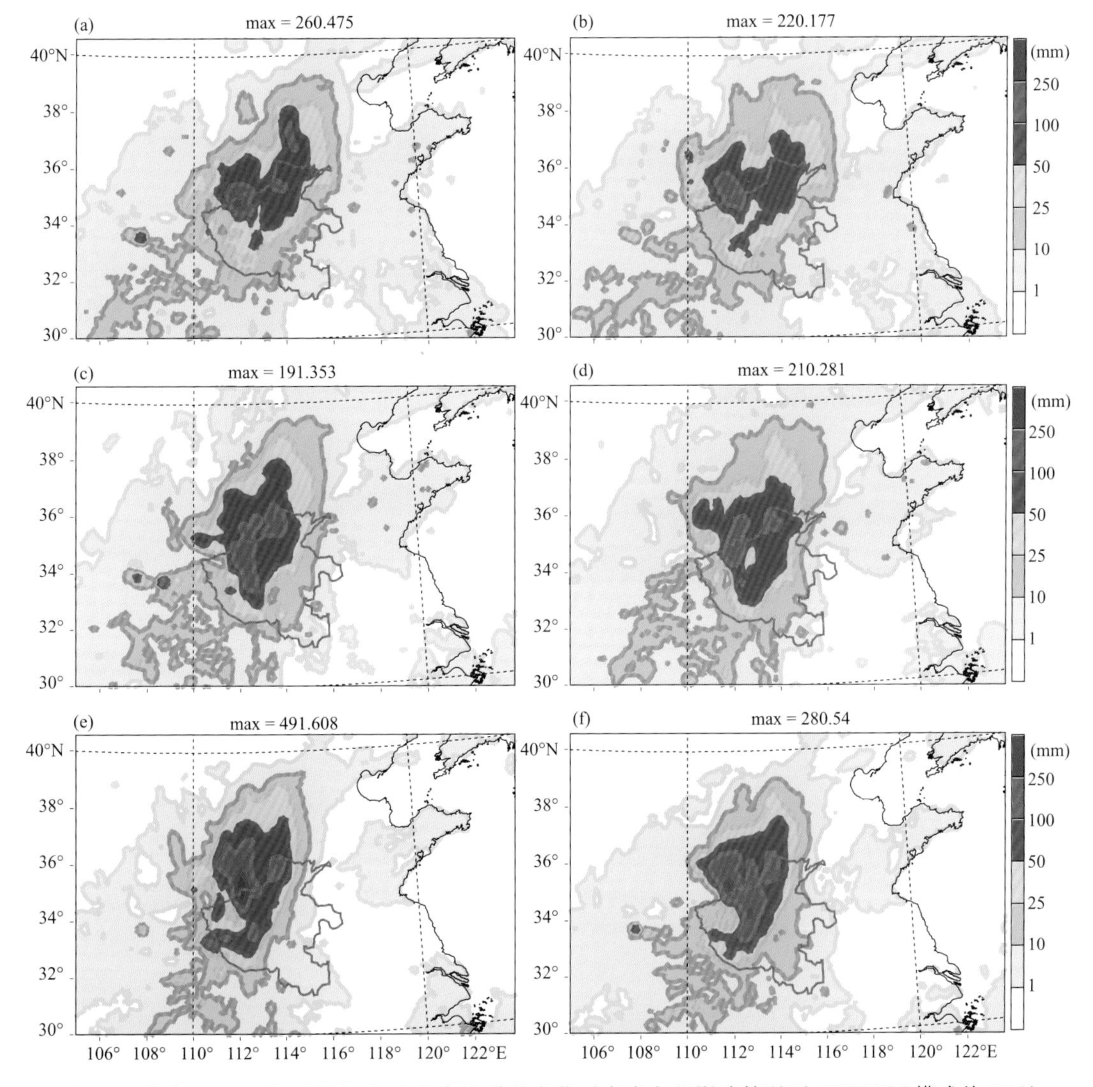

图 3.6　考虑(a、c、e)和不考虑(b、d、f)水汽质量变化对密度方程影响情况下，YHGSM 模式从 17 日(a、b)、18 日(c、d)和 19 日(e、f)20 时(北京时)起报 2021 年 7 月 20 日 08 时至 21 日 08 时 24 h 降水量

整来看，密度方程考虑水汽质量变化情况下的强降雨落区总体比不考虑情况下的预报结果更大，前者预报的降雨中心极值除 18 日 20 时起报的结果外相对一致地比后者预报的大，与降雨实况极值更相近。

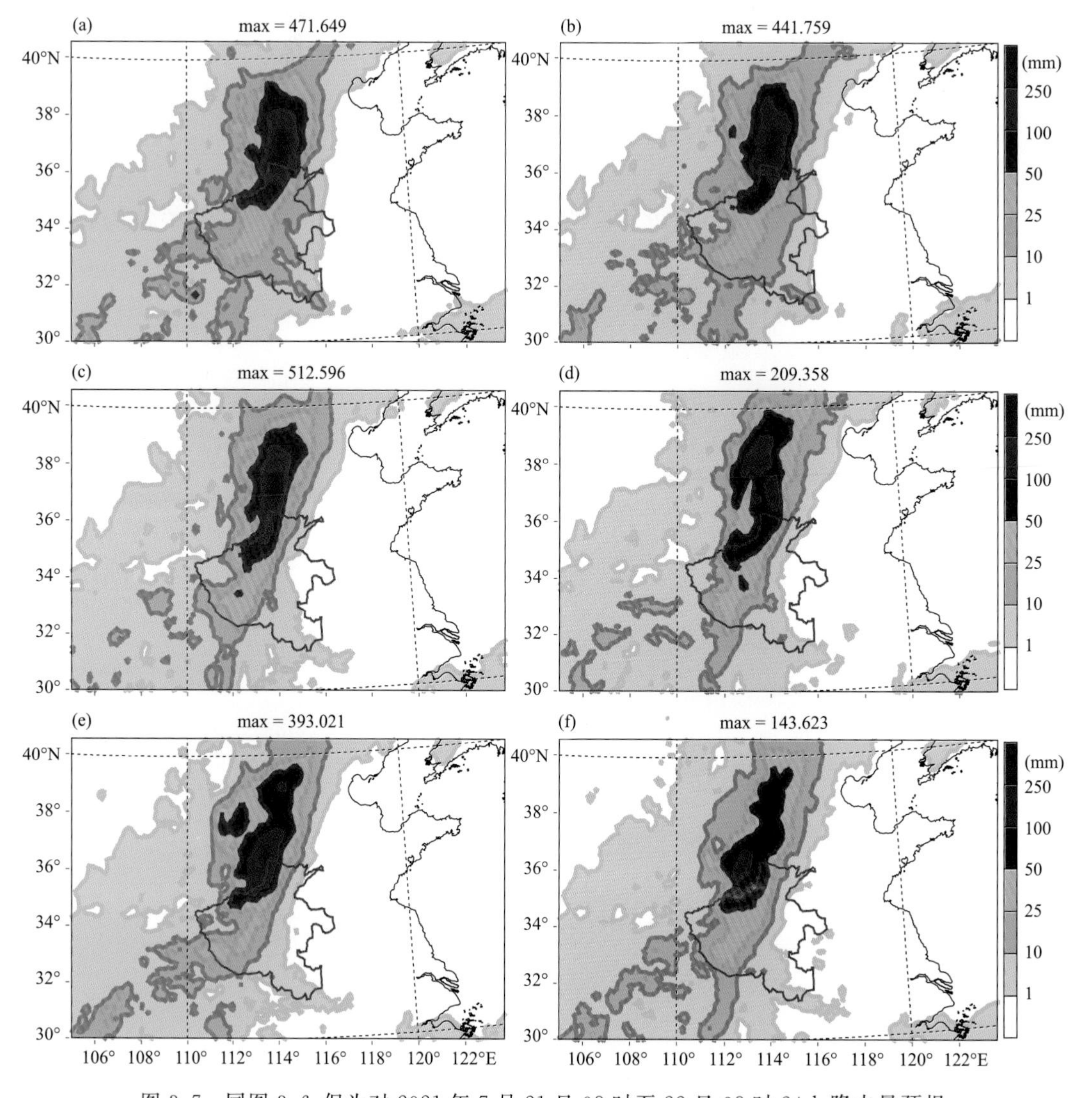

图 3.7　同图 3.6，但为对 2021 年 7 月 21 日 08 时至 22 日 08 时 24 h 降水量预报

对比试验表明，两种情况下预报的降雨落区和形状基本一致，但在大暴雨量级以上落区与中心强度上，密度方程考虑水汽质量变化情况下相对比不考虑时更大。这一极端降雨个例事件表明，一方面，水汽汇引起的质量变化在质量守恒方程中的作用相对显著，即湿空气密度方程 $d\rho/dt+\rho\nabla\cdot\mathbf{V}_3=\rho S_w$ 中，水汽源汇项 S_w 作用不可忽略；另一方面，利用第 1 章提出的干空气质量守恒动力框架，考虑由于物理过程引起的水汽质量源、汇及其质量效应会更为简便且彻底，为探索合理处理积云对流引起的净质量变化这些次网格尺度信息((式 3.12)中的$\partial M_{sub}/\partial z$)提供有效途径，以实现简便、准确的物理-动力耦合，得到更准确的积云对流贡献描述。

3.3 土壤水分平衡过程参数化

在陆面模式中，土壤水分平衡的模拟通常需要考虑冠层截留、土壤水的垂直运动、径流（包括地表径流和壤中流）和植被蒸腾等参数化过程。在新一代 YHGSM 的陆面模式中，主要针对土壤水的垂直运动过程（王素霞 等，2022）和地表径流过程进行了参数化方案的改进和相关评估工作。

3.3.1 土壤水分运动模型

在陆面模式中，非饱和土壤水的垂直运动由一维理查兹方程描述：

$$\frac{\partial\theta}{\partial t}=\frac{\partial}{\partial z}\left[K(\theta)\left(\frac{\partial h(\theta)}{\partial z}+1\right)\right]+S(\theta) \tag{3.13}$$

式中，θ 为土壤体积含水量（m^3/m^3），z 为深度坐标（向上为正），h 为土壤吸力或负压（用同等水柱高度表示），K 为水力传导系数（m/s），S 表示由于植被蒸腾等效应引起的土壤失水率（$m^3/(m^3\cdot s)$）。为了便于离散求解，引入土壤水扩散率定义式（Klute，1952）：

$$D(\theta)=-K(\theta)\frac{dh(\theta)}{d\theta} \tag{3.14}$$

式中，$D(\theta)$为土壤水扩散率（m^2/s）。将式（3.14）与式（3.13）结合，可以进一步得到扩散型的土壤水运动微分方程：

$$\frac{\partial\theta}{\partial t}=-\frac{\partial}{\partial z}\left[D(\theta)\frac{\partial\theta}{\partial z}-K(\theta)\right]+S(\theta) \tag{3.15}$$

由此可见，$h(\theta)$和 $K(\theta)$是求解土壤水垂直运动方程的关键。目前国际上最常用的两种参数化模型分别是 CH 模型（Campbell，1974；Clapp et al.，1978）和 VG 模型（Mualem，1976；van Genuchten，1980）。其中 CH 模型的关系式相对简单，引入的模型参数较少，已被广泛应用于各大陆面模式，例如通用陆面模式 CoLM（Common Land Model）（Dai et al.，2003）和欧洲中期天气预报中心（European Centre for Medium Range Weather Forecasting，ECMWF）早期的陆面模式 TESSEL（Tiled ECMWF Schemefor Surface Exchangeover Land；Van den Hurk et al.，2000）。VG 模型的关系式相对复杂，但由于模型参数的物理意义更加明确、适用性较好，而且模拟的土壤水特征曲线与实际观测曲线有较好的一致性（Shao et al.，1999），目前已逐渐被陆面模式所采用（Balsamo et al.，2009；Dai et al.，2019b）。

最新业务化的 YHGSM 中则引入了 VG 模型。土壤含水量（θ）与土壤吸力（h）的关系曲线可以表示为：

$$\frac{\theta-\theta_r}{\theta_s-\theta_r}=\frac{1}{(1+(\alpha h)^n)^{1-1/n}} \tag{3.16}$$

式中，θ 是在给定土壤吸力值h 时的土壤体积含水量，θ_r是土壤含水量萎蔫值（h=1500 kPa），θ_s

是饱和土壤含水量(h=0 kPa)。土壤水力传导系数为：

$$K(\theta)=K_S\Theta^L\left[1-(1-\Theta^{1/(1-1/n)})^{1-1/n}\right]^2 \tag{3.17}$$

$$\Theta=\frac{\theta-\theta_r}{\theta_s-\theta_r} \tag{3.18}$$

式中，Θ 为有效饱和度，K_S 表示饱和土壤水力传导系数(m/s)，α 代表用水柱高度表示的毛细管负压值的倒数(m^{-1})，n 是曲线的形态参数，细结构土壤的 n 值往往比粗结构土壤的更小，L 是与土壤孔隙度有关的形状参数。目前针对上述土壤水力参数的取值方案有很多，而且不同方案之间的差异较大。经测试评估(王素霞 等，2022)，在 YHGSM 模式中最终采用的是 Wösten 等(1999)提出的与上层(深度为 0～30 cm)土壤类型有关的土壤水力参数值，参见表 3.3。

表 3.3　基于土壤类型的 VG 模型参数

土壤质地	θ_r/(m^3/m^3)	θ_s/(m^3/m^3)	α/(m^{-1})	n	L	K_S/(cm/d)
粗	0.025	0.403	3.83	1.38	1.250	60.000
中	0.010	0.439	3.14	1.18	−2.342	12.061
中细	0.010	0.430	0.83	1.25	−0.588	2.272
细	0.010	0.520	3.67	1.10	−1.977	24.800
非常细	0.010	0.614	2.65	1.10	2.500	15.000
有机	0.010	0.766	1.30	1.20	0.400	8.000

土壤质地和孔隙度等物理特性是决定土壤水力参数的关键因子，由表 3.3 也可以看出，不同土壤类型对应的土壤水力参数存在有较大差异，因此土壤类型数据源的选择非常重要。Dai 等(2019a)对地球系统模式中所使用的土壤数据集进行了系统性总结。其中，陆面模式最常用的全球土壤数据源主要来自 FAO(Food and Agriculture Organization of the United Nations，联合国粮农组织)各个不同版本的世界土壤地图(FAO，1981，1995，2003)，但是该系列数据集已经比较陈旧，数据精度和代表性不高，正在逐渐被新的数据集所取代，例如 HWSD(Harmonized World Soil Database；FAO/IIASA/ISRIC/ISS-CAS/JRC，2012)和 GSDE(Global Soil Dataset for ESMs)(Shangguan et al.，2014)全球土壤数据集。其中，GSDE 与 HWSD 相比，所包含的土壤廓线数据更多、垂直分辨率更高、数据精度更高，已被应用于 CoLM2014(Li et al.，2017)，但尚未见到 GSDE 数据集在数值预报系统中的应用评估工作。

表 3.3 中土壤水力参数所需的土壤类型数据源由 GSDE 数据集提供。有研究表明，土壤性质垂向非均匀分布时的土壤湿度廓线对于陆面模式垂直分层和离散化方案比较敏感(张述文 等，2009)。由于 YHGSM 系统本身未考虑土壤在垂直方向的异质性，为了降低对全球数值预报系统稳定性的影响，本节仍然假设土壤质地在垂直方向均匀分布。

对于 GSDE 土壤数据的处理主要分为以下两步进行：首先将土壤质地原始数据(砂粒、黏粒和有机碳含量百分比，水平分辨率为 5′×5′)在垂直方向采用土壤深度加权平均的方式插值到 30～100 cm，得到全球单层土壤质地数据；以单层土壤数据为基础，根据 Wösten 等(1999)采用的 FAO 土壤分类标准，生成全球土壤类型数据；最后，利用最大面积法计算粗网格(例如 0.25°×0.25°)内的主导类型，以此作为模式网格的土壤类型。其中，土壤类型的划分标准为：Coarse(CLAY＜18%且 SAND＞65%)、Medium(18%＜CLAY＜35%且 SAND＞15%或

CLAY＜18%且15%＜SAND＜65%）、Med-Fine（CLAY＜35%且SAND＜15%）、Fine（35%＜CLAY＜60%）、Very Fine（CLAY＞60%），在此基础上，将SOC＞2%的土壤重新定义为“Organic”类。图3.8给出的是由GSDE原始数据计算得到的30～100 cm深度的全球土壤类型分布，其中，图3.8a未包含有机土壤类型，图3.8b包含有机土壤类型。

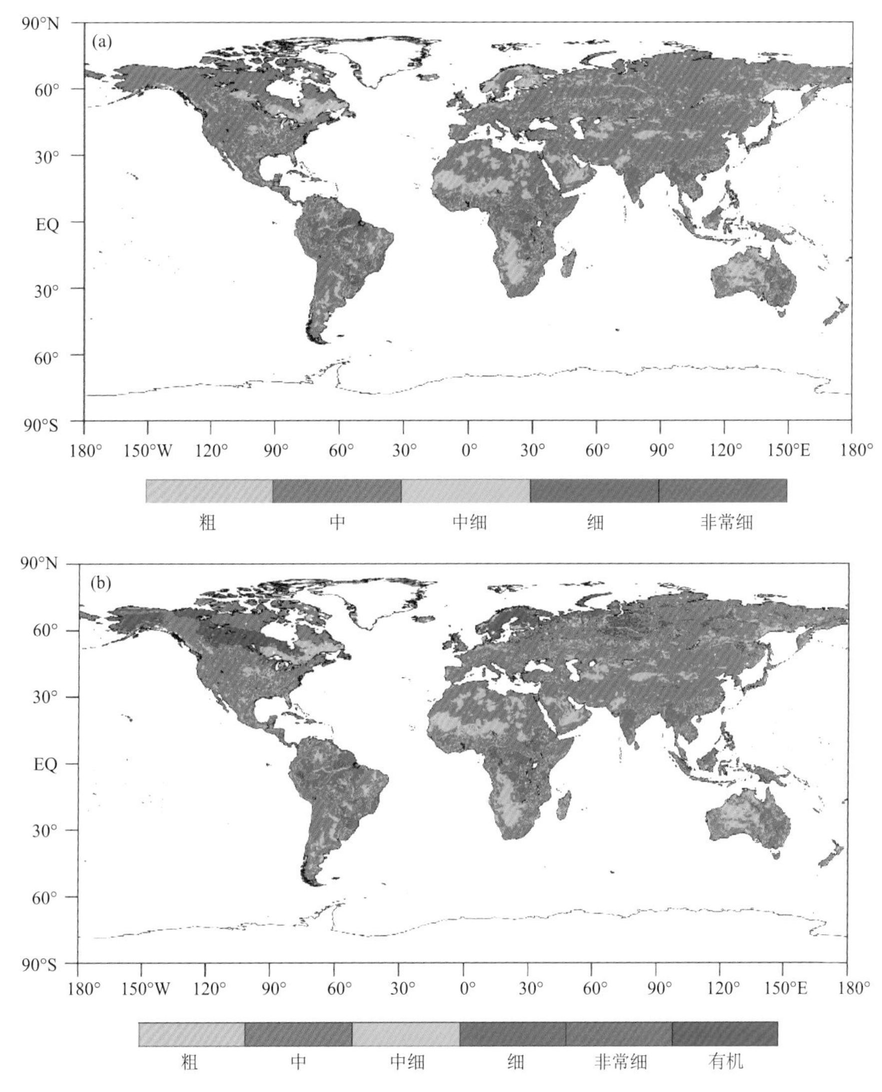

图3.8　基于GSDE数据集的全球30～100 cm深度土壤类型分布

（a）不含有机土壤类型；（b）含有机土壤类型

3.3.2　基于下垫面空间异质性的地表径流模型

在陆面模式中，土壤水分主要取决于模式如何将降水分配给冠层蒸发、入渗和直接径流。因此，土壤水的变化最终取决于蒸散和地表径流方案的相互作用。陆面模式对于地表径流的模拟相对比较简单，而且通常不考虑下垫面非均匀分布的影响。实际上，在一个网格单元内，平均降水强度很少会超过平均入渗率，如果不考虑非均匀分布，则模式中的地表径流往往只有在不透水下垫面才会出现(Boone et al.，2004)。因此，已经有越来越多的陆面模式开始考虑网格单元非均匀性的产流效应。

目前，比较常用的考虑模式次网格非均匀分布的地表产流方案主要可以分为两类：一类是基于地形指数的 TOPMODEL(Topographic Index model；Beven et al.，1979)模型；另一类是基于可变入渗能力的 VIC(Variable Infiltration Capacity；Liang et al.，1994)模型。其中，TOPMODEL 是利用高分辨率地形高程数据计算地形指数，来反映重力作用下次网格地形对径流的影响，其主要优势在于明确的物理基础和简洁的解析解。也有研究者提出 TOMODEL 在应用于全球陆面模式时存在明显弊端(Wang et al.，2008)，例如在全球尺度上利用高分辨率数字高程数据计算地形指数的准确性问题。VIC 模型假设径流只发生在网格单元内降水强度超过入渗率的次网格区域内，通过引入一个入渗参数来反映土壤水入渗能力的次网格变率(Zhao et al.，1980；Wood et al.，1992)。VIC 模型相比于 TOPMODEL 具有更强的经验性，其主要优势在于模型参数简单，便于参数率定，也可以进一步将模型参数与次网格地形、土壤类型等特性建立联系，例如 Dümenil 和 Todini(1992)将入渗参数表示为次网格地形的函数。

YHGSM 的陆面模块采用了 Dümenil 和 Todini(1992)基于 VIC 模型提出的地表径流方案。假设径流可以在网格单元内的某些局部点产生。对于某个次网格点上的地表径流可以表示为：

$$r=\begin{cases} p-(w-w_0) & p>(w-w_0) \\ 0 & p\leqslant(w-w_0) \end{cases} \tag{3.19}$$

式中，r 是次网格点上的地表径流(mm)，p 表示次网格降水量(mm)，w 表示次网格土壤最大含水量；w_0 表示网格平均的初始土壤含水量(mm)。那么面积为 S 的网格单元内的总径流 R 可以表示为：

$$R=\int_0^1 r\mathrm{d}\left(\frac{s}{S}\right)=\int_0^1[(p-(w-w_0))]\mathrm{d}\left(\frac{s}{S}\right) \tag{3.20}$$

式中，s 为次网格产流面积。定义网格的产流面积比(s/S)与土壤水容量和次网格地形之间的关系式：

$$\begin{cases} \dfrac{s}{S}=1-\left(1-\dfrac{W}{W_{\max}}\right)^b \\ b=\min\left[0.5,\max\left(\dfrac{\sigma_h-\sigma_0}{\sigma_h+\sigma_{\max}},0.01\right)\right] \end{cases} \tag{3.21}$$

式中，W 和 $W_{\max}$ 为网格单元内实际含水量和最大含水量(取饱和含水量)的垂直积分(0～50 cm)。参数 b 代表次网格变率，是地形标准偏(σ_h)的函数。σ_0 和 $\sigma_{\max}$ 分别取 100 m 和 1000 m。结合式(3.20)和式(3.21)，网格单元内总的地表径流可以表示如下：

$$R=\begin{cases} P-(W_{\max}-W) & P>(1+b)W_{\max}\left(1-\dfrac{W}{W_{\max}}\right)^{\frac{1}{b+1}} \\ P-(W_{\max}-W)-W_{\max}\left[\left(1-\dfrac{W}{W_{\max}}\right)^{\frac{1}{b+1}}-\dfrac{P}{(b+1)W_{\max}}\right]^{b+1} & P\leqslant(1+b)W_{\max}\left(1-\dfrac{W}{W_{\max}}\right)^{\frac{1}{b+1}} \end{cases} \tag{3.22}$$

式中，P 为地表贯穿降水量和融雪量之和。可以看出，地表径流不仅与次网格地形有关，而且与网格单元的土壤类型有关。

3.3.3 土壤水分模拟效果评估

3.3.3.1 分析方法和数据

利用全球大气强迫数据集离线驱动全球陆面模式，并基于土壤湿度站点观测资料和卫星融合产品，对土壤湿度模拟结果进行统计检验。大气强迫场来自 ERA5 全球水平分辨率为 0.25°×0.25°的逐小时再分析产品，所选时段为 2010 年 1 月 1 日—2014 年 12 月 31 日。模式积分步长为 30 min，输出间隔为 3 h，连续积分 40 a(2010—2014 重复运行 8 次)，前 39 a 作为起转，最后一年的模拟结果用于统计检验。统计检验指标主要包括线性相关系数(R)、平均偏差(Bias)和无偏均方根误差(ubRMSE)。其中，R 只保留显著度超过 95%的计算结果。用于统计检验的基础数据是土壤体积含水量的日平均值，其中模拟和站点观测的日平均值由每日 00、03、06、09、12、15、18、21 时的土壤湿度值取平均得到，卫星融合产品的土壤湿度日平均值由融合产品直接提供。

土壤湿度站点观测资料来自国际土壤湿度观测网(International Soil Moisture Network，简称 ISMN)(Dorigo et al.，2011，2013)。本节对于 ISMN 数据的处理主要包括如下几个步骤：①提取所有站点的表层土壤湿度观测数据(由于不同点使用的仪器及其放置方式等并不统一，观测的表层土壤深度有所不同，文中将所有 0～10 cm 的观测均视为表层土壤)；②剔除标识不佳的记录；③计算土壤湿度日平均值；④仅保留全年有日均值记录大于 180 d 的站点。最终得到有效观测站共 465 个。

土壤湿度融合产品来自欧空局气候变化倡议(European Space Agency Climate Change Initiative，简称 ESA CCI)的主、被动土壤湿度融合产品(Dorigo et al.，2017)。该产品是以 GLDAS-Noah 表层土壤湿度为基准，对多种主、被动微波遥感土壤湿度产品进行融合处理得到的，空间分辨率为 0.25°×0.25°，时间序列从 1978 年持续至今，包含日平均、旬平均和月平均三种时间尺度。文中采用的是 ESA CCI 2014 年的逐日土壤湿度融合产品，该时段对应的传感器包括 ASCAT-A、SMOS 和 AMSR2。其土壤湿度产品已经剔除了标识不等于 0(雪、冻土、热带雨林等特殊下垫面和异常值)的记录，这里未做其他处理。

3.3.3.2 试验结果统计检验

(1)基于 ISMN 数据的检验

为了明确给出陆面模式对不同土壤类型的模拟能力，根据模式网格土壤类型信息将观测站进行分类统计。总计 465 个观测站中，进一步去掉线性相关系数没有通过显著性检验的 18 个站，最终剩余有效站 447 个。其中，“中等粗细”土壤类型占比最大，有 348 个站；其他土壤类型相对较少，站数在 10～50 个不等，但未包含“非常细”类型(表 3.2)。此外，“有机”土壤站共有 23 个，其中 1 个属于“粗”结构土壤富含有机质，位于北美五大湖区的西南侧(USCRN_Necedah-5-WNW 站点)；另外 22 个站属于“中等粗细”土壤之内富含有机质，分布于芬兰(FMI：10 个)以及北美的高纬度(SCAN：2 个；SNOTEL：1 个；USCRN：1 个)、中纬度(USCRN：4 个)和低纬度(SCAN：6 个)地区。

表 3.4 给出了各土壤类型的分类检验结果。可以看出土壤湿度模拟值与观测值的相关较好，除有机土壤之外，其他土壤类型的 R 值都达到了 0.6 以上，无偏均方根误差在 0.05 m^3/m^3

左右。从模式偏差来看，各土壤类型的土壤湿度都被明显高估，其主要原因很可能与陆面模式所采用的降水强迫场有关。有研究表明，ERA5 降水产品存在明显的正偏差（Xu et al.，2019；Amjad et al.，2020）。此外，模式本身可能存在系统性偏差，需要进行更加深入的系统性分析。这里利用相同的统计方法和观测数据对 ERA5 的土壤体积含水量再分析产品进行了统计分析，按照不同土壤类型划分，*R* 分别为 0.659（粗）、0.678（中）、0.619（中细）、0.682（细）和 0.499（有机）。可见，虽然这里尚未采用陆面同化技术对模拟结果进行订正，但土壤湿度的模拟能力已经与 ERA5 再分析产品接近。

表 3.4　基于 2014 年 ISMN 观测数据对土壤湿度离线模拟结果的统计检验

土壤质地	Num	*R*	Bias	ubRMSE
粗	19	0.655	0.049	0.042
中	348	0.649	0.089	0.055
中细	11	0.611	0.029	0.056
细	46	0.656	0.137	0.053
非常细	—	—	—	—
有机	23	0.449	0.401	0.071

此外，表 3.4 的统计结果表明，陆面模式对有机土壤类型的模拟能力较差，误差和无偏均方根误差都非常大。因此，本节针对有机土壤的处理，增加了一个补充试验：在处理土壤数据时不考虑土壤有机质的存在。对于补充试验，表 3.4 中有机土壤类型对应的 *R*、Bias 和 ubRMSE 分别为 0.407、0.122 和 0.059。可见，如果不考虑土壤有机质的存在，虽然相关系数略有下降，但是平均偏差和无偏均方根误差都显著减小。通过对 23 个有机土壤类型站的模拟值进行逐一对比分析，得到了类似的结论，即不考虑有机土壤类型时，虽然部分站的相关系数有不同程度减小，但是模拟值过高的问题得到有效修正。补充试验的模拟结果还充分表明，土壤湿度对土壤水力参数有较强的敏感性，土壤水力参数的选择和优化将对土壤湿度模拟结果产生重要影响。

（2）基于 ESA CCI 数据的检验

图 3.9 给出的是补充试验的土壤体积含水量与 2014 年 ESA CCI 逐日土壤湿度产品的线性相关系数和无偏均方根误差的全球分布情况，其中相关系数已经剔除了未通过显著性检验的部分。可以看出，除了长期被冻土和积雪覆盖的北半球高纬度地区以外，其他大部分地区的相关系数都在 0.6 以上，无偏均方根误差在 0.05 m^3/m^3 以下。结合土壤类型分布图可以看出，模式对于有机土壤（例如北美、非洲以及我国西北部）和冻土的模拟能力偏低，该分布特征与基于 ISMN 站点观测资料的统计结果基本一致。

3.3.3.3　总结和讨论

针对 YHGSM 中的陆面过程参数化方案的改进主要包括土壤水传导模型和地表径流模型的优化升级。由于土壤湿度是控制陆-气界面感热和潜热分配的最关键的陆面变量，因此本节利用不同的观测资料重点评估了 YHGSM 的陆面模式升级后对土壤湿度的模拟能力。评估结果表明，YHGSM 的陆面模式对全球大部分地区土壤湿度的模拟能力较好，虽然未考虑陆面同化过程，但模式的模拟结果仍与 ERA5 再分析产品的精度接近。但是也可以发现，

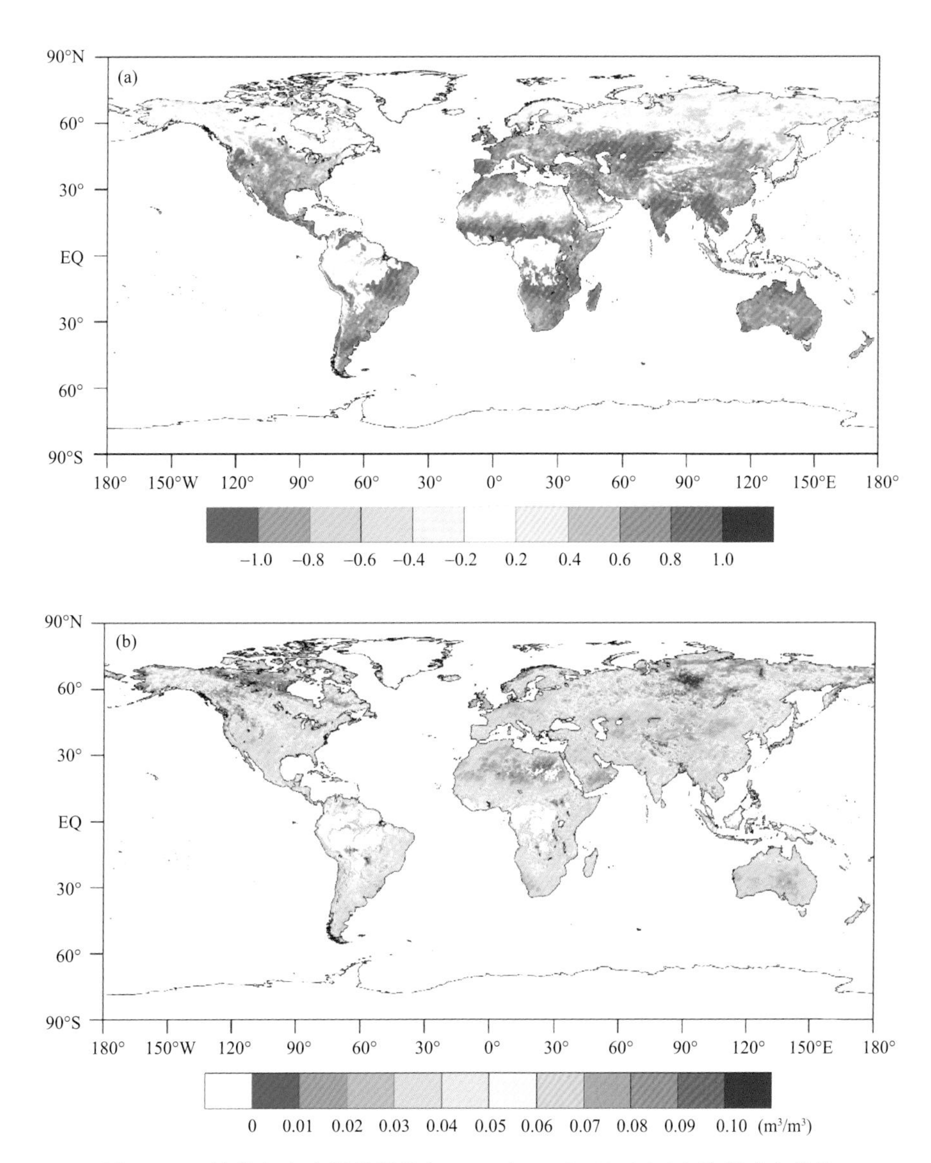

图3.9　土壤体积含水量模拟值与2014年ESA CCI逐日土壤湿度产品的(a)线性相关系数和(b)无偏均方根误差的全球分布

YHGSM的陆面模式在冻土和土壤有机质含量较高的地区模拟能力明显不足。但在实际情况中，北半球中高纬度地区的浅层土壤中富含大量有机质，而土壤有机质通过改变上层土壤(0～20 cm)的水热特性(符晴 等，2022)，进而对陆-气通量和天气过程演变产生重要影响。因此，YHGSM的陆面模式将进一步优化对冻土和有机土壤水热特性的模拟能力，从而更好地为全球数值天气预报系统服务。

3.4 海表动力学粗糙度参数化方案

海洋和大气之间的动量交换是海-气相互作用过程的关键，无论是对于大尺度的大气和海洋环流，或是对天气尺度的热带气旋和风暴潮均有重要的影响。增强对海-气动量交换机理的认识，更准确地计算海-气交界面的动量通量，对提升全球数值天气预报模式的预报效果至关重要。在当前的实际应用中，海-气动量通量主要是通过海表面的拖曳系数(C_d)或者空气动力学粗糙度(z_0)来参数化计算的，主要使用基于莫宁-奥布霍夫相似理论提出的总体空气动力学方法来计算，其计算公式为：

$$\tau=\rho C_d(z)U^2(z)=\rho u_*^2 \tag{3.23}$$

式中，τ 为动量通量，ρ 为空气的密度，$C_d(z)$为 z 高度处的动量通量交换系数(又称拖曳系数)、通常情况下以 10 m 高度处的拖曳系数来作为参考进行讨论，$U(z)$为海平面以上 z 高度处的风速，通常情况下以 10 m 高度处的风速来作为参考进行讨论，u_* 为摩擦速度，其值表征海-气交界面上湍流脉动速度的大小。近地面层的对数风廓线定律为：

$$U(z)=\frac{u_*}{\kappa}\left[\ln\left(\frac{z}{z_0}\right)-\Psi_m\left(\frac{z}{L}\right)\right] \tag{3.24}$$

式中，$\kappa=0.4$ 是冯·卡门常数；z_0 为海表面的空气动力学粗糙度，其物理意义是：在 z_0 的高度以下，由于海-气交界面粗糙不平，大气运动呈现为无规律运动，平均风速在 z_0 高度以下均为 0，即 $U(z_0)=0$；Ψ_m 表示的是层结稳定度对对数风廓线定律的影响；L 为莫宁-奥布霍夫长度，其物理意义是：在高度 L 处，浮力产生的湍能与切变产生的湍能相等。联立式(3.23)和式(3.24)，拖曳系数 C_d(通常表示 10 m 高度处的 C_d)和海表动力学粗糙度(z_0)的关系可以写为：

$$C_d=\kappa^2\left[\ln\left(\frac{10}{z_0}\right)-\Psi_m\left(\frac{10}{L}\right)\right]^{-2} \tag{3.25}$$

因此，在给定的层结稳定度条件下，C_d 和 z_0 具有一一对应的关系。在理论研究和数值模式中，通常使用 C_d 和 z_0 来计算海-气交界面上的动量通量，当前的数值天气预报模式中主要通过海表空气动力学粗糙度(z_0)的参数化方案来计算海-气动量通量。

3.4.1 典型海表动力学粗糙度参数化方案

为了提出合理的海表空气动力学粗糙度(z_0)参数化方案，研究者们开展了大量的海-气动量通量观测和数值试验。基于中低风速下的风廓线观测数据，Charnock(1955)提出了著名的 Charnock 公式：

$$gz_0/u_*^2=\alpha=0.112 \tag{3.26}$$

式中，g 为重力加速度，α 为 Charnock 系数，u_* 为摩擦风速。基于有限的观测数据，Charnock 把 α 取为常数 0.112。通过 Charnock 公式，z_0 可以通过 u_* 计算得到。尽管 Charnock 公式已经提出 60 多年，但仍然应用于当前很多数值预报模式，而且很多新的粗糙度参数化方案都以

Charnock 公式为基础。

COARE 算法是基于莫宁-奥布霍夫相似理论，根据 TOGA COARE（Tropical Ocean Global Atmosphere program and Coupled Ocean-Atmosphere Response Experiment）的实测资料分析提出的（Edson et al.，2013），3.5 版是当前最新版本，其计算公式为：

$$z_0=\alpha\frac{u_*^2}{g}+0.11\frac{\nu}{u_*} \tag{3.27}$$

式中，ν 为分子黏性系数。除了在粗糙度（z_0）的计算中引入分子黏性效应之外，COARE V3.5 与 Charnock 公式不同的是，COARE 算法不再将 Charnock 系数 α 取为常数，而是表示为关于海平面以上 10 m 高度处的风速 U_{10} 的函数：

$$\alpha=0.017U_{10}-0.005 \tag{3.28}$$

COARE 算法被认为是当前最好的海-气通量算法之一，在很多数值预报模式和海-气相互作用研究中得到了广泛的应用。

SCOR 101 工作组（Scienific Committee on Oceanic Research workgroup 101）综合大量实验室和外海观测数据，提出了一种 Charnock 系数 α 的新的计算方式，通过描述海浪状态的参数波龄 β_* 来计算 α，SCOR 方案的计算公式为：

$$\frac{gz_0}{u_*^2}=\alpha=\begin{cases}0.03\beta_*\exp(-0.14\beta_*) & 0.35<\beta_*<35\\ 0.008 & \beta_*\geqslant 35\end{cases} \tag{3.29}$$

$\beta_*=c_p/u_*$（c_p 为波浪谱峰的相速度，波龄的物理意义是海浪传播速度与风速的相对大小），SCOR 方案对于实验室和外海观测数据均有较好的符合度。

除了以上几种常用的基于 Charnock 系数 α 计算粗糙度（z_0）的方案之外，还有一些考虑海浪状态的影响，对无量纲粗糙度 z_0/H_s（H_s 为有效波高）进行参数化计算的方案。基于 4 组外海观测实验数据，Taylor 和 Yelland（2001）提出了一种基于波陡的无量纲粗糙度参数化方案 TY01：

$$z_0/H_s=1200\left(\frac{H_s}{L_p}\right)^{4.5} \tag{3.30}$$

式中，H_s/L_p 表示海浪的波陡（用 δ 表示），定义为有效波高（H_s）与波浪谱峰的波长（L_p）的比值，表示波浪的陡峭程度。Drennan 等（2003）通过从 5 组外海观测实验数据中筛选出不含涌浪、深水以及完全粗糙流场条件下的数据，提出了一种基于波龄的无量纲粗糙度参数化方案 DN03：

$$z_0/H_s=3.35\left(\frac{u_*}{c_p}\right)^{3.4} \tag{3.31}$$

式中，u_*/c_p 为波龄 β_* 的倒数。TY01 和 DN03 在很多海-气通量研究和数值预报模式中得到了应用，是最常用的两种基于海浪参数的粗糙度参数化方案。

以上几种目前最常用的粗糙度参数化方案，均为基于中、低风速下的观测数据提出的，在高风速环境下的适用性没有得到验证，将其外插到高风速环境下来使用是不合理的，为了提升全球数值天气预报模式对于高风速下的天气过程的预报能力，有必要发展新的适用于高风速环境下的海表空气动力学粗糙度参数化方案。

3.4.2 基于海浪和海表浮沫的新参数化方案

3.4.2.1 基于海浪参数的新参数化方案

在本节中，提出了一种基于海浪参数的适用于高风速条件下的海表动力学粗糙度参数化方案。参数化方案的提出以 TY01 方案和 DN03 方案为基础，使用了涵盖多种风浪环境的 8 组海-气通量数据集，8 组数据集概要如表 3.5，其中 7 组数据集所使用的动量计算方法是 EC (eddy-correlation)，另一组使用的是 ID(inertial dissipation)：

表 3.5　8 组海-气通量数据集概要

数据集	Lake Ontario	AUSWEX	ERS Validation	SWADE
观测平台	观测塔	悬浮桥	船舶	船舶
试验地区	Lake Ontario	Lake George	North Atlantic	Atlantic shelf
方法	EC	EC	ID	EC
采样高度/m	7.8	10	14	12
采样时间	80 min	10 min	10～30 min	17 min
数据集	FPN	HEXOS	RASEX	GOTEX
观测平台	观测平台	观测平台	观测塔	飞机
试验地区	North Sea	North Sea	Baltic coast	Gulf of Tehuantepec
方法	EC	EC	EC	EC
采样高度/m	33	6	7	约 40
采样时间	30 min	20 min	30 min	50 s

8 组数据集的无量纲粗糙度(z_0/H_s)与波陡(δ)的散点图如图 3.10a，图中的实线表示 TY01 的曲线。从图中可以看出，TY01 从整体上能够模拟出(z_0/H_s)与波陡(δ)的正相关关系，但是数据点离 TY01 的曲线比较分散。作为对比，8 组数据集的无量纲粗糙度(z_0/H_s)与波龄(β_*)的散点图如图 3.10b。从整体上来说，DN03 对z_0/H_s的模拟效果更好，数据点更加集中于 DN03 的曲线附近。

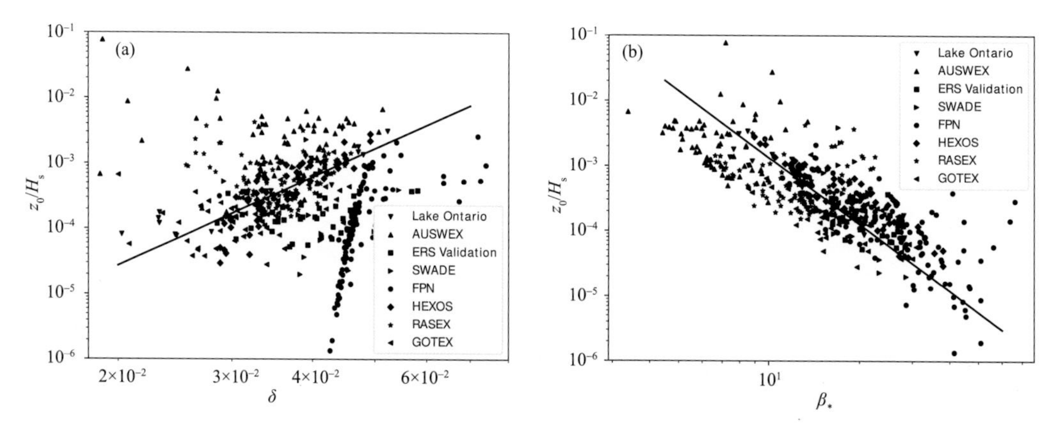

图 3.10　无量纲粗糙度(z_0/H_s)与(a)波陡 δ 和(b)波龄β_* 的散点图

(a)和(b)中的实线分别表示 TY01 和 DN03 的曲线

尽管图 3.10 大体上展示了两种方案的优劣，但是这两种方案对于C_d计算准确度的好坏更具有指导意义。C_d与z_0的转换关系为式(3.25)。C_d的观测值与基于 TY01 和 DN03 方案的模拟值的比较分别见图 3.11 和图 3.12。落在 90%置信区间内的点用黑色来区分。

根据 Krogstad 等(1999)的方法，计算了使用 EC 方法计算风压的数据集的 90%置信区

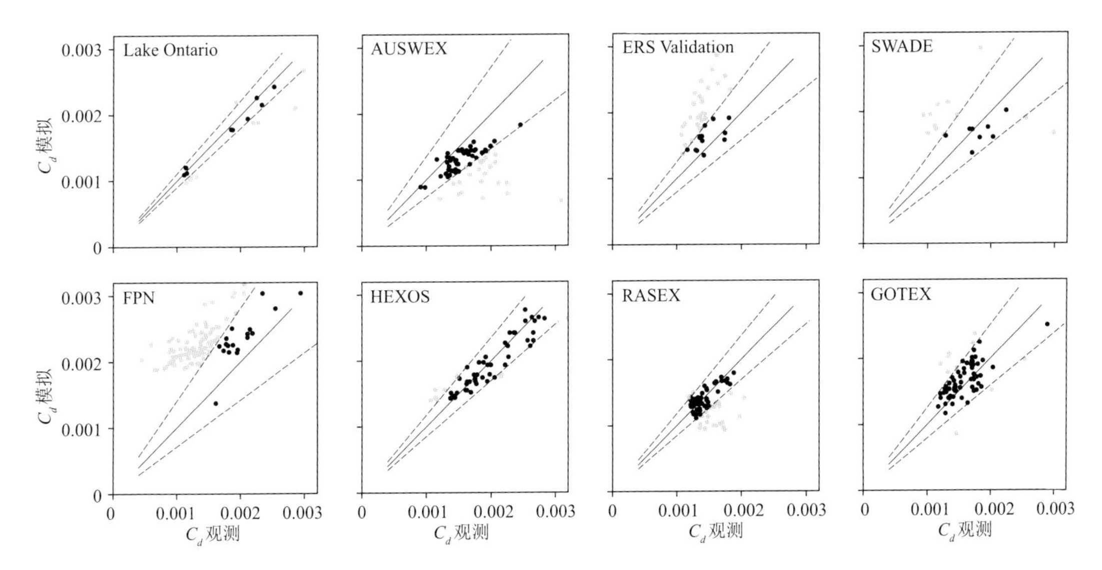

图 3.11　8组数据集中 TY01 方案模拟的C_d值与观测值的对比
（落在90%置信区间内的数据点用黑色表示，落在区间外的用灰色表示。实线表示模拟值与观测值完全一致。虚线表示90%置信区间的上、下边界）

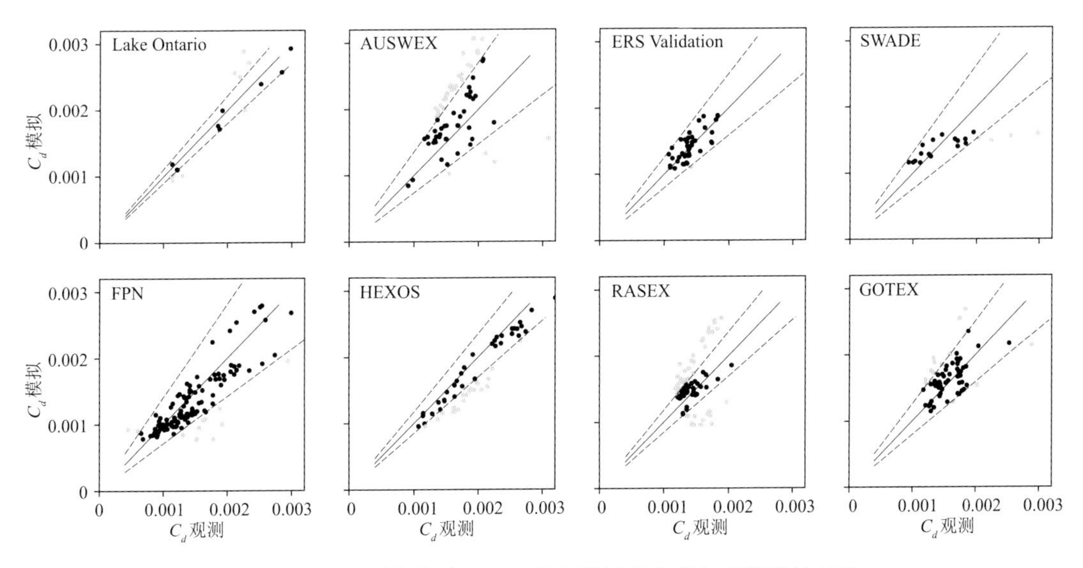

图 3.12　8组数据集中 DN03 方案模拟的C_d值与观测值的对比
（落在90%置信区间内的数据点用黑色表示，落在区间外的用灰色表示。实线表示模拟值与观测值完全一致。虚线表示90%置信区间的上、下边界）

间，90%置信区间的计算是基于数据集的采样误差ε，Donelan 等（1990）提出的计算方法为：

$$\varepsilon = 9.2\, z^{1/2}(UY)^{-1/2} \tag{3.32}$$

式中，Y是采样时间（s），U是该组实验的平均风速（m/s），z是风速计的高度（m）。8组数据集的采样误差汇总于表3.6中。需要指出的是，ERS Validation 数据集的风压计算方法为 ID，式（3.32）并不适用于使用 ID 计算风压的数据集，根据 Drennan 等（2005）采取的处理方法，将 ERS Validation 数据集的采样误差取为 EC 数据集的平均采样误差，即 25.77%。另外，由于

GOTEX 的数据采集于飞机上，测量仪器以及后处理方法与其他数据集存在较大差别，而且式(3.32)提出的采样误差计算方法主要适用于传统的观测平台，比如浮标和观测塔。因此 GOTEX 的采样误差同样采用另外 6 组 EC 数据集的平均采样误差，即 25.77%。

表 3.6　8 组数据集的采样误差

数据集	采样高度/m	平均风速/(m/s)	采样时间/s	数据个数	采样误差/%
Lake Ontario	7.8	11.39	4800	18	10.99
AUSWEX	10	11.15	600	71	35.57
ERS Validation	—	—	—	41	25.77
SWADE	12	9.90	1020	20	31.71
FPN	33	9.43	1800	116	40.57
HEXOS	6	13.56	1200	58	17.67
RASEX	7	10.05	1800	80	18.18
GOTEX	—	—	—	67	25.77

注：ERS Validation 数据集和 GOTEX 数据集的采样误差设为其他 6 组数据集的平均采样误差。

在图 3.11 和图 3.12 中，90%置信区间为图中两条虚线之间的区域，上、下边界的斜率分别为 $1+\varepsilon$ 和 $1/(1+\varepsilon)$。为了定量评估 TY01 和 DN03 的性能，定义 P_{90} 为落在 90%置信区间中的数据点所占的百分比。除此之外，归一化误差(NB)和归一化均方根误差(NRMSE)也用于评估，归一化误差的计算方法为：

$$\mathrm{NB}=\frac{\sum(X_{\mathrm{mod}}-X_{\mathrm{obs}})}{\sum X_{\mathrm{obs}}} \tag{3.33}$$

归一化均方根误差的计算方法为：

$$\mathrm{NRMSE}=\sqrt{\frac{\sum(X_{\mathrm{obs}}-X_{\mathrm{mod}})^2}{\sum X_{\mathrm{obs}}^2}} \tag{3.34}$$

式中，X_{obs} 为观测值，X_{mod} 为与之对应的预报值。每个数据集的 P_{90}，NB 以及 NRMSE 见表 3.7，此外，为了便于分析，每个数据集的平均 β、β_* 以及 δ 同时列于表 3.8 中。从表 3.7 中可以看出，P_{90} 与 NB 和 NRMSE 存在着很强的相关，P_{90} 较高的数据集对应的 NB 和 NRMSE 较小，TY01 预报的 P_{90} 值优于 DN03 的数据集，与 TY01 预报的 NRMSE 值优于 DN03 的数据集完全一致。考虑到 P_{90} 的结果与 NB 和 NRMSE 比较相似，而且 P_{90} 还具有兼顾了数据采样误差的优点，因此接下来的分析中主要考虑 P_{90}。

根据图 3.11 和表 3.7 的结果，TY01 在 AUSWEX、HEXOS、RASEX 和 GOTEX 等数据集中表现较好，P_{90} 值均达到了 0.65 以上，但是在 ERS Validation、SWADE 以及 FPN 数据集中表现得较差，P_{90} 值均低于 0.4，尤其是对于 FPN 数据集，P_{90} 只有 0.1638。从图 3.11 中可以看出，TY01 过高地预报了 ERS Validation 和 FPN 数据集中的 C_d，值得注意的是，ERS Validation 和 FPN 数据集的平均 β_* 恰好是最大的两组，对应着发展成熟的海浪场。另外，TY01 在一定程度上较低预报了 AUSWEX 和 RASEX 数据集中的 C_d，这两个数据集的平均 β_* 恰好是最小的两组。通过分析，TY01 的表现对于 β_* 存在着很强的敏感性，对于平均 β_* 较大的数据集，TY01 倾向于过高预报 C_d 值，对于平均 β_* 较小的数据集，TY01 倾向于过低预报 C_d 值。

表 3.7　TY01 和 DN03 模拟的 8 组数据集的P_{90}、NB 和 NRMSE(加粗表示性能更好的方案)

数据集	平均β	平均β_*	平均δ	P_{90}-TY01	P_{90}-DN03
Lake Ontario	0.6542	16.69	0.0354	**0.5000**	**0.5000**
AUSWEX	0.2978	7.54	0.0367	**0.6620**	0.5493
ERS Validation	0.7984	20.89	0.0392	0.3171	**0.9756**
SWADE	0.7487	18.88	0.0405	0.4000	**0.8000**
FPN	0.9917	27.43	0.0481	0.1638	**0.9052**
HEXOS	0.8007	19.20	0.0362	**0.7931**	0.6379
RASEX	0.4798	12.68	0.0352	**0.6875**	0.4625
GOTEX	0.6977	17.69	0.0329	**0.8507**	0.8060
Total	0.6948	18.18	0.0390	0.5393	**0.7155**
数据集	NB-TY01	NB-DN03	NRMSE-TY01	NRMSE-DN03	
Lake Ontario	−0.0847	**−0.0003**	**0.1330**	0.1346	
AUSWEX	−0.2587	**0.2120**	**0.3447**	0.3734	
ERS Validation	0.3727	**0.0059**	0.4377	**0.1101**	
SWADE	0.1514	**−0.1241**	0.3990	**0.2796**	
FPN	0.6924	**−0.0938**	0.7757	**0.1985**	
HEXOS	**−0.0107**	−0.1125	**0.1089**	0.1358	
RASEX	−0.0828	**0.0790**	**0.1931**	0.2603	
GOTEX	0.0684	**0.0517**	**0.1939**	0.1857	
Total	0.1464	**0.0090**	0.4327	**0.2302**	

DN03 的结果见图 3.12 和表 3.7。DN03 总体上的表现要优于 TY01。DN03 在 ERS Validation、SWADE 以及 FPN 数据集中的表现远优于 TY01，但是在 AUSWEX、HEXOS 以及 RASEX 数据集中的表现不及 TY01。DN03 表现较好的 ERS Validation、SWADE 和 FPN 数据集的平均β_*都相对较大，分别为 20.89、18.88、27.43 和 17.69，而表现较差的 AUSWEX 以及 RASEX 数据集的平均β_*都相对较小，分别为 7.54 和 12.68。因此，DN03 的表现同样展现出了对于β_*的敏感性。

为了进一步分析 TY01 和 DN03 在不同风浪条件下的表现，分析了这两种方案对于β、β_*和δ的敏感性。用 TY01_in 来表示 TY01 预报的落在 90%置信区间内的数据点，对应 TY01 表现相对较好的那一部分数据；用 TY01_out 来表示 TY01 预报的落在 90%置信区间外的数据点，对应 TY01 表现相对较差的那一部分数据。DN03_in 和 DN03_out 与之类似，对应 DN03 预报的数据。表 3.8 给出了 TY01_in、TY01_out、DN03_in 以及 DN03_out 的平均β、β_*和δ。TY01_in 的平均β和β_*远小于 TY01_out，表示 TY01 对于波龄较小的海浪场有着更好的表现。TY01_in 的平均δ与 TY01_out 差别不大，说明 TY01 的表现对于δ不敏感。DN03_in 和 DN03_out 的平均β的差异不如 TY01_in 与 TY01_out 之间那么明显，但是 DN03_in 和 DN03_out 的平均β_*差异是不可忽视的。DN03 同样对δ不敏感。

表 3.8 TY01 和 DN03 的性能对 β、β_* 和 δ 的敏感性

	平均 β	平均 β_*	平均 δ
TY01_in	0.5873	14.60	0.0369
TY01_out	0.8206	22.38	0.0414
DN03_in	0.7205	19.08	0.0398
DN03_out	0.6302	15.93	0.0369

表 3.9 根据 β_* 从小到大分为 10 组，每组数据的 P_{90}

分组	P_{90}-TY01	P_{90}-DN03
第 1 组(3.38≤β_*≤7.24)	**0.7083**	0.3125
第 2 组(7.26≤β_*≤9.95)	**0.7021**	0.6170
第 3 组(10.02≤β_*≤12.54)	**0.6596**	**0.6596**
第 4 组(12.59≤β_*≤13.75)	0.7447	**0.8085**
第 5 组(13.78≤β_*≤16.12)	0.6809	**0.8298**
第 6 组(16.13≤β_*≤18.36)	0.5106	**0.8085**
第 7 组(18.43≤β_*≤20.78)	0.4894	**0.7447**
第 8 组(20.79≤β_*≤25.59)	0.4894	**0.9085**
第 9 组(25.70≤β_*≤31.33)	0.4043	**0.7872**
第 10 组(31.40≤β_*≤66.10)	0.0000	**0.7660**

基于上述分析，TY01 与 DN03 的表现均对 β_* 敏感，为了进一步分析 TY01 与 DN03 对 β_* 的敏感性，把 8 组数据集中的 471 个数据根据 β_* 从小到大分为数量大致相等的 10 组，然后计算了每组的 P_{90}，结果见表 3.9。从表 3.9 可以看出，TY01 和 DN03 的表现随 β_* 的变化十分明显，当 β_* 大于 16 时，TY01 的表现急剧下降，当 β_* 小于 10 时，DN03 的表现相对较差。根据它们的这种特征，很自然的做法是在 β_* 较小时，采用 TY01 方案，在 β_* 较大时，采用 DN03 方案。那么分界点的选择是需要考虑的一个问题，由于本节采用的 8 组数据集并没有包含所有的风浪条件，且不同数据集之间的观测手段和处理方法也不一样，所以不能直接将 DN03 的表现超过 TY01 时的 β_* 定义为分界点。因此，我们使用基于 Toba-3/2 指数律(Toba，1973)推出的 δ-β_* 关系来确定采用 TY01 和 DN03 的分界点。3/2 指数律表示为：

$$H_* = B T_*^{3/2} \tag{3.35}$$

式中，$H_* = gH_s/u_*^2$ 和 $T_* = gT_*/u_*$ 分别为无量纲的有效波高和周期，$B=0.062$ 为常数。3/2 指数律的有效性已经被很多研究证实，而且从中、低风速到高风速环境都具有良好的适用性。在式(3.35)等号两边同时乘以 $2\pi u_*^2/g^2T_p^2$，可以得到：

$$\frac{2\pi H_s}{gT_p^2} = 2\pi \times 0.062\left(\frac{gT_p^4}{u_* T_s^3}\right)^{-1/2} \tag{3.36}$$

通过有效周期(T_s)与谱峰周期(T_p)的关系：

$$T_s = 0.91 T_p \tag{3.37}$$

然后调用 $c_p = gT_p/2\pi$，式(3.36)可以写为：

$$\delta = 0.135\,\beta_*^{-1/2} \tag{3.38}$$

通过联立式(3.30)(TY01 的函数)、式(3.31)(DN03 的函数)以及式(3.38),可以得出 TY01 和 DN03 的曲线在基于 3/2 指数律时的 δ-β_* 关系下,相交于$\beta_*=15.21$处。因此,$\beta_*=15.21$被选为采用 TY01 和 DN03 的分界点,当$\beta_*<15.21$时,采用 TY01 方案,当$\beta_*\geqslant 15.21$时,采用 DN03 方案,即:

$$z_0/H_s=\begin{cases}1.2\times 10^2\delta^{4.5} & \beta_*<15.21\\ 3.35\times\beta_*^{-3.4} & \beta_*\geqslant 15.21\end{cases} \tag{3.39}$$

3.4.2.2 海表浮沫的影响

TY01 方案的提出基于 3 组数据集:HEXOS、RASEX 以及 Lake Ontario,而 DN03 方案的提出基于 5 组数据集:AGILE、FETCH、HEXOS、SWADE 以及 WAVES,这些数据集均采集于中、低风速条件下($U_{10}\leqslant 20$ m/s)。相比于中、低风速下,高风速下($U_{10}\geqslant 25$ m/s)的一个显著的变化就是由于剧烈的海浪破碎效应导致的海表浮沫的生成,浮沫的生成对高风速下C_d的饱和效应有重要的影响。由于在中、低风速下浮沫的影响可以忽略不计,TY01 和 DN03 方案中并没有隐性地包含浮沫的影响,将浮沫的影响加入 TY01 和 DN03 中能够增强它们在高风速下的适用性。

Golbraikh 和 Shtemler(2016)提出了一种用于估算浮沫对海表粗糙度影响的半经验模型。该模型将有效粗糙度(z_{eff})表示为无浮沫部分粗糙度(z_n)以及被浮沫覆盖部分(z_f)粗糙度的加权之和。海表面 S 面积内的有效粗糙度可以表示为:

$$z_{\mathrm{eff}} = \frac{1}{S}\left(\int_{S_n} z_n\mathrm{d}S' + \int_{S_f} z_f\mathrm{d}S'\right) \tag{3.40}$$

式中,$S=S_n+S_f$、S_n和S_f分别表示总面积、无浮沫部分的面积以及被浮沫覆盖部分的面积。式(3.40)可写为:

$$z_{\mathrm{eff}}=\frac{S-S_f}{S}z_n+\frac{S_f}{S}z_f \tag{3.41}$$

定义$\alpha_f=S_f/S$为浮沫覆盖率,则:

$$z_{\mathrm{eff}}=(1-\alpha_f)z_n+\alpha_f z_f \tag{3.42}$$

浮沫覆盖率α_f与U_{10}高度相关。Holthuijsen 等(2012)根据观测数据提出了α_f与U_{10}的函数关系:

$$\alpha_f=\gamma\tanh[\alpha\exp(\zeta U_{10})] \tag{3.43}$$

式中,$\alpha=0.00255$,$\zeta=0.166$,$\gamma=0.98$。为了表示α_f与U_{10}在不同情况下的关系,式(3.43)的一种无量纲形式为:

$$\alpha_f=\gamma\tanh\left[\alpha\exp\left(\tilde{\zeta}\frac{U_{10}}{U_{10}^{(S)}}\right)\right] \tag{3.44}$$

式中,$\tilde{\zeta}=8$;$U_{10}^{(S)}$是饱和风速,定义为α_f与极限值$\alpha_f=1$相差 2%时的风速。α_f基于U_{10}在不同饱和风速下的曲线见图 3.13。可以看出在U_{10}大于 40 m/s 时,不同$U_{10}^{(S)}$的曲线均已接近饱和,在U_{10}大于 20 m/s 时,浮沫的影响较小。Holthuijsen 等(2012)根据外海的观测数据,提出了$U_{10}^{(S)}$的值为 48 m/s。根据 Powell 等(2003)的C_d观测数据,C_d的极小值取为 0.0017,对应$z_{\mathrm{eff}}=0.0003$ m,极小值同样在$U_{10}=48$ m/s 时达到。因此,可以将饱和速度取为 48 m/s,将式(3.42)中的浮沫覆盖的粗糙度z_f取为z_{eff}的最小值 0.0003 m。由于 TY01 与 DN03 计算的粗

糙度是不含浮沫影响的，因此可以作为无浮沫部分的粗糙度z_n代入式(3.42)中，将式(3.39)代入式(3.42)，得到包含浮沫影响的新的海表粗糙度参数化方案：

$$z_0/H_s=\begin{cases}(1-\alpha_f)1.2\times10^2\delta^{4.5}+\alpha_f z_f/H_s & \beta_*<15.21\\(1-\alpha_f)3.35\times\beta_*^{-3.4}+\alpha_f z_f/H_s & \beta_*\geqslant15.21\end{cases}\tag{3.45}$$

式中，z_0是海表的空气动力学粗糙度，δ是波陡，β_*是波龄，H_s是有效波高，α_f是浮沫覆盖率(由式(3.44)计算而来)，z_f是被浮沫覆盖的粗糙度(取为 0.0003 m)。

通过将 TY01 与 DN03 以分段函数的形式组合在一起，提高了在不同风浪条件下的表现，通过加入浮沫的影响，参数化方案在高风速环境下也具有很好的适用性。

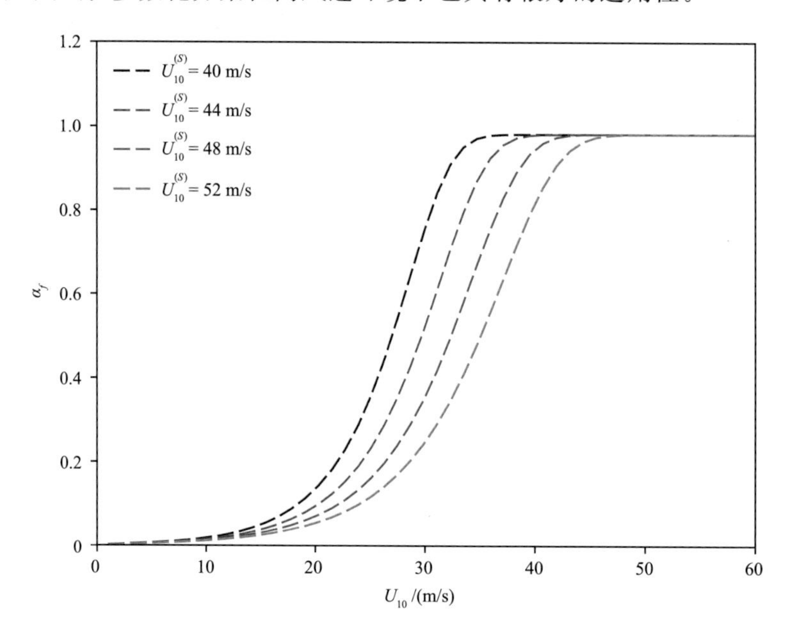

图 3.13 不同$U_{10}^{(S)}$下，浮沫覆盖率α_f与U_{10}的关系

3.4.3 海表动力学粗糙度参数化性能检验

3.4.3.1 基于观测数据的性能检验

新提出的参数化方案根据波龄的不同来调用 TY01 或 DN03，它在中、低风速下的表现已经在 3.4.2 节中进行了验证。在本节中，将对新参数化方案在高风速下的表现进行验证。将使用近年的一些高风速下的观测数据(Donelan et al.，2004；Takagaki et al.，2012；Powell et al.，2003；Jarosz et al.，2007)与新的参数化方案进行对比。

本节中使用的高风速下的观测数据的形式均为C_d对应U_{10}，为了与这些观测数据进行对比，需要用U_{10}来对H_s进行估算。目前有几种基于U_{10}的H_s参数化方案。基于深水条件下和发展完全的海浪场的公式，Taylor 和 Yelland(2001)提出了一种参数化方案：

$$H_s=0.0248\,U_{10}^2\tag{3.46}$$

基于式(3.46)，Fairall 等(2003)发展了一种计算H_s的经验公式，并被用于 COARE 3.0(Coupled Ocean-Atmosphere Response Experiment bulk algorithm)中：

$$H_s=0.018U_{10}^2(1+0.015U_{10}) \tag{3.47}$$

除此之外，Wang 等(2017)使用来自美国西北部沿岸的 8 组浮标的 15 a 观测数据，提出了一种适用于外海的H_s计算公式：

$$H_s=0.0143U_{10}^2+0.9626 \tag{3.48}$$

以上这些方案均揭示了H_s随U_{10}单调递增的趋势，这一趋势的正确性在中、低风速下得到了验证，然而由于缺少高风速下的波高数据，它们在高风速下的合理性还是未知的。以上 3 种方案的H_s随U_{10}的变化趋势见图 3.14a，几种方案给出的H_s值在中、低风速下是相对合理的，但是随着风速的增大，H_s变得不合常理地大，3 种方案给出的H_s在$U_{10}=60$ m/s 时均超过了 50 m，这不符合常理。但是，精确地模拟H_s需要借助数值模式来进行计算，我们此时的目的仅仅是得到H_s随U_{10}的变化的一个简单的关系，因此我们简单地通过增加一个阈值来对高风速下不合理的H_s进行修正(图 3.14b)。将H_s的阈值取为 21 m，即为当前卫星观测数据中H_s的最高记录(http://cersat.ifremer.fr/user-community/news/item/346-record-breaking-wave-heights-and-periods-in-the-north-atlantic)。

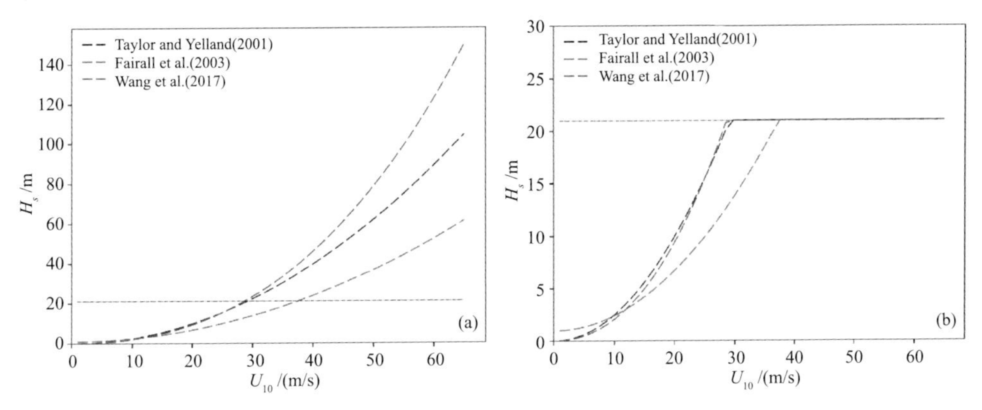

图 3.14　三种方案提出的H_s随U_{10}的变化趋势

(a)有阈值；(b)无阈值

图 3.15 给出了新的参数化方案模拟的C_d值与高风速下观测数据的对比，图 3.15a、3.15b、3.15c 分别表示基于式(3.46)、式(3.47)和式(3.48)计算H_s时得到的结果。$\beta_*<15.21$时，通过基于 3/2 指数律的δ-β_*关系将δ转化为了β_*。从图 3.15 可以看出，新提出的海表粗糙度参数化方案基于不同的H_s计算方案得到的结果大致相同，风速在 0～30 m/s 时，C_d随风速的增大而增大，在 30～35 m/s 时达到最大，在 35～45 m/s 时，由于受浮沫的影响，随着风速的增大而减小，风速大于 45 m/s 时，C_d不再有明显的变化。图 3.15a 和图 3.15b 分别表示了基于式(3.46)和(3.47)计算H_s时得到的结果，可以看出两者的差别并不大，但是基于式(3.48)计算H_s时得到的结果(图 3.15c)与另外两者有一定的差别，图 3.15c 中的C_d值在中低风速下比图 3.15a 和图 3.15b 中的值要大，尤其对于波龄较小的情况。这种差别主要是由于式(3.48)相比式(3.46)和式(3.47)存在着一定的截距，使得在U_{10}较小时，H_s也有一定的初始值。由于波龄较小的海浪一般不对应低风速，这种差别在实际中不明显。

图 3.15 中不同波龄下C_d的曲线基本能够覆盖观测数据，观测数据的离散度可能是由于不同海浪状态导致的。C_d在高风速下减小的趋势被成功地模拟了出来，C_d在 30～35 m/s 时达到最大，这与 Jarosz 等(2007)和 Powell 等(2003)的野外实验观测数据是一致的。Jarosz 等观

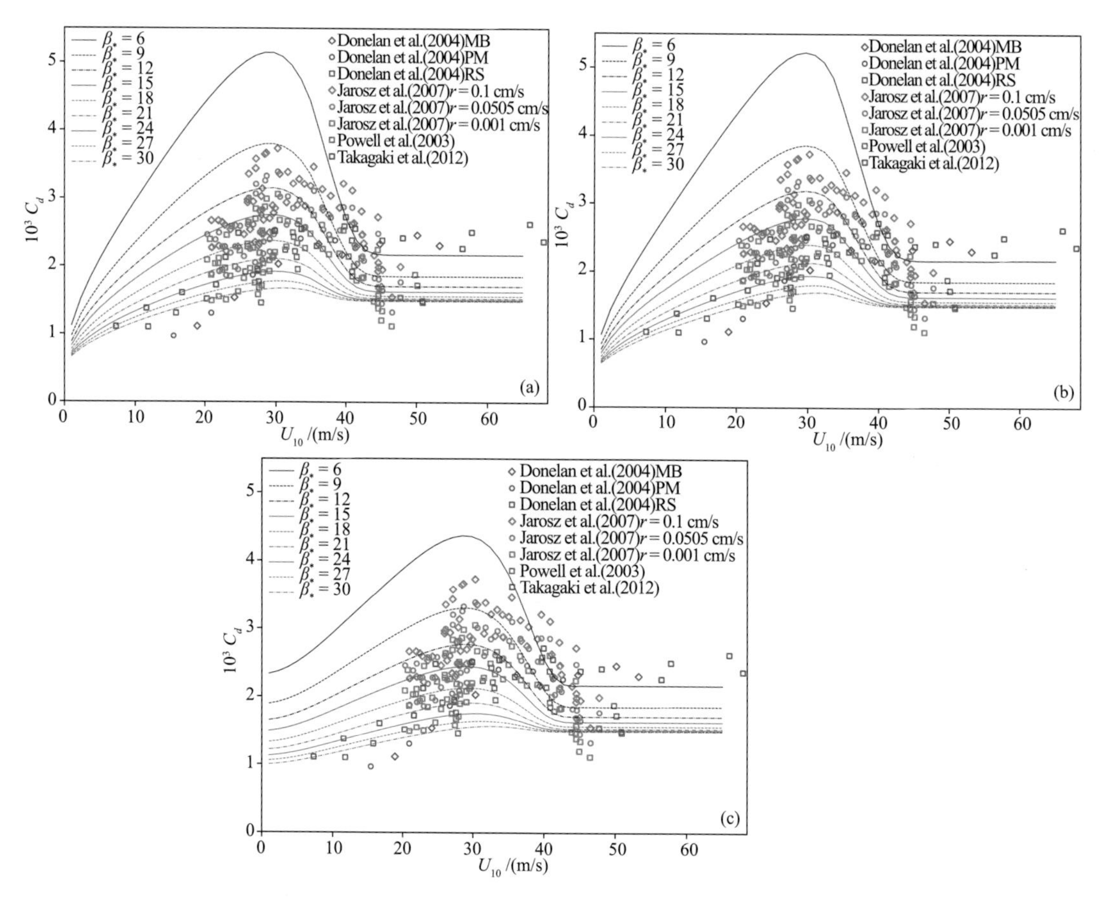

图 3.15　不同β_*下，新的参数化方案模拟的C_d随U_{10}的变化与观测值的对比

(a)基于 Taylor 和 Yelland (2001)提出的H_s参数化方案；(b)基于 Fairall 等(2003)提出的H_s参数化方案；(c)基于 Wang 等(2017)提出的H_s参数化方案

测的C_d最大值(约为 3.7×10^{-3})在图 3.15a 和图 3.15b 中接近$\beta_*=9$ 曲线的最大值，在图 3.15c 中介于$\beta_*=9$ 和$\beta_*=6$ 的最大值之间，由于 Jarosz 等的实验并没有收集海浪状态的数据，因此我们无法直接比较预报值和观测值的大小。Donelan 等(2004)和 Takagaki 等(2012)的实验室C_d观测数据在高风速下并没有表现出随风速增大而减小的特点，他们观测的C_d在风速大于 35 m/s 时达到饱和，不再继续增大也没有明显的减小。野外观测数据和实验室观测数据呈现出的差别主要是由影响波浪的风区的极大差异导致的，此外还有在飓风条件下，海浪场主要受大风处传来的涌浪控制，这种情况在实验室环境中无法体现出来。与实验室观测数据一样，新的方案模拟的C_d同样在风速大于 40 m/s 时达到饱和，实验室观测数据的饱和值比$\beta_*=6$ 的饱和值要大一些。考虑到实验室环境下，在高风速条件下的 β 值通常小于 0.2，对应β_* 小于 4.2(通过$\beta_*=\beta u_{10}/u_*=\beta C_d^{-1/2}$转化而来)，观测数据和模拟数据的饱和值差异是合理的。

总的来说，新的参数化方案能够合理地解释野外实验和实验室的观测数据的表现，但是由于高风速下的观测资料缺少同时刻的海浪状态数据，新的参数化方案的模拟值并没有直接与观测值进行比较。因此，高风速下同时包含风压和海浪状态的观测数据对于验证新提出的参数化方案以及研究海-气动量输送是十分有用的。

3.4.3.2 在全球数值天气预报模式中的性能检验

基于YHGSM与全球海浪模式WAM的耦合，在YHGSM中实现了新的海表粗糙度参数化方案，针对参数化方案开展了30组10 d预报的统计检验，30组试验的起报时间为2021年7月1—30日每天的00时(世界时)，每组试验均向后预报10 d。新的参数化方案的结果将与现有的使用Charnock公式(式(3.26))的结果进行比较。

本小节主要展示了北半球的统计检验结果，相关结果见表3.10～表3.13。从表中结果可以看出，新的参数化方案对于温度和风速的预报具有明显的改进效果，尤其是120 h之后的预报结果，因为海表粗糙度计算方案直接影响的是海表底层风场，通过迭代对整体风场和其他预报量产生影响，所以对于位势高度的改进主要位于100 hPa高度以下，其中对200 hPa和250 hPa在240 h位势高度均方根误差的改进超过3.8 gpm。

表3.10　北半球区域新的海表粗糙度参数化方案与现有方案各个时次、各个气压层位势高度预报结果的统计检验结果对比，表中数值为新的方案预报结果的均方根误差减去现有方案预报结果的均方根误差，负值表示新的方案优于现有方案

气压/hPa	时次/h									
	24	48	72	96	120	144	168	192	216	240
10	0.2701	0.6681	1.1527	1.4915	1.8270	1.8766	1.7920	1.9427	1.8894	2.5117
20	0.2503	0.6542	1.106	1.4501	1.7712	1.8915	1.8268	2.0274	1.9084	2.4156
50	0.2470	0.6085	0.9697	1.2050	1.3721	1.5536	1.5046	1.6547	1.6445	1.6418
100	0.1238	0.3738	0.5678	0.4171	0.0568	−0.0333	−0.0205	0.3052	−0.2725	−1.3644
200	−0.0003	0.0187	0.0605	−0.0065	−0.9296	−1.2697	−0.5433	−0.0498	−1.6958	−3.8019
250	−0.0020	0.0208	0.0233	0.0754	−1.0119	−1.4399	−0.7151	−0.0560	−1.9814	−3.8389
500	0.0751	0.1359	0.1518	0.2210	−0.4267	−0.8311	−0.4637	0.1859	−1.2819	−1.8887
850	0.0774	0.0674	0.0468	0.1108	−0.2695	−0.5222	−0.5076	−0.0195	−1.0919	−0.4573
1000	0.1238	0.3738	0.5678	0.4171	0.0568	−0.0333	−0.0205	0.3052	−0.2725	−1.3644

表3.11　北半球新的海表粗糙度参数化方案与现有方案各个时次、各个气压层温度预报结果的统计检验结果对比，表中数值为新的方案预报结果的均方根误差减去现有方案预报结果的均方根误差，负值表示新的方案优于现有方案

气压/hPa	时次/h									
	24	48	72	96	120	144	168	192	216	240
10	−0.0024	−0.0038	−0.0060	−0.0074	−0.0049	−0.0061	−0.0113	−0.0151	−0.0064	−0.0148
20	0.0008	−0.0007	−0.0034	−0.0037	0.0056	−0.0006	−0.0084	−0.0054	0.0033	0.0055
50	0.0004	0.0020	0.0027	0.0058	0.0068	0.0062	0.0040	0.0068	−0.0034	−0.0138
100	−0.0017	0.0019	0.0019	0.0007	−0.0070	−0.0179	−0.0007	0.0033	−0.0164	−0.0449
200	−0.0010	−0.0029	−0.0036	0.0044	−0.0259	−0.0252	−0.0236	−0.0109	−0.0522	−0.0223
250	−0.0010	−0.0021	0.0012	0.0075	−0.0171	−0.0245	−0.0065	−0.0076	−0.0239	−0.0038
500	−0.0007	−0.0029	−0.0013	0.0003	−0.0194	−0.0235	−0.0123	−0.0031	−0.0353	−0.0471
850	−0.0013	−0.0027	0.0000	0.0051	−0.0208	−0.0071	−0.0039	−0.0107	−0.0251	−0.0172
1000	−0.0017	0.0019	0.0019	0.0007	−0.0070	−0.0179	−0.0007	0.0033	−0.0164	−0.0449

表 3.12　北半球新的海表粗糙度参数化方案与现有方案各个时次、各个气压层纬向风预报结果的统计检验结果对比，表中数值为新的方案预报结果的均方根误差减去现有方案预报结果的均方根误差，负值表示新的方案优于现有方案

气压/hPa	时次/h									
	24	48	72	96	120	144	168	192	216	240
10	0.0003	-0.0033	0.0005	0.0002	-0.0045	0.0021	0.0157	-0.002	-0.014	-0.0122
20	-0.0004	-0.0016	-0.004	-0.0042	0.0084	-0.0071	-0.0093	-0.0279	0.011	-0.0279
50	-0.0005	0.0025	-0.0057	-0.0094	-0.0162	-0.022	-0.0342	-0.001	-0.0276	-0.0931
100	0.0005	0.0078	0.0055	0.0066	-0.0341	-0.0588	-0.0421	0.0041	-0.0832	-0.1741
200	-0.0029	-0.0053	0.0089	0.0385	-0.0176	-0.0553	-0.029	-0.0068	-0.1645	-0.2176
250	0.0012	-0.0015	0.0133	0.0396	-0.0388	-0.0164	-0.088	-0.0175	-0.188	-0.1662
500	0.0006	0.007	0.0119	0.0397	0.0091	-0.0445	-0.0549	0.003	-0.108	-0.1296
850	-0.0001	-0.0019	-0.004	0.027	-0.0053	-0.0434	-0.0144	0.0119	-0.06	-0.0725
1000	0.0005	0.0078	0.0055	0.0066	-0.0341	-0.0588	-0.0421	0.0041	-0.0832	-0.1741

表 3.13　北半球新的海表粗糙度参数化方案与现有方案各个时次、各个气压层经向风预报结果的统计检验结果对比，表中数值为新的方案预报结果的均方根误差减去现有方案预报结果的均方根误差，负值表示新的方案优于现有方案

气压/hPa	时次/h									
	24	48	72	96	120	144	168	192	216	240
10	0.0001	-0.0055	-0.0069	-0.0095	0.0054	-0.0016	-0.0036	-0.0127	-0.0178	0.0229
20	0.0010	-0.0042	-0.0037	-0.0074	-0.0001	-0.0079	-0.0268	-0.0011	-0.0108	0.0018
50	0.0008	0.0012	-0.0026	0.0014	0.0022	-0.0053	0.0096	0.0053	0.0153	-0.019
100	0.0037	0.0099	0.0129	0.0344	-0.0102	-0.0299	0.0009	0.0228	0.0405	-0.0813
200	0.0016	0.0005	0.0034	0.0388	-0.0447	-0.0227	0.086	0.0439	0.0521	-0.1342
250	0.0016	0.0079	0.0234	0.038	-0.0584	-0.0709	0.0428	0.1605	-0.0354	-0.1573
500	0.0002	0.0044	0.0116	0.0169	-0.0263	-0.0546	0.0713	0.0713	0.0234	-0.0465
850	0.0013	-0.0027	0.0104	0.0134	-0.0067	-0.0348	0.0123	0.0283	-0.0848	-0.0457
1000	0.0037	0.0099	0.0129	0.0344	-0.0102	-0.0299	0.0009	0.0228	0.0405	-0.0813

参考文献

戴永久. 2020. 陆面过程模式研发中的问题 [J]. 大气科学学报，43(1)：33-38.

费建芳，伍荣生，黄小刚，等，2010a. 垂直—倾斜对流一体化参数化的实现及数值模拟[J]. 气象学报，68(2)；162-172.

费建芳，伍荣生，黄小刚，等，2010b. 对称不稳定对梅雨锋暴雨影响的数值模拟[J]. 水科学进展，21(3)：349-356.

符晴，阳坤，郑东海，等，2022. 青藏高原中部土壤有机质含量对不同深度土壤温湿度的影响研究[J/OL]. 高原气象，41(5)：1-12.

沈学顺，王建捷，李泽椿，等，2020. 中国数值天气预报的自主创新发展[J]. 气象学报，78(3)：451-476.

王素霞,赵文静,2022. 土壤水力参数对全球中期数值天气预报系统的影响[J]. 大气科学,doi: 10.3878/j.issn.1006-9895.2209.22040

张述文,李得勤,邱崇践,2009. 三类陆面模式模拟土壤湿度廓线的对比研究[J]. 高原气象,28(5):988-996.

周毅,侯志明,刘宇迪,2003. 数值天气预报基础[M]. 北京:气象出版社.

AMJAD M, YILMAZ M T, YUCEL I, et al., 2020. Performance evaluation of satellite and model based precipitation products over varying climate and complex topography[J]. Journal of Hydrology, 584:124707.

ANTHES R A, 1977. A cumulus parameteration scheme utilizing a one-dimensional cloud model[J]. Mon Wea Rev,105:207-286.

ARAKAWA A,SCHUBERTW H, 1974. Interaction of a cumulus cloud ensemble with the large scale environment. Part I[J]. J Atmos Sci,31(3):674-701.

ARAKAWA A, JUNG J H,WU C M, 2011. Toward unification of the multiscale modeling of the atmosphere [J]. Atmos Chem Phys[J]. 11:3731-3742.

ARAKAWA A,WU C M,2013. A unified representation of deep moist convection in numerical modeling of the atmosphere. Part I[J]. J Atmos Sci,70:1977-1992.

BALSAMO G, VITERBO P, BELJAARS A, et al,2009. A revised hydrology for the ECMWF model: Verification from field site to terrestrial water storage and impact in the Integrated Forecast System[J]. J Hydrometeorology, 10: 623-643.

BECHTOLD P, BAZILE E, GUICHARD F,et al, 2001. A mass flux convection scheme for regional and global models[J]. Quart J Roy Meteor Soc,127:869-886.

BECHTOLD P,CHABOUREAU J P,BELJAARS A C M,et al, 2004. The simulation of the diurnal cycle of convective precipitation over land in global models[J]. Quart J Roy Meteor Soc,130:3119-3137.

BECHTOLD P, KOHLERM, JUNGT,et al, 2008. Advances in simulating atmospheric variability with the ECMWF model: From synoptic to decadal time-scales[J]. Quart J Roy Meteor Soc, 134:1337-1351.

BECHTOLD P, SEMANEN, LOPEZP,et al, 2014. Representing equilibrium and non-equilibrium convection in large-scale models[J]. J Atmos Sci,71:734-753.

BECHTOLD P, 2019. Challenges in Tropical Numerical Weather Prediction at ECMWF. Current Trends in the Representation of Physical Processes in Weather and Climate Models[M]. Springer, 29-50, https://doi.org/10.1007/978-981-13-3396-5_2.

BECKER T, BECHTOLD P,SANDU I, 2021. Characteristics of convective precipitation over tropical Africa in storm-resolving global simulations[J]. Quart J Roy Meteor Soc,147:4388-4407.

BEST M J, PRYOR M, CLARK D B, et al,2011. The Joint UK Land Environment Simulator JULES, model description-Part 1: Energy and water fluxes[J]. Geoscientific Model Development, 4: 677-699.

BETTS A K, 1986. A new convective adjustment scheme. Part I: Observational and theoretical basis[J]. Quart J Roy Meteor Soc, 112:677-691.

BETTS A K,MILLER J, 1986. A new convective adjustment scheme. Part II: Single column tests using GATE wave, BOMEX, ATEX and arctic air-mass data sets[J]. Quart J Roy Meteor Soc,112: 693-709.

BEVEN K J, KIRKBY M J,1979. A physical based variable contributing area model of basin hydrology[J]. Hydrol Sci Bull, 24: 43-69.

BISWAS M K, ZHANG J A, GRELL E, et al, 2020. Evaluation of Grell-Freitas convective scheme in the Hurricane Weather Research and Forecasting (HWRF) model[J]. Wea Forecasting, 35, 1017-1033.

BOONE A,HABETS F,NOIHAN J,et al,2004. The Rhone-Aggregation Land Surface Scheme Intercomparison Project[J]. An Overview J Climate, 17: 187-208.

BOUSSETTA S, BALSAMO G, BELJAARS A, et al,2013. Natural land carbon dioxide exchanges in the ECMWF Integrated Forecasting System: Implementation and offline validation[J]. J Geophys Res,118: 5923-5946.

CAMPBELL G S,1974. A simple method for determining unsaturated conductivity from moisture retention data[J]. Soil Sci, 117(6): 311-314.

CHARNOCK H, 1955. Wind stress on a water surface[J]. Quart J Royal Meteor Soc, 81(350): 639-640.

CLAPP R W, HORNBERGER G M. 1978. Empirical equations for some soil hydraulic properties[J]. Water Resources Res,14: 601-604.

DAI Y J, ZENG X B, DICKINSON R E, et al,2003. The common land model[J]. Bull Amer Meteor Soc, 84(8): 1013-1023.

DAI Y J, SHANGGUAN W, WEI N, et al,2019a. A review of the global soilproperty maps for Earth system models[J]. Soil, 5(2): 137-158.

DAI Y J, XIN Q C, WEI N, et al,2019b. A global high-resolution data set of soil hydraulic and thermal properties for land surface modeling[J]. J Adv Modeling Earth Syst, 11(9): 2996-3023.

DONELAN M A, 1990. Air-sea interaction[J]. The Sea, 9: 239-292.

DONELAN M A, HAUS B K, REUL N, et al, 2004. On the limiting aerodynamic roughness of the ocean in very strong winds[J]. Geophys Res Let, 31(18).

DORIGO W, WAGNER W, HOHENSINN R, et al,2011. The International Soil Moisture Network: a data hosting facility for global in situ soil moisture measurements[J]. Hydrology and Earth Syst Scie, 15(5): 1675-1698.

DORIGO W, XAVER A, VREUGDENHIL M, et al,2013. Global automated quality control of in situ soil moisture data from the International Soil Moisture Network[J]. Vadose Zone J, 12(3). doi:10. 2136/vzj2012. 0097.

DORIGO W, WAGNER W, ALBERGEL C, et al,2017. ESA CCI soil moisture for improved earth system understanding: state-of-the art and future directions[J]. Remote Sensing of Environment, 203: 185-215.

DRENNAN W M, GRABER H C, HAUSER D, et al, 2003. On the wave age dependence of wind stress over pure wind seas[J]. J Geophys Res: Oceans, 108(C3).

DRENNAN W M, TAYLOR P K, YELLAND M J, 2005. Parameterizing the sea surface roughness[J]. J Phys Oceanography, 35(5): 835-848.

DÜMENIL L, TODINI E. 1992. A rainfall-runoff schemeforusein the hamburg climate model: Advances in theoretical hydrology, A tribute to J. Philip O'Kane, European Geophysical Society Series on Hydrological Sciences 1. Elsevier, Amsterdam.

ECMWF, 2015 Part IV: Physical processes. Part IV in IFS Documentation CY41R1. ECMWF, Reading, UK.

ECMWF, 2021. Part IV: Physical processes. Part IV in IFS Documentation CY47R3. ECMWF, Reading, UK.

EDSON J B, JAMPANA V, WELLER R A, et al, 2013. On the exchange of momentum over the open ocean [J]. J Phys Oceanography, 43(8): 1589-1610.

FAIRALL C W, BRADLEY E F, HARE J E, et al, 2003. Bulk parameterization of airh wind uxes: Updates and verification for the COARE algorithm[J]. J Climate, 16(4): 571-591.

FAO. 1981. Soil Map of the World, Vol. 110, UNESCO, Paris, France.

FAO. 1995. Digitized Soil Map of the World and Derived Soil Properties, FAO, Rome, Italy.

FAO. 2003. The Digitized Soil Map of the World Including Derived Soil Properties (version 3. 6), FAO,

Rome, Italy.

FAO/IIASA/ISRIC/ISS-CAS/JRC. 2012. Harmonized World Soil Database (version1. 2), FAO, Rome, Italy and IIASA, Laxenburg, Austria.

FORBES R M, TOMPKINS A M, UNTCH A, 2011. A new prognostic bulk microphysics scheme for the IFS. ECMWF Tech. Memo. No. 649. https://doi. org/10. 21957/bfbvjvxk.

FOWLER L D, SKAMAROCKW C, GRELLG A, et al, 2016. Analyzing the Grell-Freitas convection scheme from hydrostatic to nonhydrostatic scales within a global model[J]. Mon Wea Rev, 144:2285-2306.

FREITAS S R, COAUTHORS, 2018. Assessing the Grell-Freitas convection parameterization in the NASA GEOS modeling system[J]. J Adv Model Earth Sys, 10: 1266-1289.

FREITAS S R, PUTMAN W M, ARNOLD N P, et al, 2020. Cascading toward a kilometer-scale GCM: Impacts of a scale-aware convection parameterization in the Goddard Earth Observing System GCM. Geophys Res Let, e2020GL087682, doi:10. 1029/2020GL087682.

FREITAS S R, GRELL G A, LI H Q, 2021. The Grell-Freitas (GF) convection parameterization: Recent developments, extensions and applications[J]. Geosci Model Dev, 14:5393-5411.

FRITSCH J M, CHAPPELL C F, 1980. Numerical prediction ofconvectively driven mesoscale pressure systems. Part I: Convective parameterization[J]. J Atmos Sci, 37: 1722-1733.

GLOTFELTY T, COAUTHORS, 2019. The weather research and forecasting model with aerosol-cloud interactions (WRF-ACI): Development, Evaluation, and Initial Application [J]. Mon Wea Rev, 147: 1491-1511.

GOLBRAIKH E, SHTEMLER Y M, 2016. Foam input into the drag coefficient in hurricane conditions[J]. Dynamics of Atmospheres and Oceans, 73: 1-9.

GRELL G A, 1993. Prognostic evaluation of assumptions used by cumulus parameterizations[J]. Mon Wea Rev, 121: 764-787.

GRELL G A, DEVENYI D, 2002. A generalized approach to parameterizing convection combining ensemble and data assimilation techniques[J]. Geophys Res Let, 29: 38. 1-38. 4.

GRELL G A, FREITAS S R, 2014. A scale and aerosol aware stochastic convective parameterization for weather and air quality modeling[J]. Atmos Chem Phys, 14: 5233-5250.

HAN J, PAN H L, 2011. Revision of convection and vertical diffusion schemes in the NCEP Global Forecast System[J]. Wea Forecasting, 26: 520-533.

HAN J, WANG W, KWON Y C, et al, 2017. Updates in the NCEP GFS Cumulus Convection Schemes with Scale and Aerosol Awareness[J]. Wea Forecasting, 32: 2005-2017.

HAN J, BRETHERTON C S, 2019. TKE-based moist eddy-diffusivity mass-flux (EDMF) parameterization for vertical turbulent mixing[J]. Wea Forecasting, 34: 869-886.

HOLTHUIJSEN L H, POWELL M D, PIETRZAK J D, 2012. Wind and waves in extreme hurricanes[J]. J Geophys Res: Oceans, 117(C9).

JAROSZ E, MITCHELL D A, WANG D W, et al, 2007. Bottom-up determination of air-sea momentum exchange under a major tropical cyclone[J]. Science, 315(5819): 1707-1709.

KAIN J S, 2004. The Kain-Fritsch convective parameterization: An update[J]. J Appl Meteor, 43: 170-181.

KAIN J S, FRITSCH J M, 1990. A one-dimensional entraining/detraining plume model and its application in convective parameterization[J]. J Atmos Sci, 47: 2784-2802.

KAIN J S, FRITSCH J M, 1993. Convective parameterization for mesoscale models: The Kain-Fritsch scheme. The Representation of Cumulus Convection in Numerical Models [J]. Meteor Monogr, 24: 165-170.

KLUTE A. 1952. A numerical method for solving the flow equation for water in unsaturated materials[J]. Soil Sci, 73: 105-116.

KOUKOULA K, NIKOLOPOULOS E I, KUSHTA J, et al, 2018. A numerical sensitivity analysis of soil moisture feedback on convective precipitation[J]. J Hydrometeorology, 20: 23-44.

KROGSTAD H E, WOLF J, THOMPSON S P, et al, 1999. Methods for intercomparison of wave measurements[J]. Coastal Engineering, 37(3-4): 235-257.

KUO H L, 1974. Further studies of the parameterization of the influence of cumulus convection on large scale flow[J]. J Atmos Sci, 31: 1232-1240.

KUELL V, GASSMANN A, BOTT A, 2007. Towards a new hybrid cumulus parametrization scheme for use in non-hydrostatic weather prediction models[J]. Quart J Roy Meteor Soc, 133: 479-490.

KWON Y C. HONG S Y, 2017. A mass-flux cumulus parameterization scheme across gray-zone resolutions [J]. Mon Wea Rev, 145: 583-598.

LANGGUTH M, KUELLV, BOTTA, 2020. Implementing the HYbrid MAss flux Convection Scheme (HYMACS) in ICON-First idealized tests and adaptions to the dynamical core for local mass sources[J]. Quart J Roy Meteor Soc, 1-28.

LI C, LU H, YANG K, et al, 2017. Evaluation of the Common Land Model (CoLM) from the Perspective of Water and Energy Budget Simulation: Towards inclusion in CMIP6[J]. Atmosphere, 8(12): 141.

LIANG X, LETTENMAIE D P, WOOD E F, et al, 1994. A simple hydrologically based model of land surface water and energy fluxes for general circulation models[J]. J Geophys Res, 99(D7): 14,415-14,428.

LINDSTROM S S, NORDENG T E, 1992. Parameterized slantwise convection in a model[J]. Mon Wea Rev, 120: 742-756.

MA L M, TAN Z M, 2009. Improving the behavior of the cumulus parameterization for tropical cyclone prediction: Convection trigger[J]. Atmos Res, 92: 190-211.

MA Z S, LIU Q J, ZHAO C F, et al, 2018. Application and evaluation of an explicit prognostic cloud-cover scheme in GRAPES global forecast system[J]. J Adv Model Earth Sys, 10(3): 652-667.

MALARDEL S, BECHTOLD P, 2019. The coupling of deep convection with the resolved flow via the divergence of mass flux in the IFS[J]. Quart J Roy Meteor Soc, 145: 1832-1845.

MITCHELL K, et al, 2004. The multi-institution North American Land Data Assimilation System (NLDAS): Utilizing multiple GCIP products and partners in a continental distributed hydrological modeling system [J]. J Geophys Res, 109, D07S90, doi: 10.1029/2003JD003823.

MUALEM Y, 1976. A new model for predicting the hydraulic conductivity of unsaturated porous media[J]. Water Resources Res, 12(3): 513-522.

NORDENG T E, 1987. The effect of vertical and slantwise convection on the simulation polar lows[J]. Tellus, 39A: 354-375.

OLESON K W, et al, 2004. Technical description of the community landmodel (CLM), NCAR Tech. Note NCAR/TN-461+STR, 174 pp., Natl Cent for Atmos Res, Boulder, Colo.

ONG H, WU C M, KUO H C, 2017. Effects of artificial local compensation of convective mass flux in the cumulus parameterization[J]. J Adv Modeling Earth Sys, 9: 1811-1827.

PAN H L, WU W S, 1995. Implementing a mass flux convective parameterization package for the NMC Medium-Range Forecast model. NMC Office Note 409, 40.

POWELL M D, VICKERY P J, REINHOLD T A, 2003. Reduced drag coefficient for high wind speeds in tropical cyclones[J]. Nature, 422(6929): 279-283.

PRODHOMME C, FRANCISCO D R, BELLPRAT O, et al, 2016. Impact of land-surface initialization on sub-seasonal to seasonal forecasts over Europe[J]. Climate Dyn, 47: 919-935.

SHANGGUAN W, DAI Y J, DUAN Q, et al,2014. A global soil data set forearth system modeling[J]. J Adv Model Earth Syst,6(1): 249-263.

SHAO Y, IRANNEJAD P,1999. On the choice of soil hydraulic models in land-surface schemes[J]. Bound Layer Meter, 90: 83-115.

TAKAGAKI N, KOMORI S, SUZUKI N, et al, 2012. Strong correlation between the drag coefficient and the shape of the wind sea spectrum over a broad range of wind speeds[J]. Geophys Res Let, 39(23).

TAYLOR C M, HARRIS P P, PARKER D J. 2010. Impact of soil moisture on the development of a Sahelian mesoscale convective system: A case-study from the AMMA Special Observing Period[J]. Quart J Roy Meteor Soc, 136(S1): 456-470.

TAYLOR P K, YELLAND M J, 2001. The dependence of sea surface roughness on the height and steepness of the waves[J]. J Phys Oceanography, 31(2): 572-590.

TIEDTKE M, 1989. A comprehensive mass flux scheme for cumulus parameterization in large-scale models [J]. Mon Wea Rev,117: 1779-1800.

TOBA Y, 1973. Local balance in the air-sea boundary processes[J]. J Oceanographical Soc Japan, 29(5): 209-220.

VAN DEN HURK B J J M, VITERBO P, BELJAARS, et al, 2000. Offline validation of the ERA40 surface scheme. ECMWF Technical Memorandum No. 295.

VAN GENUCHTEN M,1980. A closed form equation for predicting the hydraulic conductivity of unsaturated soils[J]. Soil Scie Soc Amer J, 44: 892-898.

VILLALBA PRADAS A,TAPIADOR F J, 2022. Empirical values and assumptions in convective schemes[J]. Geosci Model Dev,15: 3477-3518.

WANG A, et al,2008. Integration of the variable infiltration capacity model soil hydrology scheme into the community land model[J]. J Geophy Res, 113(D9).

WANG C, FEI J, DING J, et al, 2017. Development of a new significant wave height and dominant wave period parameterization scheme[J]. Ocean Engineering, 135: 170-182.

WANG S X, ZHAO W J,2022. Influence of soil hydraulic parameters on global medium-range numerical weather forecast system. Chinese Journal of Atmospheric Sciences (in Chinese), doi: 10. 3878/j. issn. 1006-9895. 2209. 22040.

WILT B A, WANG W, 2020. IBM GRAF-Scale-Aware Convective Forecast Evaluation and Improvements// 30th Conference on Weather Analysis and Forecasting/26th Conference on Numerical Weather Prediction, AMS, January 13-17, Boston, MA (8C. 5).

WOOD E F, LETTENMAIER D P, ZARTARIAN V G,1992. A land surfacehydrology parameterization with subgrid variability for general circulation models[J]. J Geophys Res,97: 2713-2728.

WÖSTEN J, LILLY A, NEMES A, et al, 1999. Development and use of a database of hydraulic properties of European soils[J]. Geoderma, 90(3-4): 169-185.

WU C M,ARAKAWA A, 2014. A unified representation of deep moist convection in numerical modeling of the atmosphere. Part II[J]. J Atmos Sci,71:2089-2103.

XU X Y, FREY S K, BOLUWADE A, et al, 2019. Evaluation of variability among different pricipitation products in the Northern Great Plains[J]. Journal of Hydrology: Regional studies, 24:100608.

ZHANG C, WANG Y,HAMILTON K, 2011. Improved representation of boundary layer clouds over the southeast Pacific in ARW-WRF using a modified Tiedtke cumulus parameterization scheme[J]. Mon Wea Rev,139:3489-3513.

ZHANG S, LI D, QIU C, 2009. A comparative study of the three land surface models in simulating the soil moisture[J]. Plateau Meteorology, 28(5): 988-996 (in Chinese).

ZHANG C X, WANG Y Q, 2017. Projected future changes of tropical cyclone activity over the western north and south pacific in a 20-km-mesh regional climate model[J]. J Climate, 30, 5923-5941, doi: 10.1175/JCLI-D-16-0597.1.

ZHANG Y X, CHEN Z T, MENG W G, et al, 2022. Applicability of temperature discrete equation to NMRF boundary layer scheme in GRAPES model[J]. J Tropical Metor, 28(1): 12-28.

ZHAO R J, ZHANG Y L, FANG L R, et al, 1980. The Xinanjiang model, Hydrological Forecasting Proceedings Oxford Symposium[J]. IASH, 129: 351-356.

ZHENG Y, ALAPATY K, HERWEHE J S, et al, 2016. Improving high-resolution weather forecasts using the Weather Research and Forecasting (WRF) Model with an updated Kain-Fritsch scheme[J]. Mon Wea Rev, 144: 833-860.

ZHOU L, LIN S, CHEN J, et al, 2019. Toward convective-scale prediction within the next generation global predictionsystem[J]. Bull Amer Meteor Soc, 100: 1225-1243.

ZHOU L, COAUTHORS, 2022. Improving global weather prediction inGFDL SHiELD through an upgradedGFDL cloud microphysics scheme [J]. Journal of Advances in Modeling Earth Systems, 14, e2021MS002971. https://doi.org/10.1029/2021MS002971.

ZHU S, QI Y, CHEN H, et al, 2021. Distinct impacts of spring soil moisture over the Indo-China Peninsula on summer precipitation in the Yangtze River Basin under different SST backgrounds[J]. Climate Dyna, 56: 1895-1918.

第4章
球谐函数变换高效数值算法

4.1 概述

球谐函数变换在全球数值天气预报谱模式的数值计算方法设计中处于核心地位，不仅全球谱模式的并行计算框架需要围绕该问题进行展开，而且其计算量很大，需要寻求有效缩短计算时间的高效算法。目前在全球数值天气预报谱模式中，球谐函数变换在纬圈上使用傅里叶变换，而在经圈上使用勒让德变换，因而在格点空间保持经纬结构。随着模式分辨率的提高，勒让德变换计算量的快速增加造成谱模式的计算量快速增大，因此，高分辨率全球谱模式的计算开销非常巨大。对采用三角截断且最大截断波数为 N 的全球谱模式，采用快速傅里叶算法后球谐函数变换中傅里叶变换部分的计算复杂度降低到 $O(N\lg N)$，而传统勒让德变换的计算复杂度为 $O(N^2)$。显然，由于除球谐函数变换外的其他部分执行时间为 $O(N)$ 量阶，因此，随着水平分辨率的提高，勒让德变换的计算复杂度在量级上远大于模式中其余部分。

ECMWF（欧洲中期天气预报中心）IFS 模式的研究表明：在分辨率为 T_L2047L91 的全球静力谱模式中，球谐函数变换部分时间（计算时间＋通信时间）占总执行时间的约 30%，而同等分辨率的全球非静力模式球谐函数变换部分时间占比接近 50%（Wedi，2009）。ECMWF 计划于 2025 年将水平分辨率提升到约 5 km，此时必须采用非静力模式，除传统算法存在的高量阶问题外，还需要引入新预报变量导致球谐函数变换次数也大量增加，球谐函数变换的计算时间所占比重将超过 50%，从而严重制约未来高分辨率谱模式的性能（Wu et al.，2011；吴国溧，2015）。因此，在分辨率很高的情况下，全球谱模式的计算开销非常巨大。如何降低球谐函数变换的计算复杂度，进而降低球谐函数变换在数值预报模式业务应用的时间占比，最终降低数值天气预报模式的执行时间具有重要研究意义和应用价值。

本章主要介绍国防科技大学自主研发的全球谱模式 YHGSM 在球谐函数变换高效数值算法方面的最新研究成果，重点围绕球谐函数变换的核心算法进行展开，主要包括基本型快速勒让德变换、稳定型快速勒让德变换和混合精度球谐函数变换 3 个方面，同时重点描述这些方法在缓解高分辨率全球谱模式性能瓶颈方面的应用进展。

4.1.1 球谐函数的推导

在球坐标系中，三维拉普拉斯方程定义为（雷兆崇 等，1991）

$$\frac{1}{r^2\cos^2\varphi}\frac{\partial^2 u}{\partial\lambda^2}+\frac{1}{r^2\cos\varphi}\frac{\partial}{\partial\varphi}\left(\cos\varphi\frac{\partial u}{\partial\varphi}\right)+\frac{1}{r^2}\frac{\partial}{\partial r}\left(r^2\frac{\partial u}{\partial r}\right)=0 \tag{4.1}$$

式中，u 为因变量，r 为球面质点到球心的距离，φ 为纬度，λ 为经度。如果采用分离变量法求解方程（4.1），那么可设

$$u(\lambda,\varphi,r)=Y(\lambda,\varphi)R(r) \tag{4.2}$$

将式（4.2）代入式（4.1），可得

$$\frac{R(r)}{r^2\cos^2\varphi}\frac{\partial^2 Y(\lambda,\varphi)}{\partial\lambda^2}+\frac{R(r)}{r^2\cos\varphi}\frac{\partial}{\partial\varphi}\left(\cos\varphi\frac{\partial Y(\lambda,\varphi)}{\partial\varphi}\right)+\frac{Y(\lambda,\varphi)}{r^2}\frac{\partial}{\partial r}\left(r^2\frac{\partial R(r)}{\partial r}\right)=0 \tag{4.3}$$

$$\frac{R(r)}{r^2\cos^2\varphi}\frac{\partial^2 Y(\lambda,\varphi)}{\partial\lambda^2}+\frac{R(r)}{r^2\cos\varphi}\frac{\partial}{\partial\varphi}\left(\cos\varphi\frac{\partial Y(\lambda,\varphi)}{\partial\varphi}\right)+\frac{Y(\lambda,\varphi)}{r^2}\left(2r\frac{\partial R(r)}{\partial r}+r^2\frac{\partial^2 R(r)}{\partial r^2}\right)=0 \tag{4.4}$$

式(4.4)两边乘以 r^2，再除以 $Y(\lambda,\varphi)$，可得

$$\frac{R(r)}{Y(\lambda,\varphi)}\left(\frac{1}{\cos^2\varphi}\frac{\partial^2 Y(\lambda,\varphi)}{\partial\lambda^2}+\frac{1}{\cos\varphi}\frac{\partial}{\partial\varphi}\left(\cos\varphi\frac{\partial Y(\lambda,\varphi)}{\partial\varphi}\right)\right)+\left(2r\frac{\partial R(r)}{\partial r}+r^2\frac{\partial^2 R(r)}{\partial r^2}\right)=0 \tag{4.5}$$

经分离变量后，整理得到

$$\begin{cases}r^2\dfrac{\partial^2 R(r)}{\partial r^2}+2r\dfrac{\partial R(r)}{\partial r}+vR(r)=0\\ v=\dfrac{1}{Y(\lambda,\varphi)}\left(\dfrac{1}{\cos^2\varphi}\dfrac{\partial^2 Y(\lambda,\varphi)}{\partial\lambda^2}+\dfrac{1}{\cos\varphi}\dfrac{\partial}{\partial\varphi}\left(\cos\varphi\dfrac{\partial Y(\lambda,\varphi)}{\partial\varphi}\right)\right)\end{cases} \tag{4.6}$$

或

$$\begin{cases}\nabla^2 Y+\bar{v}Y=\dfrac{1}{\cos^2\varphi}\dfrac{\partial^2 Y(\lambda,\varphi)}{\partial\lambda^2}+\dfrac{1}{\cos\varphi}\dfrac{\partial}{\partial\varphi}\left(\cos\varphi\dfrac{\partial Y(\lambda,\varphi)}{\partial\varphi}\right)+\bar{v}Y=0\\ \bar{v}=\dfrac{1}{R}\left(r^2\dfrac{\partial^2 R(r)}{\partial r^2}+2r\dfrac{\partial R(r)}{\partial r}\right)\end{cases} \tag{4.7}$$

式(4.7)称为球调和函数方程，满足该方程且具有连续二阶导的有界解，通常被称为球谐函数。

使用分离变量法，继续求解式(4.7)，可设

$$Y(\varphi,\lambda)=H(\varphi)G(\lambda) \tag{4.8}$$

将式(4.8)代入式(4.7)，可得

$$\begin{cases}\dfrac{d^2 G(\lambda)}{d\lambda^2}+\dfrac{G(\lambda)}{H(\varphi)}\cos\varphi\dfrac{d}{d\varphi}\left(\cos\varphi\dfrac{dH(\varphi)}{d\varphi}\right)+\bar{v}G(\lambda)\cos^2\varphi=0\\ \bar{v}=\dfrac{1}{R}\left(r^2\dfrac{d^2R(r)}{dr^2}+2r\dfrac{dR(r)}{dr}\right)\end{cases} \tag{4.9}$$

$$G''+m^2G=0 \tag{4.10}$$

式中，

$$m^2=\frac{\cos\varphi}{H(\varphi)}\frac{d}{d\varphi}\left(\cos\varphi\frac{dH(\varphi)}{d\varphi}\right)+\bar{v}\cos^2\varphi \tag{4.11}$$

于是，可以得到关联公式

$$\frac{1}{\cos\varphi}\frac{d}{d\varphi}\left(\cos\varphi\frac{dH(\varphi)}{d\varphi}\right)+\left(\bar{v}-\frac{m^2}{\cos^2\varphi}\right)H(\varphi)=0 \tag{4.12}$$

同理可得

$$\frac{1}{\sin\varphi}\frac{d}{d\varphi}\left(\sin\varphi\frac{dH(\varphi)}{d\varphi}\right)+\left(\bar{v}-\frac{m^2}{\sin^2\varphi}\right)H(\varphi)=0 \tag{4.13}$$

方程(4.10)有线性无关的解 $\cos m\lambda$ 和 $\sin m\lambda$。

设 $\cos\varphi=x$，$H(\varphi)=y(x)$，可以得到

$$\frac{d}{dx}\left[(1-x^2)\frac{dy}{dx}\right]+\left(\bar{v}-\frac{m^2}{1-x^2}\right)y=0 \tag{4.14}$$

当 $m=0$ 时，有

$$\frac{d}{dx}\left[(1-x^2)\frac{dy}{dx}\right]+\bar{v}y=0 \tag{4.15}$$

方程(4.14)称为连带勒让德方程,方程(4.15)称为勒让德方程。连带勒让德函数是方程(4.14)的解。于是,由方程(4.7)求出的球谐函数可表示为

$$Y_n^m(\varphi,\lambda)=\sin m\lambda P_n^m(\sin\varphi) \tag{4.16}$$

或

$$Y_n^m(\varphi,\lambda)=\cos m\lambda P_n^m(\sin\varphi) \tag{4.17}$$

式中,$m=0,1,2,\cdots,n$,$n=0,1,2,\cdots$

由于式(4.7)的线性性质,球谐函数的线性组合仍然是球谐函数。

由欧拉公式

$$\begin{cases}\cos m\lambda+\mathrm{i}\sin m\lambda=\mathrm{e}^{\mathrm{i}m\lambda}\\ \cos m\lambda-\mathrm{i}\sin m\lambda=\mathrm{e}^{-\mathrm{i}m\lambda}\end{cases} \tag{4.18}$$

可知,球谐函数还可以写为

$$Y_n^m(\varphi,\lambda)=\mathrm{e}^{\mathrm{i}m\lambda}P_n^m(\sin\varphi) \tag{4.19}$$

式中,$m=0,\pm1,\pm2,\cdots,\pm n$。

在上述表达式中,$P_n^m(\sin\varphi)$是连带勒让德函数,它具有多种解析表达式,Rodrigues 公式是其中一种比较经典的微分表达式

$$P_n^m(\mu)=\sqrt{(2n+1)\frac{(n-|m|)!}{(n+|m|)!}}\frac{(1-\mu^2)^{|m|/2}}{2^n n!}\frac{\mathrm{d}^{n+|m|}}{\mathrm{d}\mu^{n+|m|}}(\mu^2-1)^n \tag{4.20}$$

4.1.2 球谐函数的性质

4.1.2.1 球谐函数的对称性

由式(4.20)可以推出连带勒让德函数的对称性,即

$$P_n^m(-\mu)=(-1)^{n-|m|}P_n^m(\mu) \tag{4.21}$$

该式表明:当$n-|m|$为偶数时,$P_n^m(\mu)$是关于赤道对称的;当$n-|m|$为奇数时,$P_n^m(\mu)$是关于赤道反对称的。其对称性在全球谱模式的设计中应用非常广泛。由连带勒让德函数的对称性可以推出球谐函数的对称性。球谐函数的表达式为:

$$\begin{cases}Y_n^m(\lambda,\varphi)=\sin m\lambda P_n^m(\sin\varphi)\\ Y_n^m(\lambda,\varphi)=\cos m\lambda P_n^m(\sin\varphi)\end{cases} \tag{4.22}$$

式中,m为纬向波数,n为二维指数或全波数。

4.1.2.2 球谐函数的正交性

由连带勒让德函数和三角函数的正交性,可以推出球谐函数的正交性

$$\frac{1}{4\pi}\int_{-1}^{1}\int_{0}^{2\pi}Y_n^m(\lambda,\mu)Y_{n'}^{m'*}(\lambda,\mu)\mathrm{d}\lambda\mathrm{d}\mu=\begin{cases}1 & (m,n)=(m',n')\\ 0 & (m,n)\neq(m',n')\end{cases} \tag{4.23}$$

$Y_{n'}^{m'*}(\lambda,\mu)$为$Y_{n'}^{m'}(\lambda,\mu)$的复共轭函数。根据$P_n^m(\mu)=P_n^{-m}(\mu)$可以得到如下关系式

$$Y_{n'}^{m'*}(\lambda,\mu)=Y_{n'}^{-m'*}(\lambda,\mu) \tag{4.24}$$

4.1.2.3 球谐函数是希尔伯特空间的一组基底

对球面上的所有连续复变量函数所构成的函数空间,如果定义标量积

$$(f,g)=\frac{1}{4\pi}\int_{-1}^{1}\int_{0}^{2\pi}fg^{*}\,\mathrm{d}\lambda\mathrm{d}\mu \tag{4.25}$$

则球谐函数构成了一个正交系。

因此,球面上任意一个连续函数都可以展开为

$$F(\lambda,\mu)=\sum_{m=-\infty}^{\infty}\sum_{n=|m|}^{\infty}F_n^m Y_n^m(\lambda,\mu) \tag{4.26}$$

其中,F_n^m 称为谱分量或谱系数,可按下式计算

$$F_n^m=\frac{1}{4\pi}\int_{-1}^{1}\int_{0}^{2\pi}F(\lambda,\mu)Y_n^{m*}(\lambda,\mu)\mathrm{d}\lambda\mathrm{d}\mu \tag{4.27}$$

4.1.3 球谐函数展开快速算法的发展

4.1.3.1 球谐函数变换算法

在降低球谐函数变换算法计算复杂度方面,中外已提出了不少算法,这些算法大致可以分为基于分治和快速多级法(Fast Multipole Method,FMM)的快速算法、基于蝶型矩阵压缩(Butterfly Matrix Compression,BMC)的快速算法、基于傅里叶变换(FFT)的快速算法三类。

①基于分治和快速多级法的快速球谐函数变换算法。Alpert 和 Rohklin(1991)使用快速多级法类似的方法给出了计算复杂度为 $O(N)$ 的勒让德系数与切比雪夫系数间的快速转换方法,并以此为基础提出了一种计算复杂度为 $O(N\lg N)$ 的快速勒让德展开算法。然而由于初始化过程计算开销过大,且采用了层次数据结构,使其在实际业务预报中难以有效应用。Suda 和 Takami(2001)对数值天气预报中的快速勒让德变换做了深入研究,提出了一种应用快速多极法加速多项式插值和引入分裂勒让德函数的快速变换算法,其计算复杂度为 $O(N\lg N)$,然而该算法在谱截断波数大于 1000 时数值不稳定。固定阶的连带勒让德多项式矩阵虽然是稠密的且具有振荡性,但是可以有效地局部三角化。Mohlenkamp(1999)利用这一性质,将球谐函数展开问题快速规约为固定阶的连带勒让德多项式矩阵,对于节点数为 $O(N^2)$ 的二维球面网格,其算法的计算复杂度为 $O(N^{5/2}\lg N)$。此后 Mohlenkamp 还提出了一种在固定精度下时间复杂度为 $O(N^2(\lg N)^2)$ 的算法,并给出了相关证明,但其数值结果并不足以支撑这一结论。Healy(2003)、Kunis 和 Potts(2003)提出了一种精确但数值不稳定的快速球谐函数展开算法。勒让德函数的计算复杂度随其阶数的降低而减小,基于这个事实,Healy 等(2004)推导了一种简单的分治算法,将高阶勒让德函数分解为低阶勒让德函数,再组合所有相关低阶连带勒让德多项式的快速离散勒让德变换(Discrete Legendre Transform,DLT)结果,可以得到计算复杂度为 $O(N^2\lg^2 N)$ 的球谐函数展开算法。Rokhlin 和 Tyger(2006)发展了一种球谐函数展开的快速算法,通过对一维采样点进行函数的奇偶分解,分别计算函数的奇偶两部分展开系数,其计算复杂度为 $O(N^2\lg N\lg(1/\varepsilon))$,其中 ε 为计算精度。接着 Tygert(2008)提出了一种改进的快速算法,应用快速多极法(FMM)加速的分治算法,通过自伴随三对角矩阵对角化并应用其标准特征向量矩阵,分析与合成标准连带勒让德多项式的线性组合并进行插值,该算法对节点数为 $O(N^2)$ 的二维球面网格,在任意固定精度下,计算复杂度为 $O(N^2\lg N)$,然而该算法理论和实现过于复杂,需要很大的预处理开销,且实际应用计算复杂度高于 $O(N^2\lg N)$。

②基于蝶型矩阵压缩的快速球谐函数变换算法。蝶型算法(Butterfly Algorithm)由Michielssen和Boag(1996)首次提出,O'Neil等(2010)进行扩展并将其应用于特殊函数计算。蝶型算法的主要思想为:对可以表示为矩阵向量乘形式的变换,$\boldsymbol{u}=\boldsymbol{K}\boldsymbol{g}$,其中矩阵$\boldsymbol{K}$是变换的离散表示形式,向量$\boldsymbol{g}$是被变换函数的离散表示形式。当$\boldsymbol{K}$满足低秩矩阵分解特性时,利用矩阵低秩分解技术,将矩阵$\boldsymbol{K}$近似为非0元个数为$O(N)$的$O(\lg N)$个稀疏矩阵的乘积形式,从而以$O(N\lg N)$的计算复杂度实现矩阵向量乘$\boldsymbol{u}=\boldsymbol{K}\boldsymbol{g}$的快速计算。蝶型算法包括蝶型矩阵压缩和蝶型矩阵向量乘法两个部分。蝶型矩阵乘法的计算复杂度取决于稀疏矩阵非0元的个数,即压缩性能决定蝶型算法的计算效率。因此,提高蝶型矩阵压缩的效率来降低蝶型矩阵向量乘法的实际执行时间变得很重要。对维数为L的矩阵,蝶型矩阵压缩的计算复杂度和存储复杂度分别为$O(L^2)$和$O(L\lg L)$,因此对截断波数为N的球谐函数变换,其预处理开销分别为$O(N^3)$和$O(N^2\lg N)$。Tygert(2010)利用蝶型算法加速球谐函数变换中的勒让德变换过程,得到了一种计算复杂度为$O(N^2\lg N)$的快速球谐函数变换算法。图4.1给出了球谐函数变换中基于蝶型矩阵压缩(简称BMC)的快速勒让德变换算法流程,从图中可以看出其主要包括4个函数模块:ⓐ勒让德变换矩阵计算,ⓑ蝶型矩阵压缩,ⓒ蝶型矩阵乘法,ⓓ插值。其中ⓐ和ⓑ属于预处理。基于BMC的快速球谐函数变换算法具有如下优点:易于优化和应用;数值稳定;预设精度的容忍度是合理的。然而,Tygert指出在球谐函数变换中蝶型算法的矩阵低秩分解性质缺少正式的理论分析和证明,因此蝶型矩阵压缩可能得不到最优低秩近似,进而导致蝶型矩阵乘法达不到最优计算复杂度。基于BMC的快速球谐函数变换算法在天体物理学wavemoth(Seljebotn, 2012)的应用中计算复杂度$\propto O(N^2\lg^2 N)$。Wedi等(2013)在高分辨率谱模式中对基于BMC的球谐函数变换算法进行研究,得出在水平分辨率为T_L2047($\approx$10 km)、T_L3999($\approx$5 km)和T_L7999($\approx$2.5 km)的实际模拟中谱变换的计算复杂度$\propto O(N^2\lg^3 N)$。此外,Wedi等(2013)的试验结果表明,在模式分辨率为$T_L2047L91$、$T_L3999L91$和$T_L7999L91$时,基于BMC的快速球谐函数变换算法分别能够获得0.75%、15.94%和29.25%的加速效果。这极大减轻了谱模式分辨率提升面临的球谐函数计算量急剧增大问题,使得高分辨谱模式的应用成为可能。

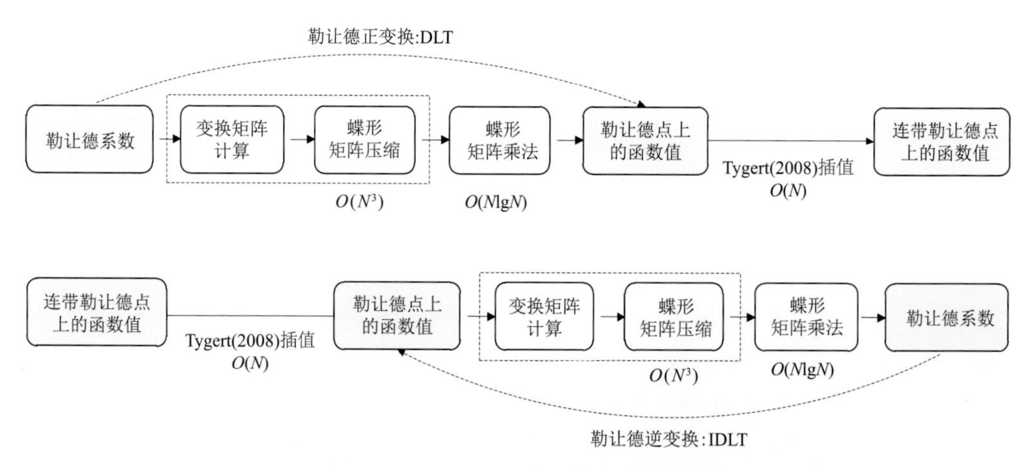

图4.1 球谐函数变换中基于蝶型矩阵压缩的快速勒让德变换流程

③基于FFT的快速球谐函数变换算法。Orszag(1986)基于勒让德多项式的一阶WKB

展开提出了一种可用于计算勒让德展开系数的特征函数变换快速算法。然而因为一阶 WKB 展开收敛太慢，Orszag 的算法被认为是不切实际的。Mori 等(1999)基于 Stieltjies 的勒让德渐近展开公式推导出一种计算复杂度为 $O(N\lg N)$的快速勒让德变换算法。但 Mori 等的算法在 N 较大时数值不稳定。Hale 和 Townsend(2014)基于勒让德多项式渐近展开公式和快速傅里叶变换算法，给出了勒让德系数与切比雪夫系数间快速稳定的变换算法，该算法计算复杂度为 $O(N\lg^2 N/\lg\lg N)$。接着，Hale 和 Townsend(2015)将勒让德点视为切比雪夫点的扰动，使用泰勒展开近似构造非等距切比雪夫变换来计算勒让德点上的函数值，算法复杂度为 $O(N\lg N)$。此后 Townsend 等(2018)基于正交多项式展开系数之间的变换可以写为托普利兹(Toeplitz)和汉克(Hankel)矩阵的对角-伸缩阿达马积(diagonally-scaled Hadamard products)这一结论，提出了一种基于勒让德系数与切比雪夫系数转换的快速勒让德变换算法，试验结果表明，在 $N>512$ 时该算法的计算速度比 Hale 和 Townsend(2014)的算法快 2～3 倍(注意 $\lg\lg N$ 仅在 N 大于10^{10}才大于 1)。最终得到了复杂度为 $O(N\lg^2 N)$的快速勒让德变换算法(图 4.2)。该算法的好处是：简单(主要部分仅是快速傅里叶变换和泰勒近似；没有明显的预计算开销；不需要用户手动调节算法参数。缺点是每一次勒让德变换都需要调用多次 FFT，且次数和规模均较大，造成基于 FFT 的快速勒让德变换算法仅在截断波数大于 5000 时才有效果。注意为了描述方便将 Hale 和 Townsend 的算法称为基于 FFT 的勒让德变换算法，而将采用 Hale 和 Townsend 算法的球谐函数变换算法称为基于 FFT 的球谐函数变换算法。由此可见基于 FFT 的球谐函数变换算法的计算复杂度为 $O(N^2\lg^2 N)$。

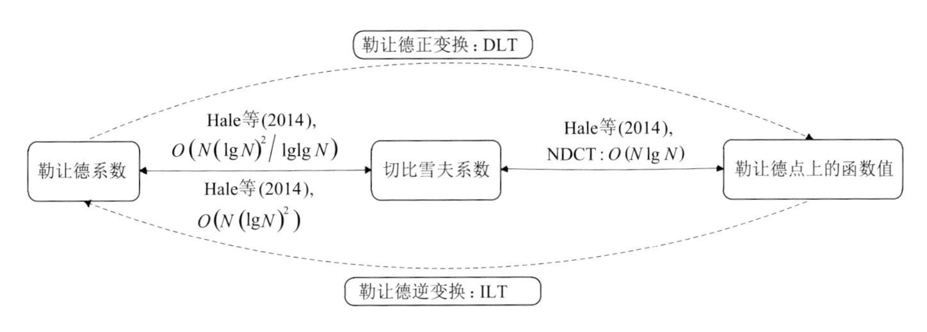

图 4.2　基于 FFT 的勒让德变换流程

中国在快速球谐函数变换算法的设计与实现上，王翔(2011)和吴国溧(2015)分别实现了基于分治和快速多级法(Tygert，2008)的球谐函数展开快速算法和基于蝶型矩阵压缩的球谐函数展开快速算法(Tygert，2010)。综合看来，这些研究主要侧重于快速球谐函数变换的应用上，对球谐函数快速变换算法本身的理论研究十分缺乏。

4.1.3.2　发展趋势分析

表 4.1 给出了 3 种快速球谐函数变换算法的对比，其中基于分治和快速多级法的球谐函数变换算法(Tygert，2008)和基于 BMC 的球谐函数变换算法(Tygert，2010)均由 Tygert 提出，并且 Tygert 建议使用后者来进行改进和优化。欧洲中期天气预报中心的 Wedi 正是在 Tygert 的建议下选用后者作为 IFS 模式球谐函数变换的替代算法，并进行了一系列的研究和测试。基于 BMC 的球谐函数变换算法能够保持原有的并行框架，对代码改动量较少，便于实现和应用。基于 FFT 的球谐函数变换算法仅包括 FFT，因此纬圈和经圈上的 FFT 变换可以

统一考虑合理安排，以达到提高并行性、充分利用并行计算机的硬件资源缩短计算时间的目的。

表 4.1　快速球谐函数变换算法对比

算法类别	分治和快速多级法	蝶型算法	FFT
计算复杂度	理论 $O(N^2 \lg N)$	$O(N^2 \lg^3 N)$	$O(N^2 \lg^2 N)$
优点	计算复杂度较低	易于优化和应用，代码改动量小	实现简单，无预处理开销
缺点	理论和实现复杂，预处理开销较大，代码改动量大	预处理开销较大，缺少理论证明	算法计算量较大，效果难以体现

4.1.3.3　存在的问题

(1)球谐函数变换算法中蝶型矩阵压缩算法方面

提高矩阵压缩率可以降低存储需求和蝶型矩阵向量乘的计算时间。Tygert(2010)的数值试验结果表明，勒让德变换矩阵的秩 k 随着球谐函数的纬向波数 m 单调上升，因此勒让德变换矩阵确实有可能不满足或者仅条件满足矩阵低秩分解特性，目前暂无相关理论研究。其次原有算法将勒让德变换矩阵表示为 p 个排列矩阵和 p 个块对角矩阵的乘法(p 为蝶型矩阵压缩的级数)，而 p 与勒让德变换矩阵的阶数为单调递增关系，因此当网格点数较大时，蝶型矩阵压缩的计算量和存储量均较大。在 wavemoth 和 IFS 模式的实际应用中，由于矩阵压缩率不高(没有获得最优低秩分解)导致基于 BMC 的快速勒让德变换算法无法达到最优计算复杂度($O(N\lg N)$)。目前中外暂无蝶型矩阵压缩算法优化方面的研究。

(2)基于 BMC 的快速球谐函数变换算法方面

虽然该算法在 wavemoth 和 IFS 模式的实际应用中取得了一些成果，然而该算法还面临如下 3 个问题：①预处理计算和存储开销过大(根据 O'NEIL 等(2010)的结论，球谐函数变换的预处理计算开销和存储开销分别为 $O(N^3)$ 和 $O(N^2 \lg N)$，然而根据我们的测试结果两者均接近 $O(N^3)$)，使得其在全球非静力模式下的应用面临巨大困难。根据我们的测试结果：在 T_L3999 分辨率下预处理数据所占的存储空间为 212.48 GB，以此增长趋势，在 T_L7999 分辨率下存储需求将超过 1 TB；预计算与单次球谐函数变换计算时间的比值由 T_L159 时的约 11 倍，迅速扩大到在 T_L1024 时的约 170 倍。预处理巨大的存储需求和计算开销严重制约了基于 BMC 的快速球谐函数变换算法的应用效果。②每一次勒让德变换均需要进行插值。因为勒让德点与连带勒让德点并不一致，勒让德正变换需要将勒让德点上的函数值插值到连带勒让德点上，反之勒让德逆变换前要将连带勒让德点上的函数值插值到勒让德点上。使用快速多级法和对一些量进行预处理后，插值的浮点运算次数由 $C(PL)$ 降到 $C(P+L)(\ln 1/\varepsilon)^2$，其中 P 和 L 分别为勒让德点和连带勒让德点个数，$\varepsilon \leqslant 0.1$。根据我们的测试结果，插值过程在勒让德变换中的计算时间占比在 T_L1024、T_L3999 和 T_L7999 分辨率下分别约为 20%、16.71%和 15.43%。③在蝶型矩阵乘法过程中没有利用矩阵的稀疏结构特性。蝶型矩阵乘法中需要存储和使用蝶型矩阵压缩过程中产生的多个重排矩阵和列骨架矩阵来进行矩阵向量乘操作。这些矩阵具有稀疏结构特性，因此可以构造稀疏数据结构和采用稀疏矩阵-稠密向量乘法达到降低存储和计算开销的目的。目前中外暂无以上 3 个方面的相关研究工作。

(3)基于 FFT 的勒让德变换算法方面

对于正变换，Hale 和 Townsend 的算法首先由勒让德系数计算切比雪夫系数，然后再使用非等距切比雪夫变换得到勒让德点上的函数值。虽然分别给出了勒让德系数计算切比雪夫系数的误差和非等距切比雪夫变换的误差，然而并没有给出整个变换的误差分析。其次，Hale 和 Townsend(2015)的数值结果表明，该算法在变换过程中需要调用多次 FFT，且次数和规模均较大，造成其仅在 $N>5000$ 时才有效果。Hale 和 Townsend(2015 的勒让德正变换用的不是矩阵乘法实现，并且没有对连带勒让德-范德蒙矩阵进行预计算。在进一步测试后我们发现该算法在阶数大于 15000 时才有效果，经过一系列优化后仍需在阶数大于 10000 时才有效果，使其还无法在数值天气预报谱模式中直接使用。Hale 和 Townsend(2015)给出了勒让德系数与切比雪夫系数转换的快速算法，虽然该算法在 $N>512$ 时比他们 2014 年提出的算法(Hale et al. ,2014)的算法快 2～3 倍，但是该算法仍然需要多次调用 FFT，导致在实际应用中，基于 FFT 的快速勒让德变换算法计算效果难以体现。目前国内外也暂无对该算法进行优化的研究。

4.2 球谐函数变换

函数 f 在球面 $L^2(S^2)$ 上的球谐函数展开，可写为如下形式：

$$f(\theta,\varphi) = \sum_{k=0}^{\infty}\sum_{m=-k}^{k}\beta_k^m P_k^{|m|}(\cos\theta)\mathrm{e}^{\mathrm{i}m\varphi} \tag{4.28}$$

式中，(θ,φ)是在$\mathbb{R}^3$中的二维球面 S^2 上的标准球面坐标，$\theta\in(0,\pi)$，$\varphi\in(0,2\pi)$；P_k^m 是连带勒让德函数。函数族$\{P_k^{|m|}(\cos(\theta))\mathrm{e}^{\mathrm{i}m\varphi}\}$组成了球面 $L^2(S^2)$上的一组正交基，即当 $l\neq k$ 时

$$\int_{-1}^{1} P_k^{|m|}(x)P_l^{|m|}(x)\mathrm{d}x = 0 \tag{4.29}$$

但是当 $l=k$ 时，连带勒让德函数的范数不为 1。事实上，未标准化的连带勒让德函数在数值计算中是无法使用的。因此，通常采用如下形式替代式(4.28)的展开形式

$$f(\theta,\varphi) = \sum_{k=0}^{\infty}\sum_{m=-k}^{k}\beta_k^m \overline{P}_k^{|m|}(\cos\theta)\mathrm{e}^{\mathrm{i}m\varphi} \tag{4.30}$$

式中，$\overline{P}_k^{|m|}$ 表示定义在$(-1,1)$上的标准化连带勒让德函数，表达式为

$$\overline{P}_k^{|m|}(x)=(-1)^{|m|}\sqrt{\frac{2k+1}{2}\frac{(k-|m|)!}{(k+|m|)!}}P_k^{|m|}(x)=\sqrt{\frac{2k+1}{2}\frac{(k-|m|)!}{(k+|m|)!}}\sqrt{1-x^2}^{|m|}\frac{\mathrm{d}^{|m|}}{\mathrm{d}x^{|m|}}P_k(x) \tag{4.31}$$

于是

$$\int_{-1}^{1}(\overline{P}_k^{|m|}(x))^2\mathrm{d}x = 1 \tag{4.32}$$

对式(4.30)进行截断，可得如下形式的展开式

$$f(\theta,\varphi) = \sum_{k=0}^{2l-1}\sum_{m=-k}^{k}\beta_k^m \overline{P}_k^{|m|}(\cos\theta)\mathrm{e}^{\mathrm{i}m\varphi} \tag{4.33}$$

上式为函数 f 的近似，$2l-1$ 被称作展开式的阶数。显然，展开式(4.33)总共包含 $4l^2$ 项，为了

达到要求的近似精度，展开式所需要的阶数与函数 f 的光滑程度有关，函数 f 变化越剧烈，所需要的阶数就越高。

对给定函数 f，通常需要在已知一组给定点上的值时，求解展开式(4.33)中的展开系数；相反，在给定展开式(4.33)中的展开系数时，也经常需要反向求出函数 f 在一组选定点上的值。前者称为球谐函数正变换，后者称作球谐函数逆变换。球面 S^2 的一种标准离散方式为，将球面离散为(θ_k, φ_k)，使得 $\cos\theta_0, \cos\theta_1, \cdots, \cos\theta_{2l-1}$ 是 $2l$ 阶高斯勒让德求积点，即

$$-1<\cos\theta_0<\cos\theta_1<\cdots<\cos\theta_{2l-1}<1 \tag{4.34}$$

并且

$$\overline{P}_{2k}^{0}(\cos\theta_k)=0 \tag{4.35}$$

式中，$k=0,1,\cdots,2l-2,2l-1$。$\varphi_0, \varphi_1, \cdots, \varphi_{4l-3}, \varphi_{4l-2}$ 为区间$(0,2\pi)$上的等分节点，即

$$\varphi_j=\frac{2\pi j}{4l-1} \tag{4.36}$$

式中，$j=0,1,\cdots,4l-3,4l-2$。从这种离散方式可得，球谐函数展开数值算法的时间复杂度为 $O(l^3)$。

事实上，给定一个用式(4.32)展开且定义在二维单位球面上的函数 f 后，可以将展开式(4.32)改写为

$$f(\theta,\varphi)=\sum_{m=-2l+1}^{2l-1}\mathrm{e}^{\mathrm{i}m\varphi}\sum_{k=|m|}^{2l-1}\beta_k^m\,\overline{P}_k^{|m|}(\cos\theta) \tag{4.37}$$

先看基于 k 指标的求和，对于每个固定的 θ，求和总共包含不超过 $2l$ 项，而这样的求和总共有 $2l+1$ 个；又由于 θ 总共有 $\theta_0, \theta_1, \cdots, \theta_{2l-2}, \theta_{2l-1}$ 共 $2l$ 种取值。因此，基于 k 指标的求和所用时间与 l^3 成正比。一旦基于 k 指标的求和全部计算完毕，基于 m 指标的求和总共包含 $4l-1$ 项，又由于 θ 和 φ 可以取不同的值，这样的求和总共有 $2l(4l-1)$个，因此，基于 m 指标的求和所花费的时间也与 l^3 成正比。因此，整个球谐函数展开的计算所花费的总时间同样是正比于 l^3，正变换和逆变换都是如此。

对于式(4.37)，外层循环通过使用傅里叶变换加速，计算复杂性可以降低，但内层循环计算复杂度仍为 $O(l^3)$，因此，总体的计算复杂度仍为 $O(l^3)$。

综上分析可知，尽管基于球谐函数展开的谱模式拥有精度高、稳定性好、可解决“极区问题”等优点，但其有一个最大的缺点，即运算量较大。对于具有 N 个纬向节点和 $2N$ 个经向节点的网格，直接计算的时间复杂度达 $O(N^3)$。因此，开发快速算法，降低球谐函数展开的计算复杂度，对提高谱模式计算效率具有重要意义。

4.3 基本型快速勒让德变换

4.3.1 基于蝶型矩阵压缩的快速球谐函数变换算法

O’Neil 等(2010)给出了蝶型算法。为对此进行叙述，首先定义一下本章中将要使用到的

数学符号。

定义符号$\mathbb{R}$为实数集，符号$\mathbb{C}$为复数集，$\mathrm{i}=\sqrt{-1}$。

对于任意实数 x，定义$\lfloor x \rfloor$为满足 $n \leqslant x$ 的最大整数 n。

假设 a 和 b 是实数且 $a \leqslant b$，f 是定义在区间$[a,b]$上的复函数，函数 f 的范数定义为

$$\| f \|_{[a,b]} = \sqrt{\int_a^b | f(x) |^2 \mathrm{d}x} \tag{4.38}$$

令 $L^2[a,b]$为定义在区间$[a,b]$上，且满足 $\| f \|_{[a,b]} < \infty$的所有复函数的集合。假设 a、b、u 和 v 都是实数，且满足 $a<b$ 和 $u<v$，进一步假设 $\mathrm{A}: L^2[a,b] \to L^2[u,v]$是一个以 $k(x,t)$：$[a,b]\times[u,v]\to\mathbb{C}$为核的积分算子，如下式

$$(\mathrm{A}f)(t) = \int_a^b k(x,t) f(x) \mathrm{d}x \tag{4.39}$$

核 k 或算子 A 的谱范数定义为

$$\| \mathrm{A} \|_2 = \| k \|_2 = \sup_{f \in L^2[a,b]} \frac{\| \mathrm{A}f \|_{[u,v]}}{\| f \|_{[a,b]}} \tag{4.40}$$

假设 $\boldsymbol{v}$ 是一个 n 维的向量，则向量 $\boldsymbol{v}$ 的范数定义为

$$\| \boldsymbol{v} \| = \sqrt{\sum_{j=1}^{n} | v_j |^2} \tag{4.41}$$

式中，对于每个整数 j，$\boldsymbol{v}_j$ 为向量 $\boldsymbol{v}$ 的第 j 个元素。

假设 $\boldsymbol{S}$ 是一个 $n \times m$ 的矩阵，矩阵 $\boldsymbol{S}$ 的范数定义为

$$\| \boldsymbol{S} \| = \max_{0 \neq w \in \mathbb{R}^m} \frac{\| \boldsymbol{S} w \|}{\| w \|} \tag{4.42}$$

4.3.1.1 数值秩和秩性质

(1)数值秩(Numerical Rank)

假设 m 是一个正整数，a、b、u、v 和 ε 是实数，并且 $a<b$，$u<v$，$\varepsilon>0$。进一步假设 $\mathrm{A}: L^2[a,b] \to L^2[u,v]$是一个以 $k(x,t)$：$[a,b]\times[u,v]\to\mathbb{C}$为核的积分算子：

$$(\mathrm{A}f)(t) = \int_a^b k(x,t) f(x) \mathrm{d}x \tag{4.43}$$

如果 m 是满足下列条件的最小整数：

存在 $2m$ 个函数 $g_1, g_2, \cdots, g_m$ 和 $h_1, h_2, \cdots, h_m$，满足公式

$$\| k(x,t) - \sum g_k(x) h_k(t) \|_2 = \varepsilon \tag{4.44}$$

则称式(4.43)的算子 A 在精度 ε 下的秩为 m。

(2)秩性质(The Rank Property)

秩性质是指，对于一个 $n \times n$ 的矩阵，在精度 ε 下，该矩阵的任意大小为 $p \times q$ 的连续子矩阵块的秩正比于 pq/n。傅里叶变换、傅里叶-贝塞尔变换和勒让德变换都满足秩性质。这里仅给出傅里叶变换的证明(Landau et al.，1962)。

定理 4.1：假设 δ、ε 和 γ 是正实数，并且 $0<\varepsilon<1$。进一步假设算子 $\mathrm{F}: L^2[-1,1] \to L^2[-1,1]$由下面的公式给出

$$(\mathrm{F}f)(\tau) = \int_{-1}^{1} \mathrm{e}^{\mathrm{i}\gamma\xi\tau} f(\xi) \mathrm{d}\xi \tag{4.45}$$

那么，F 在精度 ε 下的秩不大于 N，N 由下式给出

$$N=(1+\delta)\left(\frac{\gamma}{2\pi}+\frac{E}{\delta}\right)+3 \tag{4.46}$$

式中，

$$E=2\sqrt{2\ln\left(\frac{4}{\varepsilon}\right)\ln\left(\frac{6\sqrt{1/\sqrt{\delta}+\sqrt{\delta}}}{\varepsilon}\right)} \tag{4.47}$$

引理 4.1：如果核为 e^{ixt} 的傅里叶变换被限制在一个平面矩形区域(x,t)中，则其秩为矩形区域面积的常数倍。

事实上，假设算子 A：$L^2[a,b]\rightarrow L^2[u,v]$由下式给出

$$(\mathrm{A}g)(t)=\int_a^b e^{ixt}g(x)\mathrm{d}x \tag{4.48}$$

定义

$$\xi=\frac{2(x-a)}{b-a}-1 \tag{4.49}$$

$$\tau=\frac{2(t-u)}{v-u}-1 \tag{4.50}$$

$$f(\xi)=g(x) \tag{4.51}$$

则可得知，算子 A 与式(4.45)中定义的以 $e^{i\gamma\xi\tau}$ 为核的算子 F：$L^2[-1,1]\rightarrow L^2[-1,1]$具有相同的秩，其中 $\gamma=(b-a)(v-u)$是平面(x,t)上矩形区域$[a,b]\times[u,v]$的面积。于是，根据定理 4.1，式(4.48)中定义的算子 A 的秩至多为 N，其中 N 由式(4.46)给出。

4.3.1.2 矩阵插值分解

矩阵插值分解是蝶型算法的重要数学基础，其实际上是一种矩阵近似分解技术。本节分别从理论分析和数值计算的角度介绍矩阵插值分解技术。

(1)矩阵插值分解

定理 4.2(Tygert，2008，2010)：假设 m 和 n 是正整数，$\boldsymbol{A}$ 为一个 $m\times n$ 的复数矩阵。那么，对于任意满足 $r\leqslant m$ 且 $r\leqslant n$ 的正整数 r，都存在一个 $r\times n$ 的复数矩阵 $\boldsymbol{P}$，和一个$m\times r$的复数矩阵 $\boldsymbol{B}$，其中矩阵 $\boldsymbol{B}$ 的所有列组成矩阵 $\boldsymbol{A}$ 所有列的一个子集，使之满足：

①矩阵 $\boldsymbol{P}$ 列的某些子集可以组成 $r\times r$ 的单位阵；

②矩阵 $\boldsymbol{P}$ 任意元素的绝对值都不大于 1；

③矩阵 $\boldsymbol{P}$ 的谱范数满足 $\|\boldsymbol{P}\|\leqslant\sqrt{r(n-r)+1}$；

④矩阵 $\boldsymbol{P}$ 最小的(即第 r 个)奇异值不小于 1；

⑤当 $r=m$ 或 $r=n$ 时，$\boldsymbol{BP}=\boldsymbol{A}$；

⑥当 $r<m$ 且 $r<n$ 时，$\boldsymbol{BP}-\boldsymbol{A}$ 的谱范数满足 $\|\boldsymbol{BP}-\boldsymbol{A}\|\leqslant\sqrt{\beta^2 r(n-r)+1}\sigma_{r+1}$，其中 σ_{r+1} 为矩阵 $\boldsymbol{A}$ 第 $r+1$ 大的奇异值。

根据定理 4.2 可得，对于任意一个大小为 $m\times n$、秩为 r 的矩阵 $\boldsymbol{A}$，那么必然存在大小为$m\times r$的矩阵 $\boldsymbol{B}$，其所有列组成矩阵 $\boldsymbol{A}$ 所有列的一个子集，和大小为 $r\times n$ 的矩阵 $\boldsymbol{P}$，使得

①矩阵 $\boldsymbol{P}$ 列的某些子集可以组成 $r\times r$ 的单位阵；

②矩阵 $\boldsymbol{P}$ 的元素绝对值不会很大；

③$\boldsymbol{BP}=\boldsymbol{A}$。

第③条性质可由定理 4.2 的第⑥条性质推出，当矩阵 $\boldsymbol{A}$ 秩为 r 时，$\sigma_{k+1}=0$。

更进一步，当矩阵 $\boldsymbol{A}$ 的秩大于 r，且矩阵 $\boldsymbol{A}$ 第 $r+1$ 大的奇异值很小时，定理 4.2 提供了一种矩阵近似方法

$$\boldsymbol{BP} \approx \boldsymbol{A} \tag{4.52}$$

式(4.52)提供的近似称为矩阵 $\boldsymbol{A}$ 的插值分解(Interpolative decompositions)，矩阵 $\boldsymbol{B}$ 称作列骨架矩阵(column skeleton matrix)，矩阵 $\boldsymbol{P}$ 称作插值矩阵(interpolation matrix)，$\boldsymbol{BP}$ 称作矩阵 $\boldsymbol{A}$ 的插值分解。

在定理 4.2 中，性质①、②、③保证了矩阵 $\boldsymbol{A}$ 的插值分解 $\boldsymbol{BP}$ 是数值稳定的。实际上，性质③可以从性质①和②推出，性质④可以从性质①推出。

引理 4.2：定理 4.2 中矩阵 $\boldsymbol{B}$、$\boldsymbol{P}$ 现有的算法计算代价较高，可以对定理 4.2 中的条件适当放松，得到满足以下条件的矩阵 $\boldsymbol{B}$、$\boldsymbol{P}$：

①矩阵 $\boldsymbol{P}$ 列的某些子集可以组成 $r \times r$ 的单位阵；

②矩阵 $\boldsymbol{P}$ 中任意元素的绝对值都不大于 2；

③矩阵 $\boldsymbol{P}$ 的谱范数满足 $\| \boldsymbol{P} \| \leqslant \sqrt{4r(n-r)+1}$；

④矩阵 $\boldsymbol{P}$ 最小的(即第 r 个)奇异值不小于 1；

⑤当 $r=m$ 或 $r=n$ 时，$\boldsymbol{BP}=\boldsymbol{A}$；

⑥当 $r<m$ 且 $r<n$ 时，$\boldsymbol{BP}-\boldsymbol{A}$ 的谱范数满足 $\| \boldsymbol{BP}-\boldsymbol{A} \| \leqslant \sqrt{4r(n-r)+1}\sigma_{r+1}$，其中 σ_{r+1} 为矩阵 $\boldsymbol{A}$ 第 $r+1$ 大的奇异值。

采用 Tygert(2010)中的算法，对于任意正实数 ε，算法可以找出满足 $\| \boldsymbol{BP}-\boldsymbol{A} \| \approx \varepsilon$ 的最小整数 r，算法计算矩阵 $\boldsymbol{B}$、$\boldsymbol{P}$ 的时间复杂度至多为

$$C_{ID} = O(rmn\lg(n)) \tag{4.53}$$

一般情况下，时间复杂度仅为

$$C'_{ID} = O(rmn) \tag{4.54}$$

(2)插值分解的算法实现

本小节介绍一种简单有效的计算矩阵插值分解式(4.52)数值方法(Martinsson et al.，2006)。

第一步，给定一个大小为 $m \times n$ 的矩阵 $\boldsymbol{A}$，对矩阵 $\boldsymbol{A}$ 进行旋转的 Gram-Schmidt 过程，在预先给定的精度 ε 下，当列空间中所有列都被使用完毕时，过程停止，得到如下分解

$$\boldsymbol{AP}_R = \boldsymbol{Q}[\boldsymbol{R}_{11} | \boldsymbol{R}_{12}] \tag{4.55}$$

其中，$\boldsymbol{P}_R \in \mathbb{C}^{n \times n}$ 是一个转置矩阵；$\boldsymbol{Q} \in \mathbb{C}^{m \times k}$ 的列是标准正交的；$\boldsymbol{R}_{11} \in \mathbb{C}^{k \times k}$ 是上三角矩阵；$\boldsymbol{R}_{12} \in \mathbb{C}^{k \times (n-k)}$。

第二步，求解方程

$$\boldsymbol{R}_{11} \boldsymbol{T} = \boldsymbol{R}_{12} \tag{4.56}$$

求解精度设定为 ε，当 $\boldsymbol{R}_{11}$ 不可逆时，可能会有一系列的解，这时取使得 $\boldsymbol{T}$ 的 F 范数 $\| \boldsymbol{T} \|_F$ 最小的解。

第三步，令矩阵 $\boldsymbol{AP}_R$ 的前 k 列组成一个新的矩阵，记为$\boldsymbol{A}_{CS}$，$\boldsymbol{A}_{CS} \in \mathbb{C}^{m \times k}$，于是得到如下分解形式

$$\boldsymbol{A} = \boldsymbol{A}_{CS} [\boldsymbol{I} | \boldsymbol{T}] \boldsymbol{P}_R^* \tag{4.57}$$

式中，$\boldsymbol{P}_R^*$ 为 $\boldsymbol{P}_R$ 的共轭转置。这样，就得到了矩阵 $\boldsymbol{A}$ 的插值分解形式。

为了能够得到有效的结果，精确地进行 Gram-Schmidt 分解这一步十分重要，改进的

Gram-Schmidt 算法(modified Gram-Schmidt)和 Householder 变换(Householder reflectors)这两种算法都不能提供足够的精度。在这里,以改进的 Gram-Schmidt 算法为基础,但在算法的每一步,在将选中的向量添加到正交基之前对其进行再正交化。

对本小节所介绍的矩阵插值分解算法,其计算代价与标准 QR 分解类似,但在大多数情况下,这一计算代价要比矩阵 SVD 分解低得多。

4.3.1.3 蝶型算法

蝶型算法是针对满足秩性质的特殊矩阵,通过实施矩阵插值分解的手段,实现快速矩阵向量乘的一种快速算法。本节详细介绍蝶型算法的思想、算法的实现及其关键技术。

(1)算法思想

假设 n 为正整数,$\boldsymbol{A}$ 为一个 $n\times n$ 的矩阵,进一步,设 ε 和 C 为正实数,k 为正整数。设矩阵 $\boldsymbol{A}$ 满足秩性质,即矩阵 $\boldsymbol{A}$ 的任意一个、至多包含 Cn 个元素的连续子矩阵块,在精度 ε 下的秩近似为 k。在本节中称两个矩阵 $\boldsymbol{G}$、$\boldsymbol{H}$ 在精度 ε 下近似相等,记为 $\boldsymbol{G}\approx\boldsymbol{H}$,是指矩阵 $\boldsymbol{G}-\boldsymbol{H}$ 的谱范数为 $O(\varepsilon)$。下面利用矩阵 $\boldsymbol{A}$ 子块的秩性质,描述蝶型算法的基本策略。

考虑矩阵 $\boldsymbol{A}$ 中两个相邻的子矩阵 $\boldsymbol{L}$ 和 $\boldsymbol{R}$,每个子矩阵行数相同,且均有至多 Cn 个元素,$\boldsymbol{L}$ 在左 $\boldsymbol{R}$ 在右。若矩阵 $\boldsymbol{A}$ 满足秩性质,那么存在如下插值分解

$$\begin{aligned}\boldsymbol{L}&\approx\boldsymbol{L}^{(k)}\cdot\overline{\overline{\boldsymbol{L}}}\\ \boldsymbol{R}&\approx\boldsymbol{R}^{(k)}\cdot\overline{\overline{\boldsymbol{R}}}\end{aligned}\tag{4.58}$$

矩阵 $\boldsymbol{L}^{(k)}$ 和 $\boldsymbol{R}^{(k)}$ 具有 k 列,且这些列分别组成矩阵 $\boldsymbol{L}$ 和 $\boldsymbol{R}$ 的列的子集。$\overline{\overline{\boldsymbol{L}}}$和$\overline{\overline{\boldsymbol{R}}}$具有 k 行,且矩阵中所有元素的绝对值不超过 2。

将 $\boldsymbol{L}$ 和 $\boldsymbol{R}$ 两个矩阵连接在一起,并在列方向上分裂为大小大致相等的两个矩阵,上面的矩阵记为 $\boldsymbol{T}$,下面的矩阵记为 $\boldsymbol{B}$,这两个矩阵分别具有至多 Cn 个元素。

$$(\boldsymbol{L}\,|\,\boldsymbol{R})=\begin{pmatrix}\boldsymbol{T}\\ \hline \boldsymbol{B}\end{pmatrix}\tag{4.59}$$

类似地,把矩阵 $\boldsymbol{L}^{(k)}$ 和 $\boldsymbol{R}^{(k)}$ 连接在一起,并在列方向上大致均分,得到 $\boldsymbol{T}^{(2k)}$ 和 $\boldsymbol{B}^{(2k)}$:

$$(\boldsymbol{L}^{(k)}\,|\,\boldsymbol{R}^{(k)})=\begin{pmatrix}\boldsymbol{T}^{(2k)}\\ \hline \boldsymbol{B}^{(2k)}\end{pmatrix}\tag{4.60}$$

注意到,$\boldsymbol{T}^{(2k)}$ 的 $2k$ 个列同样是矩阵 $\boldsymbol{T}$ 的列;$\boldsymbol{B}^{(2k)}$ 的 $2k$ 个列同样是矩阵 $\boldsymbol{B}$ 的列。根据秩性质,存在如下插值分解:

$$\begin{aligned}\boldsymbol{T}^{(2k)}&\approx\boldsymbol{T}^{(k)}\cdot\overline{\overline{\boldsymbol{T}^{(2k)}}}\\ \boldsymbol{B}^{(2k)}&\approx\boldsymbol{B}^{(k)}\cdot\overline{\overline{\boldsymbol{B}^{(2k)}}}\end{aligned}\tag{4.61}$$

式中,$\boldsymbol{T}^{(k)}$ 具有 k 列,且这些列组成 $\boldsymbol{T}^{(2k)}$ 的一个列子集,同样 $\boldsymbol{B}^{(k)}$ 也具有 k 列,且这些列组成 $\boldsymbol{B}^{(2k)}$ 的一个列子集。$\overline{\overline{\boldsymbol{T}^{(2k)}}}$和$\overline{\overline{\boldsymbol{B}^{(2k)}}}$都具有 k 行,且矩阵中所有元素的绝对值不超过 2。

综合以上,得到:

$$\begin{aligned}\boldsymbol{T}&\approx\boldsymbol{T}^{(k)}\cdot\overline{\overline{\boldsymbol{T}^{(2k)}}}\cdot\begin{pmatrix}\overline{\overline{\boldsymbol{L}}}&0\\0&\overline{\overline{\boldsymbol{R}}}\end{pmatrix}\\ \boldsymbol{B}&\approx\boldsymbol{B}^{(k)}\cdot\overline{\overline{\boldsymbol{B}^{(2k)}}}\cdot\begin{pmatrix}\overline{\overline{\boldsymbol{L}}}&0\\0&\overline{\overline{\boldsymbol{R}}}\end{pmatrix}\end{aligned}\tag{4.62}$$

如果用 m 来表示矩阵 $\boldsymbol{L}$ 的行数(那么同样 $\boldsymbol{R}$ 的行数也为 m),那么 $\boldsymbol{L}$(或 $\boldsymbol{R}$)的列数则至多为 Cn/m,因此式(4.56)的右端项的元素个数总共为 $2mk+2k(Cn/m)$,然而式(4.62)的右端项所具有的非0元素的个数至多为 $mk+4k^2+2k(Cn/m)$。如果 m 足够大(接近 n)且 k 和 C 远小于 n,则后式大小大约为前式的一半。因此,无论是所需要的内存占用还是矩阵向量乘的计算量,后者的效率都要高得多。

不断重复以上合并和分解的过程,开始把矩阵 $\boldsymbol{A}$ 分解成 $n\times[C]$ 的矩阵块(左右边的除外,可能少于[C]列),然后不断重复上述分组合并、分解的过程。最终得到的矩阵 $\boldsymbol{A}$ 的多级表示形式,将其左乘或右乘一个向量时,仅仅需要 $O((k^2/C)n\lg(n))$ 个浮点操作。图4.3展示了矩阵 $\boldsymbol{A}$ 每一级的划分情况。

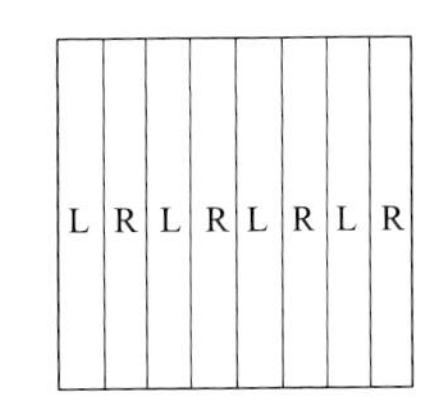

图4.3 $C=1$ 时一个 8×8 的矩阵的多级分解划分

(L代表一对子块中左侧的块;R代表一对子块中右侧的块,T代表一对子块中上面的块;B代表一对子块中下面的块)

实际上,采用插值分解的方式对矩阵 $\boldsymbol{A}$ 的子矩阵块进行精确近似时,所得到的列骨架矩阵的秩并不全都为 k。事实上,对于每个子矩阵块,在保证相应插值分解近似精度为 ε 的前提下,求出满足条件的秩最小的列骨架矩阵。这种动态决定列骨架矩阵秩的方法实际上能够加速算法的运行。

(2)算法描述

本小节详细描述对一个满足秩性质且大小为 $n\times n$ 的矩阵 $\boldsymbol{S}$,实施蝶型算法的过程。

选取一个维数为 $n=2^m$ 的傅里叶变换来作为例子。定义

$$f(x)=\sum_{k=1}^{n}\alpha_k e^{i\omega_k x} \tag{4.63}$$

式中,$\alpha_1,\alpha_2,\cdots,\alpha_n$ 为复数,频率 $\omega_1,\omega_2,\cdots,\omega_n\in[0,2\pi]$ 是均匀分布的。假设谱系数已知,求函数 f 在均匀分布的点 $x_1,x_2,\cdots,x_n\in[a,b]$ 上的值。也就是说,需要求矩阵 $\boldsymbol{S}$ 乘以向量 $(\alpha_1,\alpha_2,\cdots,\alpha_n)^{\mathrm{T}}$,其中矩阵 $\boldsymbol{S}$ 由下式定义

$$\boldsymbol{S}=\begin{bmatrix} e^{i\omega_1 x_1} & \cdots & e^{i\omega_{n-1}x_1} & e^{i\omega_n x_1} \\ \vdots & \ddots & & \vdots \\ e^{i\omega_1 x_{n-1}} & & e^{i\omega_{n-1}x_{n-1}} & \\ e^{i\omega_1 x_n} & \cdots & e^{i\omega_{n-1}x_n} & e^{i\omega_n x_n} \end{bmatrix} \tag{4.64}$$

对于任意的子区间 $\Omega\subset[0,2\pi]$、$x\subset[a,b]$,定义 $\boldsymbol{S}(\Omega,X)$ 为 $\boldsymbol{S}$ 的子矩阵:频率 $\omega_k\in\Omega$ 对应于第 k 列,$x_k\in X$ 对应于第 k 行。

把算法分为预计算部分和矩阵向量乘部分。在预计算部分,采用插值分解技术对矩阵进行压缩,在矩阵向量乘部分,用 $O(n\lg(n))$ 个操作计算 f 在点 $x_1,x_2,\cdots,x_n$ 的值。

1)预计算

a)第0层

在第0层,将区间[0,2π]划分为 2^L 个子区间,每个子区间的长度为 $2\pi/2^L$。特别地,对于

每个整数 $k,1\leqslant k\leqslant 2^L$，通过下式定义区间 $\Omega_{0,k}$

$$\Omega_{0,k}=[2\pi(k-1)2^{-L},2\pi k2^{-L}] \tag{4.65}$$

根据引理 4.1 可得，如果

$$L=\log_2(b-a) \tag{4.66}$$

那么，矩阵 $\boldsymbol{S}(\Omega_{0,k},[a,b])$ 的面积为 2π，因此矩阵 $\boldsymbol{S}(\Omega_{0,k},[a,b])$ 的秩为常数；将其记为 r，那么

$$r=O(1) \tag{4.67}$$

矩阵 $\boldsymbol{S}(\Omega_{0,k},[a,b])$ 在图 4.4 中给出。利用前面介绍的技术，可以求出每个矩阵 $\boldsymbol{S}(\Omega_{0,k},[a,b])$ 的插值分解。即对每个矩阵 $\boldsymbol{S}(\Omega_{0,k},[a,b])$，计算出它的列骨架矩阵 $\boldsymbol{B}_{0,k}$，其包含了矩阵 $\boldsymbol{S}(\Omega_{0,k},[a,b])$ 的约 r 个列；以及插值矩阵 $\boldsymbol{P}_{0,k}$，包含了将矩阵 $\boldsymbol{S}(\Omega_{0,k},[a,b])$ 的每一列表达为矩阵 $\boldsymbol{B}_{0,k}$ 的列的线性组合的系数信息，也就是

$$\boldsymbol{S}(\Omega_{0,k},[a,b])=\boldsymbol{B}_{0,k}\boldsymbol{P}_{0,k} \tag{4.68}$$

式中，$1\leqslant k\leqslant 2^L$。

b)第 1 层

在第 1 层，将区间 $[0,2\pi]$ 划分成 2^{L-1} 个子区间，每个子区间长度 $2\pi/2^{L-1}$。第 1 层的每一个子区间都通过合并第 0 层的相邻子区间得到。特别地，对于每个整数 $k,1\leqslant k\leqslant 2^{L-1}$，通过下式定义区间 $\Omega_{1,k}$

$$\Omega_{1,k}=[2\pi(k-1)2^{-(L-1)},2\pi k2^{-(L-1)}] \tag{4.69}$$

将区间 $[a,b]$ 平均分割为两个，第一半记为 $X_{1,1}$，第二半记为 $X_{1,2}$。所有的矩阵 $\boldsymbol{S}(\Omega_{1,k},X_{1,j})$ 的秩均约为 r。矩阵 $\boldsymbol{S}(\Omega_{1,k},X_{1,j})$ 如图 4.5 所示。然后，分别计算第 1 层中每个矩阵 $\boldsymbol{S}(\Omega_{1,k},X_{1,j})$ 的插值分解。具体来讲，计算出第 1 层中每个矩阵 $\boldsymbol{S}(\Omega_{1,k},X_{1,j})$ 的列骨架矩阵 $\boldsymbol{B}_{1,j,k}$，其包含了矩阵 $\boldsymbol{S}(\Omega_{1,k},X_{1,j})$ 的约 r 个列，并且这些列可以张成矩阵 $\boldsymbol{S}(\Omega_{1,k},X_{1,j})$ 的列空间。进一步，计算出插值矩阵 $\boldsymbol{P}_{1,j,k}$，$\boldsymbol{P}_{1,j,k}$ 包含第 0 层列骨架矩阵一半的列表示为 $\boldsymbol{B}_{1,j,k}$ 的列的线性组合的系数，如下所示

$$(\boldsymbol{B}_{0,2k-1}\boldsymbol{B}_{0,2k})^{+}=\boldsymbol{B}_{1,1,k}\boldsymbol{P}_{1,1,k} \tag{4.70}$$

$$(\boldsymbol{B}_{0,2k-1}\boldsymbol{B}_{0,2k})^{-}=\boldsymbol{B}_{1,2,k}\boldsymbol{P}_{1,2,k} \tag{4.71}$$

式中，$1\leqslant k\leqslant 2^{L-1}$，对任意的矩阵 $\boldsymbol{X}$，其上半子矩阵记为 $\boldsymbol{X}^{+}$，下半子矩阵记为 $\boldsymbol{X}^{-}$。由下面的推论 4.2 可知，插值矩阵 $\boldsymbol{P}_{1,j,k}$ 的大小均约为 $(r\times 2r)$。

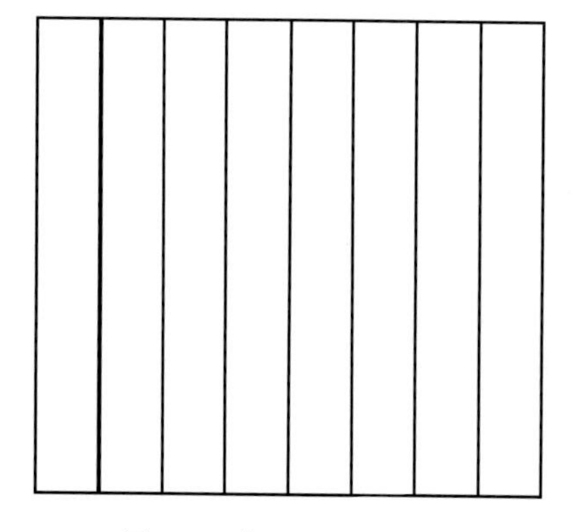

图 4.4　第 0 层分解示意

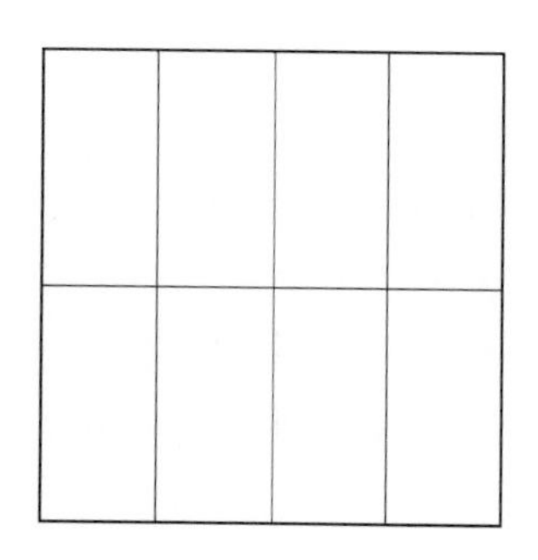

图 4.5　第 1 层分解示意

推论 4.1：任意层上的矩阵 $\boldsymbol{S}(\Omega_{l,k},X_{l,j})$ 均含有大致相同的秩，记为 r。实际上，在第 l 层（$1\leqslant l\leqslant L$）上，每个子区间 $\Omega_{l,k}\subset[0,2\pi]$ 都是通过第 $l-1$ 层上的相邻子区间得到的；同样，在第 l 层（$1\leqslant l\leqslant L$）上，每个子区间 $X_{l,k}\subset[a,b]$ 都是通过第 $l-1$ 层上某个子区间分割为两半得到的。因此，所有层上的所有子矩阵都具有相同的面积。由式(4.70)和(4.71)可以知道，矩形区域 $\Omega_{0,k}\times[a,b]$ 的面积为 2π。由引理 4.1 可以知道，所有的矩阵 $\boldsymbol{S}(\Omega_{l,k},X_{l,j})$ 的秩都为 $O(1)$。然而，在实际中，并不是所有的矩阵 $\boldsymbol{S}(\Omega_{l,k},X_{l,j})$ 都具有完全相同的秩，但是它们的秩都比较接近，将其记为 r。

推论 4.2：第 l 层上的插值矩阵的大小均为($r\times 2r$)。实际上，由推论 4.1 可知，在所有层上的所有子矩阵都具有相同的秩 r。第 l 层上的每一个子矩阵 $\boldsymbol{S}(\Omega_{l,k},X_{l,j})$ 必定是第 $l-1$ 层上两个相邻子矩阵的上半或下半部分。将第 $l-1$ 层上的这些子矩阵称为矩阵 $\boldsymbol{S}(\Omega_{l,k},X_{l,j})$ 的“父母”矩阵。矩阵 $\boldsymbol{S}(\Omega_{l,k},X_{l,j})$ 的“父母”矩阵的列骨架矩阵总共约 $2r$ 个列，而第 l 层的插值矩阵 $\boldsymbol{P}_{l,j,k}$ 包含了将这 $2r$ 列表示为第 l 层列骨架矩阵 $\boldsymbol{B}_{l,j,k}$ 的所有列的线性组合的系数。

c)第 2 层

在第 2 层，将区间$[0,2\pi]$划分成 2^{L-2} 个子区间，每个子区间长度 $2\pi/2^{L-2}$。第 2 层的每一个子区间都是通过合并第 1 层的相邻子区间得到的。特别的，对于每个整数 $k(1\leqslant k\leqslant 2^{L-2})$，通过下式定义区间 $\Omega_{2,k}$：

$$\Omega_{2,k}=[2\pi(k-1)2^{-(L-2)},2\pi k2^{-(L-2)}] \quad (4.72)$$

将区间$[a,b]$平均分割为 4 个，从上到下依次，第一个记为 $X_{2,1}$，第二个记为 $X_{2,2}$，第三个记为 $X_{2,3}$，第四个记为 $X_{2,4}$。由推论 4.1 可知，所有的矩阵 $\boldsymbol{S}(\Omega_{2,k},X_{2,j})$ 其秩均为 r。矩阵 $\boldsymbol{S}(\Omega_{2,k},X_{2,j})$ 如图 4.6 所示。然后，分别计算第 2 层中每个矩阵 $\boldsymbol{S}(\Omega_{2,k},X_{2,j})$ 的插值分解。具体来讲，计算出第 2 层中每个矩阵 $\boldsymbol{S}(\Omega_{2,k},X_{2,j})$ 的列骨架矩阵 $\boldsymbol{B}_{2,j,k}$，它包含了矩阵 $\boldsymbol{S}(\Omega_{2,k},X_{2,j})$ 的 r 个列，并且这些列可以扩张成矩阵 $\boldsymbol{S}(\Omega_{2,k},X_{2,j})$ 的列空间。进一步，计算出插值矩阵 $\boldsymbol{P}_{2,j,k}$，其表示第 1 层列骨架矩阵一半的列表示为矩阵 $\boldsymbol{B}_{2,j,k}$ 的列的线性组合时的系数。

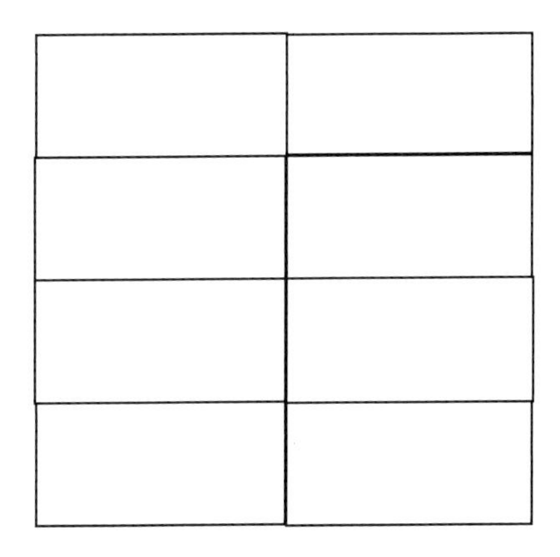

图 4.6　第 2 层分解示意

当 $j=1$ 或 $j=3$ 时

$$(\boldsymbol{B}_{1,[(j+1)/2],2k-1} \quad \boldsymbol{B}_{1,[(j+1)/2],2k})^{+}=\boldsymbol{B}_{2,j,k}\boldsymbol{P}_{2,j,k} \quad (4.73)$$

当 $j=2$ 或 $j=4$ 时

$$(\boldsymbol{B}_{1,[(j+1)/2],2k-1} \quad \boldsymbol{B}_{1,[(j+1)/2],2k})^{-}=\boldsymbol{B}_{2,j,k}\boldsymbol{P}_{2,j,k} \quad (4.74)$$

式中，$1\leqslant k\leqslant 2^{L-1}$，对任意的矩阵 $\boldsymbol{X}$，它的上半子矩阵记为 $\boldsymbol{X}^{+}$，下半子矩阵记为 $\boldsymbol{X}^{-}$。由推论 4.2 可知，插值矩阵 $\boldsymbol{P}_{2,j,k}$ 的大小均为($r\times 2r$)。

d)第 L 层

继续上面的过程，直至第 L 层。在第 L 层，将区间$[a,b]$划分成 2^{L} 个子区间，每个子区间长度$(b-a)/2^{L}$。特别地，对于每个整数 $j(1\leqslant j\leqslant 2^{L})$，我们通过下式定义区间 $X_{L,j}$：

$$X_{L,j}=[a+(b-a)2^{-L}(j-1),a+(b-a)2^{-L}j] \quad (4.75)$$

由推论 4.1 可知，所有的矩阵 $\boldsymbol{S}([0,2\pi],X_{L,j})$ 均为 r。矩阵 $\boldsymbol{S}([0,2\pi],X_{L,j})$ 如图 4.7 所示。然后，分别计算第 L 层中每个矩阵 $\boldsymbol{S}([0,2\pi],X_{L,j})$ 的插值分解。具体来讲，计算出第 L

层中每个矩阵 $\boldsymbol{S}([0,2\pi],X_{L,j})$ 的列骨架矩阵 $\boldsymbol{B}_{L,j}$，它包含了矩阵 $\boldsymbol{S}([0,2\pi],X_{L,j})$ 的约 r 个列，并且这些列可以扩张成矩阵 $\boldsymbol{S}([0,2\pi],X_{L,j})$ 的列空间。进一步，计算出插值矩阵 $\boldsymbol{P}_{L,j}$，其表示第 $L-1$ 层的列骨架矩阵一半的列表达为矩阵 $\boldsymbol{B}_{L,j}$ 的列的线性组合时的系数。对 $1\leqslant j\leqslant 2^L$，

当 j 为奇数时，

$$(\boldsymbol{B}_{L-1,[(j+1)/2],1}\quad \boldsymbol{B}_{L-1,[(j+1)/2],2})^{+}=\boldsymbol{B}_{L,j}\boldsymbol{P}_{L,j} \tag{4.76}$$

当 j 为偶数时，

$$(\boldsymbol{B}_{L-1,[(j+1)/2],1}\quad \boldsymbol{B}_{L-1,[(j+1)/2],2})^{-}=\boldsymbol{B}_{L,j}\boldsymbol{P}_{L,j} \tag{4.77}$$

图 4.7　第 L 层分解示意

对任意的矩阵 $\boldsymbol{X}$，它的上半子矩阵记为 $\boldsymbol{X}^{+}$，下半子矩阵记为 $\boldsymbol{X}^{-}$。由推论 4.2 可知，插值矩阵 $\boldsymbol{P}_{L,j}$ 的大小均为 $(r\times 2r)$。

2)矩阵向量乘

算法这一阶段的输入是 n 个谱系数 $\alpha_1,\alpha_2,\cdots,\alpha_n$ 和上一阶段预计算的结果。本阶段，将计算矩阵 $\boldsymbol{S}$ 与向量 $\boldsymbol{\alpha}=(\alpha_1,\alpha_2,\cdots,\alpha_n)^{\mathrm{T}}$，也即计算以 $\alpha_1,\alpha_2,\cdots,\alpha_n$ 为系数的矩阵 $\boldsymbol{S}$ 的列向量的线性组合，这与计算函数 f 在每个点 $x_1,x_2,\cdots,x_n\in[a,b]$ 上的值是等价的。对于每个子区间 $\Omega\subset[0,2\pi]$，将 $\alpha(\Omega)$ 定义为对应频率 $\omega_k\in\Omega$ 的那些谱系数组成的向量。

a)第 0 步

对于每个 $k=1,2,\cdots,2^L$，用插值矩阵 $\boldsymbol{P}_{0,k}$ 乘以向量 $\boldsymbol{\alpha}(\Omega_{0,k})$，得到向量 $\boldsymbol{\beta}_{0,k}$。向量 $\boldsymbol{\beta}_{0,k}$ 包含了约 r 个系数，这些系数代表了 $\boldsymbol{\alpha}(\Omega_{0,k})$ 中的 $n/2^L$ 个频率对节点 $x_1,x_2,\cdots,x_n\in[a,b]$ 的影响。

b)第 1 步

利用式(4.70)和式(4.71)中定义的插值矩阵 $\boldsymbol{P}_{1,j,k}$，通过下式计算向量 $\boldsymbol{\beta}_{1,j,k}$：

$$\boldsymbol{\beta}_{1,j,k}=\boldsymbol{P}_{1,j,k}(\boldsymbol{\beta}_{0,2k-1}\quad \boldsymbol{\beta}_{0,2k}) \tag{4.78}$$

式中，j、k 满足 $1\leqslant k\leqslant 2^{L-1}$ 和 $1\leqslant j\leqslant 2$，其中向量 $\boldsymbol{\beta}_{0,2k-1}$ 和 $\boldsymbol{\beta}_{0,2k}$ 由第 0 步计算得到。向量 $\boldsymbol{\beta}_{1,j,k}$ 包含了约 r 个系数，这些系数代表了 $\boldsymbol{\alpha}(\Omega_{1,k})$ 中的 $n/2^{L-1}$ 个频率对 $n/2$ 个节点 $x_m\in X_{1,j}$ 的影响。

c)第 2 步

利用式(4.73)和式(4.74)中定义的插值矩阵 $\boldsymbol{P}_{2,j,k}$，通过下式计算向量 $\boldsymbol{\beta}_{2,j,k}$：

$$\boldsymbol{\beta}_{2,j,k}=\boldsymbol{P}_{2,j,k}\begin{pmatrix}\boldsymbol{\beta}_{1,[(j+1)/2],2k-1}\\ \boldsymbol{\beta}_{1,[(j+1)/2],2k}\end{pmatrix} \tag{4.79}$$

式中，j、k 满足 $1\leqslant k\leqslant 2^{L-2}$ 和 $1\leqslant j\leqslant 4$；向量 $\boldsymbol{\beta}_{1,[(j+1)/2],2k-1}$ 和 $\boldsymbol{\beta}_{1,[(j+1)/2],2k}$ 由第一步计算得到。向量 $\boldsymbol{\beta}_{2,j,k}$ 包含了约 r 个系数，这些系数代表了 $\boldsymbol{\alpha}(\Omega_{1,k})$ 中的 $n/2^{L-2}$ 个频率对 $n/4$ 个节点 $x_m\in X_{2,j}$ 的影响。

d)第 L 步

继续以上过程，直到第 L 步。利用式(4.76)和式(4.77)中定义的插值矩阵 $\boldsymbol{P}_{L,j}$，通过下式计算向量 $\boldsymbol{\beta}_{L,j}$

$$\boldsymbol{\beta}_{L,j}=\boldsymbol{P}_{L,j}\begin{pmatrix}\boldsymbol{\beta}_{L-1,[(j+1)/2],1}\\ \boldsymbol{\beta}_{L-1,[(j+1)/2],2}\end{pmatrix} \tag{4.80}$$

式中，j 满足 $1\leqslant j\leqslant 2^L$；向量 $\boldsymbol{\beta}_{L-1,[(j+1)/2],1}$ 和 $\boldsymbol{\beta}_{L-1,[(j+1)/2],2}$ 由第 $L-1$ 步计算得到。最后，用矩阵 $\boldsymbol{B}_{L,j}$ 与向量 $\boldsymbol{\beta}_{L,j}$ 得到乘积

$$\boldsymbol{B}_{L,j}\boldsymbol{\beta}_{L,j}=\boldsymbol{S}([0,2\pi],X_{L,j})\boldsymbol{\alpha} \tag{4.81}$$

式(4.81)表明,向量 $\boldsymbol{\beta}_{L,j}$ 表示所有的频率 $\alpha_1,\alpha_2,\cdots,\alpha_n\in[0,2\pi]$ 对 $n/2^L$ 个节点 $x_m\in X_{L,j}$ 的影响。换句话说,以向量 $\boldsymbol{\beta}_{L,j}$ 为系数对矩阵 $\boldsymbol{B}_{L,j}$ 的约 r 个列向量进行线性组合得到的长度为 $n/2^L$ 的向量,与以向量 $\boldsymbol{\alpha}$ 为系数对矩阵 $\boldsymbol{S}([0,2\pi],X_{L,j})$ 的列向量进行线性组合得到的结果相同。因此,$\boldsymbol{B}_{L,j}\boldsymbol{\beta}_{L,j}$ 即是向量 $\boldsymbol{S\alpha}$ 的 $n/2^L$ 个元素中的第 j 个。

注意,由于对矩阵 $\boldsymbol{S}$ 求转置不会影响到矩阵的秩性质,因此对于矩阵 $\boldsymbol{S}^{\mathrm{T}}$ 应用此算法,具有类似的性能。

4.3.2 基于稀疏数据存储的快速球谐函数变换算法和实现

4.3.2.1 插值分解特性分析

定理 4.2 的矩阵 $\boldsymbol{P}$ 和 $\boldsymbol{B}$ 分别被称为插值分解的投影/插值矩阵和骨架矩阵。根据定理 4.2 的性质②和④,可知插值分解是“插值的”并且数值稳定。在插值分解中使用 Gu-Eisenstat 算法(Gu et al.,1996)可以得到满足定理 4.2 性质①至⑥的矩阵 $\boldsymbol{P}$ 和 $\boldsymbol{B}$。通过 Gu-Eisenstat 算法构建的插值分解在数值上已经证明是稳定的,但在最坏的情况下,Gu-Eisenstat 算法需要的浮点运算次数大约是经典主元 QR 分解算法的 $\lg\beta(n)$ 倍。因此,Martinsson 等(2017)在插值分解(ID)软件包中使用经典的主元 QR 分解算法而不是 Gu-Eisenstat 算法。在插值分解中,期望或预设精度用作主元 QR 分解的谱范数精度(即 $\|\boldsymbol{A}_{m\times n}-\boldsymbol{B}_{m\times r}\boldsymbol{P}_{r\times n}\|\leqslant\varepsilon$)。但是,主元 QR 分解预设精度的舍入误差可能会影响插值分解的数值稳定性。Martinsson 等(2013)的关键思想就是为了便于实现和性能优化而牺牲插值分解的精度,这是在数值稳定性和计算代价之间进行折中。应该注意的是,任何数值稳定性问题都可以通过在插值分解软件包中使用 Gu-Eisenstat 算法替换主元 QR 分解来完全解决数值稳定性问题(尽管预计算的代价和实现的复杂性显著增大)。为了最大限度地提高性能,本章只关注使用 Martinsson 等(2017)的插值分解软件包的勒让德变换算法。

根据定理 4.2 的性质②和⑥,可以发现正实数 β 出现在 $\boldsymbol{P}$ 和 $\boldsymbol{BP}-\boldsymbol{A}$ 的谱范数上界。这意味着插值分解的准确性取决于参数 β、n、r 和 σ_{r+1}。此外,预设精度 ε 影响秩 r。当 ε 较小时,秩 r 较大(提高了所需的精度)。σ_{r+1} 和 $n(n-r)$ 的值随着秩(r)的增大而减小。矩阵 $\boldsymbol{B}$ 的列为 $\boldsymbol{A}$ 的列的子集。令矩阵 $\widetilde{\boldsymbol{P}}$ 是从矩阵 $\boldsymbol{P}$ 中移除 $k\times k$ 单位矩阵的 $n\times(n-r)$ 矩阵。$\widetilde{\boldsymbol{P}}$ 的最大绝对值反映了剩余列对矩阵 $\boldsymbol{A}$ 的重要性。$\widetilde{\boldsymbol{P}}$ 的最大绝对值(即 $\boldsymbol{P}$ 的最大绝对值)越小,插值分解的准确率越高。最后,插值分解的准确度取决于预设精度 ε、矩阵 $\boldsymbol{A}$ 的性质和维度 n。较大的 β 将导致精度损失。“不稳定”可能发生在预设精度较低的高阶勒让德变换中。以下等式给出了一个简单的关系:

$$\varepsilon\downarrow\rightarrow r\uparrow\rightarrow\begin{cases}\sigma_{r+1}\downarrow\\ n(n-r)\downarrow\rightarrow\sqrt{\beta^2 r(n-r)+1}\,\sigma_{r+1}\downarrow\\ \beta\downarrow\end{cases}\tag{4.82}$$

为了便于叙述,采用文献(Tygert,2010;Cheng et al.,2005;Seljebotn,2012;Wedi et al.,2013)中所描述算法中定义的符号,包括 $C_{\max}$、L 和 ε。参数 $C_{\max}$ 是第 0 层上每个子矩阵的列数。第 L 层的数量由公式 $L=\log_2(N/C_{\max})$ 确定(N 是要压缩的矩阵的维数)。因此,快速勒让德变换的渐近代价因子是 $\log_2(N/C_{\max})$。此外,快速勒让德变换的计算复杂度还取决于插值矩阵中非 0 元素的数量，这会影响插值分解的性能。具有高预设精度(ε)的插值分解比具有低预设精度(ε)的插值分解更耗时。然而，关于投影矩阵的最大绝对值与期望精度(ε)的关系，以及插值分解中非 0 元素个数与预设精度(ε)的关系仍然缺乏研究。

给定一个 $N \times N$ 矩阵，层数 $L=[\log_2(N/C_{max})]$([]是取整函数)，每层需要$[N/C_{max}]$次插值分解。蝶型矩阵压缩的插值分解总数为$[N/C_{max}]\times[\log_2(N/C_{max})]$。矩阵 $\boldsymbol{B}$ 的列为 $\boldsymbol{A}$ 的列的子集，可以假设蝶型矩阵压缩生成的骨架矩阵是准确的，误差与投影矩阵有关，所以插值分解的准确度取决于所有投影矩阵 $\boldsymbol{P}$ 所对应 β 的最大值。

蝶型算法需要不同层$(0,1,\cdots,L)$的所有投影矩阵来完成勒让德变换。因此，很难确定蝶型压缩中的误差函数和插值分解中的误差函数。某层的最大误差取决于所有块的插值分解的最大误差。因此，使用投影矩阵的最大绝对值来研究勒让德变换的准确性可能是合理的。综上所述，有必要从插值分解的性质(如投影或插值矩阵的秩、最大绝对值和非 0 元素个数)的角度，对快速球谐函数变换进行性能评估。

4.3.2.2 投影矩阵的稀疏性及其对应的矩阵乘算法

基于蝶型矩阵压缩的快速勒让德变换算法在预处理步骤中需要通过插值分解得到各级子矩阵块的插值矩阵$\boldsymbol{P}_{i,j,k}$，且在矩阵乘步骤中需要对这些插值矩阵$\boldsymbol{P}_{i,j,k}$进行右乘矩阵操作。插值矩阵$\boldsymbol{P}_{i,j,k}$具有稀疏结构特性，因此可以采用相应的稀疏矩阵存储格式和相应的矩阵乘算法，以达到节约存储需求和计算开销的目的。

插值分解函数 idzp_id(eps,m,n,a,r,list,rnorms)中(Martinsson et al., 2017)，输出变量 list 存储的是列交换信息。因此对矩阵进行插值分解 $\boldsymbol{A}=\boldsymbol{BP}$ 后，根据变量 list 对 $\boldsymbol{P}$ 进行列互换操作，即可得到重排矩阵

$$\hat{\boldsymbol{P}}=[\hat{\boldsymbol{P}}_{11},\hat{\boldsymbol{P}}_{12}] \tag{4.83}$$

式中，$\hat{\boldsymbol{P}}_{11}$为 $r\times r$ 单位矩阵，$\hat{\boldsymbol{P}}_{12}$为 $r\times(n-r)$矩阵。

$$\hat{\boldsymbol{P}}_{11}=[\boldsymbol{P}(:,\mathrm{list}(1),\cdots,\boldsymbol{P}(:,\mathrm{list}(r)))] \tag{4.84}$$

因此，可以根据此特性设计存储方案。

令 $\boldsymbol{P}$ 和 $\boldsymbol{\beta}$ 分别是 $r\times n$ 和 $n\times \mathrm{nflev}$ 矩阵。那么乘积 $\boldsymbol{P}_{r\times n}\boldsymbol{\beta}_{n\times \mathrm{nflev}}$ 可以重写为

$$\boldsymbol{P}_{r\times n}\boldsymbol{\beta}_{n\times \mathrm{nflev}}=\hat{\boldsymbol{P}}_{r\times n}\hat{\boldsymbol{\beta}}_{n\times \mathrm{nflev}}=[\boldsymbol{I}_{r\times r},\boldsymbol{R}_{r\times(n-r)}]\hat{\boldsymbol{\beta}}=\begin{bmatrix}\boldsymbol{\beta}(\mathrm{list}(1))\\ \boldsymbol{\beta}(\mathrm{list}(2))\\ \vdots\\ \boldsymbol{\beta}(\mathrm{list}(r))\end{bmatrix}+\mathbf{R}_{r\times(n-r)}\begin{bmatrix}\boldsymbol{\beta}(\mathrm{list}(r+1))\\ \boldsymbol{\beta}(\mathrm{list}(r+2))\\ \vdots\\ \boldsymbol{\beta}(\mathrm{list}(n))\end{bmatrix} \tag{4.85}$$

它将 $r\times n$ 矩阵乘 $n\times\mathrm{nflev}$ 矩阵转换为 $r\times(n-r)$矩阵乘以$(n-r)\times\mathrm{nflev}$ 矩阵，并将浮点运算的数量从 $O(r\times n\times\mathrm{nflev})$减少到 $O(r\times(n-r)\times\mathrm{nflev})$。$\boldsymbol{P}$ 和 $\boldsymbol{\beta}$ 的矩阵乘可以看作两部分的和，其中，第一部分由 list$(1:r)$表示的 r 行组成，而第二部分可以通过 $\boldsymbol{P}$ 剩余的 $n-r$ 列乘以由 list$(r+1:n)$指示 $\boldsymbol{\beta}$ 的其余行。为了帮助读者更清楚地了解这一过程，接下来给出一个示例来解释该算法。

例如：对矩阵

$$\mathbf{A}=\begin{bmatrix}1 & 1 & 1 & 1\\ 2 & 5 & 8 & 11\\ 3 & 6 & 9 & 12\end{bmatrix} \tag{4.86}$$

进行插值分解，易得

$$\boldsymbol{P}=\begin{bmatrix}0 & 0 & 0 & 1\\ 1 & 0.5 & 0 & 0\\ 0 & 0.5 & 1 & 0\end{bmatrix} \tag{4.87}$$

和 list=[4　1　3　2]。

首先根据 list 对矩阵 $\boldsymbol{P}$ 进行变换，得到

$$\hat{\boldsymbol{P}}=\begin{bmatrix}1 & 0 & 0 & 0\\ 0 & 1 & 0 & 0.5\\ 0 & 0 & 1 & 0.5\end{bmatrix} \tag{4.88}$$

在对 $\boldsymbol{P}$ 进行存储时，仅需存储第 2 列$(0,0.5,0.5)'$。矩阵 $\boldsymbol{P}$ 的第 list(i)列的第 i 行为 1。

$$\boldsymbol{B}=\boldsymbol{P\beta}=\hat{\boldsymbol{P}}\hat{\boldsymbol{\beta}}=\begin{bmatrix}1 & 0 & 0 & 0\\ 0 & 1 & 0 & 0.5\\ 0 & 0 & 1 & 0.5\end{bmatrix}\times\begin{bmatrix}4 & 8\\ 1 & 5\\ 3 & 7\\ 2 & 6\end{bmatrix}=\begin{bmatrix}4 & 8\\ 1 & 5\\ 3 & 7\end{bmatrix}+\begin{bmatrix}0\\ 0.5\\ 0.5\end{bmatrix}\times[2\quad 6]=\begin{bmatrix}4 & 8\\ 2 & 8\\ 4 & 10\end{bmatrix} \tag{4.89}$$

式中，$\hat{\boldsymbol{\beta}}$ 是 $\boldsymbol{\beta}$ 的行重排矩阵。从上面的计算过程可看出，矩阵 $\boldsymbol{P}$ 和 $\boldsymbol{\beta}$ 的乘积由两部分相加构成，第一部分是矩阵 $\boldsymbol{B}$ 的 r 个行，由 list 的前 r 个元素指定，即 list$(1:r)$对应的矩阵 $\boldsymbol{B}$ 的 r 个行。第二部分则由 $\boldsymbol{P}$ 剩下的 list$(r+1:N)$列乘以 $\boldsymbol{B}$ 剩余的 $N-r$ 行得到。图 4.8 描述了投影矩阵的压缩存储格式，考虑压缩存储格式的投影矩阵乘法如表 4.1 所示。在图 4.8 中，绿色块表示投影矩阵 $\boldsymbol{P}$ 中值为 1 的元素，红色块表示需要存储的列，橙色块代表向量 list。

表 4.1　投影矩阵采用稀疏存储格式时的矩阵乘法

01：	if(r<n)then
02：	call dgemm('n','n',r,nflev,n−r, 1.0d0, p,r,& & beta(list(r+1:n),:),n−r,0.0, b,r)
03：	b = b+beta(list(1:r),:)
04：	else
05：	call dgemm('n','n',r,nflev,n, 1.0d0, p,r,& & beta,n,0.0,b,r)
06：	endif

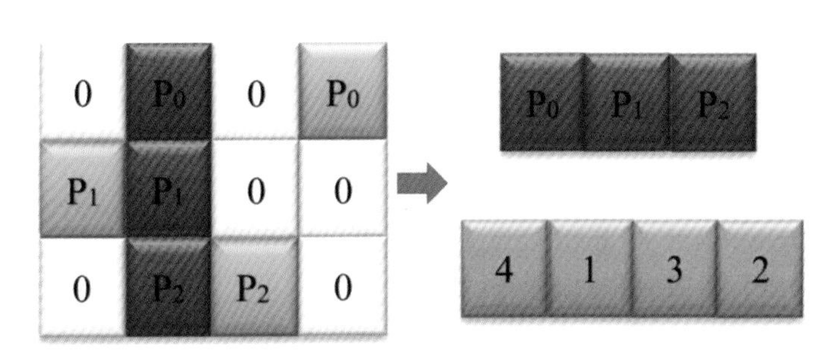

图 4.8　投影矩阵压缩存储格式示意

4.3.2.3 YHGSM 中快速球谐函数变换的实现

本小节将描述如何在 YHGSM 中实现快速勒让德变换算法。在 YHGSM 中，原有的勒让德变换使用基本线性代数子程序(BLAS)的矩阵-矩阵乘法函数 DGEMM 实现。以下将使用Tygert(2010)的算法称为快速勒让德变换(FLT)。在实际勒让德变换中使用一个开关来激活 FLT。用于控制 FLT 的变量如表 4.2 所示。使用 FLT 之前需要添加一个初始化子程序来完成 FLT 的初始化(表 4.3)并修改子程序 lt_dir_trans/lt_inv_trans(表 4.4 和表 4.5)。表 4.6 给出了核心程序列表及其功能描述。图 4.9 展示了 FLT 中涉及的关键子程序的调用关系。

表 4.2 快速勒让德变换的控制变量

变量	数据类型	说明
FLTFLAG	LOGICAL	'.TRUE.'：调用快速勒让德变换；'.FALSE.'：使用 DGEMM
PRECFLAG	LOGICAL	'.TRUE.'：计算快速勒让德变换的蝶型矩阵压缩； '.FALSE.'：从指定文件读取快速勒让德换的蝶型压缩表示
PRE_SAVE	LOGICAL	'.TRUE.'：存储快速勒让德换的蝶型压缩表示到指定文件
DIMTHRESH	INTERGER	快速勒让德变换截断波数阈值

表 4.3 快速勒让德变换初始化伪代码

程序名 flt_initialization.

```
01:    if(FLTFLAG)then
02:      call flt _dir_idallocation( )
03:      call flt _inv_idallocation( )
04:      if(PRECFLAG)then
05:        call flt _dir_precomputation( )
06:        call flt _inv_precomputation( )
07:        if(PRE_SAVE)then
08:          call flt_dir_idsaveledir( )
09:          call flt_inv_idsaveleinv( )
10:        endif
11:      else
12:        call flt_dir_idreadledir( )
13:        call flt_inv_idreadleinv( )
14:      endif
15:    endif
```

4.3.3 球谐函数变换的插值分解特性分析

本小节在超高分辨率下，分析基于蝶型矩阵压缩的快速球谐函数变换的潜在不稳定性、计算和存储复杂度。根据插值分解性质，研究潜在不稳定性的产生机理，对插值分解过程中生成的插值矩阵 $\boldsymbol{P}$ 的秩、最大绝对值、非 0 元数进行统计分析验证理论分析所得出的结论。

表 4.4 快速勒让德正变换控制程序伪代码

程序名 lt_dir_trans	
01：	if(FLTFLAG. and. (IM. LE. NSMAX－2 * DIMTHREASH＋3))then
02：	call flt _dir_mxm() ！ symmetric part
03：	call flt _dir_mxm() ！ asymmetric part
04：	else
05：	call dgemm() ！ symmetric part
06：	call dgemm() ！ asymmetric part
07：	endif

表 4.5 快速勒让德逆变换控制程序伪代码

程序名 lt_inv_trans.	
01：	if(FLTFLAG. and. (IM. LE. NSMAX－2 * DIMTHREASH＋3))then
02：	call flt _inv_mxm() ！ symmetric part
03：	call flt _inv_mxm() ！ asymmetric part
04：	else
05：	call dgemm() ！ symmetric part
06：	call dgemm() ！ asymmetric part
07：	endif

表 4.6 快速勒让德变换核心程序及其描述

程序名	功能描述
flt_dir_precomputation	完成正球谐函数变换预计算
flt_inv_precomputation	完成逆球谐函数变换预计算
flt_dir_idallocation	正球谐函数变换空间分配
flt_inv_idallocation	逆球谐函数变换空间分配
flt_dir_idsaveledir	将正球谐函数变换插值分解中生成的矩阵和蝶型乘法算法中使用的一些辅助信息保存到文件中
flt_inv_idsaveleinv	将逆球谐函数变换插值分解中生成的矩阵和蝶型乘法算法中使用的一些辅助信息保存到文件中
flt_dir_idreadledir	从文件中读取在插值分解中生成的矩阵和蝶型乘法算法中使用的一些辅助信息，用于正球谐函数变换
flt_inv_idreadleinv	从文件中读取在插值分解中生成的矩阵和蝶型乘法算法中使用的一些辅助信息，用于逆球谐函数变换
butterfly_extract_smatrix	提取待分解矩阵
butterfly_compression	完成蝶型矩阵压缩
butterfly_extract_vmatrix	提取蝶型乘法使用的向量
butterfly_memory_matrix	保存矩阵向量乘结果
flt_dir_mxm	执行正球谐函数变换矩阵乘矩阵
flt_inv_mxm	执行逆球谐函数变换矩阵乘矩阵
savecol	存储插值分解中生成的矩阵和蝶型矩阵乘法使用的一些辅助信息
exact_sub_matrix	提取第 0 层的待压缩子矩阵
comb_l_and_r_neighbor	提取层数大于 0 的层的待压缩子矩阵

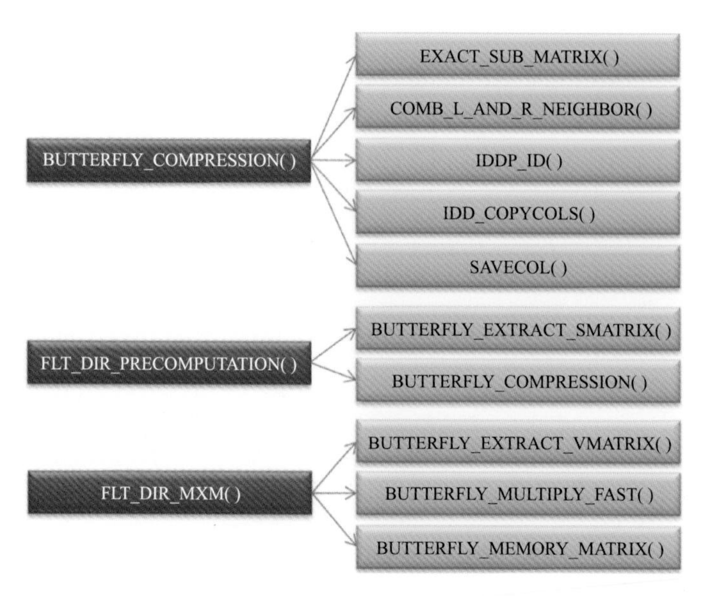

图 4.9 butterfly_compression、flt_dir_precomputation 和 flt_dir_mxm 的函数调用关系

4.3.3.1 投影矩阵的秩

图 4.10 给出了 T_L7999 分辨率所对应投影矩阵的秩(其中插值分解预设精度 INVEPS=DIREPS=1.0×10^{-7}),INVEPS=DIREPS=1.0×10^{-10} 对应的结果在图 4.11 中给出。显然,Tygert(2010)的算法满足插值分解特性。图 4.10 和图 4.11 的结果表明,参数 INVEPS 和 DIREPS 对投影矩阵的秩几乎没有影响。此外,当秩较大时稀疏矩阵存储格式能够更节省存储。

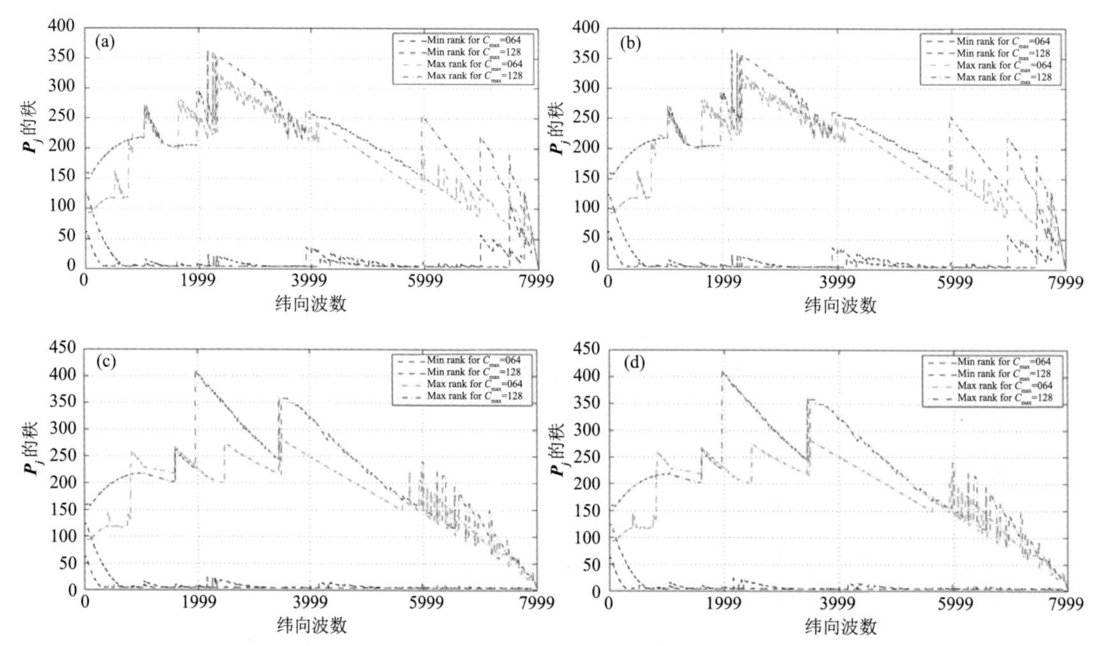

图 4.10 T_L7999 分辨率时投影矩阵的秩(INVEPS=DIREPS=1.0×10^{-7})
(a)正变换对称部分;(b)正变换反对称部分;(c)逆变换对称部分;(d)逆变换反对称部分

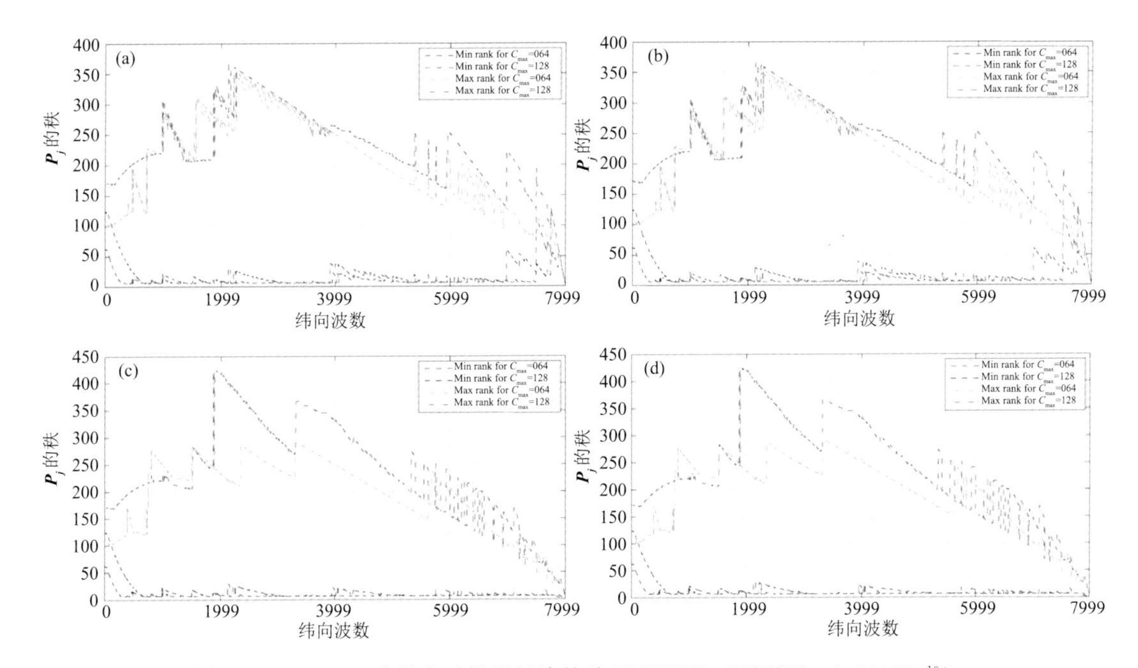

图 4.11 T_L7999 分辨率时投影矩阵的秩(INVEPS＝DIREPS＝1.0×10^{-10})

(a)正变换对称部分;(b)正变换反对称部分;(c)逆变换对称部分;(d)逆变换反对称部分

4.3.3.2 投影矩阵中元素的最大绝对值

插值分解潜在的数值不稳定取决于要分解的矩阵的性质。图 4.12 显示了勒让德范德蒙德(Legendre-Vandermonde,LV)矩阵(勒让德多项式和高斯勒让德求积点)的预设精度为 1.0×10^{-7}时投影矩阵中元素的最大绝对值。LV 矩阵的预设精度为 10^{-7}时投影矩阵中元素的最大绝对值小于 3,对于预设精度 10^{-4}、10^{-6}和 10^{-8}也获得了类似的结果。这意味着 LV 矩阵的插值分解是稳定的。

图 4.13 显示了 YHGSM 在 T_L7999 分辨率下投影矩阵中元素的最大绝对值。在正球谐函数变换中分解的矩阵是连带勒让德范德蒙德(ALV, associated-Legendre-Vandermonde)矩阵,在逆球谐函数变换中是 ALV 矩阵和高斯勒让德求积权重的“乘积”。不失一般性,分解后的矩阵称为 ALV 矩阵。可以发现,投影矩阵中所有元素的绝对值都小于或等于一个合理小的正实数。但是在精简高斯网格上进行反对称部分的逆变换时,对 C_{max}＝128 和 EPS＝1.0×10^{-7},在波数 m＝60 处存在相对较大的值(1336.959)。此外,对于反对称部分在全高斯网格上的逆变换,在 C_{max}＝128 和 EPS＝1.0×10^{-7}的情况下,在波数 m＝493 处也存在相对较大的值(1376.669)。较大的值仅出现在纬向波数 m 较小的情况下。这些出乎意料的结果意味着对于超高分辨率的逆变换,插值分解可能在数值上将不稳定。

此外,LV 矩阵的投影矩阵中,元素的最大绝对值小于图 4.13 中 ALV 矩阵中元素的最大绝对值,尤其是对于小的纬向波数。ALV 矩阵所对应投影矩阵的性质比 LV 矩阵差。LV 矩阵的插值分解是稳定的,而对于具有小纬向波数(m)的 ALV 矩阵,它可能不稳定。上述结果表明,快速球谐函数变换中插值分解的不稳定性可能取决于高阶连带勒让德多项式(Yessad,2018)和使用的精简高斯网格。当然,更高的预设精度 DIREPS/INVEPS 和更小的 C_{max}有助

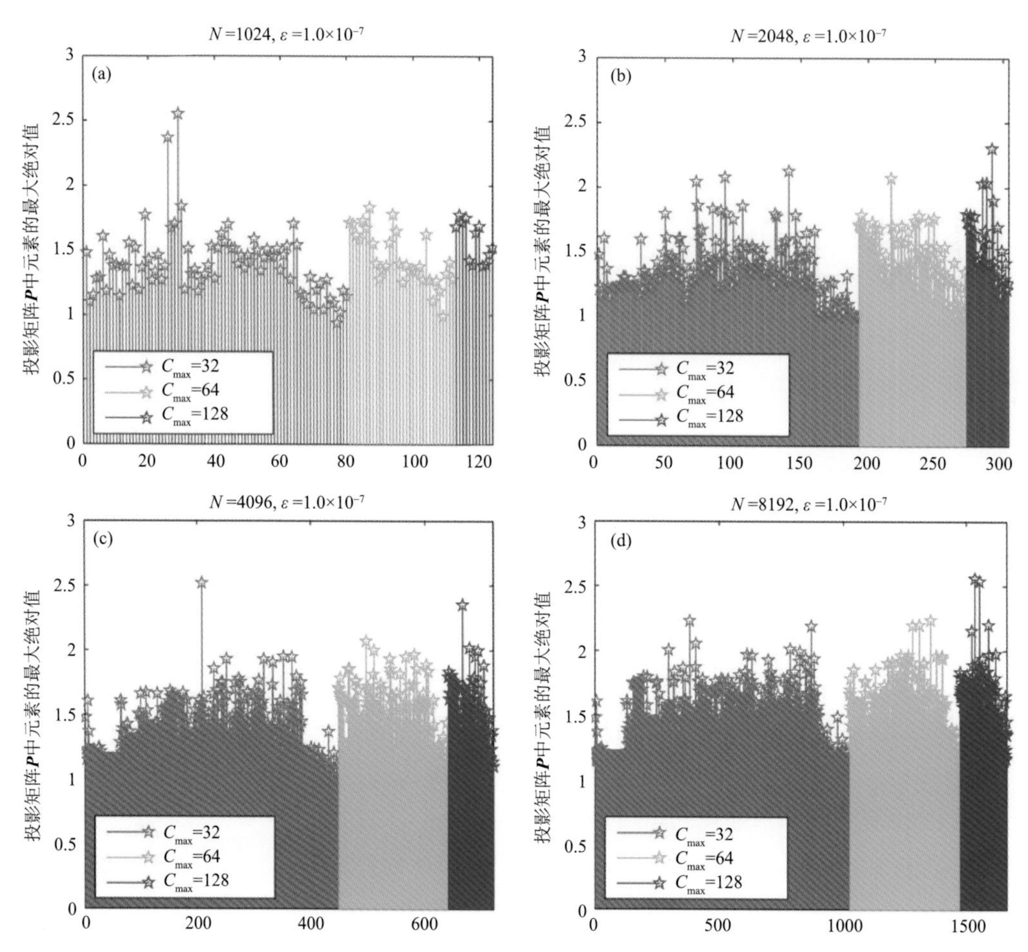

图 4.12　勒让德范德蒙德（LV）矩阵（勒让德多项式和高斯勒让德求积点）的预设精度为 1.0×10^{-7} 时投影矩阵中元素的最大绝对值

于插值分解的稳定性。

图 4.14 给出了分辨率为 T_L7999 时采用稀疏矩阵存储格式时的压缩性能。需要注意的是矩阵维数小于 C_{max} 时不使用稀疏矩阵存储格式。如图 4.14 所示，稀疏矩阵存储格式可以节省 50%以上的存储空间。当 INVEPS＝DIREPS＝1.0×10^{-10} 时，也有类似的结果，这里不再给出。上述结果与 Seljebotn(2012)在其附录 A.1 中的结论一致。图 4.14 中的压缩比定义为数据量相对原始数据量减少的比例。

4.3.3.3　投影矩阵的非 0 元个数

图 4.15 给出了 T_L7999 分辨率下蝶型矩阵的非 0 元个数。如结果所示，对所有纬向波数 m，非 0 元个数均处于 $O(m\lg^2 N)\sim O(N\lg^{2.5}N)$，其中，$N$ 是纬向波数 m 对应的连带勒让德矩阵维数。因此使用蝶型矩阵向量乘法的快速勒让德变换操作数复杂度为 $O(N\lg^2 N)\sim O(N\lg^{2.5}N)$。同时也可以发现 $C_{max}=64$ 时非 0 元比 $C_{max}=128$ 时要少，而 EPS＝1.0×10^{-7} 的非 0 元比 EPS＝1.0×10^{-10} 时要少。这意味着当参数 C_{max} 取 64 时，所需的浮点运算次数最少。高预设精度（小 ε）的插值分解比低预设精度（大 ε）的插值分解具有更多的非 0 元个数。因此，FLT 的渐近成本也取决于预设精度（ε）。当精度足够时，建议使用较低的预设精度。

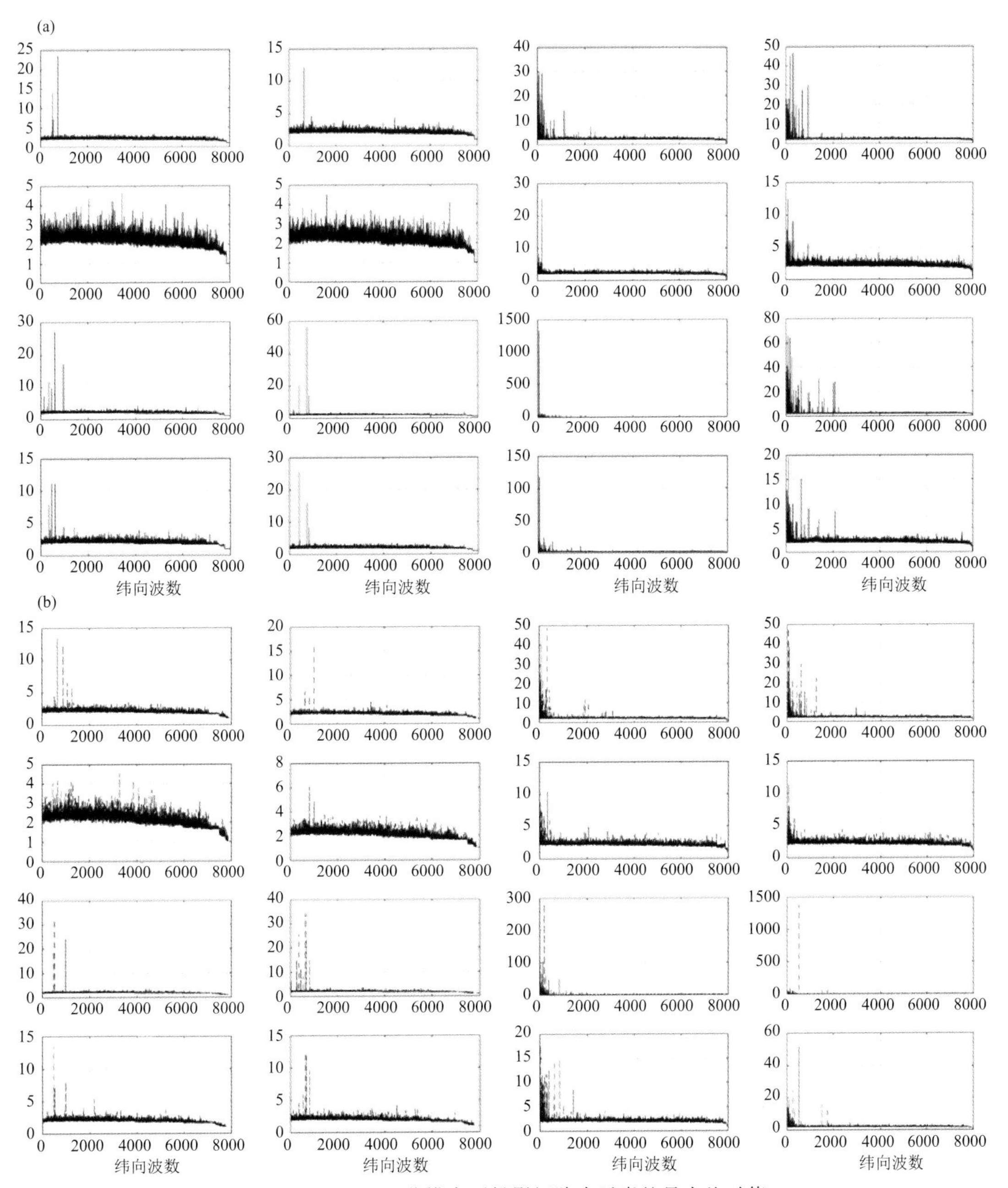

图 4.13 T_L7999 分辨率下投影矩阵中元素的最大绝对值

(a)精简高斯网格;(b)完全高斯网格

在(a)与(b)中,自上而下分别为 $C_{\max}=64$ 且 INVEPS=DIREPS=10^{-7}、$C_{\max}=64$ 且 INVEPS=DIREPS=10^{-10}、$C_{\max}=128$ 且 INVEPS=DIREPS=10^{-7}、$C_{\max}=128$ 且 INVEPS=DIREPS=10^{-10},自左至右分别是正变换对称与反对称部分、逆变换对称与反对称部分

可以发现,$C_{\max}=64$ 时的秩和非 0 元个数都比 $C_{\max}=128$ 时小,这意味着 $C_{\max}=64$ 时 FLT 的计算代价可能小于 $C_{\max}=128$ 时。较小的 $C_{\max}$ 会增加层数 L 和插值分解中的投影矩阵个数,从而使得蝶型矩阵-矩阵乘算法需要更多的矩阵-矩阵乘运算。较少非 0 元个数对计算开销带来的优势,可能被矩阵向量乘运算次数的增加抵消,并且具体效果也还取决于实际应用中的硬件。

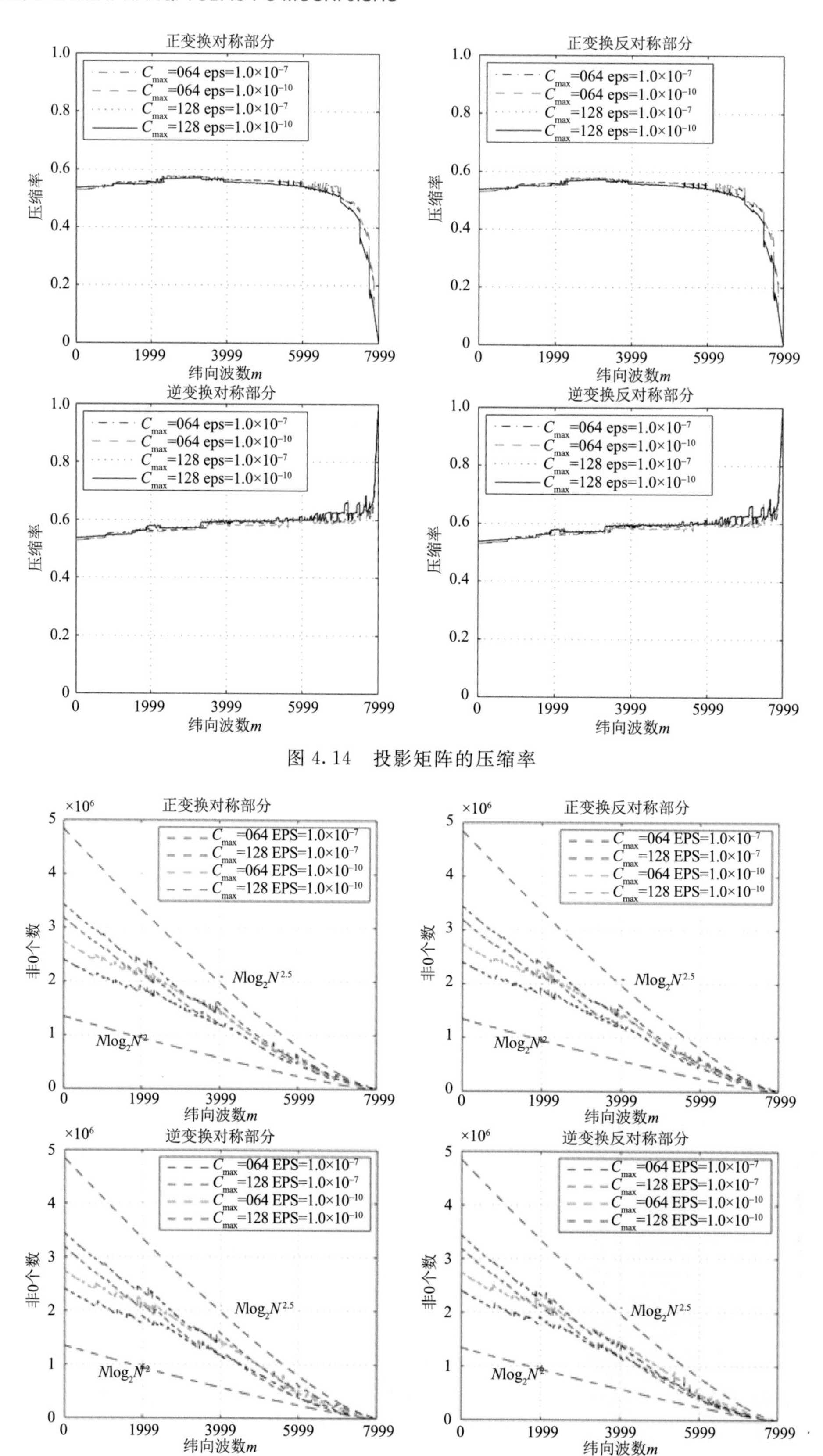

图 4.14　投影矩阵的压缩率

图 4.15　T_L7999 分辨率下蝶型矩阵中的非 0 元个数

4.3.4 快速球谐函数变换算法性能评测

表 4.7 给出了 C_{max}=128 时不同分辨率下 FLT 的存储开销。图 4.16 是表 4.7 的存储开销除以$N^2\lg^4 N$。如结果所示,FLT 的存储复杂度是 $O(N^2\lg^4 N)$。此外,我们还发现对 Cmax=128,INVEPS=1.0×10^{-4} 和 DIREPS=1.0×10^{-7} 时 FLT 的存储开销几乎与 INVEPS=DIREPS=1.0×10^{-7} 时相同,INVEPS=1.0×10^{-10} 和 DIREPS=1.0×10^{-10} 时存储开销比 NVEPS=DIREPS=1.0×10^{-7} 略微大一点。这意味着 FLT 的存储开销对参数 DIREPS 和 INVEPS 不敏感。在蝶型压缩使用较高的预设精度时,存储开销增加并不明显。

表 4.7 采用 C_{max}=128 时不同分辨率下 FLT 的存储开销(单位:MB)

分辨率	T_L255	T_L511	T_L799	T_L1023	T_L1279	T_L2047	T_L3999
INVEPS=DIREPS=1.0×10^{-7}	157	1195	3775	7545	12436	43038	218117
INVEPS=DIREPS=1.0×10^{-10}	157	1201	3859	7728	12951	45047	233231

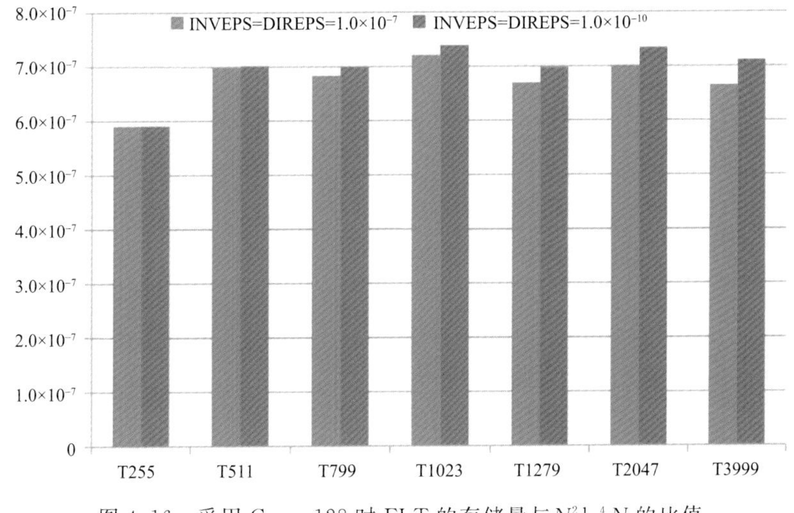

图 4.16 采用 C_{max}=128 时 FLT 的存储量与$N^2\lg^4 N$ 的比值

接下来,本小节将进行快速球谐函数变换算法的计算性能分析。所有测试都是在天河 2 号高性能计算机(Liao et al., 2014)上进行,每个计算节点拥有 64 GB 的内存,每节点核数 24 个,使用英特尔至强处理器 E5-2692V2@2.2G Hz。采用 32 KB L1 指令缓存、一个 32 KB L1 数据缓存、一个 256 KB L2 缓存和一个 30720 KB L3 缓存。此外,本小节测试使用的都是线性网格,不失一般性本小节不区分 T 和 TL,例如 T639 默认为 TL639。

为了最小化内存使用,只保留纬向波数(m)大于 NSMAX$-2\times$DIMTHRESH$+3$ 的连带勒让德范德蒙德矩阵及其转置(NSMAX 是截断阶数,DIMTHRESH 是快速勒让德变换矩阵维数阈值,定义于表 4.2)以及纬向波数(m)小于或等于 NSMAX$-2\times$DIMTHRESH$+3$ 的蝶型算法使用的 ID 矩阵。此外,BLAS 函数 DGEMM 也用于 FLT 中维数小于 Cmax 的矩阵—矩阵乘法。接下来对所有测试,取 DIRPES=INVEPS=EPS。

具有不同纬向波数(m)的 LT 的计算时间如图 4.17 所示。我们建议 C_{max}=128 不使用阈值，$C_{max}=64$ 采用阈值 128。本节后文中，SHT 和 LT 都包含一次正变换和一次逆变换，计算时间为所有进程执行时间之和，单位为系统时钟周期数，除以 10000 即可得到以秒为单位的时间。对于本节的其余测试，阈值 DIMTHREASH 设置为 128。

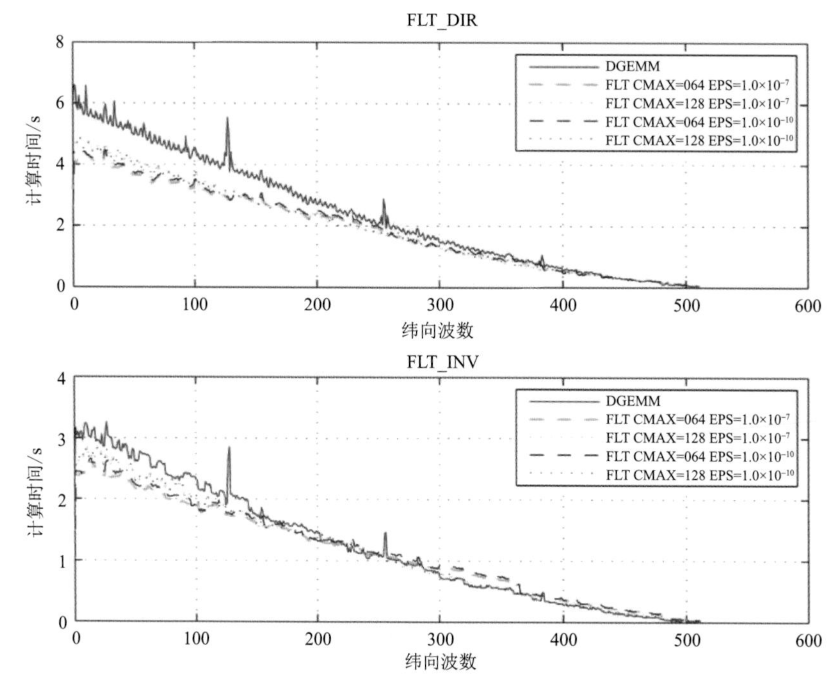

图 4.17 快速勒让德变换计算时间随纬向波数(m)的变化情况

表 4.8 球谐函数变换中勒让德变换部分的计算时间(系统时钟周期数)

分辨率	T_L255	T_L511	T_L799	T_L1023	T_L1279	T_L2047	T_L3999	T_L7999
				Dimthresh=0				
				DIREPS=INVEPS=1.0×10^{-7}				
$C_{max}=064$	232.46	1169.92	3645.68	6768.62	12034.90	37224.48	188943.30	1119316.30
$C_{max}=128$	223.96	1202.30	3752.72	7227.88	12211.80	39891.44	201214.30	1223850.84
				DIREPS=INVEPS=1.0×10^{-10}				
$C_{max}=064$	243.62	1198.50	3855.02	7109.58	12931.08	40211.50	227720.42	1610491.10
$C_{max}=128$	228.56	1205.80	3819.96	7381.40	12636.14	41564.10	214058.64	1373953.74
DGEMM	228.76	1387.26	5263.56	10887.40	21013.16	84619.96	854367.46	9393950.70
Proc Num	64×1	64×1	64×1	64×1	64×1	64×1	64×1	64×1
				Dimthresh=128				
				DIREPS=INVEPS=1.0×10^{-7}				
$C_{max}=064$	163.14	1246.58	4077.60	7811.56	14114.42	48197.22	257899.00	1242852.20
$C_{max}=128$	168.00	1313.34	4247.98	8698.58	15040.56	54742.64	289717.14	1319803.66
				DIREPS=INVEPS=1.0×10^{-10}				
$C_{max}=064$	167.62	1277.08	4279.82	8266.74	15214.42	52290.96	289920.50	1523009.90
$C_{max}=128$	167.78	1316.64	4320.92	8912.84	15624.30	57127.58	309128.22	1441786.68
DGEMM	226.78	1856.50	7426.02	24084.12	67342.68	414979.76	3416682.48	103069596.76
进程数	4×16	4×16	32×16	32×16	32×16	32×16	32×16	128×2

表4.8列出了使用FLT和DGEMM的球谐函数变换时勒让德变换部分的计算时间。YHGSM不考虑单个勒让德变换的并行化。由于单个勒让德变换在同一节点中执行，因此不需要节点间通信。表4.8(顶部)中的所有测试都在64个节点上进行，每个节点都使用一个计算进程。为了研究内存占用对计算时间的影响，分辨率为T_L7999时的测试使用128个节点，每个节点使用两个计算进程，而其他测试每个节点使用16个计算进程，见表4.8(底部)。可以发现，内存占用确实影响勒让德变换的计算时间，尤其是使用DGEMM的LT。这是因为与使用DGEMM的LT相比，FLT可以节省一半以上的内存。图4.18显示了SHT的LT部分与DGEMM相比的加速比。可以发现，当分辨率高于或等于T_L255时，FLT的计算时间小于DGEMM，并且差异随着分辨率的增加而扩大。此外，对于EPS$=1.0\times10^{-7}$的FLT，$C_{max}=64$的计算时间少于$C_{max}=128$的计算时间，而对于EPS$=1.0\times10^{-10}$，这种趋势并不明显。这可能取决于节点的状态和硬件架构。图4.19显示了表4.8上部SHT的LT部分的计算时间，按不同的复杂度进行了缩放。考虑到T_L7999的结果易受内存和缓存的影响，因此，不考虑T_L7999的结果，这样可以得出SHT的FLT部分的计算复杂度约为$O(N^2\lg^3 N)$。

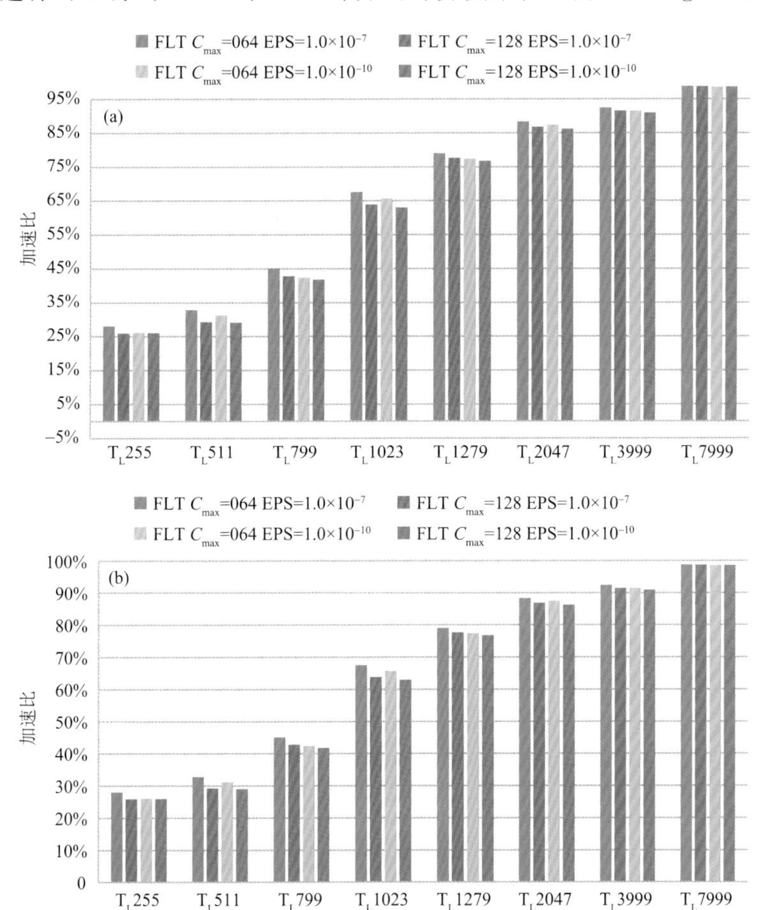

图4.18　与DGEMM相比，SHT的LT部分的加速比，表4.8上部(a)和表4.8下部(b)的结果

表4.9列出了YHGSM积分50步的墙钟时间。$C_{max}=64$的计算时间明显少于$C_{max}=128$的计算时间，而预计算时间正好相反。$T_L3999L91$的预计算时间相当于使用FLT的YHGSM大约积分60步的时间。对于高于T_L1279的分辨率，EPS$=1.0\times10^{-7}$和EPS$=1.0\times10^{-10}$之

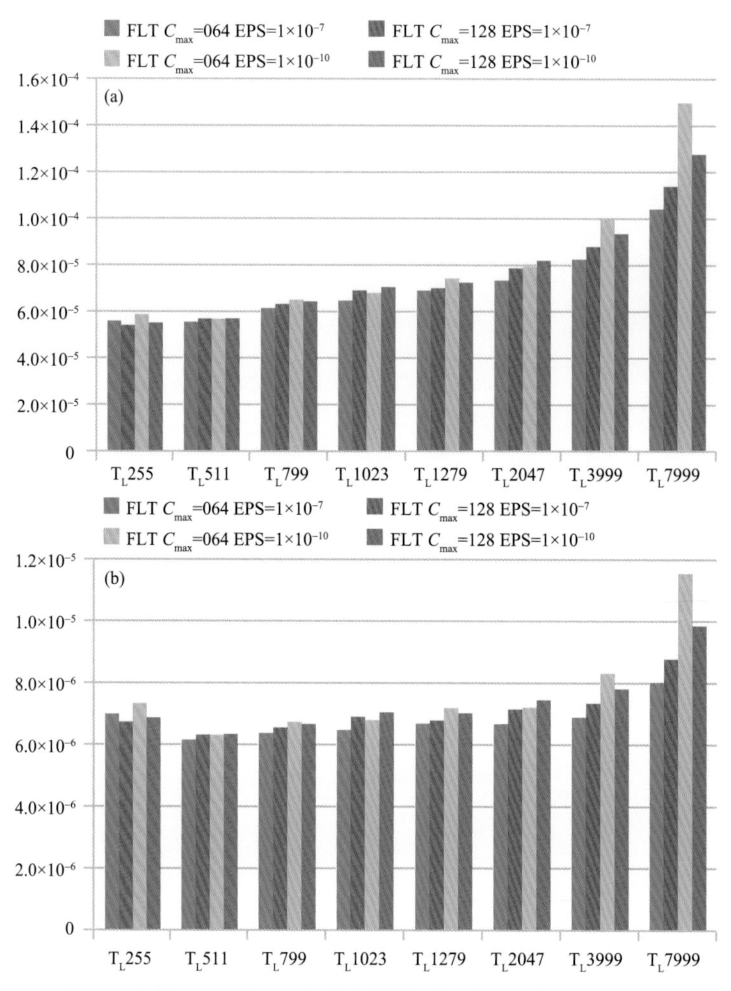

图 4.19 表 4.8 上部 SHT 的 LT 部分的计算时间除以 $N^2\lg^2 N$(a)和 $N^2\lg^3 N$(b)

间的计算时间差异很明显。因此,在 YHGSM 中推荐使用参数 $C_{max}=64$ 和 EPS$=1.0\times10^{-7}$。

表 4.9 YHGSM 积分 50 步的墙钟时间(单位:s)

		T_L799L91		T_L1279L91		T_L2047L91		T_L3999L91	
EPS	C_{max}	计算	预计算	计算	预计算	计算	预计算	计算	预计算
1.0×10^{-7}	64	99.215	7.845	256.303	59.497	813.549	532.461	4255.002	5239.018
	128	100.458	7.162	258.707	51.693	830.624	385.456	4322.260	4874.800
1.0×10^{-10}	64	100.314	7.896	258.555	61.075	817.339	490.321	4326.016	5368.784
	128	100.575	7.215	259.071	52.209	845.570	432.730	4504.232	5057.268
DGEMM		108.012	2.158	312.470	5.250	1577.38	14.67	8640.64	84.53
总进程数(节点数×进程数/节点)		40×24=960		64×16=1024		80×8=640		128×4=512	

接下来使用两个球面精简高斯网格的真实场来验证快速球谐函数变换的正确性。图 4.20 比较了 T_L1279 分辨率的风场结果。图 4.20 中的风场是使用一次逆 SHT 和一次正 SHT 从真实风场计算得到的。图 4.21 显示了图 4.20 中的风场误差。图 4.22 显示了使用相

同变换 300 次得到的风场误差。图 4.20 中的结果与实际场一致。比较图 4.21 和图 4.22,可以发现快速 SHT 在数值上与使用 DGEMM 的原始 SHT 一样稳定。此外,EPS=1.0×10^{-10} 的 FLT 的结果更接近于 DGEMM 的结果。

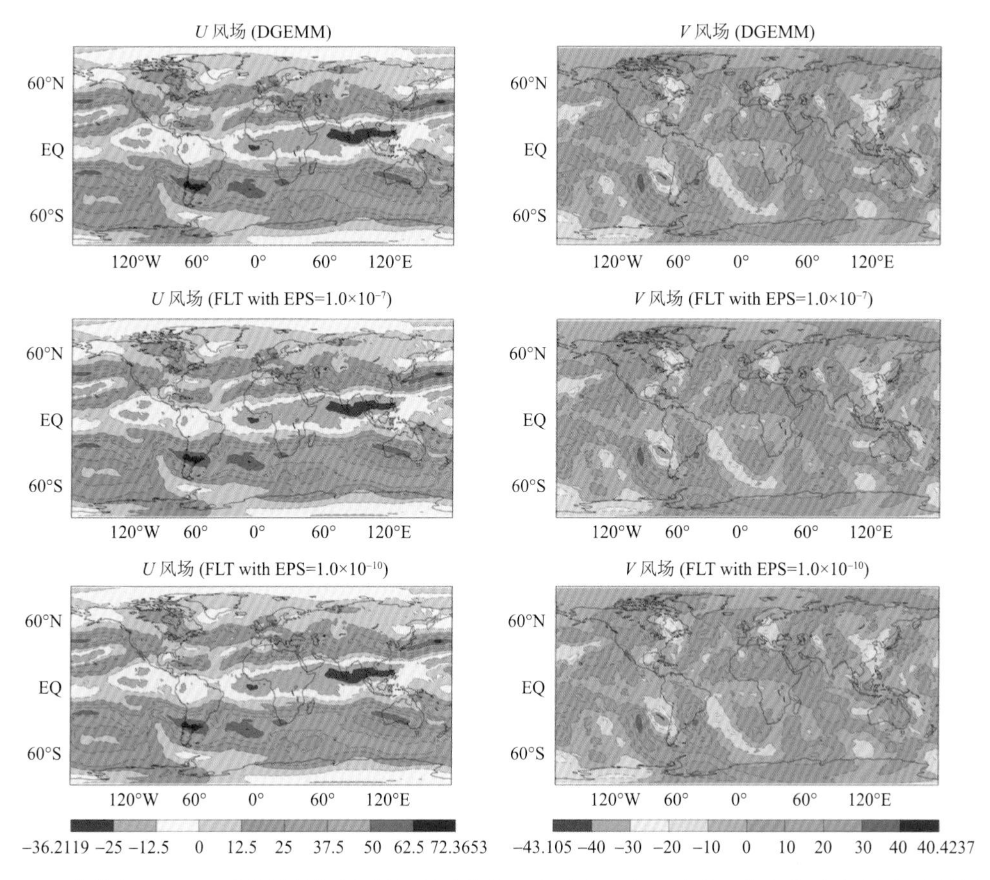

图 4.20 分辨率 T_L1279 时的风场结果(风场通过使用一次逆和一次正球谐函数变换从真实风场计算得到)

接下来采用纬向波数 4 的 Rossby-Haurwitz 波(Williamson et al.,1992)、斜压不稳定性波(Jablonowski et al.,2006)和 YHGSM 的真实预报 3 个测试用例来验证使用 FLT 后 YHGSM 的正确性和可靠性。SHT 的准确度使用以下误差函数评估:

$$\mathrm{error}_{\mathrm{MAX}}=\frac{\max\limits_{i=1,\cdots,N}\left|u_{\mathrm{exact}}(i)-u_{\mathrm{approx}}(i)\right|}{\max\limits_{i=1,\cdots,N}\left|u_{\mathrm{exact}}(i)\right|}\text{和}\mathrm{error}_{\mathrm{RMS}}=\sqrt{\frac{1}{N}\sum_{i=1}^{N}\left|u_{\mathrm{exact}}(i)-u_{\mathrm{approx}}(i)\right|^{2}}$$

使用 Rossby-Haurwitz 波测试用例初始场中的 u 风来验证使用 FLT 时 SHT 的准确性。U 风的误差如表 4.10 所示。可以发现,在 EPS=1.0×10^{-10} 的 FLT 下,SHT 的误差小于 EPS=1.0×10^{-7} 的误差,并且随着分辨率的增加误差变大。除了 T_L1023 和 T_L1279 分辨率时,EPS=1.0×10^{-10} 和 $C_{\max}=64$ 的情况外,均方根误差都小于预设精度 EPS。随着分辨率的增加,RMS 误差比预设精度(ε)高 1 个数量级。对于分辨率 T_L7999,在 $C_{\max}=128$ 和 EPS=1.0×10^{-10} 的情况下没有发现显著的精度损失。这可能是由于测试场的平滑性。函数的大部分能量集中在低频部分。更重要的是,计算中出现的 FLT 不稳定性涉及高阶连带勒让德多项式。因此,不稳定性对 SHT 精度的影响很小,可以忽略不计。

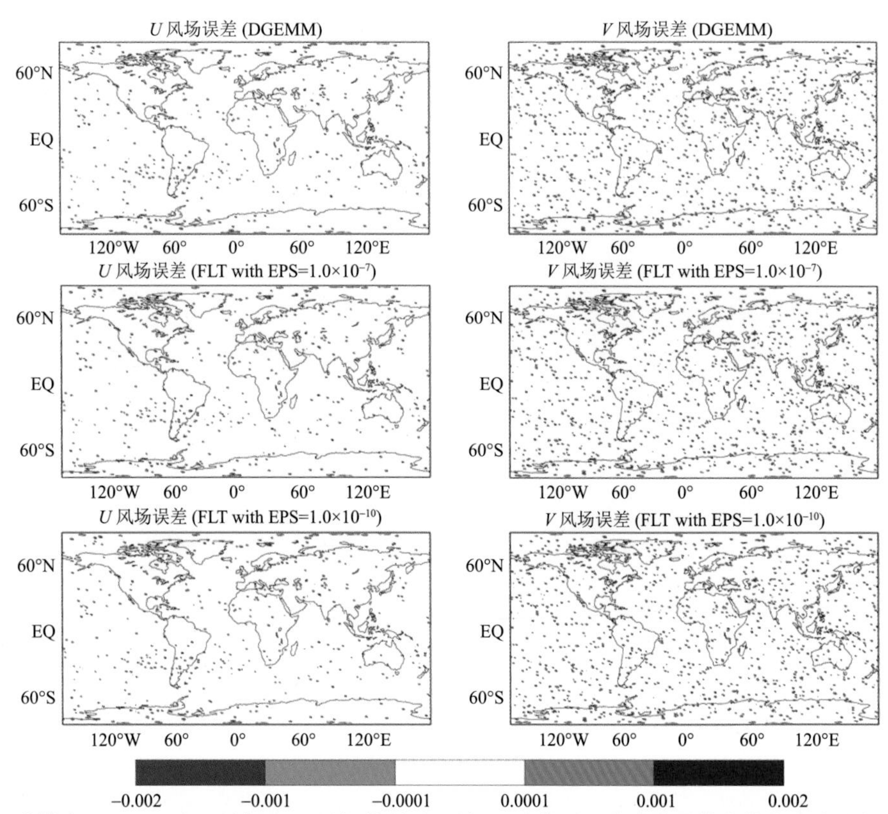

图 4.21　分辨率 T_L1279 时 U 风场和 V 风场的误差(风场通过使用一次球谐函数变换从真实风场计算得到)

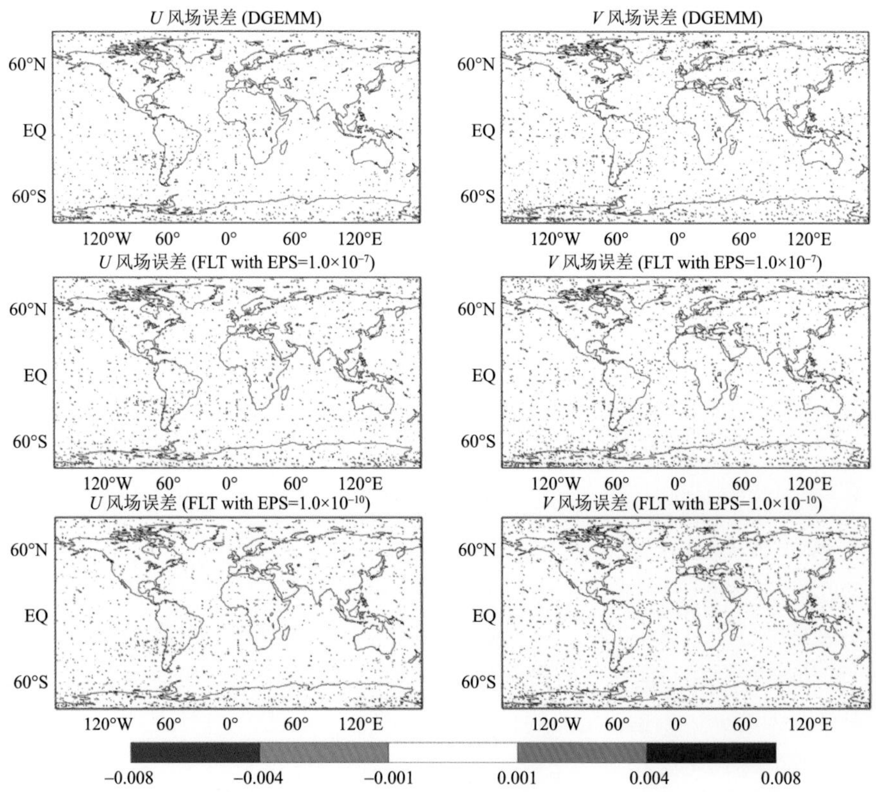

图 4.22　分辨率 T_L1279 时 U 风场和 V 风场的误差(风场通过使用 300 次球谐函数变换从真实风场计算得到)

表 4.10 U 风 SHT 的误差(一次正变换加一次逆变换)

$C_{\max}$	分辨率	255	511	799	1023	1279	2047	3999	7999
DIREPS＝INVEPS＝1.0×10^{-7}									
64	MAX	7.99×10^{-10}	1.00×10^{-6}	5.47×10^{-7}	1.47×10^{-7}	7.65×10^{-7}	1.58×10^{-6}	7.04×10^{-6}	8.71×10^{-6}
	RSM	4.81×10^{-10}	9.44×10^{-8}	6.92×10^{-7}	1.34×10^{-8}	3.64×10^{-8}	4.07×10^{-8}	9.91×10^{-8}	5.45×10^{-8}
128	MAX	1.05×10^{-12}	9.67×10^{-10}	7.53×10^{-7}	1.28×10^{-7}	5.04×10^{-7}	1.75×10^{-6}	2.00×10^{-6}	1.97×10^{-6}
	RSM	1.54×10^{-13}	6.52×10^{-10}	6.12×10^{-8}	6.65×10^{-9}	2.11×10^{-8}	3.92×10^{-8}	2.47×10^{-8}	1.61×10^{-8}
DIREPS＝INVEPS＝1.0×10^{-10}									
064	MAX	1.36×10^{-11}	2.39×10^{-10}	1.21×10^{-10}	1.11×10^{-9}	3.78×10^{-8}	5.84×10^{-10}	5.85×10^{-10}	5.81×10^{-9}
	RSM	9.87×10^{-12}	2.45×10^{-11}	1.10×10^{-11}	4.16×10^{-11}	1.61×10^{-9}	5.34×10^{-11}	2.15×10^{-11}	2.89×10^{-11}
128	MAX	1.05×10^{-12}	2.35×10^{-12}	2.85×10^{-9}	8.07×10^{-10}	2.47×10^{-9}	5.07×10^{-9}	5.07×10^{-9}	2.09×10^{-9}
	RSM	1.54×10^{-13}	7.57×10^{-13}	2.31×10^{-10}	5.24×10^{-11}	1.02×10^{-10}	2.35×10^{-10}	7.69×10^{-11}	1.98×10^{-11}
DGEMM	MAX	1.05×10^{-12}	2.32×10^{-12}	1.46×10^{-11}	1.89×10^{-11}	1.58×10^{-10}	2.59×10^{-10}	1.98×10^{-9}	2.52×10^{-9}
	RSM	1.54×10^{-13}	2.97×10^{-13}	1.77×10^{-12}	1.97×10^{-11}	6.92×10^{-12}	6.49×10^{-12}	2.99×10^{-11}	1.39×10^{-11}

图 4.23 给出了 YHGSM T_L511L91 的地面气压对数和 500 hPa 的 U 和 V 风的第 10 天预报结果。图 4.23 中 EPS＝1.0×10^{-7}的 FLT、EPS＝1.0×10^{-10}的 FLT 和 DGEMM 的结果之间的一致性表明,使用 FLT 的模式是可靠和稳定的。对于不稳定斜压波测试用例,该波在第 10 天破碎。图 4.24 显示了斜压波从第 8 天到第 10 天的演变。图 4.24 中的结果描绘了与 Jablonowski 和 Williamson(2006)论文图 5 h 所示相似的温度结构。此外,FLT 的结果与 DGEMM 的结果一致。

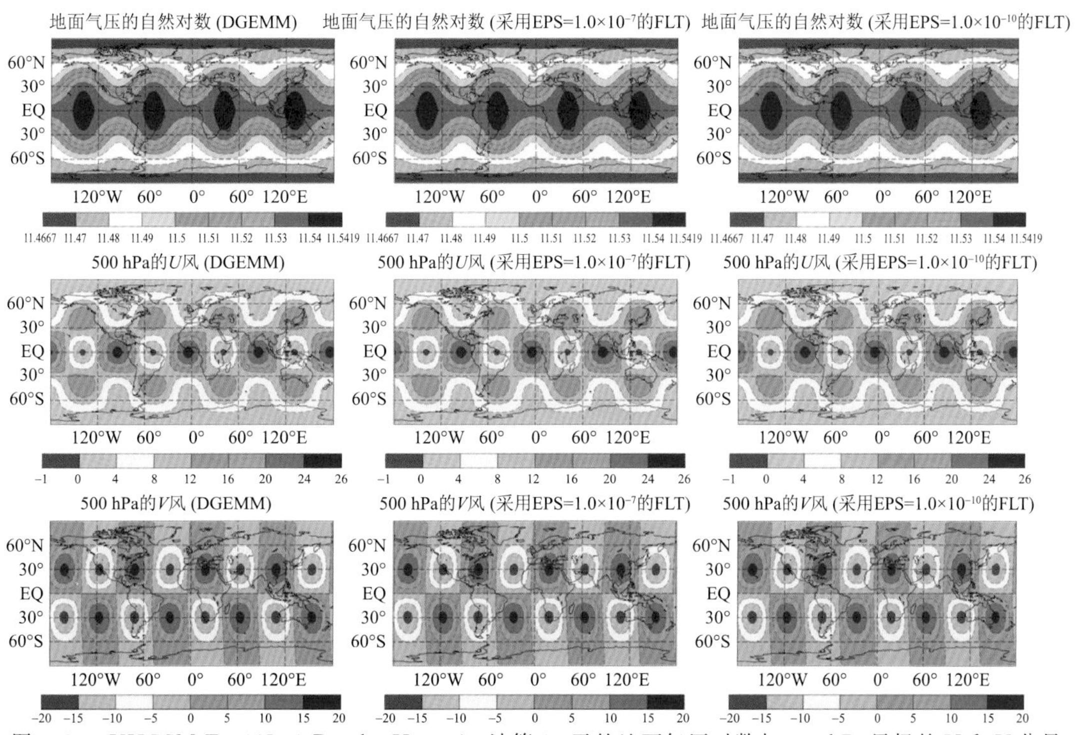

图 4.23 YHGSM T_L511L91 Rossby-Haurwitz 波第 10 天的地面气压对数与 500 hPa 风场的 U 和 V 分量

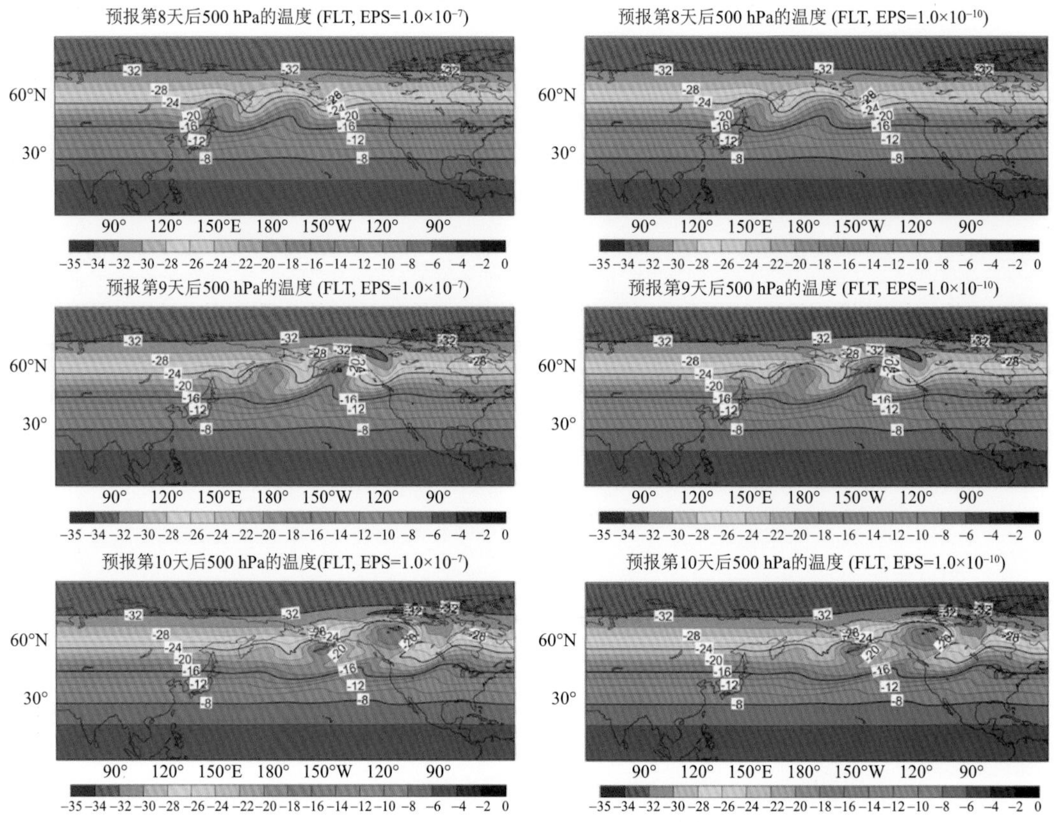

图 4.24　YHGSM T_L1279L91500 hPa 温度第 8 天到第 10 天斜压波的演变

图 4.25 到图 4.27 给出了 YHGSM 使用不同勒让德变换进行 10 d 预报 500 hPa 气压层上的温度场以及 U 和 V 风的演变。图 4.25 到图 4.27 从上到下分别是第 0 天、第 5 天、第 10 天的结果。

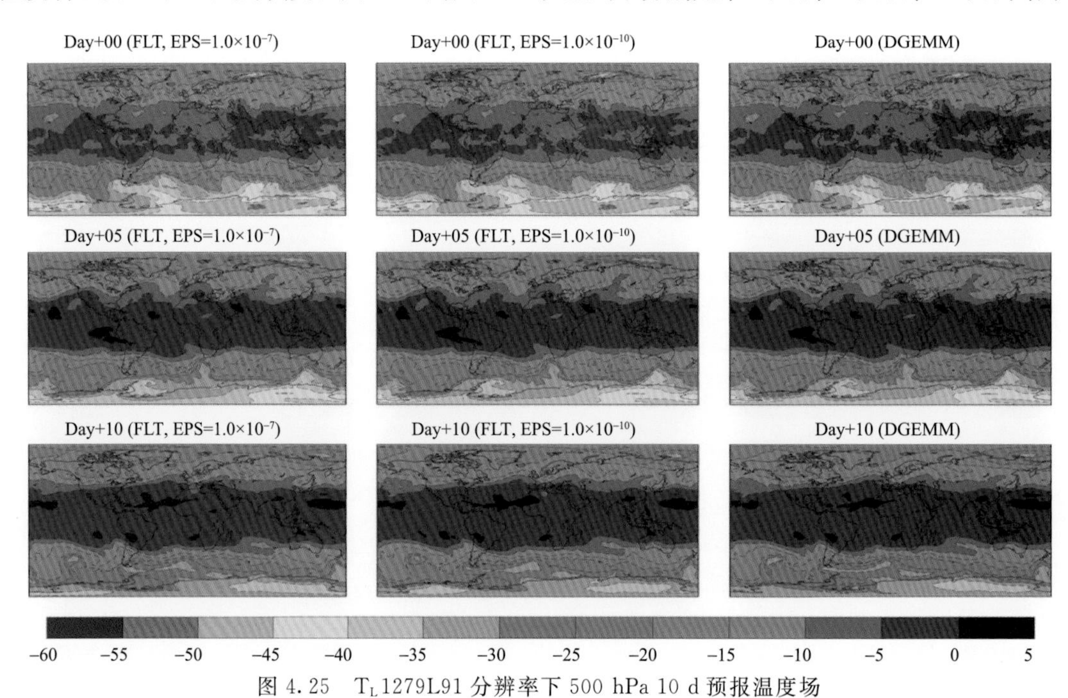

图 4.25　T_L1279L91 分辨率下 500 hPa 10 d 预报温度场

第一、二、三列分别是使用 EPS=1.0×10^{-7}的 FLT、EPS=1.0×10^{-10}的 FLT 和 DGEMM 的结果。虽然在某些点上存在一些细微的差别，但 FLT 的结果与 DGEMM 的结果基本一致。

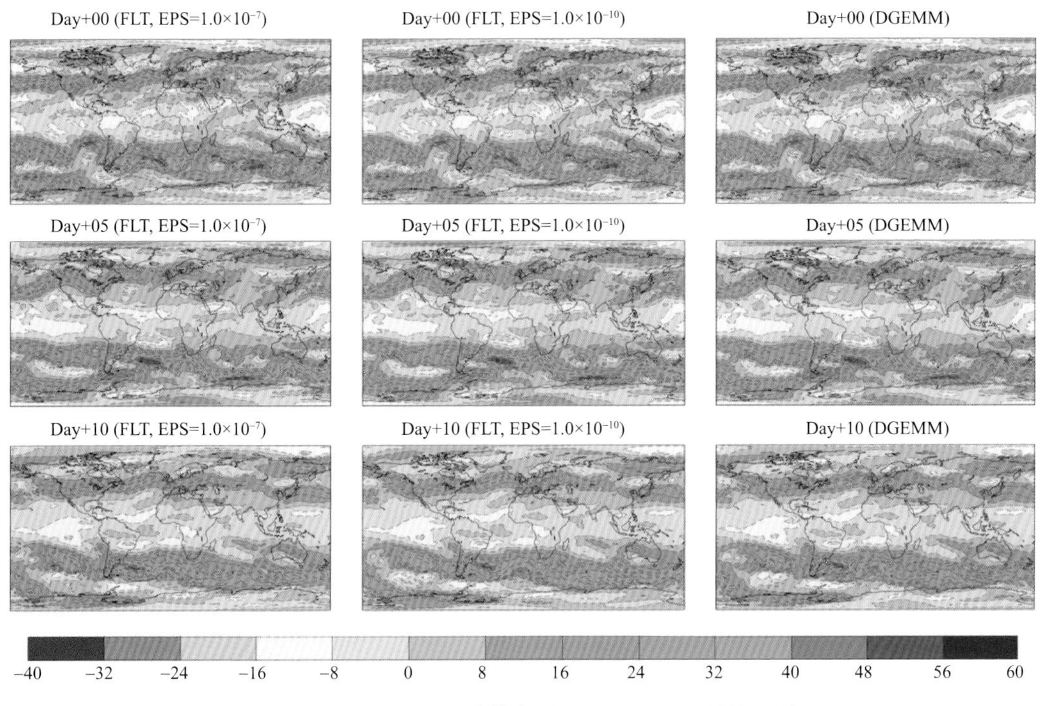

图 4.26　T_L1279L91 分辨率下 500 hPa 10 d 预报 *U* 风

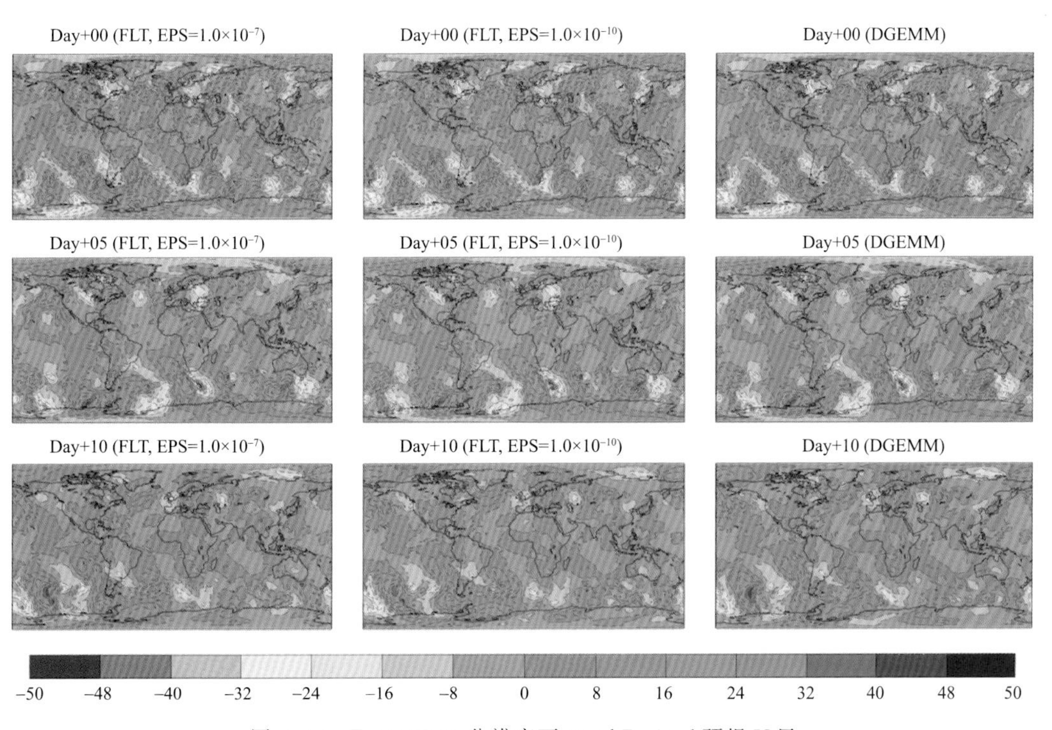

图 4.27　T_L1279L91 分辨率下 500 hPa 10 d 预报 *V* 风

4.4 稳定型快速勒让德变换

如第 4.3 节中所述，基于插值分解的蝶型算法（Michielssen et al.，1996；O'NEIL et al.，2010）是一种有效的多级技术，可以用于压缩满足具有低秩属性的矩阵。它将大小为 $N\times N$ 的低秩矩阵 $\boldsymbol{K}$ 分解为 $O(\lg N)$ 个稀疏矩阵的乘积，每个稀疏矩阵都有 $O(N)$ 个非 0 元。因此，稠密矩阵向量乘法可以在 $O(N\lg N)$ 操作中转换为一组稀疏矩阵向量乘法（Li et al.，2017）。勒让德变换采用蝶型算法，具有精度高、稳定性好、计算复杂度低等优点。

作为最广泛使用的蝶型算法之一，Tygert(2010)算法已成功应用于 ECMWF 的 IFS（Wedi et al.，2013）、国防科技大学（Yin et al.，2018）的 YHGSM（Yang et al.，2015；2017）和天体物理学（Seljebotn，2012）。在数值天气预报和气候模式的应用中，每个时间步都需要多次谱变换（SHT），在第一个时间步只需要进行一次预计算，然后将结果存储在内存中，并在每次变换中重复使用。尽管 Tygert(2010)的算法在预计算方面很慢：LT 为 $O(N^2)$，SHT 为 $O(N^3)$，但它对总体性能没有太大影响。正如第 4.3 节中所提及的，该算法仍然存在一些未解决的问题。主要问题是超高阶勒让德变换的插值分解（Cheng et al.，2017）存在潜在的不稳定。Tygert(2008)指出，蝶型过程对于相关的勒让德函数如此有效的原因可能是相关的变换几乎是傅里叶积分算子的加权平均值。对于使用蝶型算法的快速傅里叶变换（FFT），已经在经验和理论上证明了数值稳定性，但将勒让德变换作为傅里叶变换的插值分解很难给出完整和严格的证明。

非振荡相位函数方法为特殊函数变换开辟了新途径。某些二阶微分方程的解可以用非振荡相位函数精确表示（Heitman et al.，2015；Bremer et al.，2016）。已经证明勒让德微分方程（Bremer et al.，2017）及其推广雅可比微分方程（Bremer et al.，2020）满足非振荡相位函数。因此非振荡相位函数可用于特殊函数的展开（Bremer et al.，2020）和根的计算（Bremer et al.，2020）以及变换（Candès et al.，2009）。非振荡相位函数的雅可比变换在参考文献（Bremer et al.，2021）中显示了最佳计算复杂度 $O(N\lg^2 N/\lg\lg N)$。然而，ButterflyLab(2019)中的勒让德变换算法采用插值蝴蝶分解（IBF）和非振荡相位函数方法来评估勒让德多项式，并没有像使用 IBF 的傅里叶变换那样显示出高精度。因此，基于 IBF 和非振荡相位函数的快速勒让德变换（FLT）及其对相关勒让德函数的扩展需要进一步研究。

最近，基于 FFT 的快速勒让德变换算法因其最优计算复杂度 $O(N\lg^2 N/\lg\lg N)$ 而受到更多关注。Hale 和 Townsend(2014)首先提出了一种快速 Chebyshev-Legendre 变换，然后开发了一种非均匀离散余弦变换，该变换使用关于频域中等距点的 Chebyshev 多项式的泰勒级数展开。最后，Hale 和 Townsend(2015)得到了一个 $O(N\lg^2 N/\lg\lg N)$ 的勒让德变换算法。不久，Townsend 等(2018)发现，基于 Toeplitz 和 Hankel 矩阵的快速多项式变换，可以加速 Chebyshev-Legendre 变换。尽管基于 FFT 的 LT 具有吸引人的计算复杂度，但需要多次 FFT，这使得基于 FFT 的 LT 仅在 N 大于或等于 5000 时才比使用矩阵乘法的 LT 的计算效率更高。

因为连带勒让德范德蒙德矩阵可以在预计算步骤完成，在 NWP 中多次使用 LT 的情况下会变得更糟。

基于勒让德渐进展开公式，切比雪夫点上的勒让德-范德蒙德矩阵可以分解为采用勒让德渐进展开公式不能精确表示的部分和能够精确表示的部分(Hale N et al.，2014,2015)。对于能精确表示部分：将勒让德点视为切比雪夫点加上一些小扰动，接着使用泰勒展开公式推导出勒让德点上的勒让德-范德蒙德矩阵可以近似表示为切比雪夫点上的第一类切比雪夫多项式的线性组合，进而可以很好地使用蝶型算法。基于以上思想，本小节首先给出勒让德变换插值分解过程的误差特性，其次给出了基于蝶型算法的勒让德变换的误差上界，并指出误差主要来源于勒让德渐进展开公式不能精确表示的部分。同时，针对高阶勒让德变换的潜在不稳定性，提出基于勒让德-范德蒙德矩阵分割和蝶型算法的快速勒让德变换算法，主要思想为：对于采用勒让德渐进展开公式不能精确表示的部分使用直接矩阵乘法实现勒让德变换来避免不稳定性，而其他部分使用蝶型算法加速勒让德变换，并通过控制不能精确表示部分的非 0 元个数使得算法的计算复杂度最优(Yin et al.，2019)。

4.4.1 勒让德渐进展开公式

这里引入可以将等距格点的勒让德多项式表示为切比雪夫多项式的加权线性组合和勒让德范德蒙德矩阵$\boldsymbol{P}_N(x_N^{\text{cheb}})$($x=\underline{x}_N^{\text{cheb}}=\cos(\underline{\theta}_N^{\text{cheb}})$)的块分割理论。根据 Stieltjes(1890)的理论，当 $n\to\infty$时勒让德多项式可以表示为如下渐进公式：

$$P_n(\cos\theta)=C_n\sum_{m=0}^{M-1}h_{m,n}\frac{\cos\left(\left(m+n+\frac{1}{2}\right)\theta-\left(m+\frac{1}{2}\right)\frac{\pi}{2}\right)}{(2\sin\theta)^{m+1/2}}+R_{M,n}(\theta) \tag{4.90}$$

式中，$\theta=\cos^{-1}x$，$\theta\in(0,\pi)$和

$$C_n=\frac{4}{\pi}\prod_{j=1}^{n}\frac{j}{j+1/2}=\sqrt{\frac{4}{\pi}}\frac{\Gamma(n+1)}{\Gamma(n+3/2)} \tag{4.91}$$

$$h_{m,n}=\begin{cases}1 & m=0\\ \prod_{j=1}^{m}\dfrac{(j-1/2)^2}{j(n+j+1/2)} & m>0\end{cases} \tag{4.92}$$

式(4.90)的误差上界为

$$|R_{M,n}(\theta)|\leqslant C_n h_{M,n}\frac{2}{(2\sin\theta)^{M+1/2}} \tag{4.93}$$

且可以改写为切比雪夫多项式的线性组合

$$P_n(\cos\theta)=C_n\sum_{m=0}^{M-1}h_{m,n}(u_m(\theta)T_n(\sin\theta)+v_m(\theta)T_n(\cos\theta))+R_{M,n}(\theta) \tag{4.94}$$

式中，$T_n(\cos\theta)=\cos(n\theta)$，$T_n(\sin\theta)=\sin(n\theta)$和

$$u_m(\theta)=\frac{\sin\left((m+1/2)\left(\frac{\pi}{2}-\theta\right)\right)}{(2\sin\theta)^{m+1/2}},\ v_m(\theta)=\frac{\cos\left((m+1/2)\left(\frac{\pi}{2}-\theta\right)\right)}{(2\sin\theta)^{m+1/2}} \tag{4.95}$$

令 $x_k^{\text{leg}}=\cos(\theta_k^{\text{leg}})$和 $\theta_0^{\text{leg}},\cdots,\theta_{N-1}^{\text{leg}}$为转换后的勒让德节点，式(4.94)可以写为

$$P_n(x_k^{\text{leg}})=C_n\sum_{m=0}^{M-1}h_{m,n}(u_m(\theta_k^{\text{leg}})T_n(\sin(\theta_k^{\text{leg}}))+v_m(\theta_k^{\text{leg}})T_n(\cos(\theta_k^{\text{leg}})))+R_{M,n}(\theta_k^{\text{leg}}) \tag{4.96}$$

4.4.2 基本型快速勒让德变换的误差分析

转换后的勒让德节点 $\theta_0^{\mathrm{leg}},\cdots,\theta_{N-1}^{\mathrm{leg}}$ 可以看作是在等距格点 $\theta_0^*,\cdots,\theta_{N-1}^*$ 附近的扰动，即

$$\theta_k^{\mathrm{leg}}=\theta_k^*+\delta\theta_k \quad 0\leqslant k\leqslant N-1 \tag{4.97}$$

接着使用 θ_k^* 处的截断泰勒序列展开近似 $x_k^{\mathrm{leg}}=\cos(n\theta_k^{\mathrm{leg}})$。如果 $|\delta\theta_k|$ 足够小，则仅需很少的泰勒展开项。

$T_n(\cos(\theta+\delta\theta))=\cos(n(\theta+\delta\theta))$ 关于 $\theta\in[0,\pi]$ 的泰勒序列展开可以表示为

$$\begin{aligned}\cos(n(\theta+\delta\theta)) &= \cos(n\theta)+\sum_{l=1}^{\infty}\cos^{(l)}(n\theta)\frac{(n\delta\theta)^l}{l!}\\ &= \cos(n\theta)+\sum_{l=1}^{\infty}(-1)^{[(l+1)/2]}\Phi_l(n\theta)\frac{(n\delta\theta)^l}{l!}\end{aligned} \tag{4.98}$$

式中，

$$\Phi_l(\theta)=\begin{cases}\cos\theta & l\ \text{为偶数}\\ \sin\theta & l\ \text{为奇数}\end{cases} \tag{4.99}$$

类似地，$T_n(\sin(\theta+\delta\theta))=\sin(n(\theta+\delta\theta))$ 关于 $\theta\in[0,\pi]$ 的泰勒展开可以表示为

$$\sin(n(\theta+\delta\theta)) = \sin(n\theta)+\sum_{l=1}^{\infty}\sin^{(l)}(n\theta)\frac{(n\delta\theta)^l}{l!} = \sin(n\theta)+\sum_{l=1}^{\infty}(-1)^{[l/2]}\Psi_l(n\theta)\frac{(n\delta\theta)^l}{l!} \tag{4.100}$$

式中，

$$\Psi_l(\theta)=\begin{cases}\cos\theta & l\ \text{为奇数}\\ \sin\theta & l\ \text{为偶数}\end{cases} \tag{4.101}$$

使用 θ_k^* 代替式(4.94)的 θ 后，可得

$$P_n(\cos\theta_k^*) = C_nT_n(\sin\theta_k^*)\sum_{m=0}^{M-1}h_{m,n}u_m(\theta_k^*)+C_nT_n(\cos\theta_k^*)\sum_{m=0}^{M-1}h_{m,n}v_m(\theta_k^*)+R_{M,n}(\theta_k^*) \tag{4.102}$$

$P_n(\cos(\theta_k^{\mathrm{leg}}))$ 关于 θ_k^* 的泰勒序列展开可以表示为

$$P_n(\cos\theta_k^{\mathrm{leg}}) = P_n(\cos(\theta_k^*+\delta\theta_k)) = \sum_{l=0}^{\infty}P_n^{(l)}(\cos\theta_k^*)\frac{(\delta\theta_k)^l}{l!} \tag{4.103}$$

根据等式(4.103)，$P_n^{(l)}(\cos\theta_k^*)(l>0)$ 可以写为

$$\begin{aligned}P_n^{(l)}(\cos\theta_k^*) = {}& C_n\sum_{m=0}^{M-1}h_{m,n}\{u_m(\theta_k^*)T_n^{(l)}(\sin\theta_k^*)+u_m^{(l)}(\theta_k^*)T_n(\sin\theta_k^*)\}+\\ & C_n\sum_{m=0}^{M-1}h_{m,n}\{v_m(\theta_k^*)T_n^{(l)}(\cos\theta_k^*)+v_m^{(l)}(\theta_k^*)T_n(\cos\theta_k^*)\}+R_{M,n}^l(\theta_k^*)\end{aligned} \tag{4.104}$$

将式(4.104)代入式(4.103)，可得

$$\begin{aligned}P_n(x_k^{\mathrm{leg}}) = {}& C_n\sum_{m=0}^{M-1}h_{m,n}\{u_m(\theta_k^*)T_n(\sin\theta_k^*)+v_m(\theta_k^*)T_n(\cos\theta_k^*)\}+\\ & C_n\sum_{l=1}^{\infty}\frac{(\delta\theta_k)^l}{l!}\sum_{m=0}^{M-1}h_{m,n}\begin{Bmatrix}u_m(\theta_k^*)T_n^{(l)}(\sin\theta_k^*)\\ +u_m^{(l)}(\theta_k^*)T_n(\sin\theta_k^*)\end{Bmatrix}+\end{aligned}$$

$$C_n\sum_{l=1}^{\infty}\frac{(\delta\theta_k)^l}{l!}\sum_{m=0}^{M-1}h_{m,n}\left\{\begin{array}{l}v_m(\theta_k^*)T_n^{(l)}(\cos\theta_k^*)\\+v_m^{(l)}(\theta_k^*)T_n(\cos\theta_k^*)\end{array}\right\}+$$
$$\sum_{l=0}^{\infty}R_{M,n}^{(l)}(\theta_k^*)\frac{(\delta\theta_k)^l}{l!} \tag{4.105}$$

不难得到

$$\begin{aligned}\sum_{l=0}^{\infty}\frac{(\delta\theta_k)^l}{l!}T_n(\sin\theta_k^*)\sum_{m=0}^{M-1}h_{m,n}u_m^{(l)}(\theta_k^*)&=T_n(\sin\theta_k^*)\sum_{m=0}^{M-1}h_{m,n}\sum_{l=0}^{\infty}u_m^{(l)}(\theta_k^*)\frac{(\delta\theta_k)^l}{l!}\\&=T_n(\sin\theta_k^*)\sum_{m=0}^{M-1}h_{m,n}u_m(\theta_k^*+\delta\theta_k)=T_n(\sin\theta_k^*)\sum_{m=0}^{M-1}h_{m,n}u_m(\theta_k^{\text{leg}})\end{aligned} \tag{4.106}$$

和

$$\begin{aligned}\sum_{l=0}^{\infty}\frac{(\delta\theta_k)^l}{l!}T_n(\cos\theta_k^*)\sum_{m=0}^{M-1}h_{m,n}v_m^{(l)}(\theta_k^*)&=T_n(\cos\theta_k^*)\sum_{m=0}^{M-1}h_{m,n}\sum_{l=0}^{\infty}v_m^{(l)}(\theta_k^*)\frac{(\delta\theta_k)^l}{l!}\\&=T_n(\cos\theta_k^*)\sum_{m=0}^{M-1}h_{m,n}v_m(\theta_k^*+\delta\theta_k)=T_n(\cos\theta_k^*)\sum_{m=0}^{M-1}h_{m,n}v_m(\theta_k^{\text{leg}})\end{aligned} \tag{4.107}$$

类似地，有

$$\begin{aligned}\sum_{l=0}^{\infty}\frac{(\delta\theta_k)^l}{l!}\sum_{m=0}^{M-1}h_{m,n}u_m(\theta_k^*)T_n^{(l)}(\sin\theta_k^*)&=\sum_{m=0}^{M-1}h_{m,n}u_m(\theta_k^*)\sum_{l=0}^{\infty}T_n^{(l)}(\sin\theta_k^*)\frac{(\delta\theta_k)^l}{l!}\\&=\sum_{m=0}^{M-1}h_{m,n}u_m(\theta_k^*)T_n(\sin\theta_k^{\text{leg}})\end{aligned} \tag{4.108}$$

和

$$\begin{aligned}\sum_{l=0}^{\infty}\frac{(\delta\theta_k)^l}{l!}\sum_{m=0}^{M-1}h_{m,n}v_m(\theta_k^*)T_n^{(l)}(\cos\theta_k^*)&=\sum_{m=0}^{M-1}h_{m,n}v_m(\theta_k^*)\sum_{l=0}^{\infty}T_n^{(l)}(\cos\theta_k^*)\frac{(\delta\theta_k)^l}{l!}\\&=\sum_{m=0}^{M-1}h_{m,n}v_m(\theta_k^*)T_n(\cos\theta_k^{\text{leg}})\end{aligned} \tag{4.109}$$

将式(4.106)～式(4.109)代入式(4.105)，可得

$$\begin{aligned}P_n(x_k^{\text{leg}})=&C_n\sum_{m=0}^{M-1}h_{m,n}(u_m(\theta_k^{\text{leg}})T_n(\sin\theta_k^*)+v_m(\theta_k^{\text{leg}})T_n(\cos\theta_k^*))+\\&C_n\sum_{m=0}^{M-1}h_{m,n}\{u_m(\theta_k^*)T_n(\sin\theta_k^{\text{leg}})+v_m(\theta_k^*)T_n(\cos\theta_k^{\text{leg}})\}-\\&C_n\sum_{m=0}^{M-1}h_{m,n}\{u_m(\theta_k^*)T_n(\sin\theta_k^*)+v_m(\theta_k^*)T_n(\cos\theta_k^*)\}+R_{M,n}(\theta_k^{\text{leg}})\end{aligned} \tag{4.110}$$

接着

$$\begin{aligned}P_n(x_k^{\text{leg}})=&C_n\sum_{m=0}^{M-1}h_{m,n}(u_m(\theta_k^{\text{leg}})T_n(\sin\theta_k^*)+v_m(\theta_k^{\text{leg}})T_n(\cos\theta_k^*))+\\&C_n\sum_{m=0}^{M-1}h_{m,n}\{u_m(\theta_k^*)T_n(\sin\theta_k^{\text{leg}})+v_m(\theta_k^*)T_n(\cos\theta_k^{\text{leg}})\}-\\&P_n(x_k^*)+R_{M,n}(\theta_k^*)+R_{M,n}(\theta_k^{\text{leg}})\end{aligned} \tag{4.111}$$

对式(4.111)右端项的第二项进行截断，其可以近似为

$$\begin{aligned}P_n(x_k^{\text{leg}})=&C_n\sum_{m=0}^{M-1}h_{m,n}(u_m(\theta_k^{\text{leg}})T_n(\sin\theta_k^*)+v_m(\theta_k^{\text{leg}})T_n(\cos\theta_k^*))+\\&C_n\sum_{l=1}^{L}\frac{(\delta\theta_k)^l}{l!}\sum_{m=0}^{M-1}h_{m,n}\left\{\begin{array}{l}u_m(\theta_k^*)T_n^{(l)}(\sin\theta_k^*)\\+v_m(\theta_k^*)T_n^{(l)}(\cos\theta_k^*)\end{array}\right\}+\\&R_{M,n}(\theta_k^{\text{leg}})+R_{L,M,n,\delta\theta}\end{aligned} \tag{4.112}$$

接着

$$P_n(x_k^{\mathrm{leg}}) = C_n \sum_{m=0}^{M-1} h_{m,n}(u_m(\theta_k^{\mathrm{leg}}) T_n(\sin\theta_k^*) + v_m(\theta_k^{\mathrm{leg}}) T_n(\cos\theta_k^*)) +$$
$$C_n \sum_{l奇}^{L} \frac{(n\delta\theta_k)^l}{l!} \sum_{m=0}^{M-1} h_{m,n} \begin{pmatrix} (-1)^{\left[\frac{l}{2}\right]} u_m(\theta_k^*) T_n(\cos\theta_k^*) \\ +(-1)^{\left[\frac{(l+1)}{2}\right]} v_m(\theta_k^*) T_n(\sin\theta_k^*) \end{pmatrix} +$$
$$C_n \sum_{l偶}^{L} \frac{(n\delta\theta_k)^l}{l!} \sum_{m=0}^{M-1} h_{m,n} \begin{pmatrix} (-1)^{\left[\frac{l}{2}\right]} u_m(\theta_k^*) T_n(\sin\theta_k^*) \\ +(-1)^{\left[\frac{(l+1)}{2}\right]} v_m(\theta_k^*) T_n(\cos\theta_k^*) \end{pmatrix} +$$
$$R_{M,n}(\theta_k^{\mathrm{leg}}) + R_{L,M,n,\delta\theta} \tag{4.113}$$

式(4.113)可以表示为如下紧致形式

$$P_n(x_k^{\mathrm{leg}}) \approx (U_n + V_n) + \sum_{l奇}^{L} \frac{(n\delta\theta_k)^l}{l!}((-1)^{\left[\frac{l}{2}\right]} U_{nc} + (-1)^{\left[\frac{(l+1)}{2}\right]} V_{ns}) +$$
$$\sum_{l偶}^{L} \frac{(n\delta\theta_k)^l}{l!}((-1)^{\left[\frac{l}{2}\right]} U_{ns} + (-1)^{\left[\frac{(l+1)}{2}\right]} V_{nc}) \tag{4.114}$$

式中，

$$U_n = C_n \sum_{m=0}^{M-1} h_{m,n} u_m(\theta_k^{\mathrm{leg}}) T_n(\sin\theta_k^*), V_n = C_n \sum_{m=0}^{M-1} h_{m,n} v_m(\theta_k^{\mathrm{leg}}) T_n(\cos\theta_k^*)$$
$$U_{ns} = C_n \sum_{m=0}^{M-1} h_{m,n} u_m(\theta_k^*) T_n(\sin\theta_k^*), V_{ns} = C_n \sum_{m=0}^{M-1} h_{m,n} v_m(\theta_k^*) T_n(\sin\theta_k^*)$$
$$U_{nc} = C_n \sum_{m=0}^{M-1} h_{m,n} u_m(\theta_k^*) T_n(\cos\theta_k^*), V_{nc} = C_n \sum_{m=0}^{M-1} h_{m,n} v_m(\theta_k^*) T_n(\cos\theta_k^*) \tag{4.115}$$

因此，勒让德-范德蒙德矩阵的计算可以写为

$$\boldsymbol{P}_{\mathrm{N}}(\underline{x}_{\mathrm{N}}^{\mathrm{leg}}) = (\boldsymbol{U}_{\mathrm{N}} + \boldsymbol{V}_{\mathrm{N}}) + \sum_{l奇}^{L} \frac{(n\delta\theta_k)^l}{l!}((-1)^{\left[\frac{l}{2}\right]} \boldsymbol{U}_{\mathrm{c}} + (-1)^{\left[\frac{(l+1)}{2}\right]} \boldsymbol{V}_{\mathrm{s}}) +$$
$$\sum_{l偶}^{L} \frac{(n\delta\theta_k)^l}{l!}((-1)^{\left[\frac{l}{2}\right]} \boldsymbol{U}_{\mathrm{s}} + (-1)^{\left[\frac{(l+1)}{2}\right]} \boldsymbol{V}_{\mathrm{c}}) + \boldsymbol{R}_{\mathrm{total}} \tag{4.116}$$

可以通过式(4.116)分析插值分解(ID)的数值稳定性。因为蝶型算法对等距傅里叶变换非常高效，所以蝶型勒让德变换是数值稳定的，误差为$\boldsymbol{R}_{\mathrm{total}}$。当 L 趋于无穷大时，误差为 $R_{M,n}(\theta_k^{\mathrm{leg}})$。

引理 4.3(Hale et al.，2014)：对任意 $L \geqslant 1$ 和 $n \geqslant 0$

$$R_{L,n,\delta\theta} := \max_{\theta \in [0,\pi]} \left| \cos(n(\theta + \delta\theta)) - \sum_{l=0}^{L-1} \cos^{(l)}(n\theta) \frac{(\delta\theta)^l}{l!} \right| \leqslant \frac{(n|\delta\theta|)^L}{L!} \tag{4.117}$$

由于

$$|R_{M,L,n,\delta\theta_k}| = \left| \sum_{l=0}^{L} (-1)^{\left[\frac{(l+1)}{2}\right]} C_n \sum_{m=0}^{M-1} h_{m,n} \begin{pmatrix} u_m(\theta_k^*) \Psi_l(n\theta_k^*) \\ +v_m(\theta_k^*) \Phi_l(n\theta_k^*) \end{pmatrix} \frac{(n\delta\theta_k)^l}{l!} \right| \leqslant$$
$$\left| \frac{(n|\delta\theta_k|)^L}{L!} C_n \sum_{m=0}^{M-1} h_{m,n} \left| (u_m(\theta_k^*) \Psi_l(n\theta_k^*) + v_m(\theta_k^*) \Phi_l(n\theta_k^*)) \right| \right| \leqslant$$
$$C_n h_{M,n} \frac{2}{(2\sin\theta_k^*)^{M+1/2}} \frac{(n|\delta\theta_k|)^L}{L!} \tag{4.118}$$

因此有下述引理成立。

引理 4.4：对任意 $L \geqslant 1$ 和 $n \geqslant 0$，式(4.90)的误差上界为：

$$R \leqslant \frac{2C_n h_{M,n}}{L!}\left(\frac{(n\,|\,\delta\theta_k\,|\,)^L}{(2\sin\theta_k^{\text{cheb}})^{M+\frac{1}{2}}}+\frac{1}{(2\sin\theta_k^{\text{leg}})^{M+\frac{1}{2}}}\right) \tag{4.119}$$

最后可得总误差上界

$$R=|\,R_{M,L,n,\delta\theta_k}+R_{M,n}(\theta_k^{\text{leg}})\,| \leqslant \frac{2C_n h_{M,n}}{L!}\left(\frac{(n\,|\,\delta\theta_k\,|\,)^L}{(2\sin\theta_k^{\text{cheb}})^{M+\frac{1}{2}}}+\frac{1}{(2\sin\theta_k^{\text{leg}})^{M+\frac{1}{2}}}\right) \tag{4.120}$$

4.4.3 分块蝶型矩阵压缩快速勒让德变换算法

本小节提出一种基于块分割和蝶型算法的勒让德变换算法，其主要思想为将矩阵 $\boldsymbol{P}_N(\underline{x}_N^{\text{leg}})$ 分解为 $\boldsymbol{P}_N^{\text{REC}}(\underline{x}_N^{\text{leg}})$ 和 K 个子矩阵 $\boldsymbol{P}_N^{(k)}(x_N^{\text{leg}})$，接着对 K 个子矩阵 $\boldsymbol{P}_N^{(k)}(x_N^{\text{leg}})$ 使用蝶型算法。蝶型算法可以将大小为 $N\times N$ 的共轭低秩矩阵分解为 $O(\lg N)$ 个稀疏矩阵的乘积，每一个具有 $O(N)$ 个非 0 元。此外如前文所述，蝶型算法对 $\boldsymbol{P}_N^{(k)}(x_N^{\text{leg}})$ 非常高效。因而，通过控制 $\boldsymbol{P}_N^{\text{REC}}(\underline{x}_N^{\text{leg}})$ 的非 0 元个数，使分解后的总非 0 元数近似为 $O(N\lg^2 N/\lg\lg N)$，就可以得到计算复杂度为 $O(N\lg^2 N/\lg\lg N)$ 的勒让德变换。

根据式(4.90)可以发现矩阵 $\boldsymbol{P}_N(x_N^{\text{leg}})$ 可以看作是矩阵 $\boldsymbol{P}_N(x_N^{\text{cheb}})$ 在切比雪夫点上的扰动。可以将矩阵 $\boldsymbol{P}_N(x_N^{\text{leg}})$ 分割为

$$\boldsymbol{P}_N(x_N^{\text{leg}}) = \boldsymbol{P}_N^{\text{REC}}(x_N^{\text{leg}}) + \sum_{k=1}^{K}\boldsymbol{P}_N^{(k)}(x_N^{\text{leg}}) \tag{4.121}$$

该分割将矩阵 $\boldsymbol{P}_N(x_N^{\text{leg}})$ 分为块 $\boldsymbol{P}_N^{\text{REC}}(\underline{x}_N^{\text{leg}})$ 和 K 个子矩阵 $\boldsymbol{P}_N^{(k)}(x_N^{\text{leg}})$。块 $\boldsymbol{P}_N^{\text{REC}}(x_N^{\text{leg}})$ 包含 $\boldsymbol{P}_N(x_N^{\text{leg}})$ 的某些行和列，这些行和列不能使用渐进公式精确计算。

$$\boldsymbol{P}_N^{\text{REC}}(x_N^{\text{leg}})_{ij}=\begin{cases}\boldsymbol{P}_N(x_N^{\text{leg}})_{ij} & 1\leqslant\min(i,N-i+1)\leqslant j_M\\ \boldsymbol{P}_N(x_N^{\text{leg}})_{ij} & 1\leqslant j\leqslant n_M\\ 0 & \text{其他}\end{cases} \tag{4.122}$$

式中，

$$n_M=\left[\frac{1}{2}\left(\varepsilon\frac{\pi^{3/2}\Gamma(M+1)}{4\Gamma(M+1/2)}\right)^{\frac{-1}{M+\frac{1}{2}}}\right] \tag{4.123}$$

$$j_M=\left[\frac{N+1}{\pi}\sin^{-1}\left(\frac{n_M}{N}\right)\right] \tag{4.124}$$

$$\boldsymbol{P}_N^{(k)}(x_N^{\text{leg}})_{ij}=\begin{cases}\boldsymbol{P}_N(x_N^{\text{leg}})_{ij} & i_k\leqslant i\leqslant N-j_k,\alpha^k N\leqslant j\leqslant\alpha^{k-1}N\\ 0 & \text{其他}\end{cases} \tag{4.125}$$

且

$$\alpha=O(1/\lg N) \tag{4.126}$$

和

$$i_k=\left[\frac{N+1}{\pi}\sin^{-1}\left(\frac{n_M}{\alpha^k N}\right)\right] \tag{4.127}$$

勒让德变换可以表示为

$$\boldsymbol{P}_N(\underline{x}_N^{\text{leg}})\underline{c}_N^{\text{leg}} = \boldsymbol{P}_N^{\text{REC}}(\underline{x}_N^{\text{leg}})\underline{c}_N^{\text{leg}} + \sum_{k=1}^{K}\boldsymbol{P}_N^{(k)}(\underline{x}_N^{\text{leg}})\underline{c}_N^{\text{leg}} \tag{4.128}$$

$\boldsymbol{P}_N^{(k)}(x_N^{\text{leg}})$ 的非零元可以使用渐进展开公式精确表示，这意味着 $\boldsymbol{P}_N^{(k)}(x_N^{\text{leg}})$ 的蝶型压缩是精确和稳定的。因为第 4.3 节已经证明，蝶型算法对矩阵 $\boldsymbol{P}_N^{(k)}(x_N^{\text{leg}})$ 很高效，因此，这里使用蝶型

算法而不是 FFT 来计算矩阵向量乘$\boldsymbol{P}_N^{(k)}(\underline{x}_N^{\text{leg}})\underline{c}_N^{\text{leg}}$。这样，$\sum_{k=1}^{K}\boldsymbol{P}_N^{(k)}(\underline{x}_N^{\text{leg}})\underline{c}_N^{\text{leg}}$ 可以在$O(KN\lg N)$个操作内完成计算。通过限制$\boldsymbol{P}_N^{\text{REC}}(\underline{x}_N^{\text{leg}})$的非零元个数小于$O(KN\lg N)$，使得矩阵向量积$\boldsymbol{P}_N^{\text{REC}}(\underline{x}_N^{\text{leg}})\underline{c}_N^{\text{leg}}$ 可以在$O(KN\lg N)$个操作内完成，就可以最优化计算开销。令 $n_m=\min(n_M, N-1)$，并定义参数

$$\alpha=\begin{cases}\min(1/\lg(N/n_m), 1/2) & \text{小 } N\\ 1/\lg(N/n_m) & \text{大 } N\end{cases}\tag{4.129}$$

和 $K=O(\lg N/\lg\lg N)$。在实际应用中，仅需要使用参数 N、n_m、α 和 K 来获取所有块如起始行/列指数和偏移量等信息。

图 4.28 给出了 $N=1024$ 时勒让德-范德蒙德矩阵的块分割示意图。勒让德-范德蒙德矩阵被分为边界块(记为 $\boldsymbol{B}$)和内部块(记为 $\boldsymbol{P}$)，边界部分为渐进公式不能精确表示的部分，共有 $2(K+1)$个 $\boldsymbol{B}$ 的子矩阵和 $2K$ 个 $\boldsymbol{P}$ 的子矩阵。根据勒让德多项式的对称性和反对称性，仅需要使用 $K+1$ 个 $\boldsymbol{B}$ 的子矩阵和 K 个 $\boldsymbol{P}$ 的子矩阵。图 4.29 给出了分块蝶型勒让德变换算法的主要流程。直接计算部分和蝶型乘法部分各需要 $O(KN\lg N)$个操作。

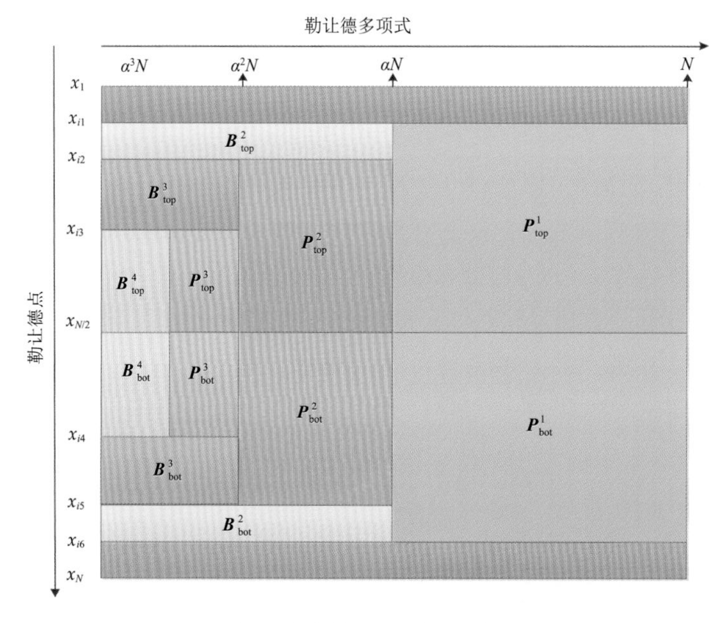

图 4.28 勒让德-范德蒙德矩阵划分图示($N=1024$)

在分块蝶型算法中依然需要蝶型矩阵压缩的参数 $C_{\max}$和 EPS。$C_{\max}$是第 0 层上每一个子矩阵的列数，EPS 是插值分解的预设精度。同时也需要维数阈值 DIMTHESH 来激活波数(m)小于或等于 NSMAX－2DIMTHESH＋3(NSMAX 是截断数，DIMTHESH 如表 4.2 定义)的快速勒让德变换。当不使用块分割时，分块蝶型勒让德算法等价于 Tygert2010 的算法，因此可以使用两个维数阈值来同时包含 Tygert2010 的算法和使用 DGEMM 的勒让德变换算法，以进一步降低计算复杂度。为了便于与 Tygert2010 的算法进行比较，剩余部分仅使用一个维数阈值且将其设为 200。

Block Butterfly Algorithm for Legendre Transform

Input N and $\underline{c}_N^{leg}$ to compute $\underline{v}_N^{leg} = \mathbf{P}_N\left(\underline{x}_N^{leg}\right)\underline{c}_N^{leg}$

Pre-computation Part

Block Partitioning: $\mathbf{B}_{top}^1, \mathbf{B}_{top}^2, \cdots, \mathbf{B}_{top}^{k+1}$ and $\mathbf{P}_{top}^1, \mathbf{P}_{top}^2, \cdots, \mathbf{P}_{top}^k$

extract symmetric part $\mathbf{B}_{tops}^1, \mathbf{B}_{tops}^2, \cdots, \mathbf{B}_{tops}^{k+1}$, $\mathbf{P}_{tops}^1, \mathbf{P}_{tops}^2, \cdots, \mathbf{P}_{tops}^k$ and anti-symmetric part

$\mathbf{B}_{topa}^1, \mathbf{B}_{topa}^2, \cdots, \mathbf{B}_{topa}^{k+1}$ $\mathbf{P}_{topa}^1, \mathbf{P}_{topa}^2, \cdots, \mathbf{P}_{topa}^k$

for i=1,2,…,k

call butterfly _compression($\mathbf{P}_{tops}^i$) ! Symmetric Part

call butterfly _compression($\mathbf{P}_{topa}^i$) ! Anti -Symmetric Part

end for

Direct Computation Part:

for i=1,2,…,k+1

call dgemv($\mathbf{B}_{tops}^i$) ! Symmetric Part

call dgemv($\mathbf{B}_{topa}^i$) ! Anti -Symmetric Part

end for

Butterfly Multiplication Part:

for i=1,2,…,k

call butterfly_multiply() ! Symmetric Part

call butterfly_multiply() ! Anti-Symmetric Part

end for

Combine the results of symmetric and anti -symmetric part to get $\underline{v}_N^{leg}$

图 4.29 勒让德变换的分块蝶型算法

4.4.4 分块蝶型矩阵压缩快速勒让德变换算法性能评测

本小节所有测试都是在某集群上进行，每个计算节点拥有 64 GB 内存，每节点核数 32 个，使用英特尔至强处理器 Gold 6150@2.7GHz。采用 32 KB L1 指令缓存、一个 32 KB L1 数据缓存、一个 256 KB L2 缓存和一个 30720 KB L3 缓存。使用矩阵乘矩阵、Tygert2010 算法和分块蝶型算法的勒让德变换分别记作 LT0、LT1 和 LT2。此外，使用 LT0、LT1 和 LT2 的球谐函数变换分别记为 SHT0、SHT1 和 SHT2。

图 4.30、图 4.31 和图 4.32 分别展示了 $C_{max}=64$，EPS$=1.0\times10^{-5}$、EPS$=1.0\times10^{-7}$ 和 EPS$=1.0\times10^{-10}$ 时勒让德变换的计算误差（以 10 为底的对数形式）。可以看出 LT2 的最大

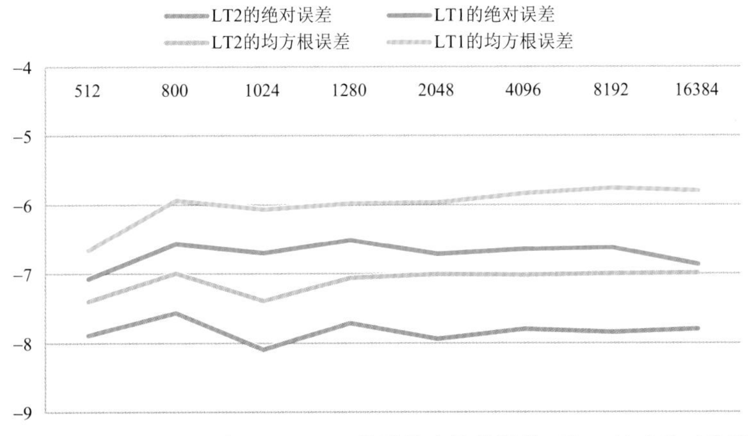

图 4.30 EPS$=1.0\times10^{-5}$ 和 $C_{max}=64$ 勒让德变换的误差（以 10 为底的对数形式）

误差和均方根误差比 LT1 降低了一个数量级。

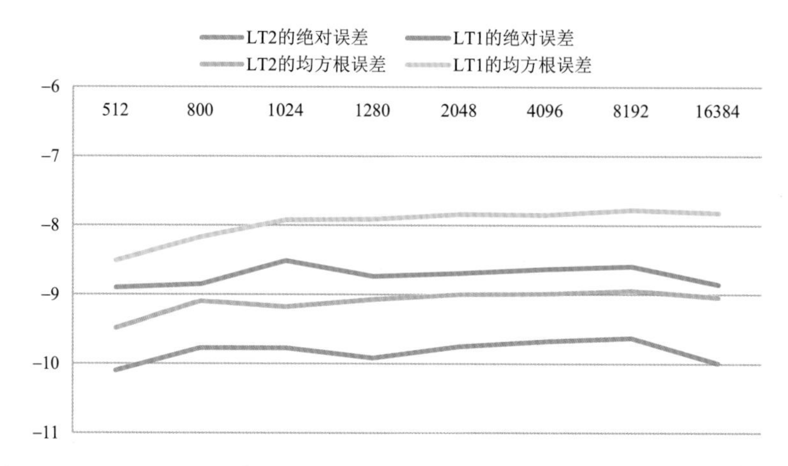

图 4.31　EPS=1.0×10^{-7} 和 C_{max}=64 勒让德变换的误差(以 10 为底的对数形式)

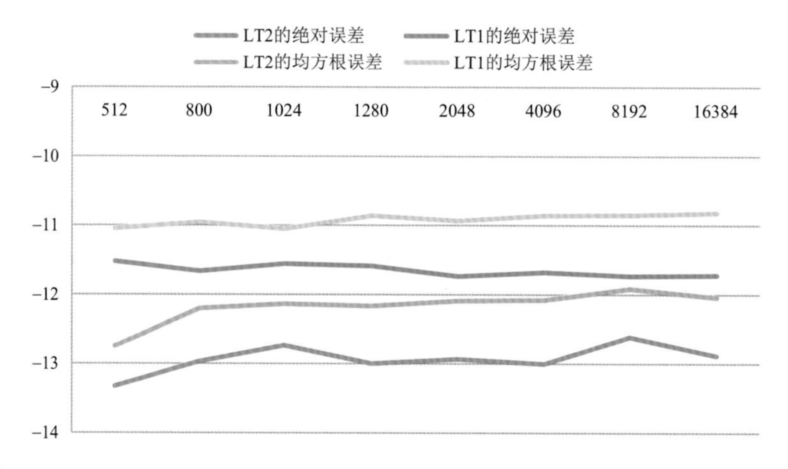

图 4.32　EPS=1.0×10^{-10} 和 C_{max}=64 勒让德变换的误差(以 10 为底的对数形式)

图 4.33 和图 4.34 分别给出了 C_{max}=64 时 LT2 的加速比和加速比损失。从图 4.33 和图 4.34 可以看出,LT2 在 N=2048 时比 LT0 快,对 EPS=1.0×10^{-5}、EPS=1.0×10^{-7} 和 EPS

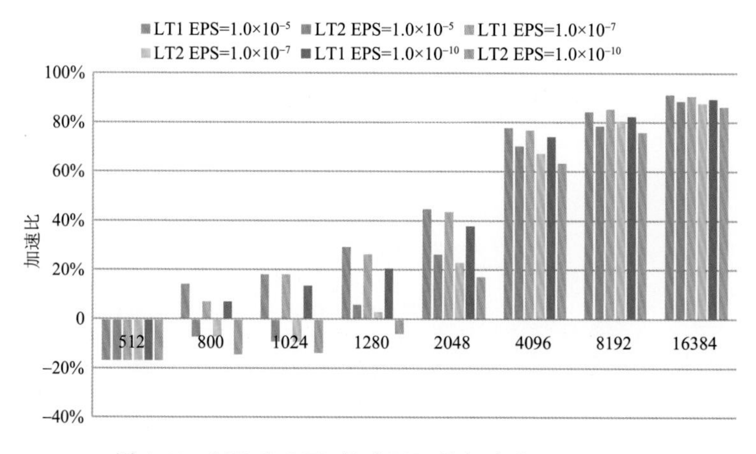

图 4.33　LT1 和 LT2 相对 LT0 的加速比(C_{max}=64)

$=1.0\times10^{-10}$计算时间分别减少了 26%、22%和 17%。对 N2048、N4096、N8192 和 N16384，LT2 计算时间分别减少了 17%、63%、75%和 86%，加速比损失分别为 21%、11%、7%和 4%。结果表明 LT2 以较小的性能损失为代价减小了变换的误差。

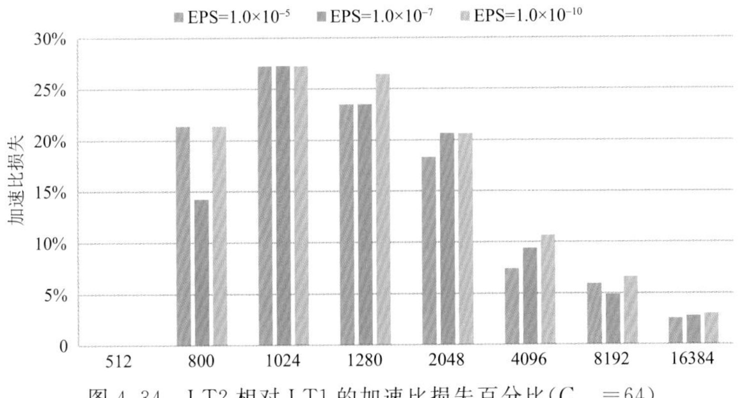

图 4.34 LT2 相对 LT1 的加速比损失百分比($C_{max}=64$)

图 4.35 和图 4.36 给出了 LT 的计算时间分别除以 $N\lg^3 N$ 和 $N\lg^4 N$ 的结果，可见，LT2 的实际计算复杂度约为 $O(N\lg^4 N)$。这是因为渐进公式不能表示的部分，即边界块处采用 DGEMM 进行计算导致的。

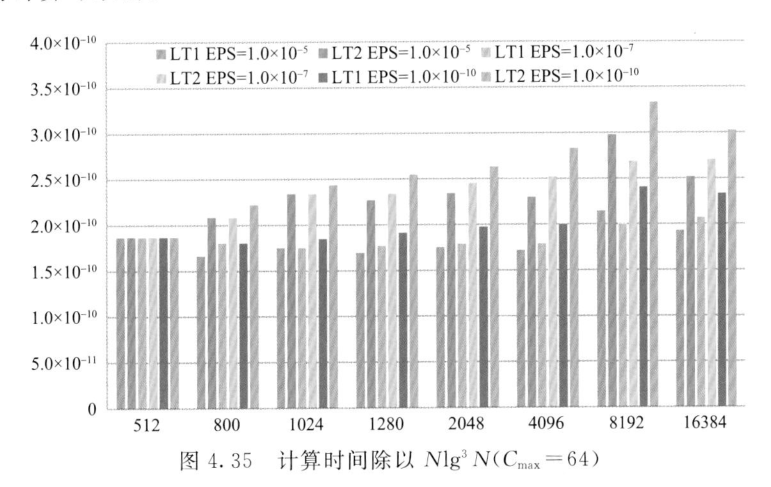

图 4.35 计算时间除以 $N\lg^3 N$($C_{max}=64$)

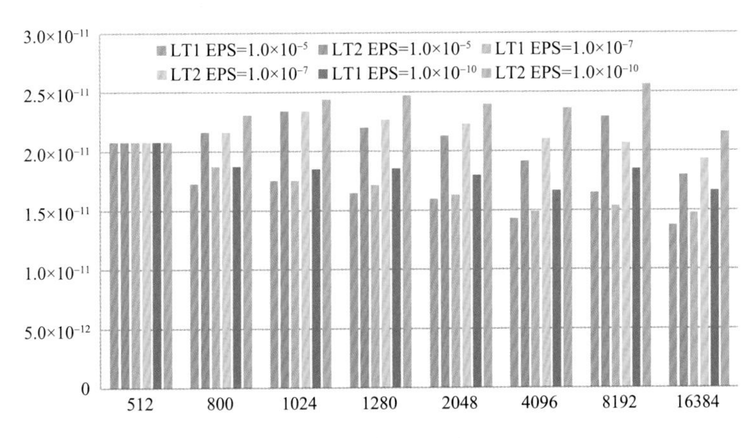

图 4.36 计算时间除以 $N\lg^4 N$($C_{max}=64$)

为了验证 SHT2 的正确性，对 U 风进行 300 次正逆球谐函数变换。图 4.37 是变换一次的计算结果，图 4.38 是变换 300 次的结果。图 4.39 和图 4.40 给出了图 4.37 和图 4.38 所对应的风场的误差。图 4.37 和图 4.38 的结果与 SHT0 的结果一致，同时可以看出 SHT2 的数值是稳定的。

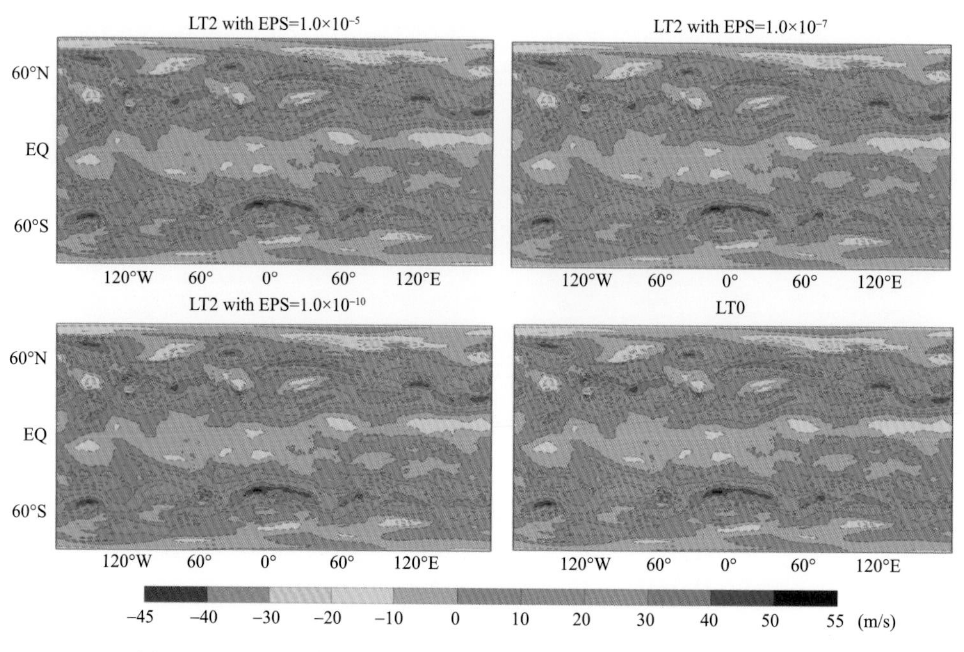

图 4.37　一次球谐函数变换后 U 风的值(一次正变换和一次逆变换)

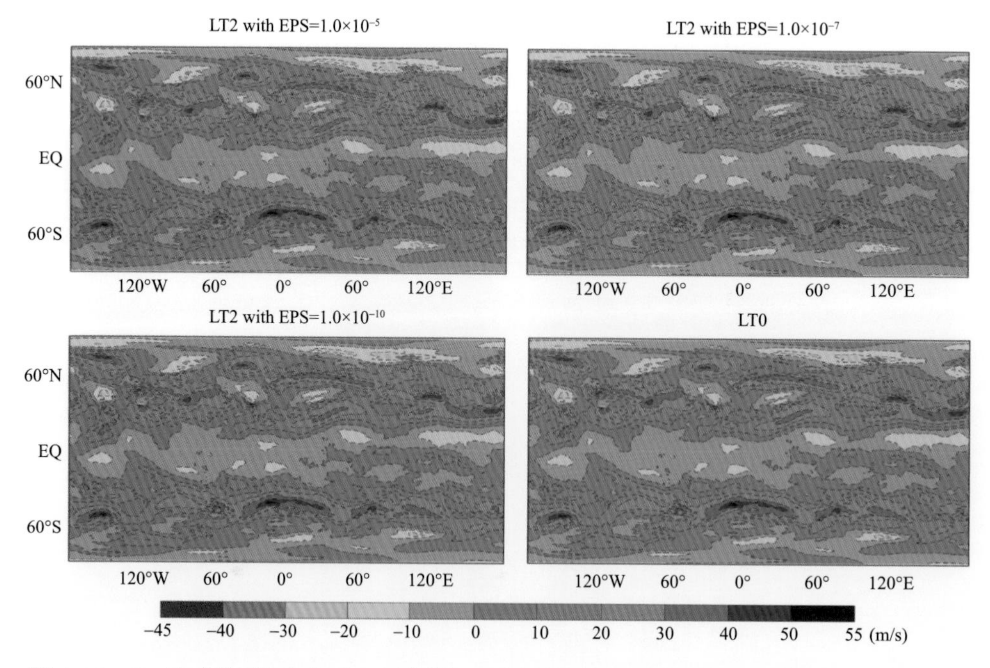

图 4.38　300 次球谐函数变换后 U 风的值(一次球谐函数变换包括一次正变换和一次逆变换)

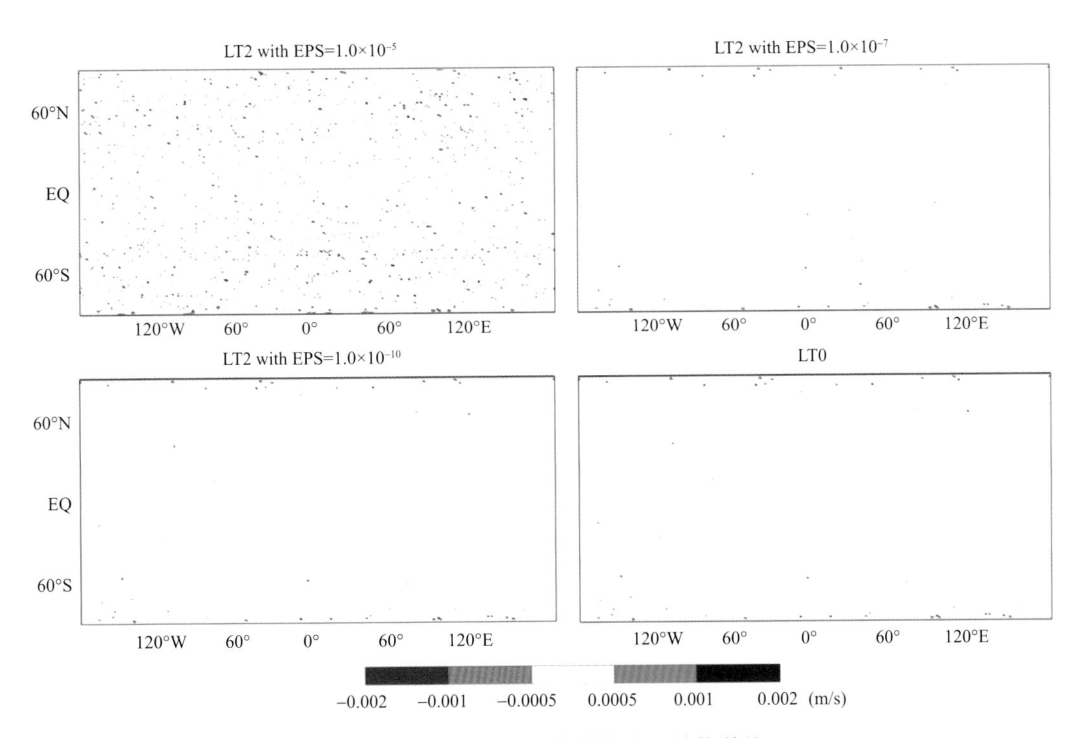

图 4.39 单次球谐函数变换后 U 风的误差

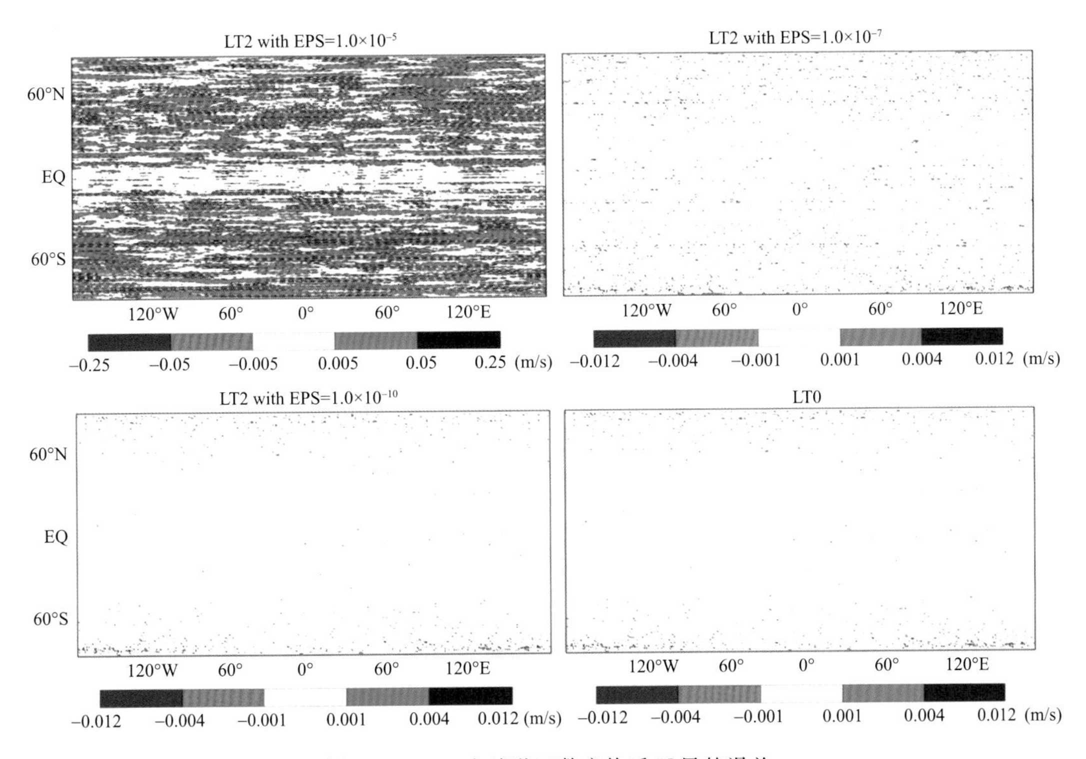

图 4.40 300 次球谐函数变换后 U 风的误差

本节提出了一种高精度和稳定的勒让德变换算法。使用基于渐进公式的块分割降低勒让德变换蝶型算法的潜在不稳定性。数值试验结果表明所提出的方法比 Tygert2010 算法的精度提高了一个量级，而对高阶勒让德变化($N \geqslant 4096$)仅损失不足 7%的加速比。

虽然本节提出的方法的计算时间比 Tygert 算法(2010)的稍微大一点，但是仍然具有相同的计算复杂度。当不使用块分割时，所提出的方法等价于 Tygert(2010)的算法。在数值天气预报的应用中，可以引入维数阈值来包含 Tygert 的算法(2010)进一步缩短计算时间。因此，可以对块分割方法进行进一步优化来提升算法的计算性能，同时保持稳定性。

4.5 混合精度算法

正如第 4.1 节所述，球谐函数变换在全球数值天气预报谱模式的执行时间中占比很大，且当水平分辨率提升到一定程度后，必须在控制方程中考虑非静力效应，这进一步增大了球谐函数变换的时间占比。第 4.3 节与第 4.4 节中所介绍的快速勒让德变换，将计算量从量阶上降下来，从而极大提高了高分辨率全球数值天气预报谱模式的计算效率，但球谐函数变换计算量依然较大，且球谐函数变换中的数据转置需要频繁的全局数据通信，这影响了模式的可扩展性(Bauer et al.，2020)。

另外，数值天气预报的精度直接取决于离散化方案，如水平方向的球谐谱展开和垂直方向的中心差分以及半隐式半拉格朗日时间积分格式。球谐谱展开具有非常高的精度，模式的精度主要受到时间积分和垂直离散化的限制。然而，受到可用计算能力的限制，通常不需要以双精度表示所有变量(Baede et al.，1976)。因此，可以谨慎选择空间离散化的精度，以缩短谱模式的运行时间。换句话说，需要在模式的计算代价和准确性之间寻找平衡。

由于计算时间更短、存储需求更小、计算节点之间所需的通信量更小，单精度(也称为降精度算法)已被广泛用于缩短模式的运行时间。降低数值精度还可以降低计算代价，然后可以将其再投资于更有用的目的，例如数值天气预报中的更高分辨率。事实证明，降低的精度能够极大地加速真实世界的模型，而不会产生明显的误差。与双精度相比，欧洲中期天气预报中心(ECMWF)的 IFS 单精度版本可降低 40%的计算开销，而精度并没有明显损失(Váňa et al.，2017；Düben et al.，2017，2018，2020)。单精度算法还在各种模式中展示了高性能，例如非流体静力二十面体模型(NIM)(Govett et al.，2017)、非流体静力二十面体网格大气模型的动力核心(NICAM)(Nakano et al.，2018)、陆面模型(Dawson et al.，2018)和地球系统建模(Düben et al.，2015，2017；Thornes et al.，2017)。

对勒让德变换，Hatfield 等(2019)的研究表明，基于矩阵-矩阵乘法的不精确算法可以降低计算代价，而不会显著降低模型模拟的质量，但其计算复杂度仍然很高。降精度算法已经在大气与海洋等不少数值模拟领域展现出了较好的有效性，在球谐函数变换中，引入单精度与双精度相结合的混合精度计算方法，是提高计算速度的另一种可行方法。

4.5.1 混合精度算法概述

当降低浮点运算的精度时，可以预期有两种后果。首先是舍入误差增大。根据浮点运算的“标准模型”，算术运算的浮点等效结果是精确结果乘以$(1+\delta)$，其中δ是由$|\delta|\leqslant\varepsilon$限定的舍入误差，$\varepsilon$为机器精度。例如，$x+y$的浮点运算等效为

$$\mathrm{fl}(x+y)=(x+y)(1+\delta) \tag{4.130}$$

机器精度定义为$\varepsilon=2^{-p-1}$，其中p是有效位数（也称为尾数，尾数浮点数的一般表示方法，在数学中表示一个浮点数需要三要素：尾数（mantissa），指数（exponent，阶码）和基数（base），若都用其第一个字母表示，任意一个浮点数可以表示为$N=M\times B^{E}$，例如$N=1.234\times10^{-6}$）。每减少 1 个有效位，ε加倍，因此可能会产生较大的舍入误差。于是，由数百万个浮点运算组成的特定模式的整体误差也会增大。但是，必须始终将误差增大与模式公式所带来的固有不确定性边际进行比较。在存在模型误差的情况下，由于精度降低而导致的舍入误差增大不一定很明显。

第二个后果来自阶码位数的减小。阶码确定可表示数字的范围。例如，最大双精度数（11 个指数位）大约为10^{308}，而最大半精度数（5 个指数位）仅为 65504（Hatfield et al.，2019）。如果大于该最大值的数字存储在浮点变量中，或出现在浮点运算得到的结果中，就会发生溢出，并且将数字四舍五入为无穷大，这通常会导致模式崩溃。同样，任何小于最小可能浮点数的数字都会下溢并四舍五入为 0。如果将所得的数值用作除数导致除 0 错误，则也会使模式崩溃。

4.5.2 混合精度快速球谐函数变换算法

直接使用单精度算法执行勒让德变换将几乎立即导致模式崩溃。这是因为会出现大于最大可表示单精度值的数字，将其四舍五入为无穷大，然后影响其后与之相关的每次计算，并最终导致浮点异常。通过对可能导致这种溢出、对精度敏感的计算部分采用双精度，而对其余部分采用较低的精度，可以有效缓解因数据表示导致的崩溃问题，也有利于在维持整体精度不变的情况下降低整体计算量。但定义模式精度的关键因素是代码中所有实变量的 Fortran KIND 参数的设置。这意味着精度是在编译阶段确定的，在执行期间无法更改。因此，为了在同一代码中同时使用单精度和双精度实现混合精度计算，需要进行相关代码的修改。

在快速勒让德变换算法的预处理步中，需要计算和存储插值分解过程中生成的投影或插值矩阵和列骨架矩阵。插值分解使用经典的主元“QR”分解算法。在插值分解过程，预设精度为主元“QR”分解的谱范数精度。主元 QR 分解的预设精度带来的舍入误差可能会影响插值分解的数值稳定性。更糟糕的是，采用单精度时的截断误差可能会造成插值分解数值不稳定。同时插值分解所在的预处理步仅需进行一次计算，因此插值分解使用双精度。类似地，连带勒让德多项式及其根的计算也使用双精度。而对快速球谐函数变换的其他部分使用单精度。图 4.41 给出了混合精度快速球谐函数变换的数据流程。在精度转换后，快速傅里叶变换（FFT）和勒让德变换（LT）以单精度进行计算。混合精度快速球谐函数变换如图 4.42 所示。

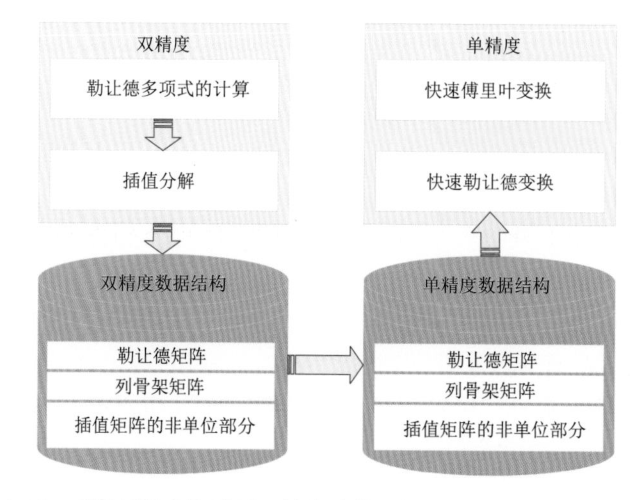

图 4.41　球谐函数变换需要双精度计算的部分和转换为单精度的部分

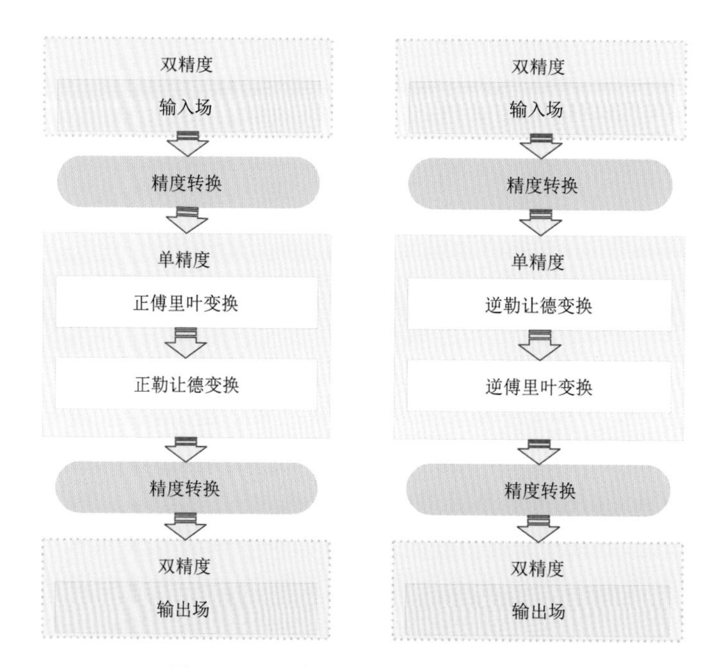

图 4.42　混合精度球谐函数变换流程

4.5.3　混合精度快速球谐函数变换算法性能评测

本小节将进行混合精度快速球谐函数变换算法的计算性能分析。本小节所有测试都在某集群上进行，每个计算节点拥有 64 GB 内存，每节点核数 32 个，使用英特尔至强处理器 Gold 6150@2.7GHz。采用 32 KB L1 指令缓存、一个 32 KB L1 数据缓存、一个 256 KB L2 缓存和一个 30720 KB L3 缓存。

表 4.11 和表 4.12 给出了使用不同球谐函数变换算法对 YHGSM 积分 144 步时各部分的执行时间。对于传统球谐函数的变换部分，与双精度(SHT_DP)相比，混合精度(SHT_SP)

下 T_L639L137、T_L1279L137 和 T_L2047L137 的计算时间分别缩短了 22.73%、40.29%和 31.84%。快速球谐函数变换的结果与传统球谐函数变换的结果类似，与双精度(FSHT_DP)相比，混合精度(FSHT_SP)下 T_L639L137、T_L1279L137 和 T_L2047L137 的计算时间分别缩短了 22.45%、35.05%和 38.74%。

对于传统球谐函数变换的数据转置部分，与双精度(SHT_DP)相比，混合精度(SHT_SP)下 T_L639L137、T_L1279L137 和 T_L2047L137 的执行时间分别缩短了 8.30%、33.29%和 38.05%。快速球谐函数变换的结果与传统球谐函数变换的结果类似，与双精度(FSHT_DP)相比，混合精度(FSHT_SP)下 T_L639L137、T_L1279L137 和 T_L2047L137 的执行时间分别缩短了 9.66%、33.52%和 37.04%。

同时考虑变换和数据转置，与双精度相比，采用混合精度快速球谐函数变换算法时 T_L639L137、T_L1279L137 和 T_L2047L137 分辨率的模式积分时间分别缩短了 5.63%、18.42%和 25.28%。存储需求的减少和缓存命中率的提高、MPI 通信量的减少是使得混合精度快速球谐函数变换算法执行时间缩短和并行可扩展性提高的原因。

表 4.11　使用快速球谐函数变换时 YHGSM 积分 144 步的墙钟时间(单位:s)

分辨率	T_L639L137		T_L1279L137		T_L2047L137	
类型	FSHT_DP	FSHT_SP	FSHT_DP	FSHT_SP	FSHT_DP	FSHT_SP
积分	218.3	209.5	705.9	629.3	1732.5	1524.9
变换	9.8	7.6	64.2	41.7	208.3	127.6
转置	75.6	68.3	162.3	107.9	347.7	218.9

表 4.12　使用基于矩阵乘矩阵的球谐函数变换时 YHGSM 积分 144 步的墙钟时间(单位:s)

分辨率	T_L639L137		T_L1279L137		T_L2047L137	
类型	SHT_DP	SHT_SP	SHT_DP	SHT_SP	SHT_DP	SHT_SP
积分	222.0	212.4	771.4	663.2	2040.9	1738.5
变换	13.2	10.2	131.8	78.7	527.0	359.2
转置	74.7	68.5	158.3	105.6	335.6	207.9

为了评估混合精度快速球谐函数变换对 YHGSM 模式预报性能的影响，下面分析 2020 年 6 月 10—12 日中国东南部一次降雨过程和 2020 年 3 月的 10 d 预报统计评分。图 4.43 给出了 YHGSM 2020 年 6 月 11 日 12 时的 24 h 累计降雨量。从图 4.43 可以看出，采用不同精度球谐函数变换的模式预报雨带总体位置、方向和强度几乎相同。这意味着混合精度快速球谐函数变换算法对降雨预报没有明显影响。

图 4.44 给出了 2020 年 3 月 1—30 日 10 d 预报月平均统计检验结果的评分卡。可以看出，在东亚和热带地区，特别是在北半球，预报技巧没有明显下降。仅在南半球，FSHT_SP 对距平相关系数(ACC)有一点负面影响。还可以发现在热带地区对于某些预报时效的位势高度场，FSHT_SP 在统计上明显优于 SHT_DP。

图 4.45 和图 4.46 分别给出了混合精度快速球谐函数变换对北半球和南半球500 hPa高度距平相关系数的影响。在北半球，距平相关系数的差异非常小(小于 1.5%)；南半球的差异略有增大，但不到 4%。除 U 风外，混合精度快速球谐函数变换的影响在北半球表现为中性。

在 YHGSM 预报的前 7 d 内，影响仅为轻微的负面，但在剩余的几天，影响变大。这可能是由于计算快速球谐函数变换时涉及的近似值和混合精度引入的舍入误差造成的。图 4.45 和图 4.46 表明，YHGSM 预报的前 7 d，使用 FSHT_SP 的 YHGSM 的距平相关系数几乎与使用 SHT_DP 的距平相关系数相同，但在第 8～10 天的预报中略差于 SHT_DP。这表明从数值天

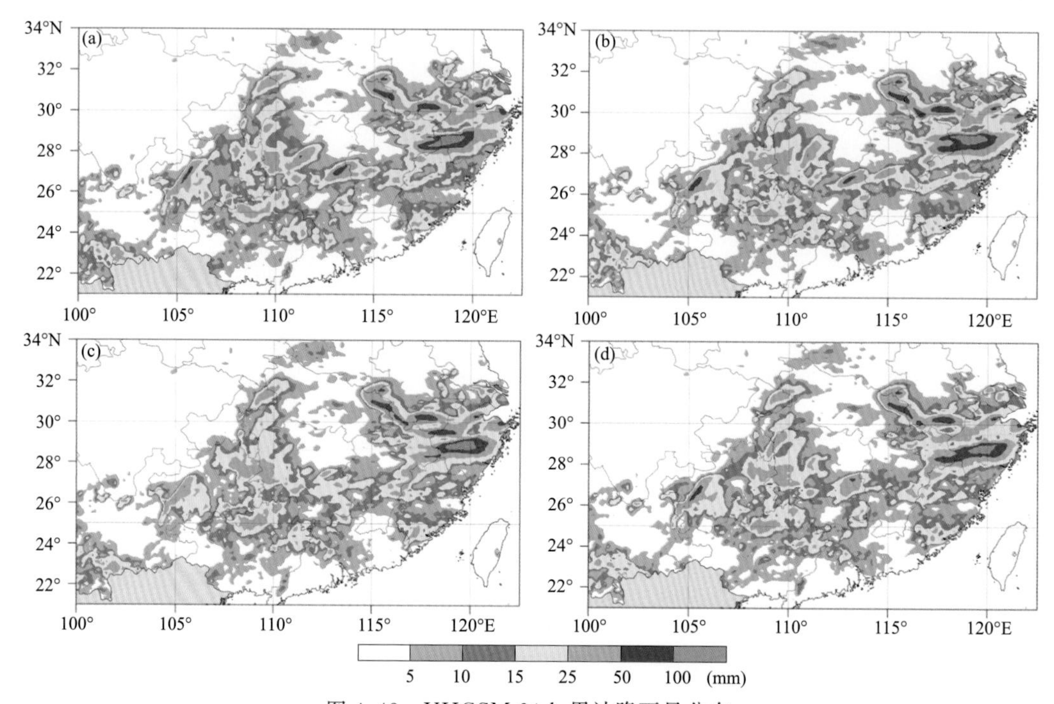

图 4.43　YHGSM 24 h 累计降雨量分布

(a)SHT_DP；(b)SHT_SP；(c)FSHT_DP；(d)FSHT_SP

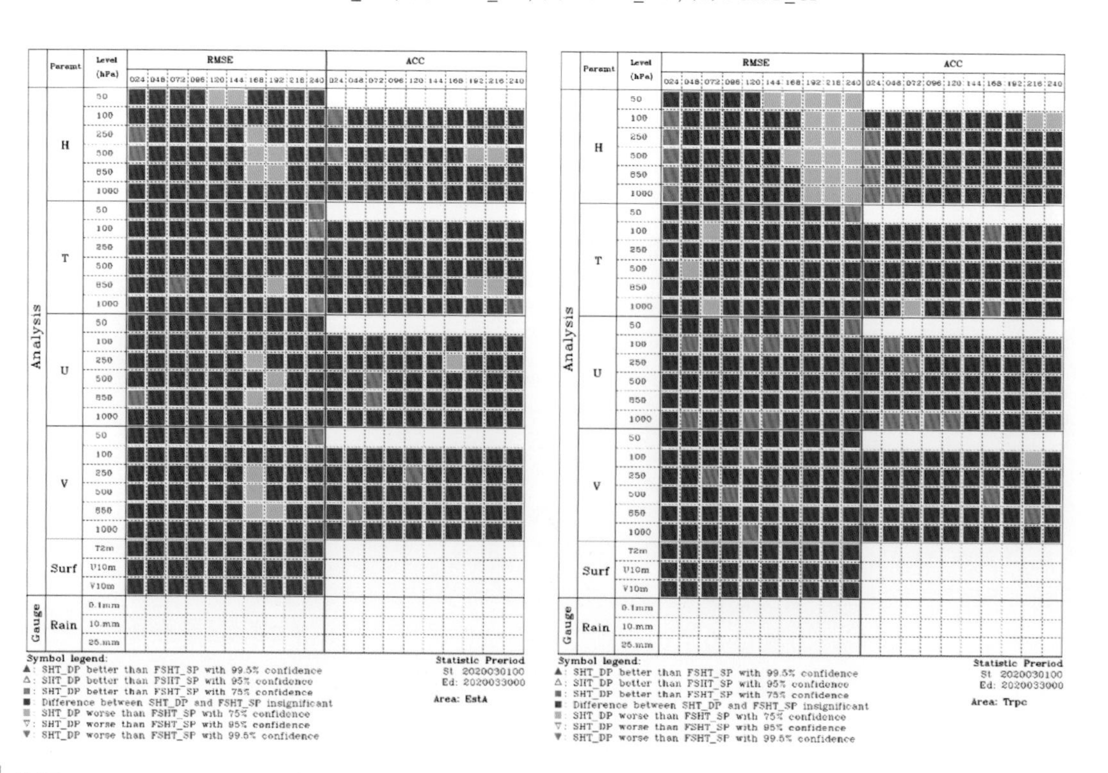

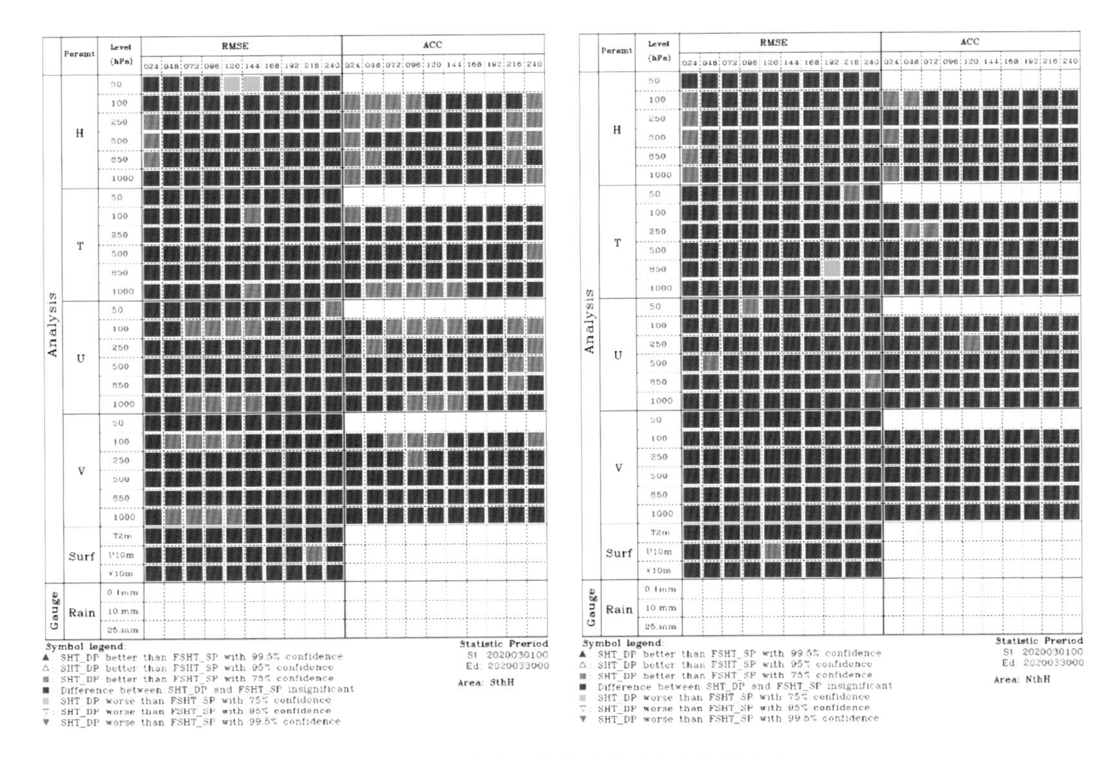

图 4.44 混合精度快速球谐函数变换评分卡

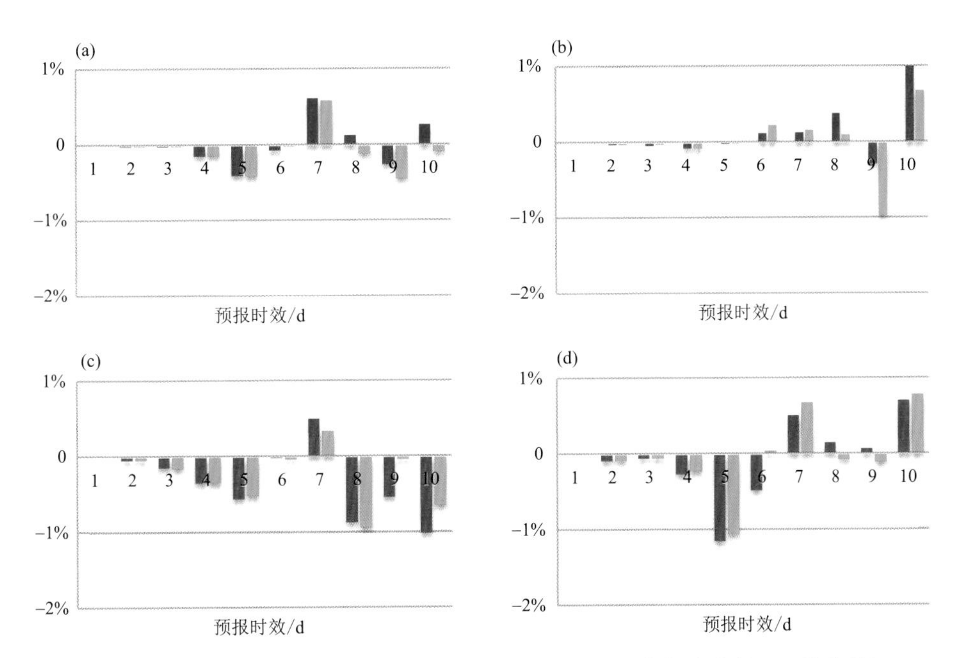

图 4.45 混合精度快速球谐函数变换对北半球 500 hPa 位势高度场(a)、温度(b)、U 风(c)和 V 风(d)距平相关系数的影响(红色为 FSHT_SP-SHT_DP,绿色为使用质量守恒订正时的 FSHT_SP -SHT_DP)

气预报的角度来看，混合精度快速球谐函数变换不存在重大问题。进一步可以看出，引入质量守恒订正并没有显著改善距平相关系数。图 4.47 和图 4.48 的结果，分别与图 4.45 和图 4.46 一致(即，距平相关系数增大，均方根误差降低)。

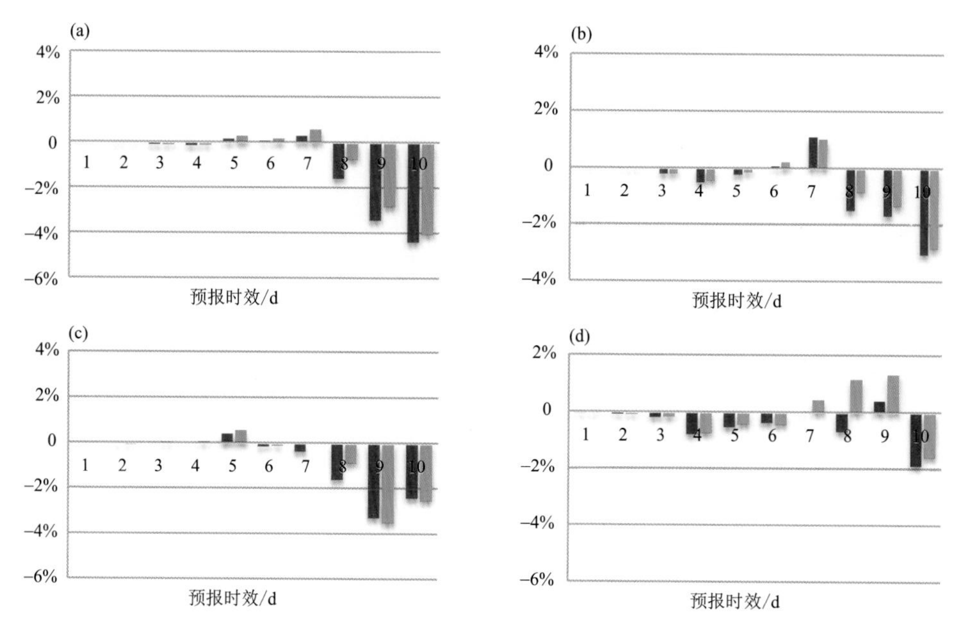

图 4.46　混合精度快速球谐函数变换对南半球 500 hPa 位势高度场(a)、温度(b)、U 风(c)和 V 风(d)距平相关系数的影响(红色为 FSHT_SP-SHT_DP，绿色为使用质量守恒订正时的 FSHT_SP-SHT_DP)

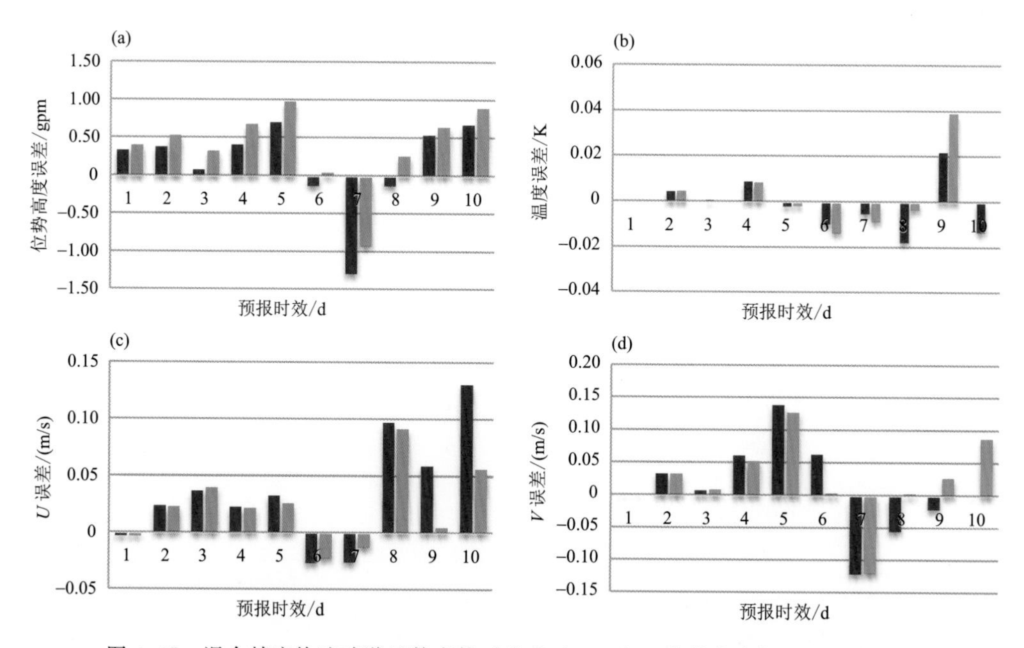

图 4.47　混合精度快速球谐函数变换对北半球 500 hPa 位势高度场(a)、温度(b)、U 风(c)和 V 风(d)均方根误差的影响(红色为 FSHT_SP-SHT_DP，绿色为使用质量守恒订正时的 FSHT_SP-SHT_DP)

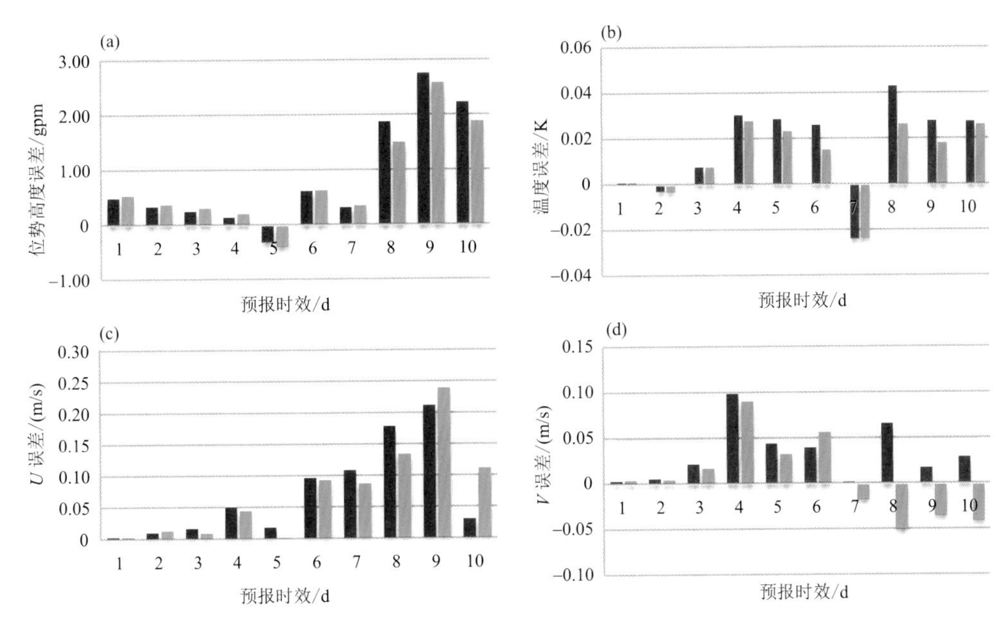

图 4.48 混合精度快速球谐函数变换对南半球 500 hPa 位势高度场(a)、温度(b)、U 风(c)和 V 风(d)均方根误差的影响(红色为 FSHT_SP-SHT_DP,绿色为使用质量守恒订正时的 FSHT_SP-SHT_DP)

总的来说,混合精度快速球谐函数变换对预报技巧的影响接近中性,对于超过 7 d 的更长期预报,南半球会产生一点负面影响。

谱模式中球谐函数变换的并行可扩展性较差。随着模式水平分辨率的提高,其计算代价占谱模式的主要部分。降精度球谐函数变换为减少计算开销和提高并行可扩展性开辟了新的途径。本节评估了混合精度快速球谐函数变换对模式计算性能和预报技巧的影响,结果表明使用混合精度时,采用快速球谐函数变换的 YHGSM T_L2047L137 运行时间缩短了约 12%,其中 T_L2047L137 的快速球谐函数变换和数据转置速度分别提高了 38.74%和 37.04%。在 T_L2047L137 的最佳配置中,使用混合精度快速球谐函数变换的模式积分时间比使用双精度球谐函数变换时缩短 25.28%,这极大减轻了 T_L2047L137 模式的计算负担。这表明,混合精度快速球谐函数变换可以在不显著降低精度的情况下进一步提高计算效率。

参考文献

雷兆崇,章基嘉,1991. 数值模式中的谱方法[M]. 北京:气象出版社.

王翔,2011. 球谐函数展开快速算法及其并行算法研究[D]. 国防科学技术大学.

吴国溧,2015. 基于 Butterfly 算法的球谐函数展开快速算法研究[D]. 国防科学技术大学.

ALPERT B K, ROKHLIN V,1991. A fast algorithm for the evaluation of Legendre expansions[J]. SIAM J Sci Stat Comput,12:158-179.

BAEDE A D DENT, HOLLINGSWORTH A,1976. The effect of arithmetic precision on some meteorological integrations[R]. Tech. Rep. 2, ECMWF, 22 pp. http://www.ecmwf.int/en/elibrary/7869-effect-arithmetic-precisionsome-meteorological-integra tions.

BAUER P, QUINTINO T, WEDI N,et al,2020. The ECMWF Scalability Programme: Progress and Plans, Technical memorandum, 857, DOI: 10.21957/gdit22ulm.

BREMER J, ROKHLIN V,2016. Improved estimates for nonoscillatory phase functions[J]. Discrete Cont Dyn Amer,36:4101-4131.

BREMER J, ROKHLIN V,2017. On the nonoscillatory phase function for Legendre's differential equation [J]. J Comput Phys,350:326-342.

BREMER J, YANG H,2020. Fast algorithms for Jacobi expansions via nonoscillatory phase functions[J]. IMA J Numerical Analysis, 40(3): 2019-2051.

BREMER J, PANG Q, YANG H,2021. Fast algorithms for the multi-dimensional Jacobi polynomial transform[J]. Applied and Computational Harmonic Analysis, 52:231-250.

BUTTERFLYLAB. https://github. com/ButterflyLab/ButterflyLab (accessed on 14 August 2019).

CANDÈS E, DEMANET L, YING L,2009. A fast butterfly algorithm for the computation of Fourier integral operators[J]. Multiscale Model Simul,7:1727-1750.

CHENG H, GIMBUTAS Z, MARTINSSON P G,et al,2005. On the compression of low rank matrice[J]. SIAM J Sci Comput,26(4):1389-1404.

DAWSON A, DÜBEN P D, MACLEOD D A,et al. , 2018. Reliable low precision simulations in land surface models[J]. Clim Dyn,51:2657-2666.

DÜBEN P D, RUSSELL F P, NIU X,et al,2015. On the use of programmable hardware and reduced numerical precision in earth-system modeling[J]. J Adv Model Earth Syst,7:1393-1408.

DÜBEN P D, SUBRAMANIAN A, DAWSON A,et al,2017. A study of reduced numerical precision to make superparameterization more competitive using a hardware emulator in the OpenIFS model[J]. J Adv Modeling Earth Sys, 9:566-584.

DÜBEN P D, DIAMANTAKIS M, LANG S,et al,2018. Progress in using single precisionin the IFS[J]. ECMWF Newsletter, 157:26-31.

DÜBEN P D,WEDI N P,SAMI SAARINEN,et al,2020. Global Simulations of the Atmosphere at 1. 45 km Grid-Spacing with the Integrated Forecasting System[J]. J Meteor Soc Japan, 98(3): 551-572.

GOVETT M,COAUTHORS, 2017. Parallelization and performanceof the NIM weather model on CPU, GPU, and MIC processors[J]. Bull Amer Meteor Soc,98:2201-2213.

GU M, EISENSTAT S C,1996. Efficient algorithms for computing a strong rank revealing QR factorization [J]. SIAM J Sci Comput,17:848-869.

HALE N, TOWNSEND A,2014. A fast, simple and stable Chebyshev-Legendre transform using an asymptotic formula[J]. SIAM J Sci Comput, 36:148-167.

HALE N, TOWNSEND A,2015. A fast FFT-based discrete Legendre transform[J]. IMA J Numerical Analysis, 36(4): 1670-1684.

HATFIELD S,CHANTRY M,DÜBEN P,et al,2019. Accelerating high-resolution weather models with deep-learning hardware//Proceedings of the platform for advanced scientific computing conference (PASC'19), June 12-14, 2019, Zurich, Switzerland. ACM, New York, NY, USA,11 pages. https://doi. org/10. 1145/3324989. 3325711

HEALY D, KOSTELEC P, ROCKMORE D,et al,2003. FFTs for the 2-sphere improvements and variations [J]. J Fourier Analysis and Appl,9(4): 341-385.

HEALY D, KOSTELEC P, ROCKMORE D,2004. Towards safe and effective high-order Legendre transforms with applications to FFTs for the 2-sphere[J]. Adv Computational Mathematics, 21:59-105.

HEITMAN Z, BREMER J, ROKHLIN V,2015. On the existence of nonoscillatory phase functions for second order ordinary differential equations in the high-frequency regime[J]. J Comput Phys,290:1-27.

HOFFMAN R N, BOUKABARA S A, KUMAR V K,et al,2017. Anon-parametric definition of summary NWP forecast assessment metrics//28th Conference on Weather Analysis and Forecasting/24th Conferenceon Numerical Weather Prediction, American Meteorological Society, Boston, MA, Seattle, Washington, poster 618. https://ams. confex. com/ams/97Annual/webprogram/Paper309748. html.

JABLONOWSKI C, WILLIAMSON D L, 2006. A baroclinic instability test case for atmospheric model dynamical cores[J]. Quart J Roy Meteor Soc, 132:2943-2975.

KUNIS S, POTTS D, 2003. Fast spherical Fourier algorithms[J]. J Comput Appl Math, 161:75-98.

LANDAU H J, POLLAK H O, 1962. Prolate spheroidal wave functions, Fourier analysis and uncertainty-III: The dimension of the space of essentially time and band-limited signals[J]. Bell Sys Tech J, 41:1295-1336.

LI Y, YANG H, 2017. Interpolative Butterfly Factorization[J]. SIAM J Sci Comput, 39:503-531.

LIAO X, XIAO L, YANG C, et al, 2014. MilkyWay-2 supercomputer: System and application[J]. Front Comput Sci, 8:345-356.

MARTIN J MOHLENKAMP, 1999. A fast transform for spherical harmonics[J]. J Fourier Analysis Appl, 2 (2/3): 159-184.

MARTINSSON P G, ROKHLIN V, TYGERT M, 2006. On interpolation and integration in finite-dimensional spaces of bounded functions[J]. Commun Appl Math Comput Sci, 1:133-142.

MARTINSSON P G, TYGERT M, 2013. Multilevel Compression of Linear Operators: Descendants of Fast Multipole Methods and Calderòn-Zygmund Theory November 13. http://tygert. com/gradcourse/survey. pdf

MARTINSSON P G, ROKHLIN V, SHKOLNISKY Y, et al, 2017. ID: A software package for low rank approximation of matrices via interpolative decompositions, version 0. 2. http://cims. nyu. edu/~{}tygert/id_ doc. pdf (accessed on 4 August 2017).

MICHIELSSEN E, BOAG A, 1996. A multilevel matrix decomposition algorithm for analyzing scatteringfrom large structures[J]. IEEE Transactions on Antennas and Propagation, 44(8):1086-1093.

MORI A, SUDA R, SUGIHARA M, 1999. An improvement on Orszag's fast algorithm for Legendre polynomial transform, Trans. Info[J]. Processing Soc Japan, 40:3612-3615.

NAKANO M, YASHIRO H, KODAMA C, et al, 2018. Single precision in the dynamical core of a nonhydrostatic global atmospheric model: Evaluation using a baroclinic wave test case[J]. Mon Wea Rev, 146: 409-416.

O'NEIL M, WOOLFE F, ROKHLIN V, 2010. An algorithm for the rapid evaluation of special function transforms[J]. Appl Computational Harmonic Analysis, 28:203-226.

ORSZAG S A, 1986. Fast eigenfunction transforms, Science and Computers[M]. New York: Academic Press, 13-30.

ROKHLIN V, TYGERT M, 2006. Fast algorithms for spherical harmonic expansions[J]. SIAM J Sci Comput, 27(6): 1903-1928.

SELJEBOTN D S, 2012. Wavemoth-Fast spherical harmonic transforms by butterfly matrix compression[J]. The Astrophysics J Supplement Series, 199 (5): 1-12.

STIELTJES T J, 1890. Sur les polynômes de Legendre[J]. Ann Fac Sci Toulouse, 4:1-17.

SUDA R, TAKAMI M, 2001. A fast spherical harmonics transform algorithm[J]. Mathematics of Computation, 71(238): 703-715.

THORNES T, DÜBEN P, PALMER T, 2017. On the use of scale-dependent precision in Earth System modelling[J]. Quart J Roy Meteorol Soc, 143: 897-908.

TOWNSEND A, WEBBY M, OLVER S, 2018. Fast polynomial transforms based on Toeplitz and Hankel matrices[J]. Mathematics of Computation, 87(312): 1913-1934.

TYGERT M, 2008. Fast algorithms for spherical harmonic expansions II[J]. J Comput Phys, 227 (8):

4260-4279.

TYGERT M,2010. Fast algorithms for spherical harmonic expansions, III[J]. J Comput Phys,229(18): 6181-6192.

VÁŇA F, DÜBEN P, LANG S,et al,2017. Single precision in weather forecasting models: An evaluation with the IFS[J]. Mon Wea Rev, 145(2): 495-502.

WEDI N P,2009. Recent Developments at ECMWF// EWGLAM/SRNWP meeting, Athens

WEDI N P, HAMRUD M, MOZDZYNSKI G,2013. A fast spherical harmonics transform for global NWP and climate Models[J]. Mon Wea Rev,141:3450-3461.

WILLIAMSON D L, DRAKE J B, HACK J J,et al,1992. A standard test set for numerical approximations to the shallow water equations in spherical geometry[J]. J Comput Phys,102:211-224.

WU J, ZHAO J, SONG J,et al,2011. Preliminary design of dynamic framework for global non-hydrostatic spectral model[J]. Comput Eng Des,32:3539-3543.

YANG J, SONG J, WU J,et al,2015. A high-order vertical discretization method for a semi-implicit mass-based non-hydrostatic kernel[J]. Quart J Roy Meteor Soc,141:2880-2885.

YANG J, SONG J, WU J,et al,2017. A semi-implicit deep-atmosphere spectral dynamical kernel using a hydrostatic-pressure coordinate[J]. Quart J Roy Meteor Soc,143:2703-2713.

YIN F, WU G, WU J,et al,2018. Performance evaluation of the fast spherical harmonic transform algorithm in the Yin-He global spectral model[J]. Mon Wea Rev,146:3163-3182.

YIN F, WU J, SONG J,et al,2019. A high accurate and stable legendre transform based on block partitioning and butterfly algorithm for NWP[J]. Mathematics, 7:966.

YESSAD K,2018. Spectral transforms in the cycle 46 of ARPECG/IFS. Meteo-France, 26 pp. http://www.umr-cnrm.fr/gmapdoc/IMG/pdf/ykts46.pdf.

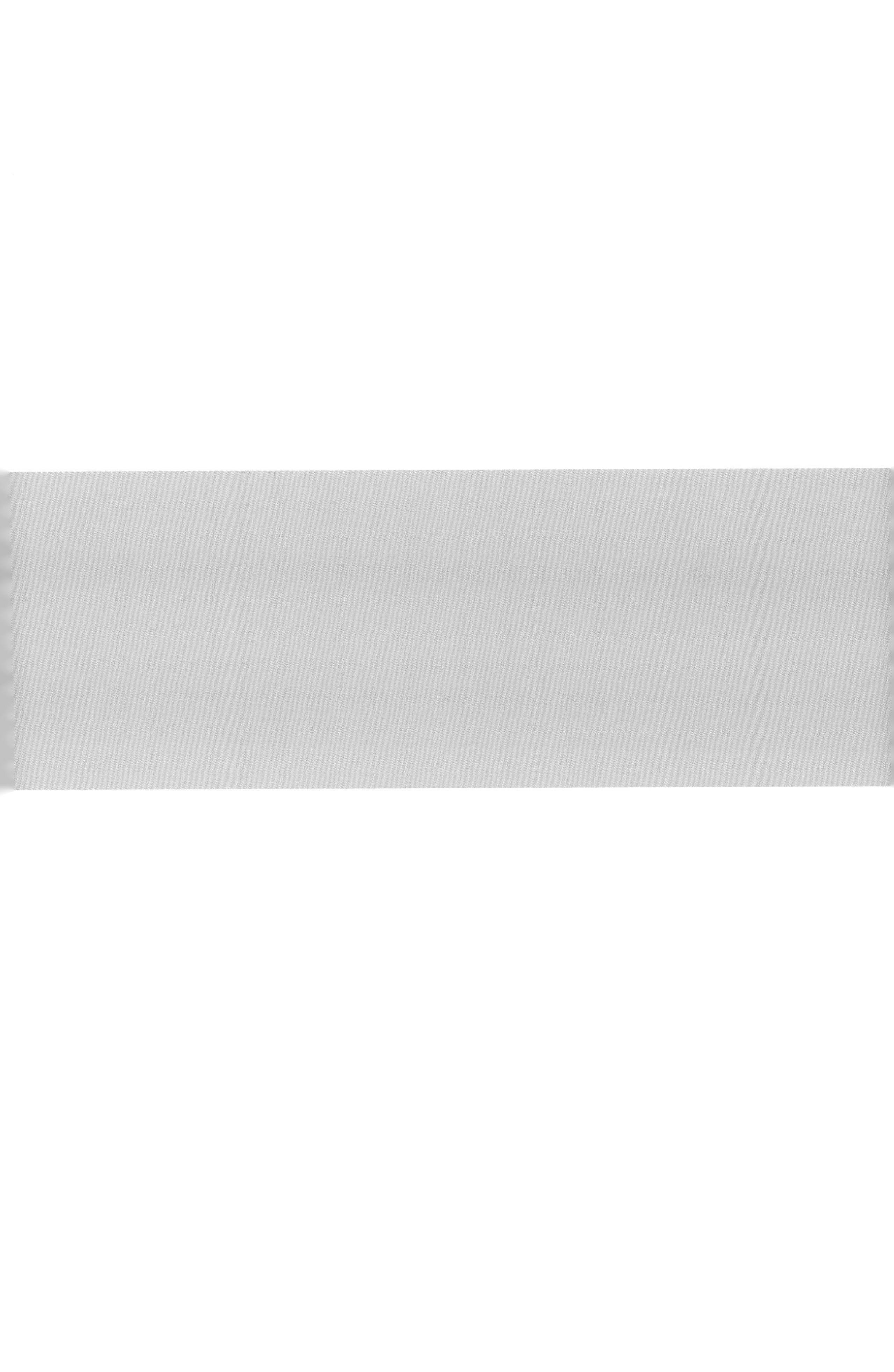

第 5 章
全球谱模式高效并行算法

5.1 概述

数值天气预报的准确度与分辨率直接相关，分辨率越高，数值预报的准确度才能更高(Wedi,2014)。因此，世界各大先进数值预报中心一直在不遗余力地提高分辨率，并成为改进数值预报的主要牵引性技术之一。近年来，各主要数值天气预报中心公布的全球确定性预报分辨率的提升情况如表5.1所示(WGNE,2021)。世界最高水平的欧洲中期天气预报中心(ECMWF)已将分辨率从T_L1279L91(水平约16 km)升级到T_{CO}1279L37(西欧水平约9 km)，英国气象局已经将水平分辨率从25 km升级到10 km，法国气象局已将分辨率从T_L798c2.4L70(西欧水平约10 km)升级至T_L1798c2.2L05(西欧水平约5 km)，美国NCEP已将水平分辨率从35 km升级至13 km，加拿大CMC已将水平分辨率从2016年的水平约28 km升级至约16 km，中国气象局CMA模式的水平分辨率已从50 km升级至28 km。此外，国防科技大学也已从T_L799L91(水平约25 km)升级至T_L1279L137(水平约16 km)，同时，10 km水平分辨率的全球谱模式也即将投入业务化应用。

表5.1 近年来各主要预报中心确定性预报分辨率的升级情况(WGNE,2021)

预报中心	2010年	2016年	2021年
ECMWF	T_L1279L91(约16 km)	T_{CO}1279L137(约9 km)	耦合 T_{CO}1279L137(约9 km)
英国气象局	7 d预报25 kmL70	7 d预报17 kmL70	7 d预报10 kmL70
法国气象局	T_L798c2.4L70西欧10 km	T_L1198c2.2L105西欧8 km	T_L1798c2.2L105西欧5 km
德国DWD	30 kmL60	13 kmL90欧洲6.5 km	13 kmL90欧洲6.5 km
美国NCEP	T574L64(35 km)	T1534L64(13 km)	C768L127(13 km)
美国海军	T319L42(约41 km)	T425L60(约31 km)	T681L60(约19 km)
加拿大CMC	0.45°×0.3°L80	0.25°L80(约28 km)	0.14°L84(约16 km)
日本JMA	T_L959L60(约20 km)	T_L959L100(约20 km)	T_L959L128(约20 km)
韩国KMA	40 kmL50	25 kmL70	10 kmL70
中国CMA	50 kmL36	0.25°L60(约28 km)	0.25°L87(约28 km)

为使得分辨率的提升能带来预报准确率最大程度的提高，通常同时需要在物理建模、地形处理、强迫场表示、物理过程参数化等方面进行相应改进。这种分辨率的改进，与各方面的相应精细化描述，同时也带来了计算量的大幅度增长。另外，数值天气预报的业务化要求其满足实时性，例如，在欧洲中期天气预报中心(ECMWF)与美国国家环境预报中心(NCEP)都要求全球确定性预报在1 h内完成(Wedi et al.,2015)。因此，在对数值天气预报模式进行具体实现时，需要充分考虑计算机系统的特点，进行有针对性的并行算法设计，实现高性能并行计算。数值天气预报除了需要满足实时性要求外，还可能因为分辨率大幅度提升与可扩展性差而导致大量电力消耗。例如，当水平分辨率达到2.5 km时，据估计全球数值天气预报在可扩展性不太理想时，需要近100 MW的电力需求(Bauer et al.,2015)。因此，要通过大规模并行计算实现实时性与有效节能，必须提高数值预报模式的计算效率与可扩展性。

在超大规模高性能并行计算系统上进行数值天气预报时，影响数值预报计算效率与可扩展性的因素主要是通信开销的大幅度增长(Mozdzynski et al.，2015)。特别是全球数值天气预报谱模式，目前主流的并行计算方法是将预报模式分为多个阶段，在各个阶段之间进行数据重分布，这种重分布涉及处理器组之间的多对多通信，且随着处理器个数的增加，这种通信代价增长速度非常快。同时，为有效增大模式积分的时间步长，已经广泛采用半隐半拉格朗日时间积分方案，而在其传统并行算法设计中，通信代价与可能最大风速和时间步长的乘积成正比，这不随处理器个数的变化而变化，严重影响其可扩展性。

为了提高数值天气预报的可扩展性，世界各国纷纷提出了相应的计划。ECMWF领导了CRESTA计划，其目标是定义并协同设计必要的步骤，以对天气预报与气候预测进行E级高性能计算模拟，关键问题是开发与分离NWP代码，并利用能耗感知的性能测试进行分类，以提高并行计算与通信性能。ECMWF目前已进行了格点空间等面积划分、快速勒让德变换、基于coarray的单边通信与有限体积内核等技术研究，有效提高了现有全球静力谱模式的执行效率与可扩展性，并针对未来甚高分辨率时需采用的非静力谱模式进行了初步试验验证(Mozdzynski et al.，2014)。

美国启动了下一代全球数值预报系统(NGGPS)计划，以增强国家海洋与大气局(NOAA)天气预报能力上的竞争力以及在未来HPC平台上的可扩展性。NOAA还启动了高影响天气预报计划(HIWPP)，其最主要的目标是对现有非静力全球模式进行比较与评估，开发能适应约3 km分辨率的全球数值天气预报系统，并对其针对当前高性能计算机系统进行优化与改进(Schneider，2015)。NUMA是NOAA最具竞争力的深厚大气非静力模式之一，初步试验表明，在超级计算机Mira的整个3.14百万个线程上，其对网格点数为18亿个的高分辨率，可取得99%的强可扩展性(Müller et al.，2016)。

英国气象局已启动LFRic长期规划，以重新考察其整个软硬件架构，推进现有模式动力内核ENDGAME的发展，并执行Gung-Ho计划，旨在创建可以在下一代大规模并行计算机上高效执行的天气预报与气候预测模式(Burt，2014)，其主要针对目前经纬网格中极地附近数据依赖格点数多而导致的通信量过大问题，研究准一致网格下的数值天气预报模式设计问题。

在高性能与高产出计算HP2C计划下，瑞士气象局已经在运行COSMO-1，运行环境是Cray XK7，配有NVIDIA Tesla K20x处理器，相应的COSMO版本已经完全修改为针对混合体系结构，未来瑞士气象局的模式计划达到超高分辨率的1.1 km。德国气象服务处(DWD)与马普研究所气象处(MPI－M)合作，已经针对可扩展性挑战，开发出了一个新的模式ICON，并用ICON替换掉了GME来进行全球预报。日本计算科学理化/先进研究所已经启动一个后K计算机计划，旨在基于加速器来开发E级计算机上的气候模拟。G8资助了ICOMEX计划，其目的是对多种二十面体网格进行比较，并处理其中共同的可扩展性挑战(Wedi et al.，2015)。

此外，Johnsen等(2013)在Cray机Bule Waters上，采用4亿网格点对飓风模拟，给出了大约300TFLOPS的持续性能，其强可扩展效率达到了65%。Wyszogrodzki等(2012)在Hopper II系统上，针对含完整水汽参数化在内的模式，采用8千多万网格点，强可扩展到10万个处理器核。Dennis等(2012)在Cray的Jaguar PF上，对8千多万个网格点的模式，报告了直到172800核的强可扩展性。

中国在数值预报模式高效并行计算与可扩展性研究方面也进行了不少卓有成效的工作。启动的“地球系统数值模拟装置”建设，希望利用高性能计算机系统实现大气层在内的地球系统各圈层数值模拟。2016 年 11 月，在美国 SC16 大会上，由中国科学院软件研究所杨超研究员与清华大学薛巍副研究员等发表的研究成果获得 ACM Gordon Bell 奖，其在神威太湖之光高性能并行计算机系统的 1050 万处理器核上，采用全球全隐式格点模式，实现了对湿斜压不稳定性的可扩展数值模拟，未知量达 7700 亿个，水平分辨率达 488 m(Yang et al.，2016)。

国防科技大学数值天气预报创新团队研发的 YHGSM 与欧洲中期天气预报中心研发的 IFS，都是典型的全球数值天气预报谱模式。这种谱模式最初是在小规模共享存储机器上开发的，不需要跨节点通信。然而随着超级计算机体系结构由共享存储转变为分布式存储，通信开销变得很重要。在采用二维数组重分布计算框架下，由于傅里叶变换需要整个纬圈上的数据，而勒让德变换需要整个经圈上的数据，因此在变换前需要进行数据重分布，使得变换所需数据处于同一个 MPI 任务内。谱变换的高存储需求、全局数据密集型通信和并行通信延迟等限制了其并行可扩展性。Wedi 等(2015)通过研究欧洲中期数值预报中心的 IFS 模式在美国田纳西州橡树岭国家实验室 TITAN 高性能计算机上的计算通信开销占比，发现随着进程数的增加，高分辨率模式中谱变换的通信开销占到了整个变换的 70%左右，而变换的计算开销不足 30%。此外，全球数值天气预报谱模式在格点空间还面临与格点模式相似的通信问题。由此可见，对全球谱模式进行并行算法设计，提高其并行计算可扩展性，是实现业务运行实时性的必由之路。

5.2 全球谱模式并行计算整体框架

球谐谱变换是全球数值天气预报谱模式并行计算的核心问题，并行计算的整体框架设计也是基于此展开的，对球谐谱变换的并行算法，国际上已有较长的研究历史。到目前为止，主要发展了两类方法：一类是采用按纬圈与纬向波数进行划分的一维区域分解，另一类是采用二维数据域分解。对二维数据域分解，具体实现时既可以直接在水平方向与波数空间上进行二维区域分解，而对变换本身进行并行算法设计，也可以在不同空间分别采用相应的划分方式，而在不同空间之间采用数据重分布来实现其间数据依赖关系的协调。

1991 年，美国橡树岭国家实验室的 Worley 等针对非线性浅水波方程，设计了 128 节点 Intel iPSC/860 超立方体计算机上的高效谱变换算法，采用了二维数据域分解以及基于二进位交换的并行快速傅里叶变换与基于环形拓扑结构的并行勒让德变换，并考虑了不同傅里叶变换之间的计算与通信重叠以及谱空间中的负载平衡问题，发现二维数据域分解优于单纯的一维数据域分解(Worley et al.，1991)。之后，Walker 等(1991)又对计算与通信重叠进行了进一步研究，提出了任务交替的概念。美国阿贡国家实验室的 Foster 等(1991)就逐纬圈分布与二维数据域分解这两种数据分布方式，对相应并行算法的性能进行了建模与可扩展性分析，发现对浅水波方程，在不考虑计算与通信重叠的情况下，其并行效率一般都不太好，同时认为在实际大气模式中并行效率将会有所改善。这些研究主要以浅水波方程为研究对象，主要研究基于水平方向、波数空间与谱空间中数据域分解的并行算法，对实际数值天气预报模式具有一定借鉴意义，但未考虑垂直方向上的数据域分解，也需要纬向点数为2的幂次方。

1994年，Barros与Kauranne针对分布存储并行计算机，就全球谱模式的纬向一维分解、二维分解与基于数据重分布的算法等3种并行算法，进行了计算效率的分析比较，发现基于数据重分布的并行算法具有能在大规模并行计算机上高效运行的潜力(Barros et al.,1994)。同年，美国橡树岭国家实验室的Worley与Foster以并行谱变换浅水波模式为基准，给出了PSTSWM软件包，该软件包不仅引入了垂直层，而且支持多种运行时算法选项，以用于对谱变换的各种并行算法进行评估(Worley et al.,1994)。这些工作已经开始进行基于数据重分布的并行算法研究，并且发现该算法对通信速度相对较慢的计算机系统而言具有优势，但也主要针对浅水波方程进行研究。

基于纬向数据域分解的并行算法已经应用于气候预测模式CAM，且对另一个维向还可以采用多个线程在同一个计算节点内部进行共享存储并行计算(Mirin et al.,2008)。在气候预测模式PCCM2中对谱变换采用了两种并行算法，一种是基于数据重分布的方法，使得整个纬圈上的数据处于同一个处理器上，当快速傅里叶变换计算完毕时，再将数据重分布回原来的处理器分布状态。另一种是采用分布式并行快速傅里叶变换，此时，每个纬圈都在处理器之间进行分割，采用向量求和算法来计算勒让德变换(Drake et al.,1996)。1995年，ECMWF在其确定性预报模式中引入了基于数据重分布的并行算法，将单个时间步内的计算分为格点空间、傅里叶空间与谱空间3个部分，各部分之间通过数据重分布，使得对每个空间中的计算都只在一个方向上存在数据相关(Barros et al.,1995)。Rivier等(2002)开发的BOB模式也采用了基于数据重分布的并行算法。到目前为止，基于三维数组重分布的并行计算框架已经成为主流。

5.2.1 三维数组重分布计算框架

在全球谱模式中，除设置阶段之外，主要计算过程可以分为格点空间计算、傅里叶变换、勒让德变换、谱空间计算、勒让德逆变换、傅里叶逆变换6个阶段，各阶段所负责的具体计算在第2章中已经进行了相关介绍。计算过程中，每个场可以看作是一个三维数组，如图5.1所示。其中垂直方向表示垂直层，用z表示；两个水平方向在格点空间分别表示纬向(μ)和经向(λ)，在傅里叶空间分别表示纬向(μ)和纬向波数(m)，在谱空间分别表示勒让德多项式的阶数(n)和纬向波数(m)。为便于进行并行算法设计，全球谱模式在并行计算的整体架构设计上，目前最常用的方式是在数据相关很弱甚至无数据相关的维向上进行数据划分，而在数据相关强的维向上不进行数据划分，但每一计算阶段上数据相关强的维向各不相同，因此，每一阶段上的数据划分也各不相同。为实现整体上的并行计算，在各个阶段之间通过数组重分布，以进行数据在MPI任务间划分方式的调整。下文中为方便起见，称MPI任务为进程。

格点空间计算主要进行物理过程参数化与动力框架待求解方程组右端项的计算，这些计

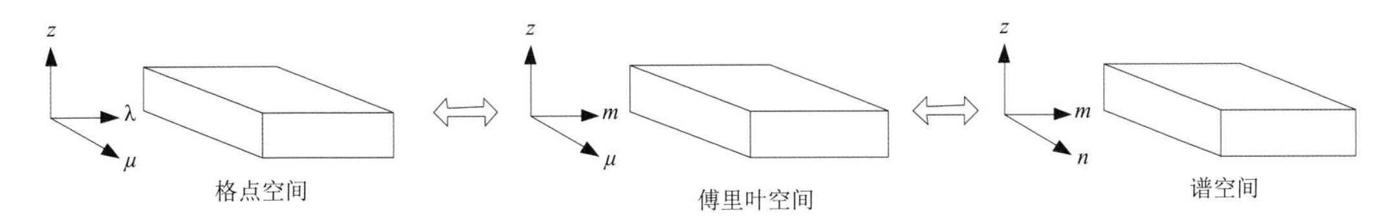

图5.1 三维场在不同空间中的表示示意

算在垂直方向上有数据相关，如对垂直方向上积分与导数的计算，在采用有限差分方法时存在垂直方向上的局部相关，在采用有限元法时存在垂直层上的全局相关。但在水平方向上，数据相关很弱，在采用欧拉时间积分方案时，只存在受限于空间离散格式的局部相关，在采用半拉格朗日时间积分方案时，也只存在空间上的局部依赖关系，只是对应的实际 halo 区大小受实时风速与时间步长的影响而动态变化。因此，此时数据划分可在经度和纬度方向上进行。

傅里叶变换针对方程组在格点空间计算得到的右端项进行，具体计算时逐纬圈实施，对给定纬圈的计算，通过将该纬圈上所有点对应数值看成一个整体向量进行变换，因此在纬圈上即λ方向上有数据相关，而在垂向 z 与纬向 μ 这两个维向上不存在数据相关，因此，可以在 z 方向与 μ 方向上进行数据划分。傅里叶逆变换相当于在纬向波数(m)方向上进行求和计算，与傅里叶变换类似，也可以在 z 方向与 μ 方向上进行数据划分。

对给定的纬向波数(m)和垂直层，勒让德变换在纬向(μ 方向)进行积分计算，因此在 μ 方向存在数据相关，在纬向波数(m)和(z)方向没有数据相关，因此可在 z 方向和纬向波数(m)方向进行数据划分。勒让德逆变换在全波数 n 方向进行求和，与勒让德变换类似，也可在 z 方向和纬向波数 m 方向进行数据划分。

谱空间计算在垂直方向上有强数据相关，在纬向波数 m 方向不存在相关，静力情形下在全波数 n 方向上不存在数据相关，非静力情形下在全波数 n 方向存在弱相关，因此，可以对纬向波数 m 方向与全波数 n 方向进行二维数据划分。

因此，可以认为，任何一个阶段内的计算均只存在一个维向的强数据相关，在另外两个维向不存在相关或只有局部数据相关。于是，每个阶段均可以在数据相关较弱的两个维向进行区域分解，实现并行计算。这样，并行计算的整体框架可以描述如图 5.2 所示。其中，ibeg、iend 分别是本进程上所分配到的 i 指标起始、结束指标，jbeg、jend 分别是本进程上所分配到的 j 指标起始、结束指标，kbeg、kend 分别是本进程上所分配到的 k 指标起始、结束指标，mpart、npart 分别是本进程上所分配到的 m、n 的指标集合。

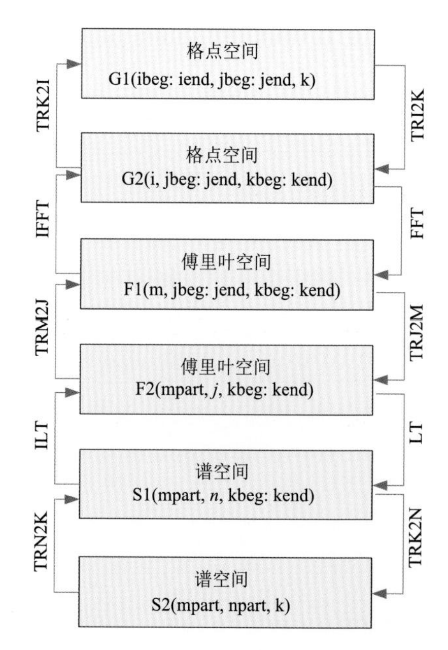

图 5.2　基于三维数组重分布的全球谱模式并行计算框架

如图 5.2 倒数第二层所示，在一个时间步中，积分过程起始于外部输入的谱系数或上一时间步在谱空间中计算得到的谱系数结果(S1)，同时，在纬向波数(m)与垂向(k)两个方向上进行数据划分。这里，对纬向波数的划分并不采用基于连续纬向波数分配给一个进程的块划分，而是采用对纬向波数的首尾相接循环分布方式，具体参见第 5.2.4 节。

在对谱系数数组 S1 采用勒让德逆变换 ILT 时，在纬向波数(m)与垂向(k)两个方向上不存在数据相关，当前处理器负责所有 m 属于 mpart 且 $k \in$ [kbeg, kend]的计算，相当于对其中每个 m、k 组合，均在全波数 n 方向上进行累加求和，得到傅里叶空间中的数组 F2，F2 的三个维向分别是纬向波数(m)、纬向(j)与垂向(k)。

之后，对傅里叶空间中的数组 F2 通过 TRM2J

进行重分布，从按纬向波数(m)与垂向(k)两个方向的数据划分，转换为按纬向(j)与垂向(k)两个方向的数据划分，得到三维数组 F1。再对 F1 采用 IFFT 进行傅里叶逆变换，当前处理器负责 $j \in$[jbeg，jend]且 $k \in$[kbeg，kend]的所有计算，相当于对每个 j、k 组合在 i 方向上进行傅里叶逆变换，得到格点空间的三维数组 G2，其三个维向分别为经向、纬向与垂向。

在格点空间，先将三维数组 G2 通过 TRK2I 进行重分布，从按纬向(j)与垂向(k)两个方向的数据划分，转换为按经向(i)和纬向(j)两个方向的二维数据划分，得到三维数组 G1。之后，再在当前处理器上进行所有 $i \in$[ibeg，iend]且 $j \in$[jbeg，jend]对应的计算。

格点空间计算完成后，通过 TRI2K 对三维数组 G1 进行重分布，从按经向(i)和纬向(j)两个方向的二维数据划分转换为按垂向(k)和纬向(j)两个方向的二维数据划分，将新得到的三维数组记为 G2。之后，当前处理器负责 $j \in$[jbeg，jend]且 $k \in$[kbeg，kend]的所有计算，相当于对每个 j、k 组合在 i 方向上进行快速傅里叶变换，得到傅里叶空间中的三维数组 F1，其三个维向分别为纬向波数(m)、垂向(k)和纬向(j)。

之后，先对傅里叶空间中的数组 F1 通过 TRJ2M 进行重分布，从按纬向(j)与垂向(k)两个方向的数据划分，转换为按纬向波数(m)与垂向(k)两个方向的数据划分，得到三维数组 F2，其三个维向分别为纬向波数(m)、纬向(j)、与垂向(k)。再在 j 方向做勒让德变换得到 S1，其三个维向分别为纬向波数(m)、全波数(n)、与垂向(k)。

对谱空间中的计算，先通过 TRK2N 将 S1 按纬向波数(m)与垂向(k)的二维数据划分，转换为按纬向波数(m)与全波数(n)的二维数据划分，得到 S2 后，再在谱空间中完成时间步进计算求出新时刻上的谱系数，最后再通过 TRN2K 将按纬向波数(m)与全波数(n)的二维数据划分，转换为按纬向波数(m)与垂向(k)的二维数据划分，并将结果存储在 S1 中。这样就完成了一个积分循环。

在三维数组重分布的并行计算框架下，如图 5.2 所示，以 TRK2I 为例，假设对三维数组 G1，在 j 方向的纬圈总个数为 J，采用的进程个数为 q，而在 i 方向的总点数为 I，采用的进程个数为 p。对三维数组 G2，其在 j 方向的纬圈总个数、采用的进程个数均与 G1 相同，也分别为 J、q，而在 k 方向上采用的进程个数为 p。由于从全局上看，可以将 G1 与 G2 看成形如($1:p$，$1:q$，$1:p$)的块，而在重分布前后，第(i，j)个进程上的 G1 与 G2 恰好是分别形如(i，j，$1:p$)与($1:p$，j，k)的块，因此，从 G1 通过重分布转换到 G2 的过程，恰好等价于将 G1 在 i 方向上每个进程的第(i，j，k)份数据全部传输到 G2 在 k 方向上的第 k 个进程。假设垂直层数为 L，则该数据重分布需要通信的总数据量与 IJK/q 成正比。由此可见，在进行二维数据划分时，共享维所用进程个数越多，该重分布阶段的总通信开销越少。

值得注意的是，由于谱空间中计算量相对较小，因此，除在谱空间中对纬向波数与全波数两个方向进行数据划分之外，也有部分模式采用只在纬向波数(m)方向上进行数据划分，而对该方向上的每个进程重复进行全波数(n)方向的计算。例如，国家气候中心的数值气候模式 BCC_AGCM 目前采用的就是此种方式。

5.2.2 格点空间的数据域分解

全球数值天气预报谱模式在格点空间所采用的物理过程参数化方案目前在格点柱之间相互没有数据相关，即在水平方向之间不存在任何数据相关。对动力框架，在采用第 2.2.1 节所述半拉格朗日时间离散格式时，需要对每个网格点先确定其所对应上一时刻的出发点，通过插值得到在出发点的值，再利用其算出当前网格点即气团到达点处的值。因此，格点空间计算只存在水平方向的弱数据依赖关系。于是，对格点空间的数据域分解，可以在整个水平方向上进行。当采用规则等经纬网格时，可以从经纬两个方向上直接进行二维数据域分解，如图 5.3 所示，只需要保持南北纬方向上的对称以便进行实数格点值情形下球谐谱变换的高效计算即可。

P00	P01
P10	P11
P20	P21
P30	P31

图 5.3　规则等经纬网格下二维数据域分解示意

到 20 世纪 70 年代后期，随着谱模式普遍被接受，人们认识到规则等经纬高斯网格由于在从赤道到极地的所有纬圈上网格间距逐渐缩小，而出现高度的各向异性，这与各向同性的三角谱截断不一致。精简网格可以减少 30%的点数(Malardel et al.，2016)，从而大幅度节省格点计算，而不会降低解的精度，因此，其在谱变换方法中大获成功。在过去 20 年，ECMWF 使用高斯精简网格，每一个纬圈上的网格点数朝着两极方向递减，保持格点间距近似为常数，即准均匀。2016 年起 ECMWF 开始采用三次八面体精简高斯网格，其中采用的软件包 FFTW，在进行傅里叶变换时进一步允许纬圈上的网格点数为任意值，因而避免了 FFT992 中要求纬圈上点数为 2、3 和 5 幂次方的限制，进一步减少了约 22%的网格点数(Malardel et al.，2016)。精简网格的引入，虽然大幅度减少了网格点数从而减少了计算量，但每个纬圈上的点数不同，可以认为是一种介于结构网格与非结构网格之间的网格形态，这给并行计算时带来了如何在格点空间有效进行数据域分解的挑战。

在采用精简高斯网格的情况下，最简单的二维数据域分解是先对纬圈进行划分(ECMWF，2005)，即假设在南北方向上共有 NPNS 个进程，则将所有纬圈近似平均地分成 NPNS 块，其中同一个纬圈上的点均分到同一个块中，如图 5.4 中左图所示。之后，再对每个纬圈块，在东西方向上进行分块。由于精简网格中不存在网格点属于同一经线的概念，如果假设在东西方向共采用 NPEW 个进程，则对同一个纬圈块中的点，可将其平均分为 NPEW 个子块，且使得每块中的点数近似相等。这样，就可将所有网格点近似平均地分为 NPNS×NPEW 个子块，且将每个子块中所有网格点对应的计算放到一个进程上。该数据域分解虽然简单，但由于在对纬圈进行分块时要求同一纬圈上的点分到同一个块，因此，每个纬圈块中的网格点数会存在较大差异，进而导致最终每个进程上分到的子块所含点数也存在较大差异，从而容易引起负载不平衡。在数据划分过程中，为使球谐谱变换能利用南北纬网格点的对称性进行高效计算，需要维持数据域分解在南北半球也具有对称性。

为了缓解负载不平衡问题，可以允许同一个纬圈上的网格点分到不同的块中，如图 5.4 右图所示。此时，可以将纬圈上的点先平均分为 NPNS 个块，相当于将所有纬圈上的点按纬圈号与自东向西的顺序排序，之后将所有这些网格点按连续方式平均分为 NPNS 组，每组网格点看成一块。此时，部分纬圈上的点可能同时处于两个块中。之后，再对每块网格点，基本按

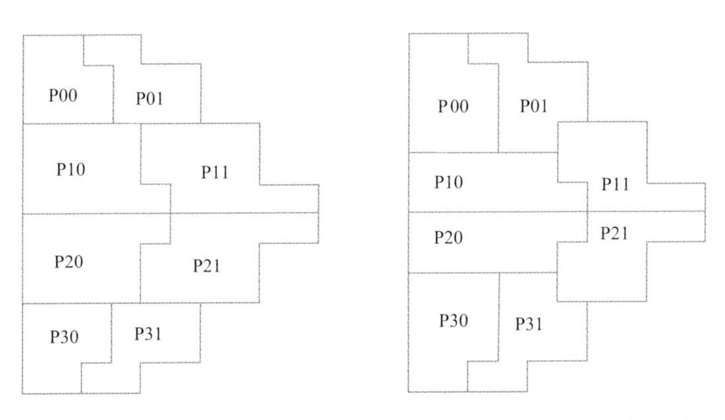

图 5.4　精简高斯网格下二维数据域分解示意图，其中左/右图对应于对纬圈采用/不采用分裂

东西方向进行划分。为减少后续半拉格朗日插值方案中所需的通信量，每个网格块越接近于正方形越好。

目前，精简高斯网格的上述两种二维数据域分解都已经在 ECMWF 的 IFS 模式与国防科技大学的 YHGSM 模式等全球谱模式中得以实现。上述允许纬圈分裂的二维数据域分解虽然缓解了负载不平衡问题，但有两个问题依然无法解决。其一是对极点附近的纬圈，在进行半拉格朗日计算时水平方向上尤其是经向数据依赖关系可能很强，牵涉到同一纬圈上的众多网格点，此处在东西方向上的数据域分解可能会导致进程之间的依赖关系很强，从而引起通信开销很大。其二是对越靠近极点的网格块，其也越难以保持为方形，进一步增大了通信量，从而增大了通信开销。为此，ECMWF 最近引入了一种称为等面积划分的算法（Mozdzynski，2008），如图 5.5 所示。该算法的基本思想是在进行数据域分解时，对赤道附近的纬圈与网格点采用更多的块数，而对越靠近极点的纬圈与网格点，采用越少的块数，在极点处的纬圈与网格点分到单独一个块中。等面积划分有效改善了格点空间二维数据域分解的性质，有利于并行计算效率的提高，因此，最近也已在 YHGSM 模式中实现。

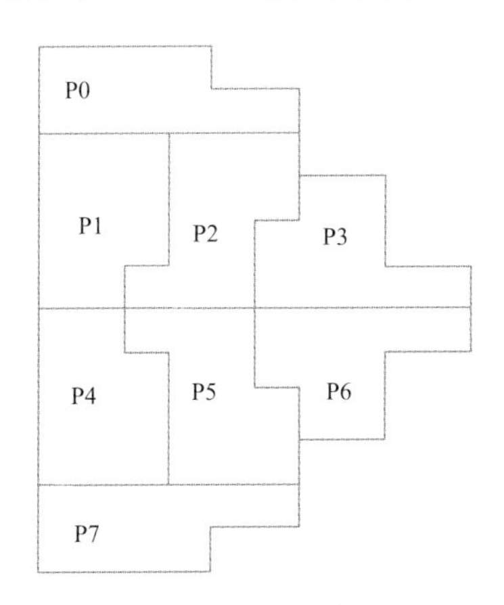

图 5.5　精简高斯网格下的等面积划分示意

5.2.3　半拉格朗日方案并行计算

大气运动的输送过程主要通过对流方案来进行刻画，对流方案对数值天气预报模式的性

能非常关键。因此，近几十年来，对对流方案的研究引起了人们的广泛关注。在早期的 NWP 模式中，广泛使用的是欧拉对流方案，但其时间步长受限于 CFL 条件（Nair et al.，2002）。为了打破 CFL 条件的限制，需要引入一种同等精度又节约计算机时的积分方案。半拉格朗日方案就是这样一种方案，其可以提供更大的时间步长，有利于减少模式运行时间和计算开销，从而逐渐取代欧拉对流方案，近年来在实际数值天气预报和气候预测模式中得到广泛使用（Staniforth et al.，1991）。

自 20 世纪 50 年代提出半拉格朗日方案起，许多气象学家对其进行了研究，但当时的方法是跟踪固定气块的运动，该方法复杂，效果也不太好，因而未能得到推广应用。中国学者曾庆存(1978)首次提出了半隐式算法，在同一方程中，对激发快波的项用隐式表示，对描述慢波的项用显式表示，并运用原始方程成功进行了实际数值天气预报，不仅提高了时间方向的离散精度，也提高了模式积分的稳定性，时间积分步长相比显式格式可以大很多。Robert(1981)最早将半拉格朗日方案与半隐式方法结合起来，提出基于三时间层的半隐式半拉格朗日离散方案，进一步增大了积分的时间步长，并得到了与空间截断误差相同的时间截断误差。此后，半拉格朗日方法得到了越来越广泛的应用。Staniforth 等(1991)对其进行了综述，该方案通过先确定当前时刻网格点对应的上一时刻所在起始点位置即轨迹，再通过起始点周围物理量场插值获得上一时刻起始点的物理量场，最后计算得到当前时刻网格点上的物理量场。该方案的时间步长不再受 CFL 条件的限制，但任意两条轨迹不能相交，只有该条件对时间步长形成限制。ECMWF 也于 1991 年开始引入半拉格朗日对流方案（Ritchie，1995），并于 1995 年组织召开了半拉格朗日方案的专题研讨会。之后，半拉格朗日对流方案在各数值天气预报模式中迅速普及，并常与半隐式积分方案结合使用（Robert，2007）。

随着半拉格朗日方案的不断发展，为了进一步提高模式时效性，其算法的并行化也逐步提上日程。1994 年，美国能源部橡树岭实验室（ORNL）的 Drake 提出了一种对风速进行局部估计，并允许扩展区进行动态变化的并行算法，该算法具有按需通信的效果，但每个时间步上需要额外进行通信，以在配对处理器上确定需要发送的数据位置与数量（Drake，1994）。1995 年，加拿大环境部(EC)的 Thomas 等给出了半拉格朗日方案基于最大风的分布存储并行算法，扩展区通过可能的最大风速来确定，不随时间与网格的变化而变化，此方案通信结构简单且固定不变（Thomas et al.，1995），但当处理器个数相对很多，每个处理器上的网格点数较少时，通信量相对很大，处理器之间传输了很多不必要的数据，容易造成较大浪费。同年，ECMWF 在 IFS 中开始考虑采用最大风策略的分布存储并行算法，并提及采用实时全局最大风与局部风来减少通信量与提高可扩展性的策略（Barros et al.，1995）。

自 2005 年起，ECMWF 在 IFS 模式中引入按需通信策略（ECMWF，2005），对轨迹的计算沿用最大风策略，但每个时间步上进行插值计算时每个处理器需要用的其他处理器数据按实际需要进行，并于 2014 年在 CRESTA 计划支持下，采用基于 coarray 技术的单边通信技术，对半拉格朗日方案的并行计算进行了改进（Mozdzynski et al.，2014）。2010 年，中国气象局的 CMA 模式中，将最大风策略升级为另一种按需通信策略，其在起点所在处理器上先进行插值计算，之后再将插值结果传输给需要的处理器，实现了半拉格朗日并行化的按需通信方案（Jin et al.，2010）。此外，半拉格朗日方案已引入到许多业务气象中心的数值天气预报模式中，如法国气象局的 APPEGE、美国国家环境预报中心（NCEP）的 RSM/GFS、日本气象厅（JMA）的 GSM、英国气象局（UKMO）的 UM、中国气象局（CMA）的 GRAPES 与美国海军实验室

(NRL)的 NAVGEM 中(Mengaldo et al.,2018)。

目前,在 YHGSM 中已经实现了最大风方案和按需通信方案这两种方案。在最大风方案中,利用全球最大风计算 halo 区的大小,从而确定要通信的网格数据。在半拉格朗日格式中,通信参数可以在模式初始化阶段计算,在积分阶段直接使用,从而形成固定的通信模式,有利于具体程序实现。该方案的缺点是,在插值过程中很多格点数据根本没有用到,但是也进行了通信,从而导致大量不必要的通信开销。在按需方案中,首先根据最大风方案进行风场的通信,并计算对应于每个网格点的轨迹,以找到起点。然后,计算出与轨迹相关的其他场,并根据实际风速进行按需通信。当采用此方案时,在半拉格朗日插值中,除风场外的其他场数据不再需要采用全球最大风计算 halo 区,并据此进行数据的通信,而只需要采用局部风场数据进行计算,并按需进行数据的通信,这大幅度减少了通信量,并且数值预报模式的效率也能得到有效提高。

按需通信方案已经取得了很大成功,但依然需要采用最大风方案来计算轨迹,因此仍然会导致一些不必要的通信开销。按需通信方案仅用于对风场外其他场的插值计算,只有确定轨迹后才能进行。如果将采用全球最大风的方案用于确定轨迹,则计算效率不可避免地依然受到影响。然而,每次运行的实际最大风动态改变,这与该全局统一的最大值有很大差异。如果能在保证模式正常运行,使得轨迹相交的情况下,通过某种方式进一步缩小这种差异,则可以将不必要的通信开销进一步控制在合理的范围内。因此,既能满足实际预报要求,又能尽可能减少不必要通信开销的合理最大风策略的确定,是一个很有意义的问题。

5.2.3.1 半拉格朗日并行计算的最大风通信方案

半拉格朗日方案(SLT)的计算处于格点空间,其由两部分组成:从网格点向后计算轨迹,以及在出发点和轨迹中点处进行各种量的插值,并行计算时采用基于 halo 区的方式实现。在计算过程中两个部分都只涉及当前网格点附近的点,这些格点可能位于本地,也可能位于不同的 halo 区,而不同的 halo 区的数据来源于该处理器相邻的不同处理器。

为寻找插值过程中起始点附近的网格点,可以采用基于最大风的通信策略,该策略通过设置的时间步长和估算的全局最大风来确定 halo 区。基于最大风的通信策略需要的参数不随时间步进而变化,可以在模式初始化阶段进行设置,形成固定的 halo 区数据传输模式。之后,只需要根据这些通信参数在近邻处理器间进行通信即可,因此在算法上容易实现。正因为如此,ECMWF 的 IFS 与国防科技大学的 YHGSM 中,均最先采用该策略,下面阐述 YHGSM 中的具体实现方式(Jiang et al.,2020)。

在 YHGSM 中,采用二维数组 SLBUF 存储半拉格朗日插值时所涉及的格点数据,第一个维向对应于水平方向上的格点,且包含本区域的 halo 区,第二个维向合并所有需要进行插值的场与垂直层,以提高计算效率。为提高通信时的数据连续性,另设置一个缓冲区 RBUF,用于存放本区域需要从其他区域接收的 halo 区数据,在利用 RBUF 接收到这些 halo 数据之后,再将其复制到 SLBUF 的 halo 区中。类似地,每个区域再设置一个用于格点数据发送的缓冲区 SBUF,将其他处理器所需要的 halo 区数据从 SLBUF 复制到 SBUF 之后再进行发送。

图 5.6 给出了采用最大风通信方案时的实现示意,描述的是某区域 D_j 需从 3 个区域接收数据,这 3 个区域分别为 D_0、D_1 与 D_2。图上部给出了区域 D_0、D_1、D_2 上局部发送缓冲区 SBUF 与发送时的相关参数,SPOS(k)、SPTR(k)分别为本区域发送给第 k 个区域的数据在 SBUF 中的偏移位置与起始位置,其中假设恰好这 3 个区域中的每一个均需将第 1 份数据发送给 D_j。图下部给出了区域 D_j 上 RBUF 与接收时所用到参数的示意图,其中 RPTR(k)是需

要从区域 D_k 接收的数据存放在 RBUF 中的起始位置。图中标黑的块表示在进行插值时实际需要用到的 halo 数据，未标黑者表示实际并未用到。

通过假设的最大风，可以先计算出本区域在进行插值时可能需要用到的格点的全局编号，从而可以计算出该格点所属的区域以及在其上 SLBUF 中的局部编号，之后，对非本区域的格点按区域进行分类，属于相同区域者放在一起，例如，假设区域 j 需要从区域 k 接收格点数据，格点数即为 RPTR(k+1)－RPTR(k)，并将这些格点数据存储在 RBUF 中的 RPTR(k)到 RPTR(k+1)－1 位置上。但是，区域 k 事先并不知道需要发送 SLBUF 中的哪些数据，因此，区域 j 事先将需要接收的格点数以及这些格点的全局编号发送给区域 k，再在区域 k 上由此确定需发送给区域 j 的格点数及其在 SLBUF 中的位置，这些格点数据在发送之前存储到 SBUF 中的 SPTR(j)到 SPTR(j+1)－1 位置上。需要注意的是，由于最大风与时间步长事先给定，因此，据此计算得出的 SPOS、SPTR、RPTR 以及所依赖的全局格点编号等信息都不随时间步进的变化而变化，因此，可以在设置阶段一次性计算完成，后续在进行实际通信时直接使用即可。

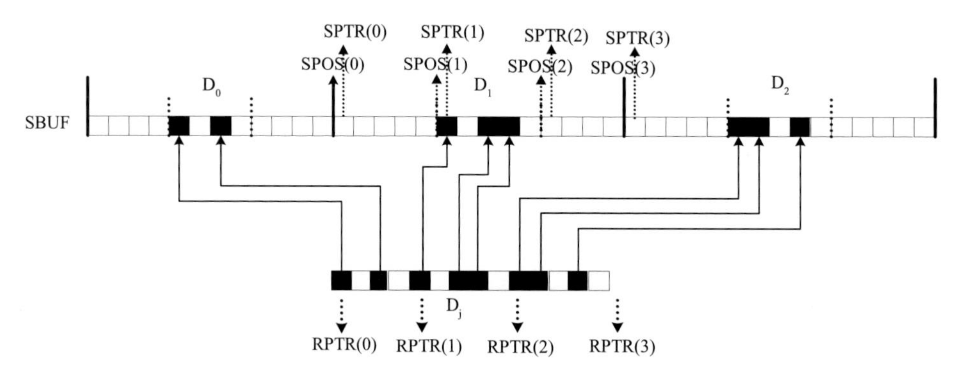

图 5.6　采用最大风通信方案实现示意

5.2.3.2　半拉格朗日并行计算的双边按需通信方案

最大风策略虽然通信结构简单，易于实现，但其在通信过程中存在大量不必要的通信。如图 5.6 所示，实际上只有标黑的块在插值时才需要用到，但最大风方案对其他非标黑的块也进行了通信。特别是当每个处理器上分配到格点个数相对较少时，情况更加严重，从而严重影响模式整体的并行计算效率与可扩展性。这主要是由于 halo 区根据全局的最大风来确定，而该最大风很可能远大于很多格点处的局地风，从而导致以最大风计算得出的 halo 区中很多数据并非在插值时真正需要。

为解决上述问题，可以根据需要实时计算 halo 区，从而减少处理器之间不必要的通信，这种方案称为按需通信方案(Jiang et al.，2020)。该方案在 ECMWF 的 IFS 与国防科技大学的 YHGSM 中也均已实现。以图 5.6 为参照，在 YHGSM 所实现的半拉格朗日按需通信方案中，为简化轨迹迭代计算中的通信，依然采用最大风通信方案。对轨迹确定之后各种物理量的插值，在插值之前先进行按需通信。采用按需通信时，在发送端，SBUF 与 RBUF 中只含有实际需要在插值中用到的格点数据，这根据实时风速与插值方案来确定，即相当于图 5.6 中只保留标黑的块，其他块不再放入 SBUF 与 RBUF 中，因此，通信量大幅度减少，从而具有降低并行计算时的通信开销、减少并行执行时间的潜力。

但是，需要注意到，此时从接收端来看，由于实时风速随时间步进不断变化，因此，起始点处插值时所要用到的网格点位置也实时变化，甚至这些点所处的实际区域也会发生变化，因此，需从其他区域获取的网格点数据量、结构数组 RPTR、所用到的网格点全局编号等信息也实时变化，因此，这些信息需要在每个时间步上，在插值之前重新进行确定，并发送给发送端，发送端据此实时确定需要发送的数据的位置、数量与实际数据。这些结构信息的实时通信，一定程度上增大了通信量，也增加了通信次数，导致按需通信虽然通信的数据量大为减少，但总体改进效果受到很大影响。

5.2.4 谱空间中的负载平衡技术

对谱空间的计算，垂直方向相关较强，而纬向波数之间不存在数据相关，静力模式中全波数之间也不存在数据相关，即使对非静力模式，全波数之间也只存在局部依赖关系，因此，在谱空间可以对纬向波数与全波数两个维向进行划分。但在三角截断中，由于随纬向波数号的增大，每个纬向波数上对应全波数的个数不断减少(ECMWF，2005)，因此需要进行负载平衡的特别考虑。1991年，Worley 等对基于水平方向二维划分的并行算法，提出了一种基于二进位翻转 Gray 码且将纬向波数进行两两组合，使得每两个纬向波数之和等于纬圈上一半格点数且分配到相同处理器的方法，并将同列处理器中纬向波数对应的所有全波数在该处理器列中再进行划分(Worley et al.，1991)。

另一种更常用的方法是将纬向波数按循环且首位相接的方式进行分配，如图5.7所示。在这种分配方式下，假设有 p 个处理器，先将第0到 $p-1$ 个纬向波数依次分配给第0到第 $p-1$ 个处理器，之后再将第 p 至 $2p-1$ 个纬向波数依次分配给第 $p-1$ 到第0个处理器，将第 $2p$ 至 $3p-1$ 个纬向波数分配依次分配给第0至第 $p-1$ 个处理器，如此继续进行，直到所有纬向波数分配完为止。这种方式形式上简单且可以确保负载比较平衡，已在 PCCM2 与 IFS 等模式中广为采用(ECMWF，2005；Drake et al.，1996)。

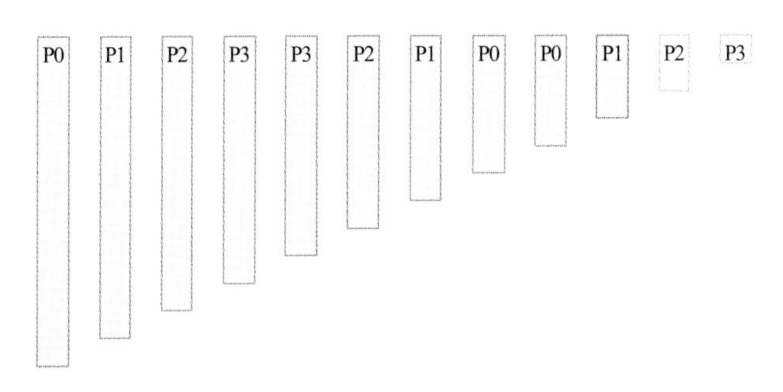

图5.7 全球谱模式中谱空间中负载平衡技术示意

5.3 三维数组重分布中的计算与通信重叠

在三维数组重分布的并行计算框架下，虽然在每个空间中均沿两个维向进行数据域分解，且每次进行数组重分布时，重分布前、后的数据域划分共享一个划分维向，从而使得通信量得以大幅度下降，只与这三个维向数据项个数总和与该共享维向进程个数之商成正比，但可以预见，当总进程个数很大，即进行超大规模并行计算时，通信量依然会十分巨大。因此，有必要进一步寻求减少通信开销的方法，将计算与通信重叠以充分利用通信硬件与处理器间执行过程上的并发性，借此隐藏通信开销的影响就是其中最为有效的方法之一。

5.3.1 三维数组重分布的计算通信重叠总体框架

对如图 5.2 所示的三维数组重分布并行计算框架，假设其中的数据结构 G1、G2、F1、F2 与 S1、S2 均采用三维数组形式，全球谱模式的整体计算流程可以描述如图 5.8，其中每个实线框中描述的是一个操作，具体操作如框中中间一行所示，其上下各一行分别给出的是该操作前、后的数据结构。在给出的每个三维数组中，给出了具体的二维数据域分解方式，具体与图 5.2 中相同。同时，采用在数据域分解中某个维向进行分组的方式，来进行计算与通信重叠方案的设计。在图中，同一个虚框内的操作组织成一段，并用下划线对数据分组所在维进行强调，这个执行流程共分为 4 段。之所以如此进行分段，除同段内操作所用数据结构存在相同数据分解维外，还尽量在通信较多的段内安排计算量相对较大的操作。

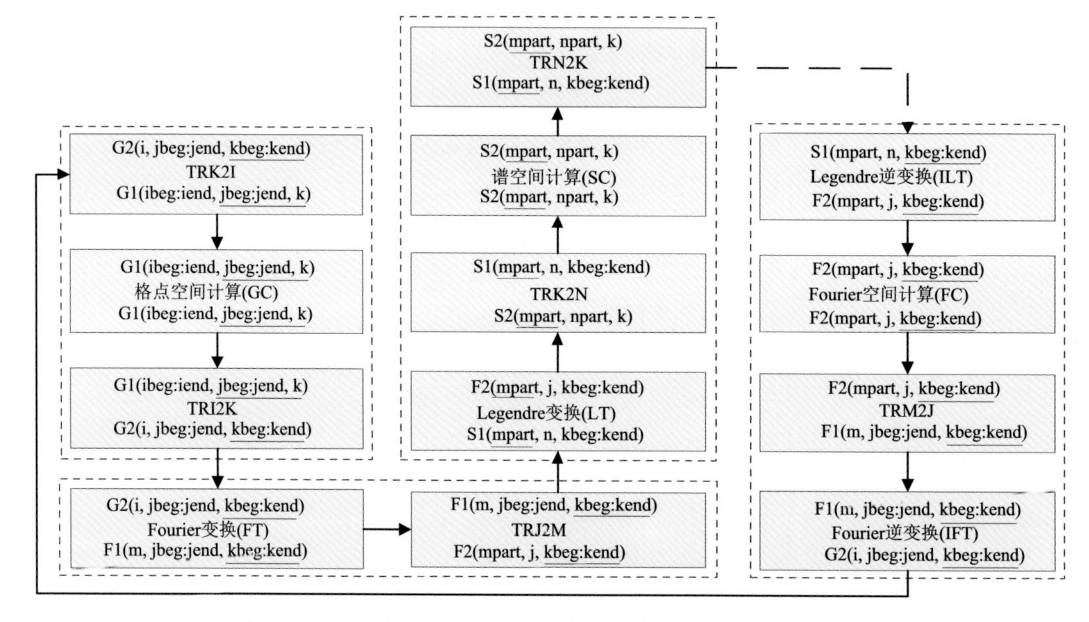

图 5.8 三维数组重分布下全球谱模式计算流程与操作分组示意

如图 5.8 所示，在全球谱模式的一个时间步中，具体执行过程起始于右边第一段的勒让德逆变换。如果是第一个时间步，则读入预报场的谱系数到 S1 中，否则用到的是上一个时间步得到的谱系数。

对第一段，具体操作由勒让德逆变换、傅里叶空间计算、TRM2J 与傅里叶逆变换组成，其中勒让德逆变换的计算量相对较大，且随着分辨率的提高，其所占比重也越来越大。为实现计算与通信重叠，在 k 方向上进行分组，将 kbeg 到 kend 分为 g 组，之后一组接一组地依次执行这些操作，其中，TRM2J 为通信操作，具体分为两部分即非阻塞式通信 TRM2JT 和等待通信完成 TRM2JW，除 TRM2J 外的其他操作为计算操作。首先，对第1组，依次执行勒让德逆变换与傅里叶空间计算，再执行非阻塞式通信操作 TRM2JT，即执行序列为 $ILT^{(1)}$、$FC^{(1)}$、$TRM2JT^{(1)}$。如无特别说明，本节中的上标表示组号。其次，对第 $m(1<m\leqslant g)$ 组，依次执行勒让德逆变换、傅里叶空间计算、非阻塞式通信操作 TRM2JT。并针对第 $m-1$ 组，依次执行等待通信完成、傅里叶逆变换。这样，执行序列为 $ILT^{(m)}$、$FC^{(m)}$、$TRM2JT^{(m)}$、$TRM2JW^{(m-1)}$、$IFT^{(m-1)}$。最后，对第 g 组，依次执行等待通信完成与傅里叶逆变换，即执行序列为 $TRM2JW^{(g)}$、$IFT^{(g)}$。

对第二段，具体操作由 TRK2I、格点空间计算、TRI2K 组成，其中 TRK2I 与 TRI2K 为通信操作，且格点空间的计算量相对较大。为计算通信重叠，在 j 方向上进行分组，将 jbeg 到 jend 分为 g 组，并将通信操作 TRK2I 分为非阻塞式通信(TRK2IT)与等待其完成(TRK2IW)两部分，将 TRI2K 分为非阻塞式通信(TRI2KT)与等待其完成(TRI2KW)两部分。由于其中穿插有两次通信过程，计算通信重叠方案比第一段稍复杂。首先，执行 $TRK2IT^{(1)}$。其次，依次执行 $TRK2IT^{(2)}$、$TRK2IW^{(1)}$、$GC^{(1)}$、$TRI2KT^{(1)}$。再次，对 $m(2<m\leqslant g)$，依次执行操作 $TRK2IT^{(m)}$、$TRK2IW^{(m-1)}$、$GC^{(m-1)}$、$TRI2KT^{(m-1)}$、$TRK2IW^{(m-2)}$。之后，依次执行操作 $TRK2IW^{(g)}$、$GC^{(g)}$、$TRI2KT^{(g)}$、$TRK2IW^{(g-1)}$。最后，再执行 $TRK2IW^{(g)}$。

对第三段，具体操作由傅里叶变换和通信操作 TRJ2M 组成，在将 TRJ2M 分为非阻塞通信 TRJ2MT 和等待其完成的操作 TRJ2MW，并在将 $k$beg 到 $k$end 分为 g 组之后，可以采用类似于第一段的方式实现计算通信重叠。首先依次执行操作 $FT^{(1)}$、$TRJ2MT^{(1)}$。其次，对 $m(1<m\leqslant g)$，依次执行 $FT^{(g)}$、$TRJ2MT^{(g)}$、$TRJ2MW^{(g-1)}$。最后，执行 $TRJ2MW^{(g)}$。

对第四段，具体操作由勒让德变换、TRK2N、谱空间计算、TRN2K 组成，其中勒让德变换的计算量相对较大，且随着分辨率的提高，其所占比重也越来越大。采用类似于针对第二段的做法，在将通信操作 TRK2N 分为非阻塞式通信(TRK2NT)与等待其完成(TRK2NW)两部分，将 TRN2K 分为非阻塞式通信(TRN2KT)与等待其完成(TRN2KW)两部分，并在 m 方向进行分组，将 mpart 分为 g 组后，再进行计算通信重叠的设计。首先，依次执行 $LT^{(1)}$、$TRK2NT^{(1)}$。其次，依次执行操作 $LT^{(2)}$、$TRK2NT^{(2)}$、$TRK2NW^{(1)}$、$SC^{(1)}$、$TRN2KT^{(1)}$。再次，对 $k(2<k\leqslant g)$，依次执行操作 $LT^{(k)}$、$TRK2NT^{(k)}$、$TRK2NW^{(k-1)}$、$SC^{(k-1)}$、$TRN2KT^{(k-1)}$、$TRN2KW^{(k-2)}$。之后，依次执行 $TRK2NW^{(g)}$、$SC^{(g)}$、$TRN2KT^{(g)}$、$TRN2KW^{(g-1)}$。最后，执行 $TRN2KW^{(g)}$。

5.3.2　等经纬网格下傅里叶变换前、后的计算通信重叠方案

第 5.3.1 节中所描述的计算通信重叠技术的使用，需要有一个先决条件，即在格点空间、傅里叶空间与谱空间中均采用三维数组的数据结构，其中格点空间的数据结构也意味着需要采用等经纬网格。国家气候中心大气环流模式 BCC_AGCM(Wu et al.，2014)在格点空间动力框架部分与傅里叶空间采用了这种数据结构，本节即针对该全球大气模式，对傅里叶变换前、后的操作进行计算通信重叠技术研究。

BCC_AGCM 是在 NCAR(美国国家大气研究中心)所开发的 CAM3(社区大气模式)基础上发展起来的，对多个物理过程参数化进行了改进，同时，将水平分辨率从 T42 提高到 T106，并沿用谱截断方法与垂直 26 层的设置(Wu et al.，2014)。近年来，任小丽等将二维数据域分

解应用于 BCC_AGCM，实现了格点空间和傅里叶空间的二维区域分解以及基于此的三维数组重分布方案（Ren et al.，2019）。与原有的一维数据分解方法相比，该并行算法能充分利用更多的处理器核，具有更好的可扩展性。这里主要针对该版本进行计算通信重叠技术研究。

BCC_AGCM 的积分循环通过 stepon_2d 进行控制，为了并行计算上的高效，其在格点空间中针对物理过程参数化计算采用了另外一种数据结构，即将所有水平格点按一维方式进行组织，并根据进程总个数将其基本平均且连续地进行数据域分解。这样，在具体的积分循环中，先通过 d_p_coupling 对采用动力框架下数据域分解方式的预报场进行数据重分布，转化为按适用于物理过程参数化计算的数据域分解方式。在完成物理过程参数化计算之后，再通过 p_d_coupling 转化为适合于动力框架计算的数据域分解方式。由于在 BCC_AGCM 的物理过程参数化计算中没有采用三维数组的数据结构，因此，不便采用这里的计算通信重叠技术。同时考虑到总垂直层数较少，在采用二维数据域分解后，每个进程上的垂直层数更少，采用对垂直层分组进行计算通信重叠的效果必然会受到较大影响。这样，图 5.8 计算流程中的傅里叶变换及其逆变换前后的操作及其分段微调为图 5.9。其中，有“→”标识的操作，其前给出了图 5.8 中的操作，其后给出了 BCC_AGCM 中的对应操作，以进行对照。没有“→”的对应标识的操作，是将 BCC_AGCM 中格点空间计算分为物理过程参数化与动力框架部分后，进行具体分解时对应的操作。其中，begchunk 与 endchunk 分别是本进程上所分配水平格柱的起始与结束位置。

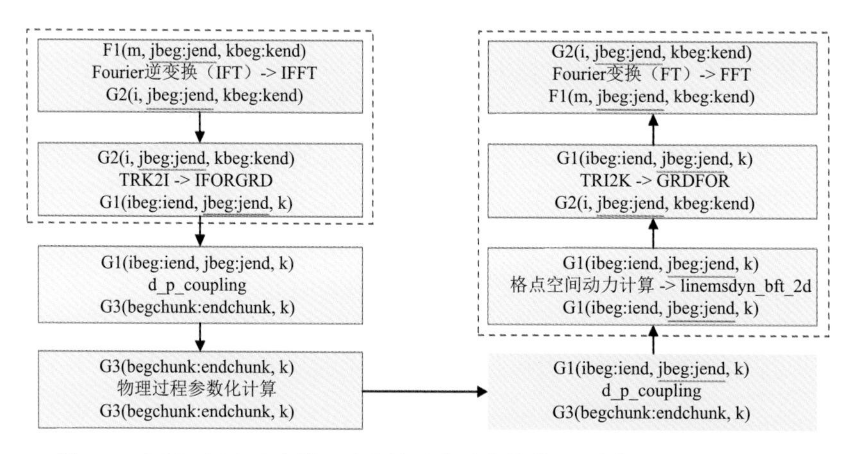

图 5.9　BCC_AGCM 中傅里叶变换及其逆变换前、后计算流程与分段示意

如图 5.9 右边所示，在快速傅里叶变换（FFT）之前，利用 GRDFOR 进行数组重分布时，从原数据结构 G1（ibeg：iend，jbeg：jend，1：NFLEV）转换到 G2（plat，jbeg：jend，kbeg：kend），维持 jbeg：jend 不变，即 j 方向的划分不变。此时，GRDFOR 与 FFT 可以逐纬圈进行，此外，GRDFOR 与 FFT 间不存在数据依赖关系，在傅里叶变换前的格点空间动力计算也具有类似数据依赖关系，因此，也逐纬圈进行组织。此时，类似于第 5.3.1 节所述，在将通信操作 GRDFOR 分解为非阻塞式通信 GRDFORT 与等待其完成的 GRDFORW、并假设将 jbeg 到 jend 分为 g 组后，先依次执行 linemsdyn_bft_2d$^{(1)}$、GRDFORT$^{(1)}$；再对 $m(1<m\leqslant g)$，依次执行 linemsdyn_bft_2d$^{(m)}$、GRDFORT$^{(m)}$、GRDFORW$^{(m-1)}$、FFT$^{(m-1)}$；最后再依次执行 GRDFORW$^{(g)}$、FFT$^{(g)}$。

如图 5.9 左边所示，对傅里叶逆变换与通信操作 IFORGRD 也可以进行计算通信重叠。

在将 IFORGRD 分为非阻塞通信 IFORGRDT 与等待其完成的 IFORGRDW，并将 jbeg 到 jend 分为 g 组后，先依次执行 $IFFT^{(1)}$、$IGRDFORT^{(1)}$；再对 $m(1<m\leqslant g)$，依次执行操作 $IFFT^{(m)}$、$IGRDFORT^{(m)}$、$IGRDFORW^{(m-1)}$；最后再执行 $IGRDFORW^{(g)}$。

5.3.3 等经纬网格下傅里叶变换前后计算通信重叠效果评估

本小节的试验结果在一台由 70 个节点，每个节点 2 个 Intel(R) Xeon(R) CPU E5－26700 @2.60GHz(cache 20480 KB)处理器，每个处理器 16 核，且节点之间采用 infiniband 互连的工作站机群上得到。操作系统为 Rehat Linux version 2.6.32－220.el6.x86_64，而采用的编译器为 Intel ifort Version 11.1，采用的处理器间通信接口为 MPICH 3.2.0，编译时采用－O3 选项。运行的模式为 BCC_AGCM 中的 T106L26，采用 160×320 的等经纬网格。

对模式 10 d 的运行时间进行 5 次统计平均。首先设定二维划分时的进程配置 $X\times Y$ 为 8×8，其中动力框架阶段、傅里叶变换阶段以及傅里叶逆变换阶段的时间减少量如图 5.10 中左图所示，其中动力框架阶段包含了傅里叶变换阶段和傅里叶逆变换阶段在内。当 X 为 8 时，组数 g 可以设置为 2、4、5、10、20，由图可知，动力框架阶段总的减少时间随着组数的增加先增加后减少，在组数为 10 时，减少的时间最多。组数较少时，随着组数的增多，重叠的组数增多，所以减少的时间增加，随着组数不断增大，随之产生的通信也增大，重叠的通信不能抵消组数增加带来的通信，所以组数为 20 时，优化效果反而变差。在傅里叶(逆)变换阶段，减少的时间也有同样的规律。当组数为 10 时，动力计算阶段时间减少了 9.87 s。

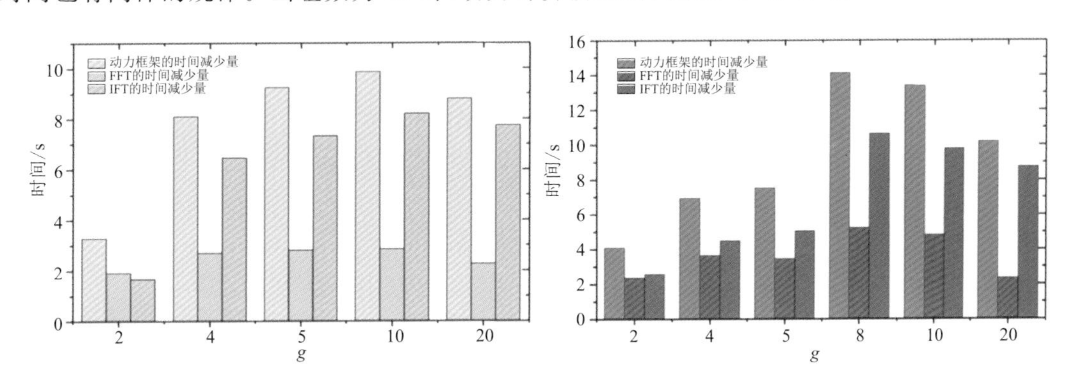

图 5.10 进程数配置为 8×8(左)与 4×16(右)时的时间减少量随分组数的变化

当进程数 $X\times Y$ 设置为 4×16 时，X 为 4，g 可以设置为 2、4、5、8、10、20。此时，动力框架阶段、傅里叶变换阶段以及傅里叶逆变换阶段的时间减少量如图 5.10 中右图所示。由图可知，组数较少时，随着组数的增长，在动力框架阶段，减少的时间先增加后减少，在组数为 8 时，减少的时间最多，效果最佳，傅里叶正、逆变换阶段也有相同的规律。

此外，还对进程数 $X\times Y$ 设置为 16×4 时的情形进行了测试，此时，X 为 16，g 可以设置为 2、5、10。试验结果表明，组数较少时，随着组数的增大，各阶段减少的时间增加。组数设置为 10 时，动力框架阶段减少时间最多，优化效果最佳，傅里叶变换减少时间变化较小，而傅里叶逆变换的变化趋势和动力框架阶段一致。

通过对比 4×16、8×8、16×4 的运行效果发现，当总处理器核数一定时，随着 X 的增加，动力框架阶段、傅里叶变换阶段和傅里叶逆变换阶段的运行时间均减少，这说明总处理器核数相同时，每个进程上所划分的纬圈越少，运行性能越好。因此，以 $X=16$ 作为基准进行加速比和并行效率测试。

如图 5.11 中左图所示，当 $X=16$ 时，随着 Y 的增大，加速比逐渐增大。就并行效率而言，对傅里叶正、逆变换，先增大后减小，$Y=4$ 时最大；动力框架阶段的并行效率不断减小，如图 5.11 中右图所示。为了验证优化方案的可扩展性，增加核数，按 X 和 Y 分类，统计最佳分组的动力框架阶段 10 d 运行时间，结果如表 5.2 与图 5.12 所示，可以发现，随着核数的增加，动力框架阶段运行时间减少。总核数相同时，X 值越大，运行时间越短，效果越好。其中，32×4 的进程数配置时性能最优，核数超过 128 时性能提高不明显。

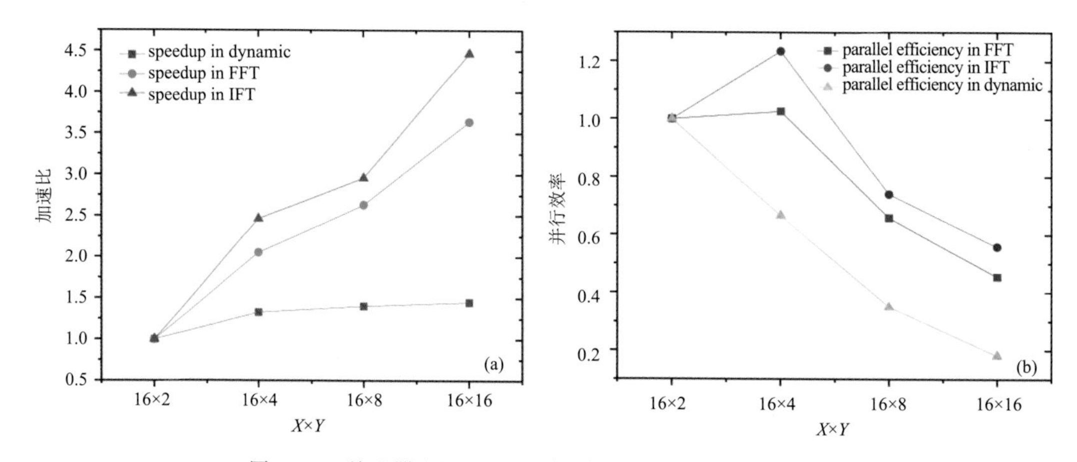

图 5.11 处理器配置 $X=16$ 时的加速比(a)和并行效率(b)

表 5.2 不同配置下的动力框架运行时间(单位:s)

Cores	16×Y	T0	4×Y	T1	8×Y	T2	32×Y	T3
			$g=10$				$g=5$	
32	16×2	228.195	4×8	327.950	8×4	271.348		
64	16×4	163.983	4×16	280.181	8×8	198.339	32×2	156.839
128	16×8	154.438			8×16	195.129	32×4	147.094
256	16×16	152.580					32×8	153.065
512							32×16	152.942

注：T0 为 16×Y 时的时间，T1 为 4×Y 时的时间，T2 为 8×Y 时的时间，T3 为 32×Y 时的时间。

本节的试验结果表明，通过采用计算通信重叠优化技术，BCC_AGCM 的 10 d 运行结果中，动力框架阶段时间有所减少，在 16×4 的最佳配置下，最佳分组为 $g=10$，时间减少了 6.19%。傅里叶变换阶段的最佳配置为 4×16，最优分组为 $g=8$，时间减少了 18.84%。逆傅里叶阶段的最佳配置为 16×4，最佳组数为 $g=10$，时间减少了 25.41%。在流水线方式的重叠方案中，$X×Y$ 为 8×8、16×4、8×10 时，最优分组数为 $g=10$，在 4×16 时，最优分组数为 $g=8$。在傅里叶变换阶段的加速比最高达到了 3.64，傅里叶逆变换加速比最高达到了 4.47。在可扩展性试验中发现，X 取值越大，基于分组的计算通信重叠方案执行时间越短，并在 32×4 的配置下效果最佳，总核数超过 128 时效果不明显。总之，在傅里叶空间和格点空间，通过纬圈分组的计算与通信重叠方案能够有效地减少 BCC_AGCM 的通信开销，提高模式的计算

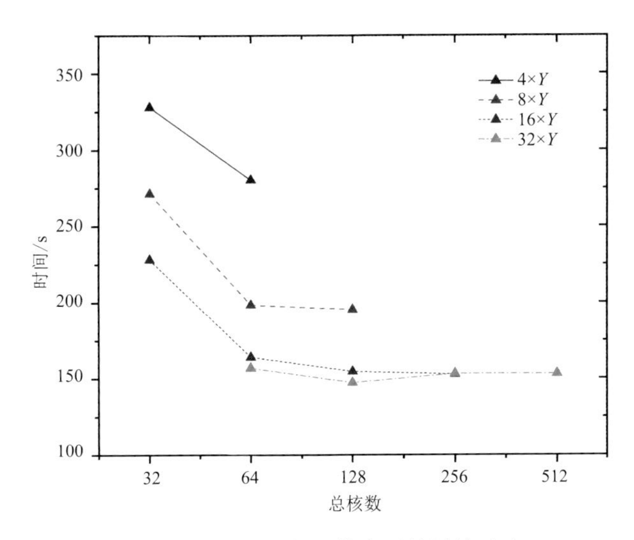

图 5.12　不同核数的模式可扩展性对比

效率。同时，在采用流水线方式时，存在最佳的分组数，这可以通过实际测试得到。

5.3.4　精简网格与谱空间中计算通信重叠技术的应用

如第 5.3.2 节所述，要在数据重分布框架中实现基于分组的计算通信重叠技术，必须在重分布前、后均采用三维数组的数据结构。对 BCC_AGCM，在格点空间动力框架计算部分与傅里叶空间采用了此类数据结构，因此，可以对这两部分计算及其之间的数据重分布采用该技术。但基于减少格点个数，进而减少计算量的考虑，包括 ECMWF 的 IFS 与国防科技大学 YHGSM 在内的很多全球谱模式，都并不采用等经纬网格，而是采用精简高斯网格。这种网格采用配置纬度点，以利用高精度高斯型积分，同时，对不同纬圈，越靠近赤道其上点数越多，越靠近极点其上点数越少，以基本维持不同纬圈上格点间距离的一致性。为提高内存使用效率，对这种网格，通常采用一维，而不是二维数据结构，来对物理量进行水平方向的存储，从而限制了前述计算通信重叠技术的应用。

为了实现精简网格下格点空间、傅里叶空间计算与其间数据重分布所需通信的重叠，可以采用 BCC_AGCM 与 CAM 中对格点空间动力计算部分的数据存储方式，即依然采用二维来对物理量进行水平方向的存储。在这种存储方式下，假设共有 J 个纬圈，且各纬圈上最大格点个数为 I，则在水平方向上采用($1:I,\ 1:J$)的存储方式，第 j 个纬圈上的实际格点个数记为 G_j，则当未在 i 方向进行数据划分时，第 j 个纬圈上格点的数据依次存储在($1:G_j$，j)位置上，余下($G_j+1:I,\ j$)不存储实际数据。而当在 i 方向进行划分时，则将其按照与划分匹配的方式进行分块，每块连续存储到对应的进程上。这种存储方式非常简单，也便于与等经纬网格下的计算方式兼容。同时，也可以看到，由于对应于空间中的三维数组，因此，也便于采用前述分组方式进行计算通信重叠的设计。当然，该方式浪费了存储空间，并且可能因为多占用存储空间而带来 Cache 利用率变化，进而计算效率的问题。因此，具体是否能带来计算效率上的收益，或者收益到底会有多大，还需要进一步的实际评估来进行验证。

对谱空间的数据存储，也存在类似问题。在谱空间中，目前对谱系数的主流存储方式为一维数组，按逐纬向波数的方式进行存储，第 $m(0\leqslant m\leqslant M)$ 个纬向波数对应于共 $M-m+1$ 个数据，即对应于全波数 n 从 m 到 M。为便于采用前述分组方式进行计算通信重叠，也可以对纬向波数 m 与全波数 n 方向各采用一维。当然，与格点空间的精简网格一样，也必然存在浪费存储空间等问题。

5.4 半拉格朗日方案并行计算的优化改进

5.4.1 基于单边通信的半拉格朗日方案

随着 PGAS 编程模型的成熟，ECMWF 将基于 Fortran 2008 中 coarray 的单边通信技术引入到 IFS 的半拉格朗日方案中(Mozdzynski et al.，2012)。在 coarray 单边通信技术的支持下，数据的传递方式由消息传递变为内存复制，还减少了掩码信息的发送与通信子程序的调用，新的按需通信方案大幅度减少了通信量。ECMWF 将 coarray 单边通信技术引入到半拉格朗日方案中的经验对我们有一定的借鉴意义，但同时其本身也存在一些问题。Coarray 本身是一种全局数组，将插值缓冲区定义为 coarray 势必给内存带来一定的压力。此外，在目前采用 MPI 来实现的全球谱模式中，再采用 Coarray Fortran 来进行开发，工作量大，开发周期长。本节介绍一种采用基于 MPI 单边通信的按需通信优化技术(Jiang et al.，2020)。图 5.13 给出了单边按需通信策略的示意图。

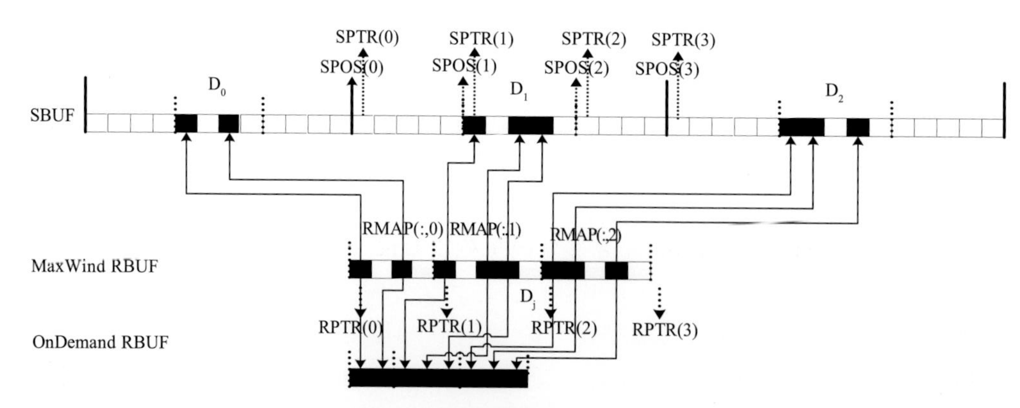

图 5.13 单边按需通信策略的实现示意

上部 SBUF 与参数的意义同图 5.6 中的最大风策略，最下部的 RBUF 同双边按需通信策略，数组 RMAP 用于标识在插值时是否需要用到相应格点

在单边按需通信策略中，与原双边按需通信策略一样，对轨迹计算过程依然采用最大风通信策略，只对轨迹确定后的插值采用新策略。如图 5.13 所示，在采用按需单边通信策略时，如

果每个区域上的 SBUF 采用双边按需通信时的数据结构,则发送给相关区域的数据在 SBUF 中的起始位置、数据个数以及格点对应的编号等信息都会实时变化,这不利于单边通信策略的采用。因此,这里 SBUF 采用与最大风方案相同的数据结构,发送端的 SPOS、SPTR、RPTR 以及所依赖格点的编号等信息都按最大风方案在设置阶段进行计算。同时,SBUF 数据结构也在设置阶段进行定义,并直接调用函数 MPI_WIN_CREATE 创建全局的 MPI 单边通信窗口,将发送缓冲区 SBUF 对应的内存暴露给其他进程,从而实现远程内存访问(RMA)。

与双边按需通信策略一样,每个区域从其他区域接收的数据存放在与之相同的 RBUF 数据结构中,由于这是在接收端,RPTR 以及所依赖格点的编号等信息需要实时确定,但这只需要通过本区域局部的信息即可计算得到,无需额外通信。RBUF 中的相应数据直接从对应区域的 SBUF 中通过 MPI_GET 获取,MPI_GET 中需要指明匹配的源端、本地数据类型、本地数据量、源端数据类型、源端数据量等参数,源端的确定、本地数据类型、本地数据量等参数与双边按需通信时并无区别。因此,遗留的关键问题是如何从本区域局地信息来定义源端数据类型与数据量,使之与本地数据类型与数据量相匹配。

通过在本区域上对最大风策略的 MaxWind_RBUF 中位置进行提取,可以确定其中哪些数据需要提取到 RBUF 之中。为确定这些位置,定义一个 RMAP 数组,插值时不需要用到的数据对应的 RMAP 值为 0,需要用到的值为 1。同时,MaxWind_RBUF 中从每个区域接收来的数据与相应区域发送的 SBUF 中数据是匹配的。因此,如果假设本区域为 D_j,且需要从区域 D_k 接收数据,则 D_j 上 MaxWind_RBUF 中对应于 D_k 的数据段,应与 D_k 上 SBUF 中对应于 D_j 的数据段完全一致,即 D_j 上 RMAP 中对应于 D_k 的数据段,实际上也定义了 D_k 上 SBUF 中对应于 D_j 的数据段中哪些数据在插值时实际真正要用到。因此,可以采用 MPI_TYPE_CREATE_INDEXED_BLOCK 将需要远程获取的零散浮点型数据定义为新的数据类型,以便在应用 MPI_GET 时一次性通信到本地。

通过采用 MPI_GET,从本区域就可以直接从其他区域对应 SBUF 中提取所需的数据,从而避免了将需要通信的数据量大小、数据位置等结构信息发送给其他区域的通信操作,这能够有效减少通信次数,也减少了双边通信中这些结构信息通信带来的通信量。当然,这需要以采用较大的发送缓冲区 SBUF,将其暴露给所有其他区域共享访问,并远程读取其中的非连续数据元素为代价,但这种代价相对于通信开销的减小而言是值得的。

下面通过试验来对本小节的优化技术进行验证,这里的数值试验在一台由 16 个节点,每个节点 2 个 Intel(R) Xeon(R) CPU E5－2670 0@2.60GHz(cache 20480 KB)处理器,每个处理器 8 个核,且节点之间采用 infiniband 互连的工作站机群上得到。操作系统为 Rehat Linux version 2.6.32－220.el6.x86_64,而采用的编译器为 Intel ifort Version 11.1,采用的处理器间通信接口为 MPICH 3.2.0,编译时采用－O3 选项。

采用双边按需通信时,虽然避免了一些格点柱数据的传输,但同时也额外引入了网格柱映射信息的相互交换,即通信结构的匹配问题。采用单边按需通信技术时,避免了通信结构的匹配操作,不仅理论上可以在按需通信的基础上进一步减少通信量,还可以将 MPI3 基于 RMA 通信模型的通信协议优化应用到数据传输操作中。此外,采用一套定常理想试验数据,使用不同数量的计算节点,对双边按需通信和单边按需通信的效果进行了对比研究。在这些试验数据中,假设只有纬向风,且每条纬带上的风速等于 $10\times\cos\theta$ (m/s),其中 θ 是该纬带所在纬度,而温度取恒温 273 K,地面气压取 1000 hPa,且不考虑地形与水物质。

图 5.14 是在 T_L799L91 分辨率下使用 16 个计算节点，但分配不同进程数量时，YHGSM 运行 10 个时间步的总时间，其中每组试验中每个节点的进程数量相同。图中下边蓝线表示单边按需通信策略，上边红线表示双边按需通信策略。从图中可以看出，在使用单边按需通信策略时，模式运行时间比原来的双边按需通信策略有所减少，在某些进程数时，时间减少还很明显，具体执行时间与减少量如表 5.3 所示，其中 N 代表进程数量，T 代表采用双边按需通信时 T_L799L91 分辨率下 YHGSM 的运行时间，O 代表采用单边按需通信时 T_L799L91 分辨率下 YHGSM 的运行时间，$T-O$ 表示两者的时间差，$(T-O)/T$ 表示使用单边按需通信策略后，模式总执行时间的减少比例，此外，试验中 T 和 O 均为 10 次试验取平均值所得。

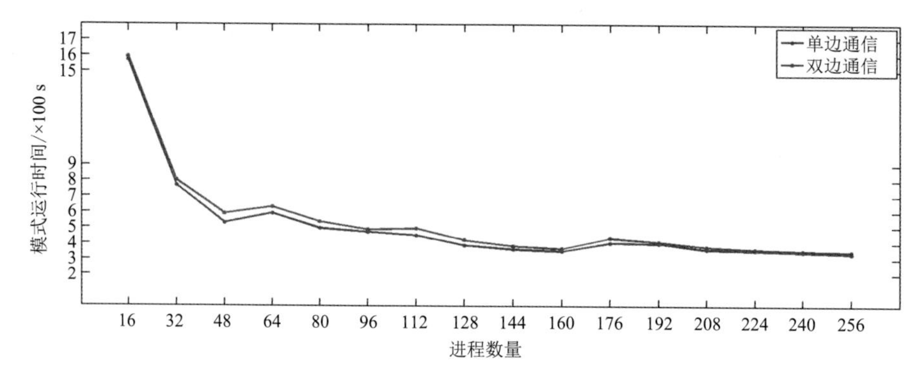

图 5.14　单边通信与双边通信运行时间

从表 5.3 可以看出，无论是单边按需通信或是双边按需通信，在进程数量刚开始成倍增加时，其相应的执行时间也大致成比例减少，而当进程数量增加到 64 时，模式的执行时间不再随进程数量的增加而成比例减少。当进程数量从 128 增加到 256 时，模式的执行时间只减少了 13.3%，因此可以看出，在大规模并行计算中，随着处理器的增加，模式中除计算开销之外的其他开销也在不断增加，而当处理器数量增加到一定程度时，这部分开销限制了模式的可扩展性，单纯增加进程数量已不能有效提高模式的计算效率。引入单边通信技术，每组试验的执行时间都有了明显减少，尤其是在进程数取 48 时，执行时间减少了近 10%。因此，在 T_L799L91 分辨率下，使用单边按需通信技术对 YHGSM 中半拉格朗日并行计算进行优化是有效的，提高了模式的可扩展性和计算效率。

表 5.3　基于 16 个节点 YHGSM 运行时间统计

N	O/s	T/s	$(T-O)$/s	$[(T-O)/T]$/%
16	1570.629	1591.618	20.989	1.32
32	768.675	800.585	31.909	3.99
48	531.325	590.187	58.862	9.97
64	593.717	633.251	39.534	6.24
80	496.585	538.578	41.993	7.80
96	473.214	489.300	16.086	3.29
112	451.707	493.207	41.500	8.41
128	387.488	420.852	33.364	7.93
144	361.641	382.115	20.474	5.36

续表

N	O/s	T/s	(T−O)/s	[(T−O)/T]/%
160	349.288	364.924	15.636	4.28
176	403.987	431.836	27.849	6.45
192	399.459	408.759	9.300	2.28
208	361.953	378.833	16.880	4.46
224	355.160	362.712	7.552	2.08
240	346.552	352.683	6.131	1.74
256	335.939	346.634	10.695	3.09

为进一步研究单边按需通信策略的效果，这里统计单边按需通信与双边按需通信两种情况下，所有进程在10步积分过程中格点数据的总发送量，如表5.4所示，这里的通信量是指所有进程在规定时间步数内所发送的总字节数。表5.4中数据显示，无论采用多少个进程来执行按需通信方案，单边按需通信时的数据量总是小于双边按需通信的数据量，且减少量维持在0.4%～0.5%。值得注意的是，表5.4中通信量的减少并不足以使总执行时间的减少达到如表5.3中的程度，因此，之所以单边按需通信的性能明显优于双边按需通信，可能是因为一方面得益于通信量的减少，另一方面得益于单边通信技术的应用。后者不仅减少了通信子程序调用的频次，由一个MPI_GET代替原来成对出现的MPL_SEND/MPL_RECV，还使底层的数据传输方式更加贴近共享内存模型。

表5.4　采用16个节点时YHGSM中格点空间的通信量统计

N	T(字节数)	O(字节数)	T−O(字节数)	(T−O)/T
16	834676075	831142434	3533641	0.42%
32	1423393413	1417497297	5896116	0.41%
48	1584961346	1578033903	6927443	0.44%
64	1760682772	1752719910	7962862	0.45%
80	2032493248	2023258524	9234724	0.45%
96	2329065269	2318539962	10525307	0.45%
112	2609268202	2597453559	11814643	0.45%
128	2905566873	2892482205	13084668	0.45%
144	2686162343	2673313944	12848399	0.48%
160	3082293326	3067912830	14380496	0.47%
176	3171928333	3156897096	15031237	0.47%
192	3267269823	3251602452	15667371	0.48%
208	3351268900	3334942671	16326229	0.49%
224	3441206375	3424238400	16967975	0.49%
240	3533708076	3516092130	17615946	0.50%
256	3616045187	3597781524	18263663	0.51%

5.4.2 基于自适应最大风的半拉格朗日方案

半拉格朗日方案并行计算中数据依赖关系随风速变化而动态变化，这表现在时间与空间两个方向。在时间方向上，每个格点处的风速随时间步进而不断变化，因而使得不同时刻同一网格点离对应轨迹起始点的距离存在差异，风速变化越大差异也越大，进而引起并行计算时数据依赖关系随时间步进而动态变化。在空间方向上，每个网格点处的风速也存在较大差异，从而同一时刻每个网格点离其对应轨迹的起始点距离也千差万别。为了使得通信结构简单，现在通常采用最大可能风速如 400 m/s 作为参考，再基于第 5.2.3 节中所述方案进行并行算法设计，导致需要在相邻 MPI 任务之间进行交换的数据量大，特别是在水平分辨率较高时，影响更为严重。

在采用经典最大风方案时，实际通信中通常大幅度高估了全球最大风，模式中的实际风速与之相差很大，从而导致很多不必要数据的通信。另外，风速随季节与地域变化很大，但如果在每个时间步与每个网格点上都精确考虑风速大小变化的影响，将导致通信结构随时间步的变化而变化，虽然此时即使在不采用单边通信时也能达到减少通信量的效果，但如前文所述，这种按需通信带来的开销有可能部分抵消通信量减少带来的好处。

为了一方面避免经典最大风方案的通信量大问题，另一方面避免按需通信下通信结构高频变化导致每次通信时均需重新确定通信结构的问题，这里聚焦于最大风方案中最大可能风速的自适应设定技术，介绍一种基于时、空分布历史数据与自适应技术的通信方法（Liu et al.，2021），以在保持较好存储可扩展性与访存效率的情况下，达到类似于单边通信时的通信量缩减效果。在新方案中，每次预报中所用的最大风速根据起报日期与事先所得逐月统计结果来设置。首先，从输入数据文件中获取初始数据，然后据此通过统计结果估计本次预报中最大可能风速，最后根据所选择的最大风速进行预报。以这种方式，在每次模式运行期间都固定了最大风速，并且模式的代码结构不变。但是，对不同起报时刻，对应的最大可能风速的统计结果也可能不同。对最大风速的设置发生在模式的初始阶段，不影响整个代码结构。通过引入自适应最大风方案，大幅度减少了最大风速与实际风速的偏差，有利于减少通信开销，提高计算效率。

5.4.2.1 不同月份的最大风速分布规律

这里的研究针对 YHGSM 模式来进行，最大风速统计的依据是 2001—2018 年 ERA5 再分析风场的 U 和 V 分量。模式顶接近 80 km，与 YHGSM 的模式顶相当。同时，统计涵盖 0、6、12、18 时，即全天不同时段的风场特征，具有一定的代表性。每月 U 和 V 分量的最终最大值从逐日数据获得。值得注意的是，这里得到的最大风速略大于实际观测到的最大值，即最终实际最大风速被适当放大，这是为了防止模式计算过程中局部风速大于所设置最大可能风速，导致轨迹计算出现错误而导致崩溃。

图 5.15 给出了从 2001—2008 年最大风速的逐月分布，其值从 120 m/s 到 240 m/s 不等。一方面，从图 5.15 可以看出，月最大风速远小于 400 m/s。因此，在模式中将最大风速设置为 400 m/s 估计过高。如果减少该值，就可以减少不必要的通信开销。另一方面，最大风速关于时间呈周期性变化，在不同年份的同一月份具有相似的特征。表 5.5 给出了 2001—2018 年各月最大风速的分布情况，显然虽然每月的最大风速有大有小，且差异较大，但均远小于 400 m/s

的固定最大风速。

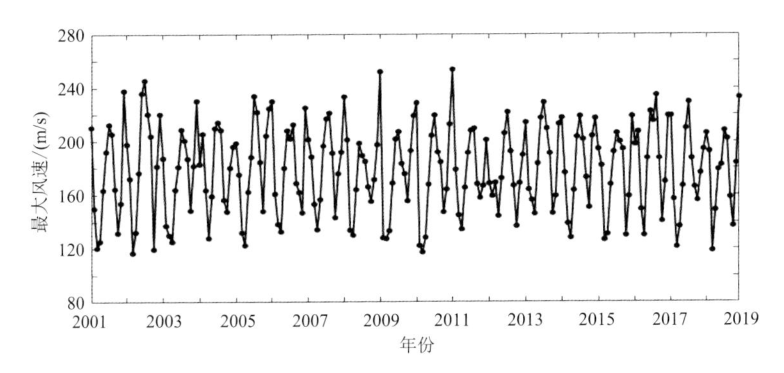

图 5.15　2001—2018 年 ERA5 多年最大风速的逐月分布情况

表 5.5　2001—2018 年通过 ERA5 再分析数据统计所得逐月最大风速与固定最大风速的比较

月份	1	2	3	4	5	6	7	8	9	10	11	12
固定最大风速/(m/s)	400	400	400	400	400	400	400	400	400	400	400	400
逐月统计的最大风速/(m/s)	254	208	170	149	188	236	246	235	205	163	205	238

5.4.2.2　自适应最大风半拉格朗日方案效果评估

本节的数值试验结果在由 infiniband 所连 16 个节点的并行计算机上得到，每个节点有两个 Intel(R)Xeon(R)CPU E5－2670 0@2.60GHz(cache 20480kb)处理器，每个处理器有 8 个核。操作系统为 Redhat Linux 版本 2.6.32－220.el6. x86_64，使用的编译器为 Intel ifort，版本号为 11.1，使用的处理器间通信接口为 MPICH 3.2.0，采用－O3 选项进行编译。

为研究自适应最大风方案引入到模式 YHGSM 中的效果，在半拉格朗日通信阶段，针对最大风方案和按需通信方案，我们分别计算前 5 个积分步中所有处理器上以字节为单位发送的总通信量。模式分辨率为 T_L799L91。使用 8 个节点，每个节点上 8 个 CPU 核，因此总共采用 64 个 CPU 核。

采用经典最大风方案与逐月自适应最大风方案时，半拉格朗日方案中的通信量情况如表 5.6 所示。从表中可以看出，当引入自适应最大风时，通信量显著减小，减少量从 32.722%到 55.734%不等，且减少程度与所选择的最大风正相关。

表 5.6　全球固定最大风和逐月自适应最大风方案时的通信量，以及自适应最大风相对于全球固定最大风时的通信量减少量(单位：字节，减少率为采用自适应最大风时的减少量与采用固定最大风时的通信量之比)

起报日期(年月日)	固定最大风	自适应最大风	减少量	减少率/%
20180721	11412421840	7677997300	3734424540	32.722
20180821	11412421840	6785109920	4627311920	40.546
20180921	11412421840	5908903050	5503518790	48.224
20181021	11412421840	5051766000	6360655840	55.734
20181121	11412421840	5908903050	5503518790	48.224
20181221	11412421840	6785109950	4627311890	40.546
20190121	11412421840	7677997300	3734424540	32.722

续表

起报日期(年月日)	固定最大风	自适应最大风	减少量	减少率/%
20190221	11412421840	5908903050	5503518790	48.224
20190321	11412421840	5051766000	6360655840	55.734
20190421	11412421840	5051766000	6360655840	55.734
20190521	11412421840	5908903050	5503518790	48.224
20190621	11412421840	6785109950	4627311890	40.546

与原按需通信方案的轨迹计算部分中采用最大风策略一样，自适应最大风策略也可以用于按需通信方案的轨迹计算部分，而插值计算部分维持与原方案相同。对按需通信方案，采用固定最大风和逐月自适应最大风时的通信量情况如表 5.7 所示。显然，采用逐月自适应最大风时的通信量减少趋势类似于最大风方案，但与固定最大风方案相比，减少程度有所下降，减少率大约为 19.038%～33.032%。

表 5.7　按需通信方案中采用固定最大风和逐月自适应最大风时的通信量，以及自适应最大风相对于固定最大风时的通信量减少量(单位：字节，减少率为采用自适应最大风时的减少量与采用固定最大风时的通信量之比)

起报日期(年月日)	固定最大风	自适应最大风	减少量	减少率/%
20180721	3286510376	2660824346	625686030	19.038
20180821	3238466770	2463153616	775313154	23.940
20180921	3198355392	2276193997	922161395	28.832
20181021	3226665786	2160839146	1065826640	33.032
20181121	3271426618	2349265223	922161395	28.188
20181221	3338960906	2563683850	775277056	23.219
20190121	3326683164	2700997134	625686030	18.808
20190221	3265086160	2342924765	922161395	28.243
20190321	3219757798	2153931158	1065826640	33.103
20190421	3217393538	2151605958	1065787580	33.126
20190521	3259312192	2337140753	922171439	28.293
20190621	3308016904	2532708600	775308304	24.437

下面再来看 10 d 预报的并行执行时间减少情况。这里就按需通信方案，针对固定最大风和自适应最大风两种情况，分别统计 10 d 预报共 1200 个时间步的总并行执行时间。为便于研究，选择固定最大风与自适应最大风间差异最大的一天，即 2019 年 4 月 21 日，所得结果如表 5.8 所示。可以看出，与固定最大风方案相比，逐月自适应最大风方案减少了总的并行执行时间。对 1200 个时间步，总时间减少了近 4 min，约 1.53%。

表 5.8　采用固定最大风和逐月自适应最大风的按需通信方案时，10 d 预报的总并行执行时间(单位：mm，初始起报时刻为 2019 年 4 月 21 日)

时间步	200	400	600	800	1000	1200
固定最大风	44:12	87:53	131:32	175:08	218:42	262:18
逐月自适应最大风	43:33	86:38	129:39	129:39	215:29	258:26

5.4.3 基于物理量分组的计算通信重叠方案

5.4.3.1 半拉格朗日插值计算阶段物理量的数据结构与依赖关系

在 YHGSM 模式中，参与半拉格朗日计算阶段的子程序为 SL_SUB，其中输出数据为 SLPU、SLPV、SLPT 以及 SLPGFL 四个独立变量。进行插值计算的为二维数组 TAI1(SL-TAI1,QTAISL1)，该数组第一个维度表示单层物理量的数据量，第二个维度按照各物理量所占层数依次划分。数组 TAI1 共包含两个部分，Part1 是用于轨迹计算的物理量集合，Part2 是用于插值计算的物理量集合。

表 5.9 为浅薄大气、静力平衡近似与 T_L799L91 分辨率下，YHGSM 半拉格朗日计算阶段 TAI1 的数据结构。数组 TAI1 插值整个过程应包括两个部分：轨迹计算部分及插值计算部分(数据间通信过程分别由 SLTX1 和 SLTX2A 两个子程序实现)，如图 5.16 所示。在轨迹计算时，只有 Part1 中的 4 个物理量用于轨迹计算过程。该过程通过子程序 SLTX1 的调用对数组 TAI1 中 Part1 部分的数据进行通信，将通信后的 TAI1 数组通过子程序 LAPINEA 的调用对插值点的轨迹进行计算，得到插值点所对应的经度(LON)、纬度(LAT)、方向参数(QX 与 QY)，这些信息将用于后续的插值计算。在插值计算时，该过程通过子程序 SLTX2A 的调用对数组 TAI1 中 Part2 部分的数据进行通信，将通信后的 TAI1 数组通过子程序 SLINTER 的调用对插值点的轨迹进行计算，并接收轨迹计算时所得到插值点位置的相关信息，之后插值计算得到插值点所对应的风(SLPU、SLPV)、温(SLPT)以及地面气压对数(SLPGFL)。

表 5.9 YHGSM T_L799L91 中半拉格朗日计算阶段 TAI1 的数据结构

轨迹计算阶段(SLTX1)			插值阶段(SLTX2A)		
名称(Part1)	起始位置	层数	名称(Part2)	起始位置	层数
YHURS	746	93	YHUF	1	93
YHVRS	839	93	YHVF	94	93
YHWRA	932	93	YHTF	187	93
YHWRS	1025	93	YHGFLF	280	465
			YHSPF	745	1
			YHUS	1118	93
			YHVS	1211	93
			YHTS	1304	93
			YHCF	1397	93
			YHUPF	1490	93
			YHVPF	1583	93
			YHTPF	1676	93
			YHGFLPF	1769	93

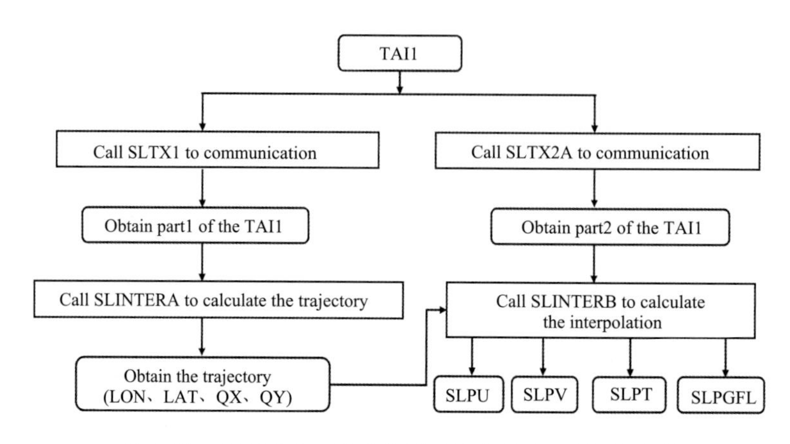

图 5.16 YHGSM 中半拉格朗日数组 TAI1 的插值流程

因此，在设计物理量场数据划分时，针对轨迹计算和插值计算处理方法不同。首先，在半拉格朗日的轨迹计算部分中涉及风的水平（YHURS、YHVRS）和垂直（YHWRA、YHWRS）分量，在轨迹计算时需要同时处理所输入的 4 个变量，各变量之间并不独立且变量个数较少，其输出的结果会在其他变量计算过程中使用，难以进行场数据划分。其次，插值计算的实现必须建立在轨迹计算的基础上且子程序 SL_SUB 输出的 4 个变量均由这一过程实现。在此过程中，输出变量 SLPU、SLPV 与 YHUF、YHUS、YHUPF、YHVF、YHVS、YHVPF 六个输入变量相关；输出变量 SLPT 与 YHTF、YHTS、YHTPF 三个输入变量相关；输出变量 SLPGFL 与 YHGFLF、YHGFLPF 两个输入变量相关；内部输出变量 SLPT1 与 YHCF、YHSPF 两个输入变量相关。

所以，一个简单易行的数据划分，即按照组与组之间进行划分（Jiang et al.，2021）。由于第二组与第四组数据量过少，可以考虑将这两组合并。一方面三组之间数据量划分均衡，使得各处理器间负载均衡，有利于提高计算与通信重叠的程度；另一方面减少子程序的调用次数，避免了通信效率较低带来的通信开销。因此，将各物理量共划分为三组（G1、G2、G3），在插值计算时，实现三组数据间的计算与通信重叠。

5.4.3.2 半拉格朗日插值计算物理量的分组实现

在 YHGSM 中，由于数组结构过于复杂，改变当前子程序下的数据结构可能涉及其他众多子程序中数据结构的更新，因此在优化中，保持 TAI1 的数据结构不变，以简化整个优化过程的实现。无论在轨迹计算中或是在插值计算时，TAI1 的数组大小固定不变，在不同物理量分组进行赋值前，先清空上一物理量分组的赋值，这使得在 TAI1 数组大小不变的情况下仍然能保持对该物理量分组数据的唯一表示。与此同时，所需要花费的代价为通信过程中数组空余部分的通信开销，而这一部分开销较计算与通信重叠策略的提升来说可以忽略不计。当 YHGSM 中半拉格朗日方案采用基于物理量分组的计算通信重叠策略时，对数组 TAI1 的插值流程如图 5.17 所示。

与图 5.16 不同的是，在如图 5.17 的优化方案中设置了 NIPG 来对数组 TAI1 进行分组，每一组变量均不相同但相互独立。此外，还对子程序 SLTX2A 和 SLINTER 及其内部所涉及的子程序（SLININS、SLININ_GMV、SLININ_GFL 等）的调用进行了改写，使其每次的通信操作或插值操作只针对一组变量而不影响到其他组的变量。在新的方案中，延续原先的计算

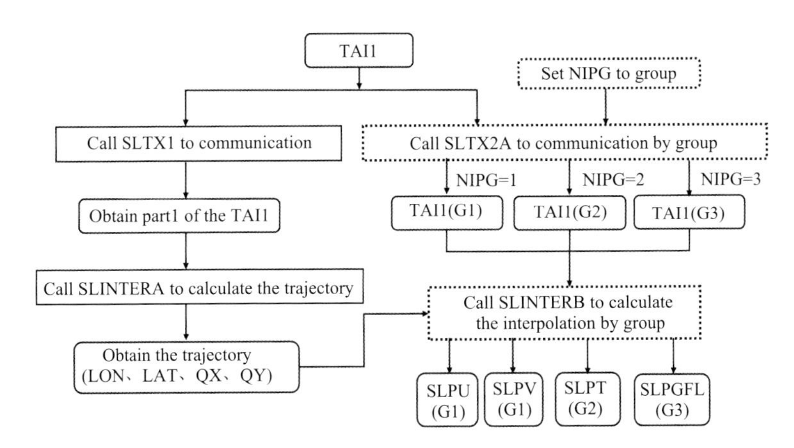

图 5.17 YHGSM 中半拉格朗日方案采用基于物理量分组的计算通信重叠策略时对数组 TAI1 的插值流程

方法，不同的是分别对 G1、G2 和 G3 进行三次插值计算，但插值点的轨迹计算仍然由一次计算完成。在插值计算时，G1 仅能得到 SLPU 和 SLPV 两个输出变量，同样，G2 只能得到 SLPT 一个输出变量，G3 只能得到 SLPGFL 一个输出变量。

5.4.3.3 基于物理量分组的计算通信重叠技术

在半拉格朗日的插值计算部分中，首先需要通过调用子程序 SLTX2A 进行通信，再调用子程序 SLINTER 进行插值计算(PCUM)。如图 5.18 所示，子程序 SLTX2A 中包含两部分通信：第一部分(PCOM1)为通信参数、数据结构及位置等信息的通信，在数组 TAI1 通信前完成。由于 TAI1 数据结构并未发生改变，各组变量通信时都按照 TAI1 的数组结构进行通信，则其通信参数、数据结构及位置等信息均不改变。因此，在该部分仅需在第一组变量插值计算时通信一次，之后保留所确定的参数即可。第二部分(PCOM2)为数组 TAI1 的通信，该部分需分别对 3 组变量依次进行通信。

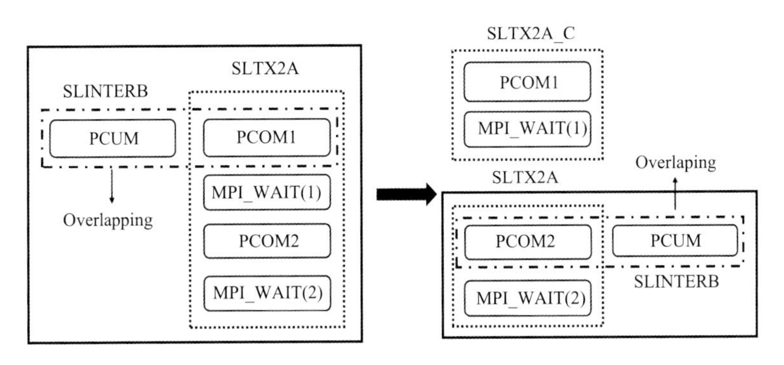

图 5.18 采用计算与通信重叠策略时通信同步操作的优化

为了尽可能地大提高计算与通信重叠的程度，提高该部分整体运行效率，可以将 SLTX2A 中第一部分通信及其同步操作独立出来，作为子程序 SLTX2A_C，并在第一组数组 TAI1 通信前完成，之后将其所确定的相关参数信息直接输入至子程序 SLTX2A 中。通过这种方法，实现子程序 SLTX2A 中 PCOM2 与子程序 SLINTERB 中 PCUM 的重叠，从而取代了原先 SLTX2A_C 中 PCOM1 与 PCUM 的重叠部分。由于 PCOM2 的时间开销大于 PCOM1 的时间开销，新的同步策略能够有效增加重叠的时间。此外，新的同步策略中 PCOM1 只进行一次调用，进一步减少通信参数、数据结构及位置等信息的重复通信，一定程度上也降低了通信次数和通信量，提升了半拉格朗日插值计算部分的整体效率。

基于物理量分组的计算通信重叠方案使得原先 TAI1 整体数组的一次通信操作和插值操作变为了 3 组变量的 3 次操作，尽管对应的通信量、通信次数有所增多，但是各组变量之间计算时可以实现通信部分与计算部分的相互重叠，在一定程度上降低了通信开销。

5.4.3.4 基于物理量分组的计算通信重叠技术效果评估

本节给出的数值试验是在一台由 16 个节点，每个节点两个 Intel(R) Xeon(R) CPU E5－2670 0@2.60GHz(cache 20480 KB)处理器，每个处理器 8 个核，且节点之间采用 infiniband 互连的工作站机群上得到。操作系统为 Rehat Linux version 2.6.32－220.el6.x86_64，而采用的编译器为 Intel ifort Version 11.1，采用的处理器间通信接口为 MPICH 3.2.0，编译时采用－O3 选项。

试验一选用了 7 种不同的处理器个数情况，分别为 32(2 个节点)、64(4 个节点)、96(6 个节点)、128(8 个节点)、160(10 个节点)、196(12 个节点)、224(14 个节点)，采用 T_L799L91 模式分辨率，针对优化前、后的两种方案，在 5 步积分后，统计得到半拉格朗日插值计算部分的总开销。试验结果如图 5.19、图 5.20 所示。图 5.19a 反映了新方案中重设同步操作后，半拉格朗日插值计算部分总开销相应减少，且其比例随着处理器个数增加而增大。在处理器个数为 32 时，总开销减少最少为 0.067 s；在处理器个数为 256 时，总开销减少最少为 0.244 s。图 5.19b 反映了重设同步操作后加速随处理器增多而增加的趋势，当处理器个数为 256 时，加速达到最高，为 4.955％。因此，在处理器个数较多时，重设同步操作是有必要的。

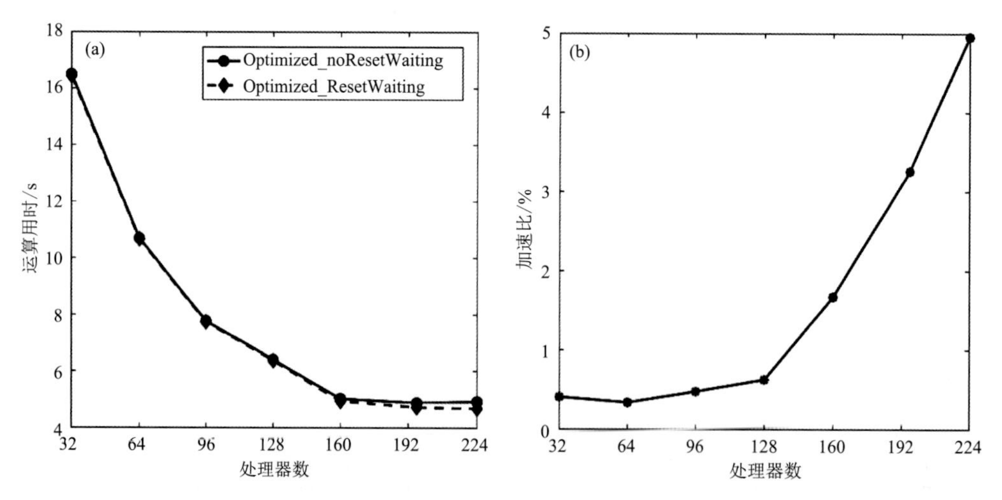

图 5.19　新方案中同步操作优化前后(a)半拉格朗日插值计算部分总开销及(b)加速比

图 5.20a 反映了新方案中半拉格朗日插值计算部分总开销的减少，且其比例随着处理器个数增加而减少。在处理器个数为 32 时，总开销减少最多为 4.232 s；在处理器个数为 256 时，总开销减少最少为 0.41 s。图 5.20b 反映了新方案中加速比随处理器增多而降低的趋势，当处理器个数为 32 时，加速比达到最高为 20.49％。可以看出，新方案中，尽管增加了一些额外通信，但计算与通信重叠策略的引入，较大幅度地提高了半拉格朗日插值计算部分的运行效率，减少了该部分的总开销。

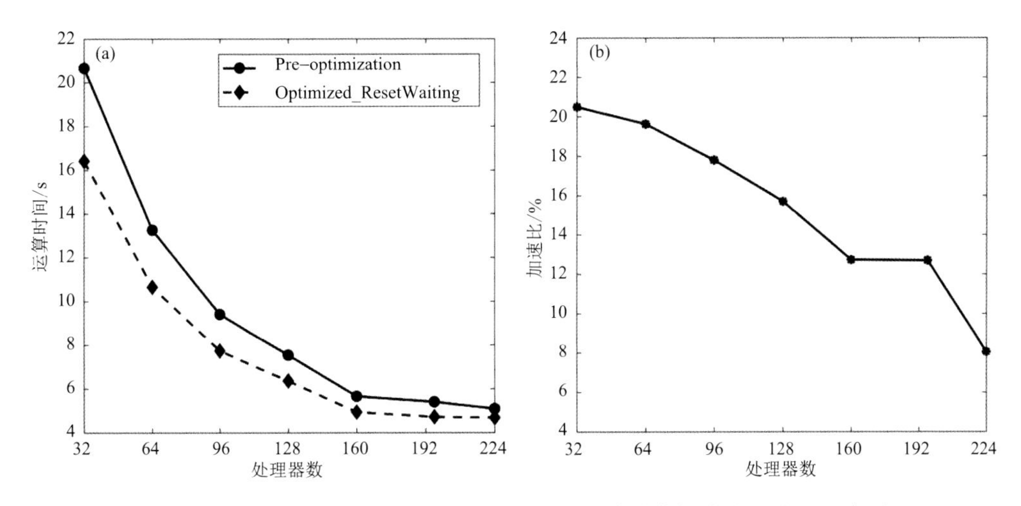

图 5.20 重设同步操作下,新旧方案中半拉格朗日插值计算部分总开销(a)及加速比(b)

试验二在处理器个数为 128(8 个节点)情况下,采用 T_L799L91 模式分辨率,针对优化前、后的两种方案,在进行 10 d 业务预报(即 1200 步积分)时统计得到的模式运行总时间。试验结果如表 5.10 所示。新方案中,10 d 业务预报模式运行的总执行时间相应地减少,在模式运行步数达到 1200 时,其时间减少约 8 min。

表 5.10 采用基于物理量分组的计算通信重叠技术前后 10 d 业务预报模式运行的总执行时间(单位:s)

积分步数	优化前	优化后	优化前一优化后
100	19:01	18:28	0:33
200	37:29	36:25	1:04
300	55:54	54:28	1:26
400	74:18	71:54	2:24
500	92:43	89:26	3:17
600	110:58	106:58	4:00
700	129:00	124:31	4:29
800	147:01	141:59	5:02
900	165:03	159:20	5:43
1000	183:05	176:32	6:33
1100	201:07	193:46	7:21
1200	219:06	211:03	8:03

5.4.4 基于垂直层分组的计算通信重叠方案

5.4.4.1 基于垂直层分组的计算通信重叠技术

在现有的 YHGSM 中,所需插值的各垂直层数据都是先进行整体通信再统一进行各层物理量场的插值计算。这种方式在通信全部完成后才能进行计算,通信开销较大,制约了模式的并行执行效率。然而,所需插值的数据是各垂直层数据的集合,各层数据之间有特定的依赖关系。因此，可以通过对垂直层进行分组，在满足垂直层依赖关系的前提下进行计算与通信重叠来提高半拉格朗日插值的并行执行效率。

如图 5.16 左边所示，在 YHGSM 半拉格朗日插值方案中，先确定轨迹相关信息，这通过调用 SLTX1 函数来通信和通过调用 SLINTERA 来计算，轨迹计算的输出 LON、LAT、QX、QY 作为插值计算的输入。在插值计算中首先也是通过 SLTX2A 来通信然后通过 SLINTERB 函数利用轨迹确定的输出进行计算。考虑到垂直层数有 90 多层，各层的数据插值时仅依赖于上下各 6 层，而不会用到这 12 层之外的数据。因此，设计新的执行流程，依然如图 5.16 右边所示，SLTX2A 通信时通过设置参数 NIPG 来进行分组，总共分为 3 组，各组通信完毕后就可以用 SLINTERB 进行计算，由此整体的一次通信和一次插值计算分解为 3 次通信和 3 次插值计算，将上一组的通信与下一组的插值计算相重叠，采用非阻塞通信方式实现。

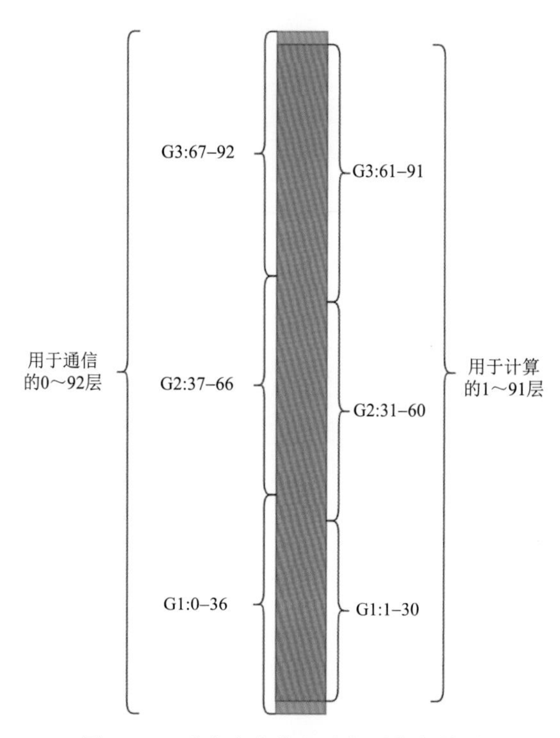

图 5.21　垂直方向分组时各层分布情况

由于通信过程涉及 93 层，而计算阶段包含 91 层，由此可以划分为 3 组，如图 5.21 所示。按照插值计算 91 层分组，第一、二、三组分别有 30、30、31 层，则通信时要多通信 6 层。第一组计算第 1～30 层，通信时由第 0 层开始，为了确保数据依赖关系，通信要多 6 层，通信第一组为第 0～36 层。第二组计算第 31～60 层数据，则通信时要到第 66 层，第二组的通信范围为第 37～66 层。第三组计算第 61～91 层，通信余下的第 67～92 层数据。

分组后的执行流程类似于图 5.18：先进行第一组的通信，然后进行第二组的通信，第二组通信时采用非阻塞通信方式，同时进行第一组的计算，在第二组通信和第一组计算完毕后进行同步。同步过后，进行第三组非阻塞通信，同时进行第二组计算，等两者结束后进行同步，最后进行第三组计算。这样能将第二组和第三组的通信隐藏在第一组和第二组的计算之中，实现计算与通信的重叠。

5.4.4.2 基于垂直层分组的计算通信重叠技术效果评估

试验采用的平台为每个节点有两个 Intel(R) Xeon(R) CPU E5－2670 0@2.60GHz (cache 20480 KB)的处理器,每个处理器内有8个CPU核,且节点之间采用 infiniband 互连的工作站机群。操作系统是 Redhat Linux version 2.6.32－220.el6.x86_64,编译器为 Intel ifort Version 11.1。采用非阻塞通信方式,针对优化后和原始模式进行对比试验。

首先通过使用不同的节点数4、8、12和16与每个节点上不同核数4、8、12、16等组合来进行试验,横坐标代表节点乘以每个节点上的核数。对优化前、后的模式进行对比,通过计算100步半拉格朗日阶段的平均时间如图5.22中左图所示:随着核数的增多,半拉格朗日计算阶段时间逐渐缩短,且计算与通信重叠后的时间要小于原始模式的时间。在核数相同时,X越大,时间越短。对优化前后模式运行100步的时间进行对比,如图5.22中右图所示,随着核数的增多,模式运行时间呈减少趋势,且优化后的方案运行时间要小于原始方案。当核数配置总数相同时,X的处理器配置越大,运行时间越短。

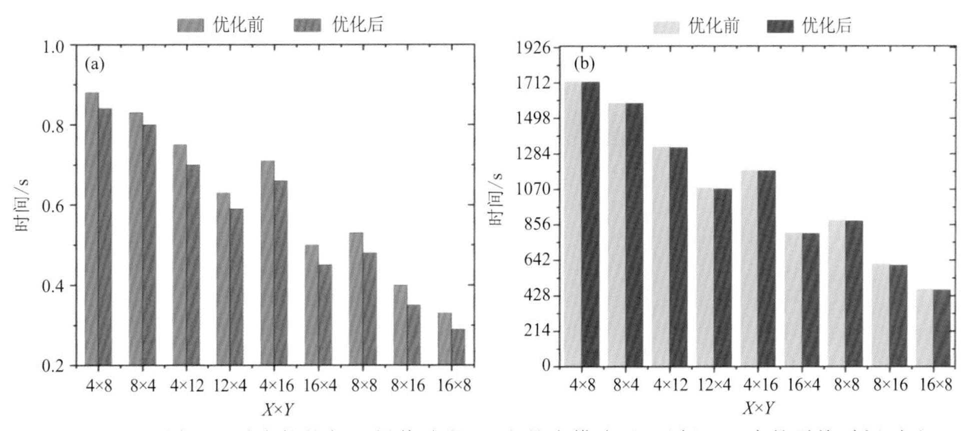

图5.22 不同配置时半拉格朗日插值阶段(a)和整个模式(b)运行100步的平均时间对比

优化前后的半拉格朗日时间减少量及其所占比例如图5.23中左图所示。由图可知,随着核数的增多,减少的时间整体呈先增加后减小的趋势,在8×16的核数时减少比例最大,达到了12.50%,此时减少了0.05 s。优化前后模式100步的运行总时间进行统计如图5.23中右图所示,由图可知,在8×16核数时时间减少最多,达到了6.51 s,减少了1.05%。

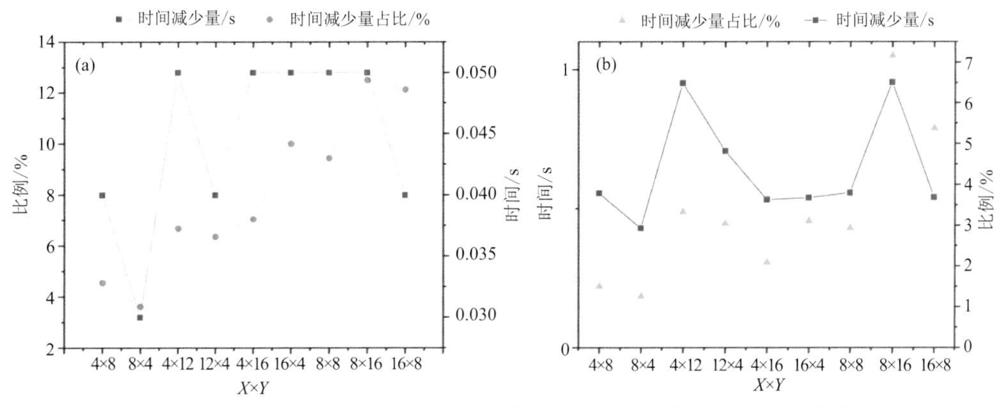

图5.23 半拉格朗日阶段(a)与整个模式(b)优化后减小的时间及其占优化前总时间之比

在优化效果更明显的 $X \times Y$ 中，选取 8×4、12×4、16×4、8×8、16×8 来进行加速比和并行效率的对比。如图 5.24 中左图可知，在半拉格朗日阶段，随着核数的增多，加速比整体成增加趋势，而并行效率逐渐减少。如图 5.24 中右图所示，对于模式总的运行时间来说，有相同的规律：随着核数增多，加速比呈增大趋势，而并行效率逐渐降低。可以看出，在 16×4 时相对并行效率最大，达到了 0.99，之后并行效率迅速下降，可知 16×4 时配置性能较好。

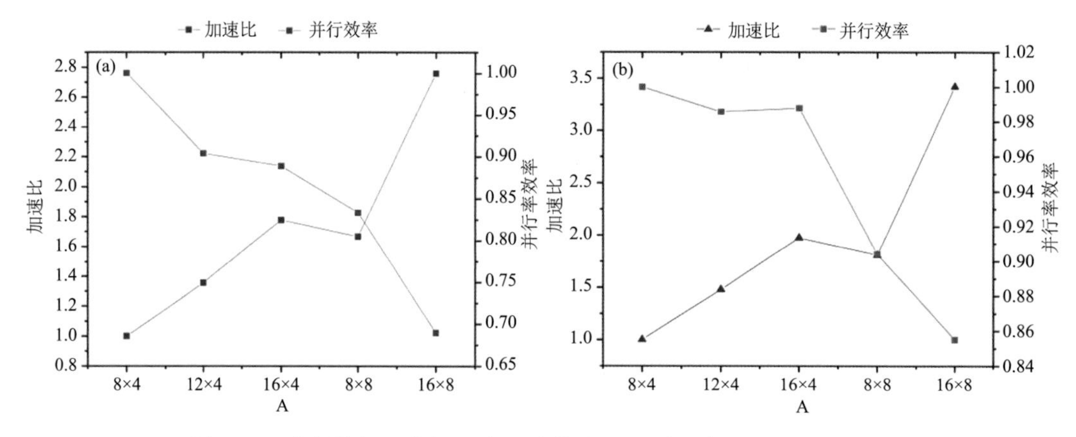

图 5.24　半拉格朗日阶段(a)与整个模式(b)对应的加速比和并行效率

5.5　格点空间水平求导的有限体积方法

全球谱模式采用谱变换来求物理场的水平导数，谱变换求导具有较高精度但是需要全局的数据通信。当模式分辨率提升至千米级别时，谱变换的通信开销在模式整体积分中的占比显著提升，这对于非静力模式表现得尤其突出，严重地阻碍了全球高分辨率谱模式的发展(Bénard et al.，2010；Wedi et al.，2014)。

有限体积方法(Finite-volume method FVM)是另一种数值离散方法，同谱方法相比，只需要邻近网格间数据交换，基于 FVM 开发的动力内核在高分辨率情况下具有更高的计算效率和并行可扩展性(Kühnlein et al.，2019)。鉴于上述优点，欧洲中期天气预报中心及其合作伙伴长期致力于将 FVM 方法引入 IFS 模式的动力内核，并命名为 FVM-IFS(Smolarkiewicz et al.，2016,2017)。FVM-IFS 为全球非静力模式，水平离散采用有限体积方法，具有较高的计算效率和并行可扩展性，可以同谱模式共享水平网格以及物理过程计算。然而在实践中，FVM-IFS 尽管具有计算效率上的优势，但是其积分步长仅为同分辨率谱模式 1/6～1/7(Kühnlein et al.，2019)。

本节介绍一种在全球谱模式中应用有限体积方法求水平导数的技术，在不改变谱模式框架的情况下，采用二阶 FVM 方法在格点空间进行水平求导替代之前的谱变换求导，可以较大幅度减少谱变换次数，提升模式的计算效率和并行可扩展性。同时，模式本质上依然为谱模式，可采用半隐式半拉格朗日时间步进格式，允许较大的时间步长，能在谱空间高效精确求解亥姆霍兹方程。实践表明，全球谱模式中应用该技术能够较大幅度提升模式计算效率，而不损失模式预报精度。

5.5.1 全球静力谱模式格点空间有限体积方法水平求导技术

水平有限体积网格的构造基于谱模式的精简高斯网格。如图 5.25 所示，将水平高斯网格构建成以格点为中心的有限体积网格（Smolarkiewicz et al.，2016）。其定义的控制体积v_i包含节点i，是由邻接面元的重心以及边的中心点所连接组成的区域。对位于节点上的向量场$\mathbf{A}$，应用高斯求导公式，将面积分转换为线积分有：

$$\iint_S \nabla \cdot \mathbf{A} \mathrm{d}s = \oint \mathbf{A} \cdot \boldsymbol{n} \, \mathrm{d}l \tag{5.1}$$

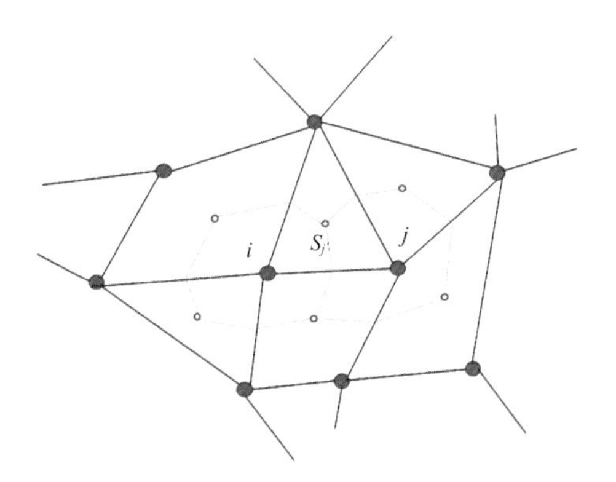

图 5.25 格点中心的水平有限体积网格

因此在控制体积v_i内的平均散度为

$$\overline{\nabla}_i \cdot \mathbf{A} = \frac{1}{V_i} \sum_{j=1}^{l(i)} A_j^{\perp} \ S_j \tag{5.2}$$

式中，$l(i)$表示控制区v_i的边的数量；S_j表示同控制体积v_j相邻的边的长度（二维为面积）；$A_j^{\perp}$表示在面S_j平均模长。一个常用的$A_j^{\perp}$计算形式为

$$A_j^{\perp} = 0.5 \, \boldsymbol{n}_j \cdot [\mathbf{A}_i + \mathbf{A}_j] \tag{5.3}$$

式中，$\boldsymbol{n}_j$表示面S_j平均朝外法向量。同样的对于标量场ϕ其水平导数可以用如下公式计算

$$\frac{\partial \phi}{\partial x} \mid_i = \frac{1}{v_i} \sum_{j=1}^{l(i)} 0.5(\phi_i + \phi_j) \ S_j^x \tag{5.4}$$

$$\frac{\partial \phi}{\partial y} \mid_i = \frac{1}{v_i} \sum_{j=1}^{l(i)} 0.5(\phi_i + \phi_j) \ S_j^y \tag{5.5}$$

式中，S_j^x、S_j^y分别表示S_j在x，y方向上的分量。

在全球静力谱模式应用有限体积方法求水平散度技术，部分原本在谱空间计算的场在格点空间就可以完成计算。具体分类如图 5.26 所示，对于风场相关的高空场（137 层）如U、V以及其水平导数等依然在谱空间进行计算，其他高空场如温度场（T_m）以及水汽（q_t）等以及其相应的水平导数均在格点空间计算，较大程度减少了谱变换次数。对于预报变量地表气压场（π_s），由于其只有 1 层且对计算稳定性更加关键，因此放在谱空间进行计算。

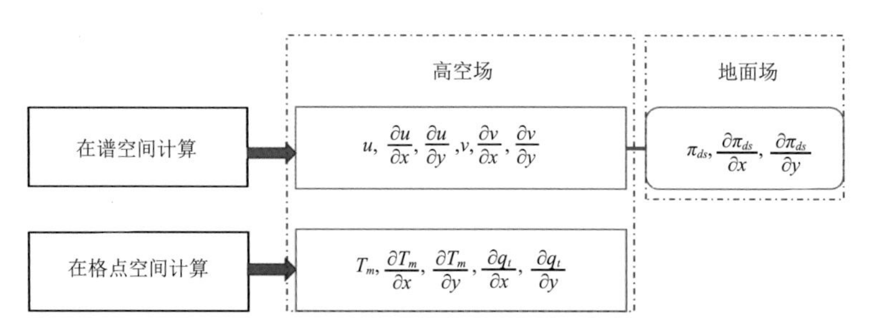

图 5.26 在谱空间和格点空间计算的场分类

蓝色框表示在谱空间计算，红色框表示在格点空间计算

为了验证方法的正确性，对静力谱模式 YHGSM 进行对比试验，YHGSM-FVM 表示嵌入图 5.26 中所示有限体积法的结果，YHGSM 表示常规谱模式的结果。首先，进行斜压波理想测试，结果如图 5.27 所示。可以看出第 8 天和第 10 天模拟，YHGSM-FVM 同 YHGSM 结果相比，高压和低压中心的位置和强度都基本一致，第 10 天存在一些肉眼可见的细微区别。而二者之差表明模拟的强度差别较小，第 8 天强度偏差最大为 2 hPa，第 10 天也不超过 10 hPa。

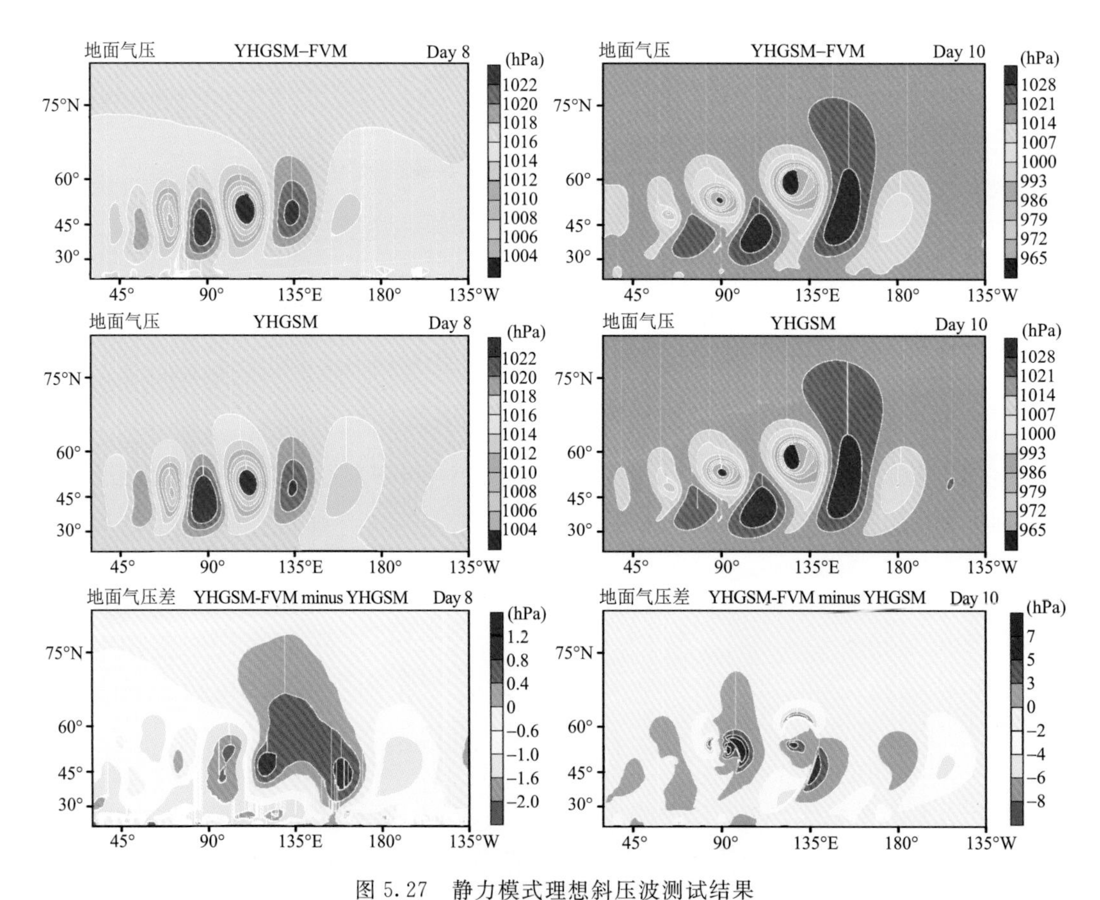

图 5.27 静力模式理想斜压波测试结果

左、右分别为第 8 天、第 10 天模拟；上为谱模式应用限体积方法(YHGSM-FVM)的结果、中为常规谱模式(YHGSM)的结果、下为二者之差

其次，对 YHGSM-FVM 和 YHGSM 的并行计算效率进行测试和对比。测试分辨率为 T_L2047L137，关闭物理过程仅测试模式动力框架。试验平台 CPU 处理器核为 Intel(R) Xeon (R) Gold6150 2.70 GHz。结果如图 5.28 所示，左图为不同计算节点下单步平均墙钟时间，可以看出不同并行规模下，有限体积方法计算时间均有缩短，缩短比例如右图所示。由于不同节点的状态不一致，其计算性能也有区别，所以不同规模并行加速比存在波动，最高加速比可超过 17%（节点数为 700 个），最低也超过 11%（节点数为 500）。可以看出，静力谱模式采用有限体积方法能够减少谱变换数量，从而较大幅度提升模式的计算效率。

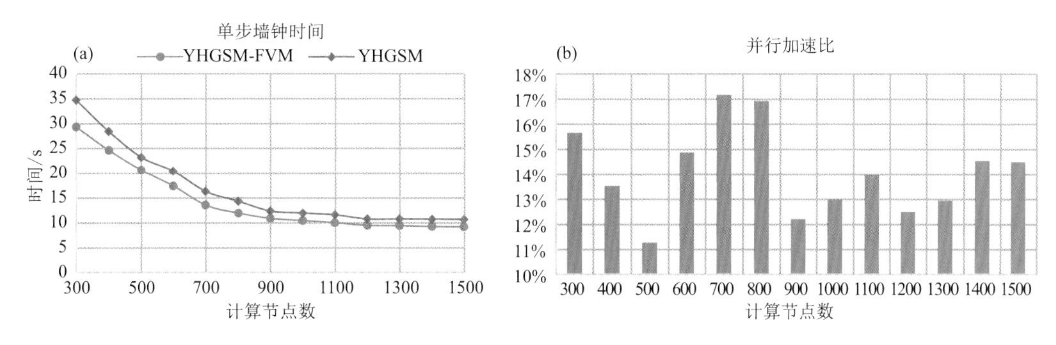

图 5.28　不同计算节点下的单步平均墙钟时间(a)以及加速比(b)结果

为了进一步检验在静力谱模式中应用有限体积法求水平导数这一方法对业务预报准确度的影响，将 YHGSM-FVM 模式在 T_L1279L137 分辨率下进行 10 d 准业务预报，并将连续 1 个月的预报结果做统计检验。起报时间为 2021 年 7 月 1—31 日的 00 时，统计检验采用的评价指标分别为相对分析场的均方根误差（RMSE）以及距平相关系数（ACC）。由于 YHGSM-FVM 和 YHGSM 模式生成的统计检验指标随时间变化曲线较为接近，肉眼难以分辨，因此将其求差后进行归一化表示。如图 5.29 所示为对 500 hPa 位势高度以及温度场，YHGSM-FVM 与 YHGSM 所得均方根误差之差。可以看出，两模式预报能力十分接近，在南、北半球范围内，其最大偏差对于重力位势高度不超过 1.3%，而对于温度场不超过 0.8%。

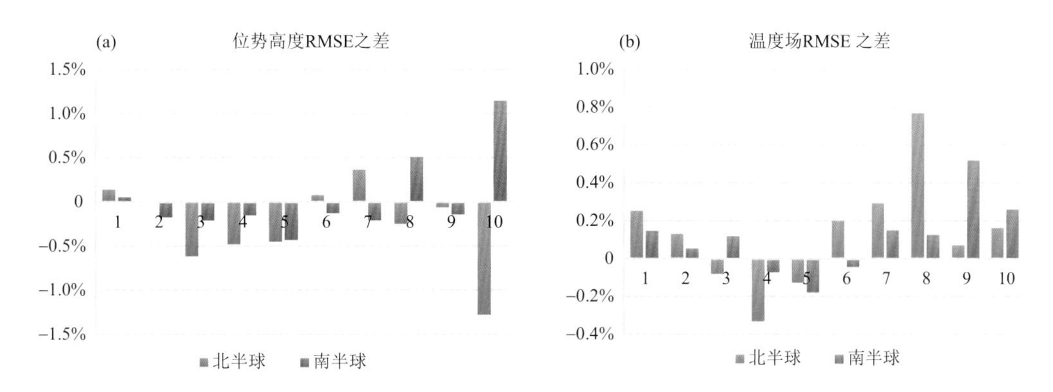

图 5.29　对南、北半球采用与不采用有限体积法时 RMSE 之差 (a)500 hPa 重力位势高度；(b)500 hPa 温度场
（紫色条表示北半球，红色条表示南半球。百分比表示做了归一化处理）

图 5.30 为 500 hPa 位势高度场和温度场，YHGSM－FVM 与 YHGSM 所得距平相关系数之差。对于重力位势高度，前 7 天二者的偏差十分微小，第 9～10 天偏差增加但未超过 6%；对于温度场也有类似结果。采用有限体积法时预报能力在北半球略微占优，南半球则相

反，整体而言在格点空间应用有限体积方法求水平导数对模式预报精度影响为中性且较小。

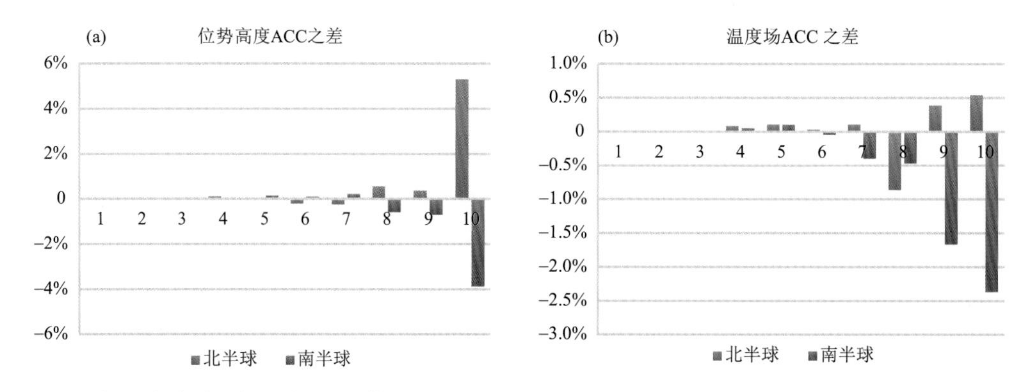

图 5.30 对南、北半球采用与不采用有限体积法时距平相关系数之差(a)500 hPa 重力位势高度；(b)500 hPa 温度场（紫色柱表示北半球，红色柱表示南半球，百分比表示做了归一化处理）

5.5.2 全球非静力谱模式下的水平导数格点空间计算技术

非静力谱模式预报变量相比静力模式高空预报变量由原来的 D、T 共 2 个增加至 D、T、d、$\tilde{q}$共 4 个，数量增加了 1 倍。在高分辨率情况下，其并行效率亟需进一步提升。应用有限体积方法求水平导数的技术能够更大幅度减少非静力模式谱变换次数，从而提升其并行计算效率。在后文中将传统的非静力谱模式用 NHGSM 表示，而采用有限体积法求水平导数的非静力谱模式标记为 NHGSM-FVM。

为了更好地在非静力谱模式中应用有限体积方法，需要将谱空间隐式方程以垂直散度(d)为唯一变量的求解形式更改为以水平散度(D)为唯一变量形式。

对于半隐式方程组，消除其余变量只剩 d 和 D 形式有：

$$\left(1-\delta^2 c_*^2 \frac{L_v^*}{r H_*^2}\right) d = d^{\bullet} + \delta t^2 \frac{L_v^*}{r H_*^2}(-R_d T^* \boldsymbol{S}^* + c_*^2) D \tag{5.6}$$

$$(1-\delta t^2 c_*^2 \Delta) D = D^{\bullet} + \delta t^2 \Delta(-R_d T^* \boldsymbol{G}^* + c_*^2) d \tag{5.7}$$

其中：

$$d^{\bullet} = \tilde{d} + \delta t\left[-\frac{g}{r H_*} \boldsymbol{L}_v^* \tilde{\hat{q}}\right] \tag{5.8}$$

$$D^{\bullet} = \tilde{D} + \delta t \Delta\left[R_d T^* (\boldsymbol{G}^* - 1)\tilde{\hat{q}} - R_d \boldsymbol{G}^* \tilde{T} - \frac{R_d T^*}{\pi_s^*}\tilde{\pi}_s\right] \tag{5.9}$$

同传统非静力谱模式 NHGSM 采用垂直散度(d)作为结构方程的待求解变量不同，应用有限体积方法的非静力谱模式 NHGSM-FVM 采用水平散度(D)作为待求解变量。先将式(5.6)、式(5.7)写为符号表示形式：

$$\boldsymbol{T}_1 d = d^{\bullet} + \boldsymbol{X}_1 D \tag{5.10}$$

$$(1-\delta^2 c_*^2 \Delta) D = D^{\bullet} + \delta t^2 \Delta \boldsymbol{X}_2 d \tag{5.11}$$

其中

$$\boldsymbol{T}_1 = \left(1-\delta t^2 c_*^2 \frac{L_v^*}{r H_*^2}\right) \tag{5.12}$$

$$\boldsymbol{X}_1=\delta t^2 c_*^2 \frac{L_v^*}{r H_*^2}\left(1-\frac{c_{\mathrm{vd}}}{c_{\mathrm{pd}}}\boldsymbol{S}^*\right) \tag{5.13}$$

$$\boldsymbol{X}_2=\left(1-\frac{c_{\mathrm{vd}}}{c_{\mathrm{pd}}}\right)\boldsymbol{G}^* \tag{5.14}$$

消除变量 d，得到最终的 D 方程有：

$$(1-\delta t^2 B\Delta)D=D^{\bullet}+\delta t^2 c_*^2 \Delta \boldsymbol{X}_2 \boldsymbol{T}_1^{-1} d \tag{5.15}$$

式中，$\boldsymbol{B}=c_*^2(1+\boldsymbol{X}_2\boldsymbol{T}_1^{-1}\boldsymbol{X}_1)$。

将式(5.8)代入式(5.15)可以重新组织为：

$$(1-\delta t^2 B\Delta)D=\widetilde{D}-\delta t\Delta D^{\bullet\bullet} \tag{5.16}$$

式中，

$$D^{\bullet\bullet}=\left[R_d T^*(1-\boldsymbol{G}^*)\tilde{\tilde{q}}+R_{\mathrm{d}}\boldsymbol{G}^*\widetilde{T}+\frac{R_{\mathrm{d}}T^*}{\pi_s^*}\tilde{\pi}_s-\delta t c_*^2 \boldsymbol{X}_2\boldsymbol{T}_1^{-1}d^{\bullet}\right] \tag{5.17}$$

依照上述方程，谱空间求解只需要传递涡度(ξ)、散度(D)以及($D^{\bullet\bullet}$)进入谱空间，待求解 D^+ 后，将其余变量在格点空间计算。如图 5.31 所示，在求解完成后，只需要将涡度(ξ)和散度(D^+)变换回格点空间，其余变量$(T、d、\hat{q}、\hat{\pi}_s)^+$用如下计算公式均可在格点空间计算完成(图 5.31 的“格点空间求解”指代该过程)：

$$d=\boldsymbol{T}_1^{-1}d^{\bullet}+\boldsymbol{T}_1^{-1}\boldsymbol{X}_1 D \tag{5.18}$$

$$T=\widetilde{T}+\delta t\left(-\frac{R_{\mathrm{d}}T^*}{c_{\mathrm{vd}}}D-\frac{R_{\mathrm{d}}T^*}{c_{\mathrm{vd}}}d\right) \tag{5.19}$$

$$\hat{q}=\tilde{\tilde{q}}+\delta t\left[\left(\boldsymbol{S}^*-\frac{c_{\mathrm{vd}}}{c_{\mathrm{pd}}}\right)D-\frac{c_{\mathrm{vd}}}{c_{\mathrm{pd}}}d\right] \tag{5.20}$$

$$\pi_s=\tilde{\pi}_s+\delta t(-\pi_s^*\boldsymbol{N}^*D) \tag{5.21}$$

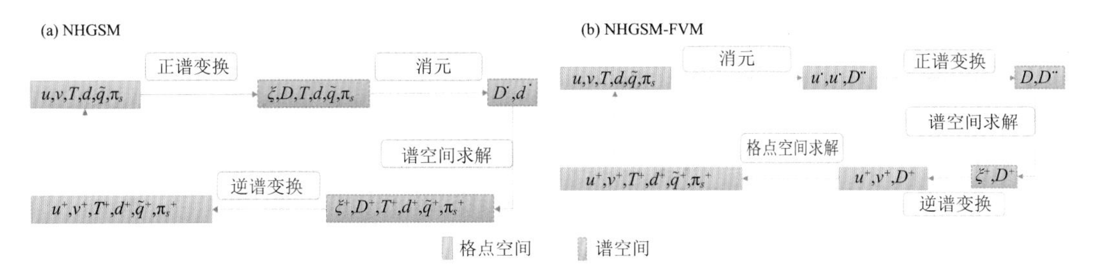

图 5.31　变量格点空间和谱空间单步积分示意

(蓝色表示格点空间，红色表示谱空间。上标“+”表示下一个时间步数据)

依照上述分析，应用有限体积方法求水平导数的非静力谱模式 NHGSM-FVM 能够大幅度减少谱变换次数，进而提升模式计算效率。

首先，在国产集群中进行大规模并行计算来测试 NHGSM-FVM 和 NHGSM 模式的并行计算效率，模式分辨率为 $\mathrm{T_L}2047\mathrm{L}137$，关闭物理过程，仅测试绝热框架，结果如图 5.32～图 5.34 所示。图 5.32 显示单步积分时谱变换时间对比。可以看出，相比传统非静力谱模式，NHGSM-FVM 模式的谱变换时间得以较大幅度缩短，在图 5.34 中可以看出最大减少幅度超过 40%，最低也接近 30%。图 5.33 显示的是单步积分整体时间对比，可以看出不同规模下有限体积方法能够提升模式的并行效率，从图 5.34 可以得出平均提升在 15%以上，最大超过 20%。

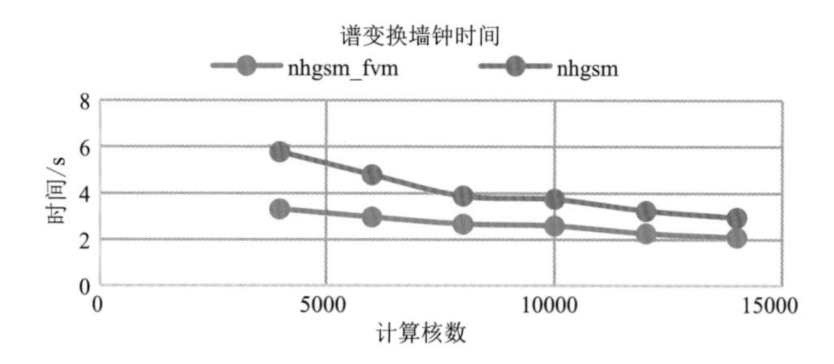

图 5.32　非静力谱模式绝热框架积分谱变换所用时间对比

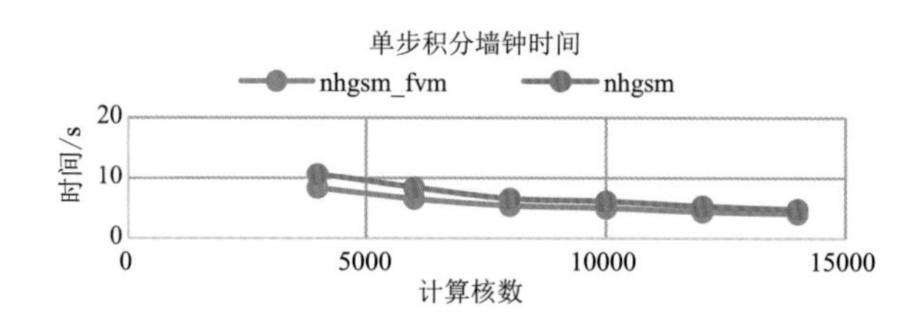

图 5.33　非静力谱模式绝热框架单步积分所用时间对比

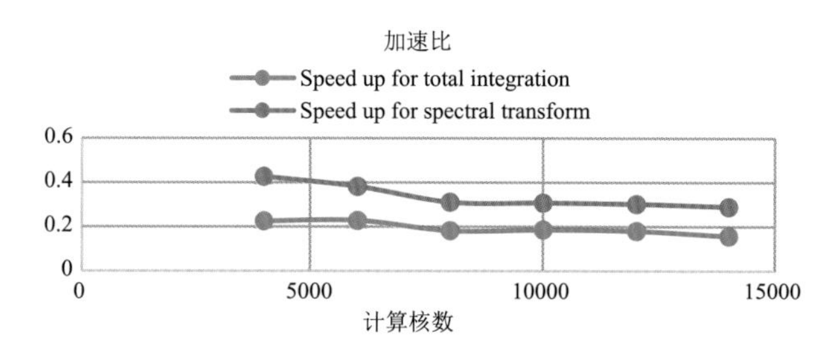

图 5.34　非静力谱模式绝热框架并行加速比

其次，为了验证非静力模式在采用有限体积法求水平导数时的正确性，先对 NHGSM-FVM 和 NHGSM 进行斜压波理想测试检验，结果如图 5.35 所示。可以看出第 8 天和第 10 天模拟结果中，NHGSM-FVM 同 NHGSM 用肉眼看来几乎一致。同时，二者之差也表明模拟的强度差别十分小，第 8 天强度偏差不超过 0.2 hPa，第 10 天不超过 1.5 hPa。这表明非静力谱模式中采用有限体积求水平导数的方法对模式积分精度影响较小。

再次，对理想台风模拟，进行采用有限体积法求水平导数的模式（NHGSM-FVM）同传统模式（NHGSM）之间的预报结果对比。第 10 天结果分别如图 5.36 和图 5.37 所示，可以看出两模式模拟的台风中心位置基本接近，但是 NHGSM-FVM 模拟结果无论是风场强度或是温度异常强度均要超过 NHGSM。这表明应用有限体积方法进行格点空间求水平导数能在一定程度上修正 NHGSM 模拟台风强度偏弱的问题。图 5.38 给出了第 2 天、第 5 天、第 8 天理想台风水平风速结果的对比，可以看出在第 2 天、第 5 天模拟的台风位置和强度都基本一致，但是到了第 8 天，NHGSM-FVM 模拟的强度有较为明显的增大。

综合以上试验结果表明，非静力谱模式应用有限体积法求水平导数时，能够较大程度提升模式的并行计算效率，最高超过 20%，而且能基本保持积分精度不变，这对开发高分辨率全球非静力模式很有价值。

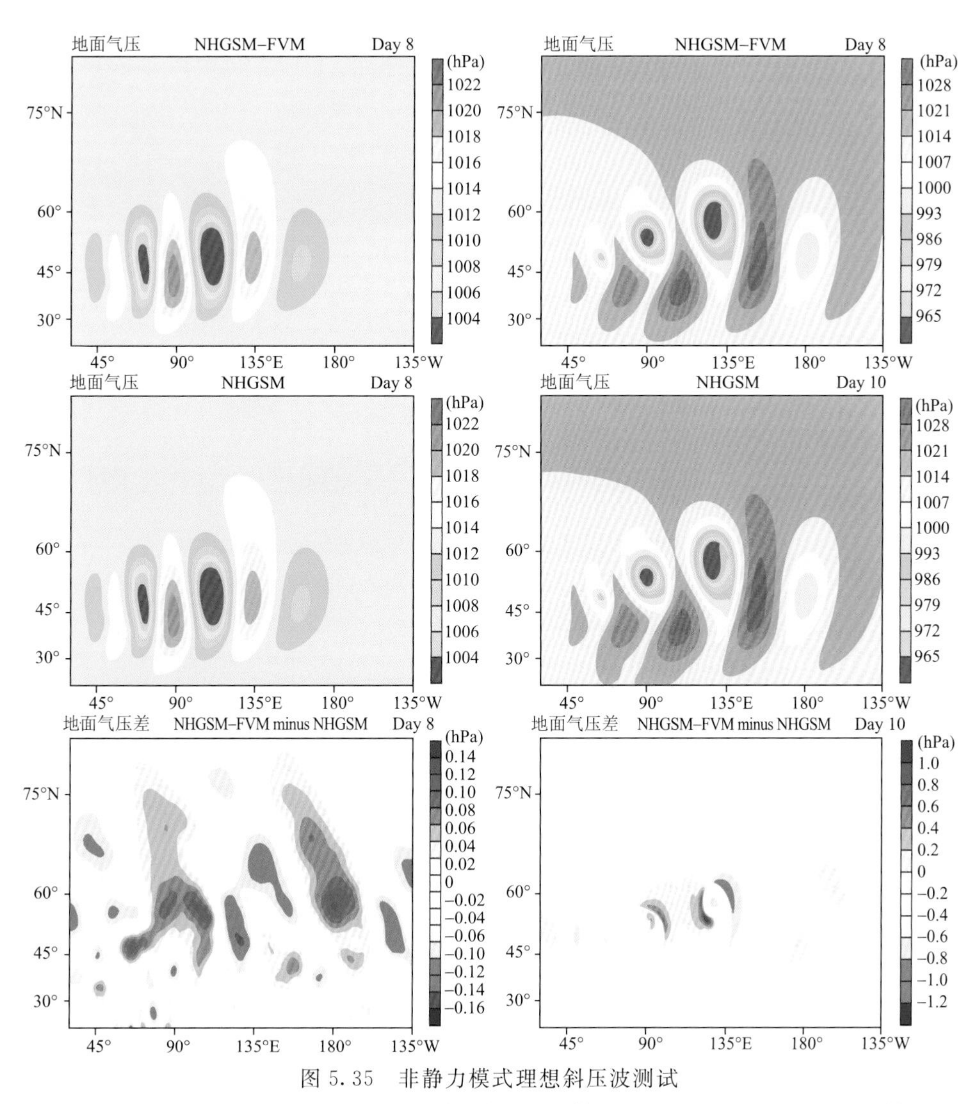

图5.35 非静力模式理想斜压波测试

左、右分别为第8天、第10天模拟；上为谱模式应用限体积方法(NHGSM-FVM)时的结果、中为常规谱模式(NHGSM)的结果、下为二者之差

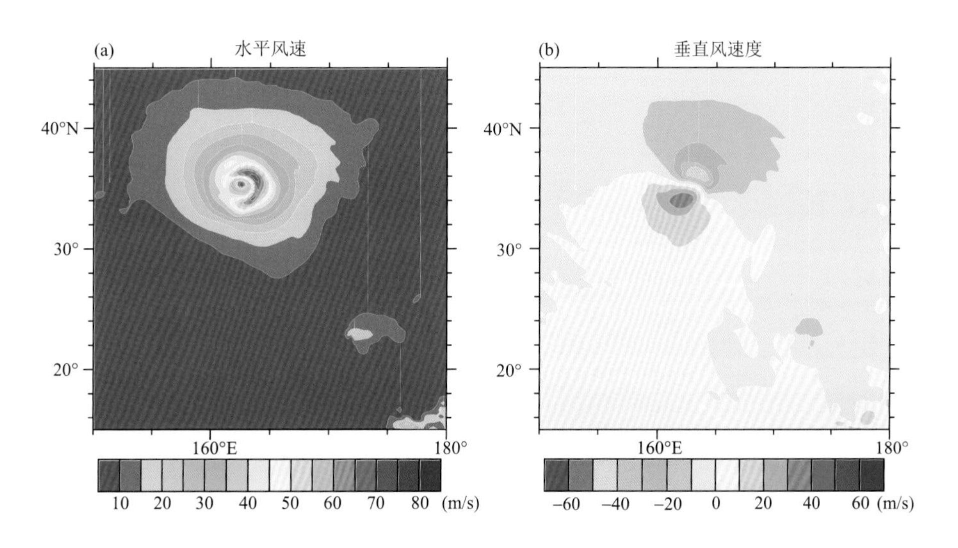

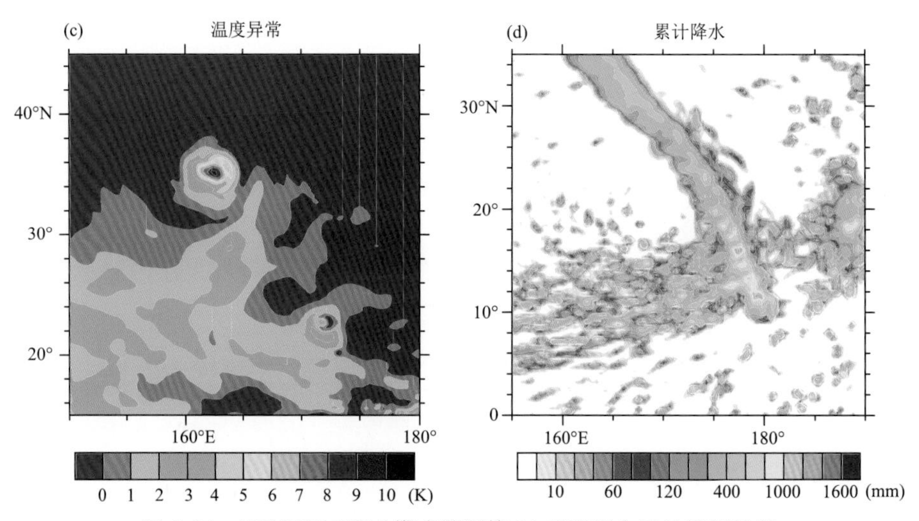

图 5.36 NHGSM-FVM 模式所得第 10 天理想台风的模拟结果
(a)水平风速;(b)垂直风速;(c)温度异常;(d)累计降水

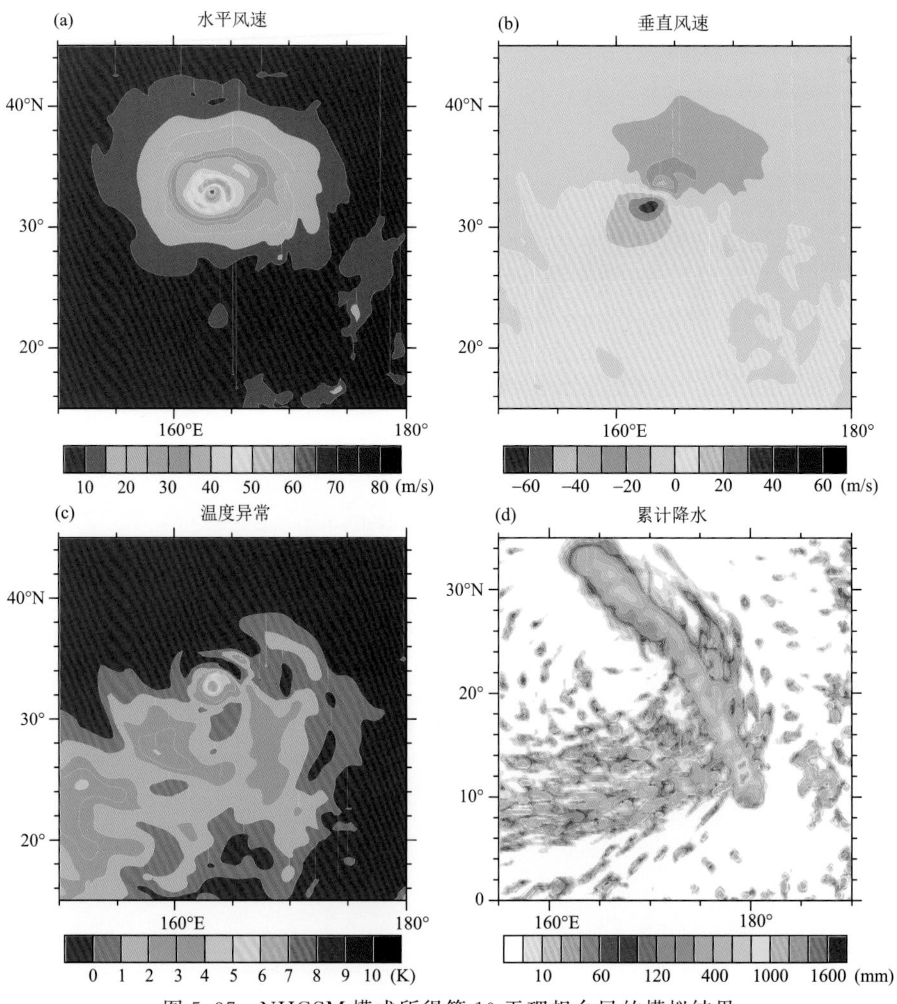

图 5.37 NHGSM 模式所得第 10 天理想台风的模拟结果
(a)水平风速;(b)垂直风速;(c)温度异常;(d)累计降水

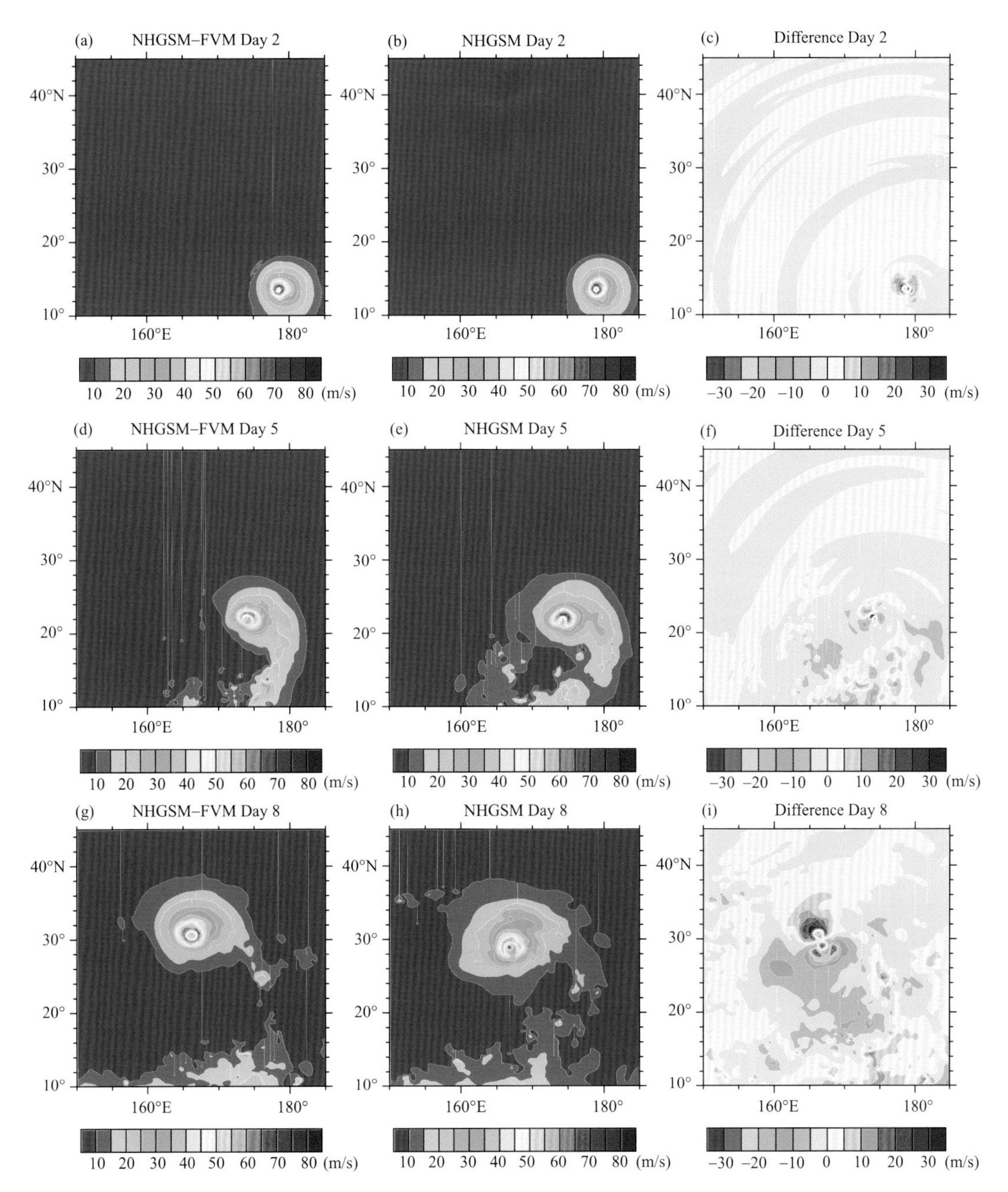

图 5.38 NHGSM-FVM 与 NHGSM 模拟所得理想台风结果对比
（上、中、下分别为第 2 天、第 5 天、第 8 天结果；
左为 NHGSM-FVM 的模拟结果，中为 NHGSM 的模拟结果，右为二者之差）

参考文献

曾庆存，1978. 计算稳定性的若干问题[J]. 大气科学，2(3)：3-13.

BARROS S R M，KAURANNE T，1994. On the parallelization of global spectral weather models[J]. Parallel Computing，20(9)：1335-1356.

BARROS S R M，DENT D，ISAKSEN L，et al，1995. The IFS model：A parallel production weather code[J].

Parallel Computing, 21(10):1621-1638.

BAUER P, THORPE A, BRUNET G, 2015. The quiet revolution of numerical weather prediction[J]. Nature, 525(7567):47-55.

BÉNARD P, VIVODA J, MAEK J, et al, 2010. Dynamical kernel of the aladin-nh spectral limited-area model: revised formulation and sensitivity experiments[J]. Quart J Roy Meteor Soc, 136(646):155-169.

BURT S, GUNG-HO, 2014. Creating the next Met Office Weather and Climate Forecasting model. http://blogs. reading. ac. uk/weather-and-climate-at-reading/2014/gung-ho-creating-the-next-met-office-weather-and-climate-forecasting-model/.

DENNIS J M, EDWARDS J, EVANS K J, et al, 2012. CAM-SE: A scalable spectral element dynamical core for the Community Atmosphere Model[J]. International J High Performance Computing Applications, 26(1): 74-89.

DRAKE J B, 1994. Parallel semi-Lagrangian Transport. May. Presentation at the Workshop on Parallel Semi-Lagrangian Algorithms. NASA Goddard. Washington D. C.

DRAKE J B, FLANERY R E, SEMERARO B D, et al, 1996. Parallel community climate model: Description and user's guide. Office of Scientific & Technical Information Technical Reports.

ECMWF, 2005. IFS Documentation-CY29r1: Part VI: Technical and Computational Procedures. https://www. ecmwf. int/sites/default/files/elibrary/2004/9199-part-vi-technical-and-computational-procedures. pdf.

FOSTER I T, GROPP W, STEVENS R, 1991. Parallel Scalability of the Spectral Transform Method[C]//Siam Conference on Parallel Processing for Scientific Computing. Society for Industrial and Applied Mathematics, 307-312.

JIANG T, GUO P, WU J, 2020. One-sided on-demand communication technology for the semi-Lagrangian scheme in the YHGSM[J]. Concurrency Computat. Pract Exper, 32: e5586. https://doi. org/10. 1002/cpe. 5586.

JIANG T, WU J, LIU Z, 2021. Optimization of the parallel semi-Lagrangian scheme based on overlapping communication with computation in the YHGSM[J]. Quart J Roy Meteor Soc.

JIN ZHIYAN, WU XIANGJUN, CHEN F F, 2010. Parallel Processing of the Semi-Lagrangian Scheme in GRAPES. In the 14th ECMWF Workshop on the Use of High Performance Computing in Meteorology.

JOHNSEN P, STRAKA M, SHAPIRO M, et al, 2013. Petascale WRF simulation of hurricane sandy: Deployment of NCSA's cray XE6 blue waters[C]//2013 SC-International Conference for High Performance Computing, Networking, Storage and Analysis. IEEE.

KÜHNLEIN C, DECONINCK W, KLEIN R, et al, 2019. Fvm 1. 0: A nonhydrostatic finite-volume dynamical core for the ifs[J]. Geoscientific Model Development, 12(2):651-676.

LIU D, WU J, JIANG T, et al, 2021. Optimization of the parallel semi-Lagrangian parallel scheme in YHGSM based on the adaptive maximum wind speeds. 2021 IEEE Intl Conf on Parallel & Distributed Processing with Applications, Big Data & Cloud Computing, SustainableComputing & Communications, Social Computing & Networking (ISPA/BDCloud/SocialCom/SustainCom), 1336-1344. DOI 10. 1109/ISPA-BDCloud-SocialCom-SustainCom52081. 2021. 00183.

MALARDEL S, NILS WEDI, WILLEM DECONINCK, et al, 2016. A new grid for the IFS. https://www. ecmwf. int/sites/def ault/files/elibrary/2016/17262-new-grid-ifs. pdf.

MENGALDO G, WYSZOGRODZKI A, DIAMANTAKIS M, et al, 2018. Current and Emerging Time-Integration Strategies in Global Numerical Weather and Climate Prediction[J]. Archives of Computational Methods in Engineering.

MIRIN A, WORLEY P,2008. Extending scalability of the community atmosphere model. http://www. ibrarian. net/navon/paper/Extending_scalability_of_the_community_atmosphere. pdf? paperid=15872193.

MOZDZYNSKI G,2008. A new partitioning approach for ECMWF's Integrated Forecast System. https://www. ecmwf. int/sites/default/files/elibrary/2008/17516-new-partitioning-approach-ecmwfs-integrated-forecast-system. pdf.

MOZDZYNSKI G, HAMRUD M, WEDI N, et al,2012. A PGAS Implementation by Co-design of the ECMWF Integrated Forecasting System (IFS). SC Companion: High PERFORMANCE Computing, NETWORKING Storage and Analysis. IEEE Computer Society,652-661.

MOZDZYNSKI G,HAMRUD M,WEDI N,2014. ECMWF's IFS: Parallelization and exascale computing challenges. https://www. ecmwf. int/sites/default/files/elibrary/2014/11302-ecmwfs-ifs-parallelization-and-exascale-computing-challenges. pdf.

MOZDZYNSKI G,HAMRUD M,WEDI N,2015. A partitioned global address space implementation of the europeancentre for medium range weather forecasts integrated forecasting system[J]. Experimental Mechanics, 29(3): 261-273.

MÜLLER A, KOPERA M A, MARRAS S, et al,2016. Strong Scaling for Numerical Weather Prediction at Petascale with the Atmospheric Model NUMA. IEEE International Parallel & Distributed Processing Symposium. IEEE.

NAIR R D, MACHENHAUER B, 2002. The mass-conservative cell-integrated semi-Lagrangian advection scheme on the sphere[J]. Mon. Wea Rev,130:649-667.

REN X, ZHAO J, LI X, et al,2019. PAGCM: A scalable parallel spectral-based atmospheric general circulation model[J]. Concurrency Computat Pract Exper, e5290. https://doi. org/10. 1002/ cpe. 5290.

RITCHIE H, TEMPERTON C, SIMMONS A, et al,1995. Implementation of the Semi-Lagrangian Method in a High-Resolution Version of the ECMWF Forecast Model[J]. Mon Wea Rev,123(2):1163-1163.

RIVIER L, LOFT R, POLVANI L M,2002. An efficient spectral dynamical core for distributed memory computers[J]. Mon Wea Rev, 130(5):1384-1396.

ROBERT A,1981. A stable numerical integration scheme for the primitive meteorological equations[J]. Atmosphere-Ocean, 19(1):35-46.

ROBERT A,2007. A semi-Lagrangian and semi-implicit numerical integration scheme for the primitive meteorological equations[J]. J Meteor Soc Japan, 60(3):319-325.

SCHNEIDER T,2015. High-Impact Weather Prediction Project (HIWPP). https://hiwpp. noaa. gov/docs/HIWPP_ ProjectPlan_2015_08_15_Ver3_1. pdf

SMOLARKIEWICZ P K,DECONINCK W,HAMRUD M, et al,2016. A finite-volume module for simulating global all-scale atmospheric flows[J]. J Comput Phys, 287-304.

SMOLARKIEWICZ P K,KUHNLEIN C,GRABOWSKI W W,2017. A finite-volume module for cloud-resolving simulations of global atmospheric flows[J]. J Comput Phys, 341: 208-229.

STANIFORTH A, CÔTÉ J,1991. Semi Lagrangian integration schemes for atmospheric models: A review [J]. Mon Wea Rev,119(9):2206-2223.

THOMAS S, CÔTÉ J, 1995. Massively parallel semi-Lagrangian advection[J]. Simulation Practice & Theory, 3(4-5):223-238.

WALKER D W, WORLEY P H, DRAKE J B,1991. Parallelizing the spectral transform method. Part II. Distributed Memory Computing Conference, Proceedings[J]. The Sixth. IEEE, 269-291.

WEDI N P,2014. Increasing horizontal resolution in numerical weather prediction and climate simulations: Illusion or panacea? [J] Philos Trans A Math Phys Eng Sci,372(2018): 289.

WEDI N P, BAUER P, DECONINCK W, et al, 2015. The modelling infrastructure of the Integrated Forecasting System: Recent advances and future challenges. Technical Memorandum 760, ECMWF

WGNE, 2021. WGNE Overview of Plans at NWP Centres with Global Forecasting Systems. http://wgne.net

WORLEY P H, WALKER D W, DRAKE J B, 1991. Parallelizing the spectral transform method[J]. Concurrency & Computation Practice & Experience, 4(4):269-291.

WORLEY P H, FOSTER I T, 1994. Parallel Spectral Transform Shallow Water Model: A runtime-tunable parallel benchmark code[C]//Scalable High-Performance Computing Conference. Proceedings of the. IEEE.

WU T, SONG L, LI W, et al, 2014. An overview of BCC climate system model development and application for climate change studies[J]. J Meteor Res, 28(1):34-56.

WYSZOGRODZKI A A, PIOTROWSKI Z P, GRABOWSKI W W, 2012. Parallel implementation and scalability of cloud resolving EULAG model[C]//Parallel Processing and Applied Mathematics. Springer, 252-261.

YANG C, XUE W, FU H, et al, 2016. 10M-Core Scalable Fully-Implicit Solver for Nonhydrostatic Atmospheric Dynamics. International Conference for High PERFORMANCE Computing, Networking, Storage and Analysis. IEEE.